4차 산업혁명과 미래 신성장동력

글_이종호

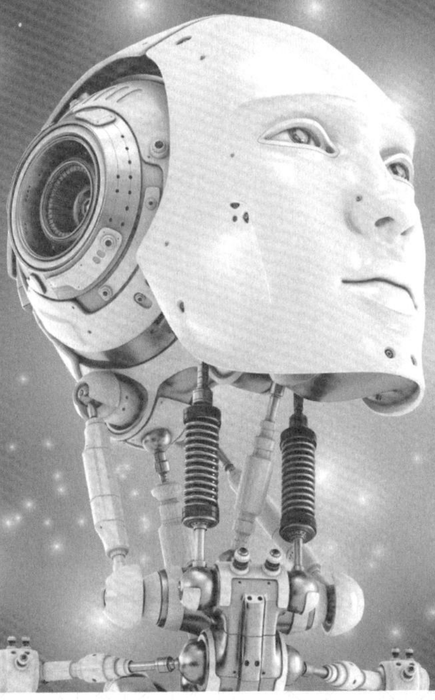

"4차 산업혁명이 유행어처럼 회자되고 있다!"

국가 경쟁력이 된 4차 산업혁명. 인공지능과 로봇,
사물인터넷, 빅데이터 등을 통한
새로운 융합과 혁신이 빠르게 진행되고 있다.

Jinhan M&B

| 머리말 |

2016년 1월 세계경제포럼 일명 〈다보스포럼〉에서 클라우스 슈밥 회장이 '4차 산업혁명 시대'로 들어섰다고 말했을 때 이 말의 진의를 곧바로 이해한 사람들은 많지 않았다. 그러나 이제 4차 산업혁명을 거론하지 않으면 마치 원시인처럼 여겨질 정도다.

이런 변화는 2016년 3월, '4차 산업혁명'이란 말이 등장한지 2개월 후 인공지능(A.I.)으로 무장한 구글사의 '알파고(AlphaGo)'가 세계 바둑계를 10여 년 간이나 평정했던 이세돌 구단(九段)과의 대국으로 촉발된다. 대국 전까지만 해도 이세돌이 알파고를 간단하게 제압할 것으로 예상했지만 결론은 5전 3승제에서 이세돌이 1승 4패로 완패했다. 비로소 인간을 능가할 수 있는 새로운 개념 즉 인공지능(A.I.)으로 가득 찬 세상이 우리 주위에 등장할 수도 있다는 것을 이해하는 계기가 된 것이다.

인간에게 유용한 문명의 이기 대부분이 인간의 상상력에 의해 먼저 태어난 후 출현했듯 인공지능도 인간의 상상력에 의해 태어났다. 역사적으로 인간들은 인위적인 수단을 이용하여 새로운 것을 만드는데 비상한 능력을 발휘했고 인간들의 생활을 문명시대로 불러들인 제1차, 2차, 3차 산업혁명을 통하여 똑똑한 인공지능과 인터넷이라는 공간을 마련할 정도로 발전했다.

한국은 4차 산업혁명에 관한 한 다른 국가에 비해 앞 선 분야가 상당히 많이 있다. 그것은 2017년 5월 대통령 보궐 선거에 등장한 사전투표에서로도 알 수 있다. 대통령 선거 당일 여러 가지 사정으로 투표할 수 없는 사람은 사전 투표일에 전국 각지의 사전투표소에서 지문으로 신원만 확인되면 거주지가 아니더라도 투표할 수 있었다. 세계적으로 전 국민의 지문이 확보된 나라는 한국을 비롯하여 몇몇 나라에 불과하다고 알려지므로 사실 이런 사전 투표는 한국에서나 가능한 일이다. 전국 어디에 있는 주민 센터에서 수많은 행정서류들을 곧바로 발급받을 수 있는 것도 같은 맥락이다. 버스정류장에서 버스의 도착 시간을 알려주는 것은 물론 도착하는 버스가 혼잡한지 빈자리가 있는지도 알려준다. 고속도로에서 핸드폰으로 어느 구간이 정체되는지를 파악할 수 있는 것도 4차 산업혁명의 핵심인 빅데이터 등이 적시적소에 활용되기 때문이다.

4차 산업혁명이란 말은 산업혁명이 1차, 2차, 3차를 거쳤다는 것을 의미한다. 이는 1, 2, 3차 산업혁명을 통해 인간의 능력이 지칠 줄 모르고 향상되었다는 것을 뜻하며 4차 산업혁명은 이들을 토대로 보다 업그레이드되고 있다는 것을 의미한다. 큰 틀에서 4차 산업혁명은 그동안 숨 가쁘게 뛰어 온 인공지능(A.I.) 로봇과 인터넷이 보다 효율적으로 업그레이드되는 세계로 향한다는 것을 큰 주제로 삼는다. 그러나 3차와 4차 산업혁명의 차이는 3차 산업혁명에서 인간과 기계간의 흐름이 전통적인 주종관계인 수직적 모델이었지만 제4차 산업혁명의 시대에는 인공지능(A.I.)을 발판으로 인간과 인공지능이 수평적 관계로 뭉치는 네트워크형이 된다는 점이다.

인간 생활에서 큰 영향력을 발휘했던 과거의 산업혁명은 인간 개개인과는 커다란 관련이 없었다. 인간이 아닌 기계 물질을 대상으로 했기 때문이다. 그러나 4차 산업혁명은 기계 기술에 의해 인간에 유익한 이기를 만들어주는 것이 아니라 인간의 엄청난 능력을 인공지능 로봇 등과 공유하여 인간에 유익한 것으로 변용시키는 것이라 볼 수 있다.

문제는 이러한 생소한 환경에서 상당수 기존의 일자리가 사라진다는 점이다. 사실 산업혁명이 일어날 때마다 기존의 직업들이 사라지고 새로운 직업이 생겨났다. 문제는 직업이 사라지는 속도는 빠른데 새로운 직업이 나타나는 속도는 느리고, 새 직업에 필요한 기술을 파악하고 익히는 데도 시간이 걸린다는 점이다.

2016년 세계경제포럼에서 슈밥 회장은 인공지능과 모바일 인터넷의 영향으로 향후 5년간 약 510만 개의 일자리가 사라질 것으로 전망했다. 710만 개가 사라지고 200만 개가 새로 생긴다는 뜻이다. 한편 토머스 프레이 다빈치연구소 소장은 2030년까지 지구상에 존재하는 직업의 약 50퍼센트가 사라질 것이라 전망했다. 물론 전문가들의 예상이 항상 맞는 것은 아니다. 기술적으로는 충분히 대체할 수 있더라도 비용이 많이 들거나 인공지능의 업무 수행에 거부감이 클 경우 대체되기 힘들기 때문이다.

그러나 가장 중요한 것은 4차 산업혁명시대에는 직업의 개념 자체가 변한다는 것을 이해해야 한다는 점이다. 현재의 직업은 해체되고 재구성되며, 많은 부분에서 새로운 창의적 아이디어에 의해 대체된다는 것을 이해한다면 4차 산업혁명을 구성하는 새로운 기술을 잘 이용하는 사람이 유리하다는 것을 뜻한다. 또한 시장 상황이나 기술 변화를 받아들이고 적응할 수 있는 유연성과 의사소통 능력이 중요해진다. 창의력과 대인 영향력, 복합적인 문제 해결 능력, 사회적 관계 기술이 제4차 산업혁명 시대의 핵심 역량이다.

필자는 그동안 로봇과 인공지능에 대한 여러 권의 책을 발간했으며 특히 『제4차 산업혁명과 미래 직업』(북카라반)에 대한 책도 출간하여 상당한 호평을 받았다. 그런데 4차 산업혁명이 갑자기 우리 주위에 등장하자 많은 사람들이 기대와 우려를 보이면서 미래의 직업뿐만 아니라 대체 어떻게 불확실한 미래를 준비해야하는가 질문했다. 한마디로 4차 산업혁명 시대를 슬기롭게 이겨나가기 위해서 어떤 구체적인 방법으로 도전해야 하는가를 이해하기 쉽게 소개해달라는 독자들의 요청이다.

이 책은 4차 산업혁명에 대한 전문적인 논문 내용을 전달하거나 제4차 산업혁명의 전문가가 될 사람들을 위한 교재가 아니라 이제 막 출발한 4차 산업혁명 시대를 성공적으로 맞이하는 방법 즉 성공적으로 살아남기에 초점을 맞추었다. 4차 산업혁명시대에 상상할 수 없는 새로운 아이디어가 도출되고 이에 따라 수많은 직업이 사라지고 새로 생기게 마련이므로 현재를 숙지하는 것은 미래를 대비하는데 큰 도움을 줄 수 있다.

그러나 생소한 미래를 설명한다는 것이 간단한 일이 아니며 그런 미래 예측이 모두 실현되는 것은 아니다. 사실 미래를 모두 예측한다면 미래 자체가 없다고 볼 수 있다. 그러므로 이제 시작된 4차 산업혁명에 대해 큰 틀로 설명하는데 급급한 면도 있다. 부족한 점이 많다는 것을 실토하는 것이지만 이 부분은 앞으로 4차 산업혁명시대가 진행되면서 계속 업그레이드되어 수정 보완될 것으로 생각한다. 필자와 함께 이미 출발하였고 계속 출발하고 있는 4차 산업혁명의 기차를 함께 타면서 4차 산업혁명이 어떻게 미지의 세계를 아우를 수 있는 지에 동참하기 바란다.

| 목 차 |

제4부

4차 산업혁명과 일자리

제5부

4차 산업혁명 시대 승자되기

PART 01

4차 산업혁명의 3대 요소

과학저널 〈사이언스〉는 2016년 '올해의 과학 5대 사건'에 알파고를 포함시켰다. 순수 과학적인 측면에서 보면, 컴퓨터 프로그램 하나가 바둑 고수를 꺾었다는 것이 왜 그렇게 중요한 사건이냐고 질문하는 사람들이 많을 것이다. 그러나 〈사이언스〉가 알파고를 5대 사건 중 하나로 선정한 것은 알파고가 이세돌 9단을 꺾은 것이야말로 앞으로 인간의 미래를 점칠 수 있는 결정적 사건으로 인식했기 때문이다. 이것은 알파고가 자율적인 인공행위자(Artificial agent)의 등장을 알리는 신호인 동시에 그 발전 정도를 가늠해볼 수 있는 이정표라는 사실이다. 알파고 이전 인공지능의 상징은 세계 체스 챔피언인 가리 카스파로프를 이겼던 IBM의 딥블루였다. 딥블루는 고전적 계산주의 모형에 입각한 인공지능으로서 프로그래머가 작성한 명령문에 따라 규칙에 맞추어 기호를 조작하는 장식으로 작동했다.

그러나 알파고는 이와 전혀 다른 구조의 인공지능으로 인간의 두뇌를 본떠 만든, 소위 신경망 구조에 입각하여 작동한다. 알파고의 경우도 인간 프로그래머가 개입한 것은 사실이지만 알파고는 딥러닝 기법을 통하여 바둑 두는 법은 물론 그 과정에서 스스로 찾아낸 규칙을 통해 바둑을 두는 모종의 '자율적' 프로그램이다. 그러므로 프로그래머가 관여하는 영역은 학습과 관련된 알고리즘이며 이를 통해 알파고가 습득한 바둑 규칙이나 전략을 인간 프로그래머조차 정확히 내용을 알 수 없다. 그러므로 알파고는 인간으로부터 독립하여 자율적으로 '판단', '선택'하고 자신이 최선의 수라고 생각되는 지점에 착점한다. 말하자면 알파고는 인간의 개입이나 간섭없이 스스로 행동할 수 있는 자율적 인공 행위자이다.[1)]

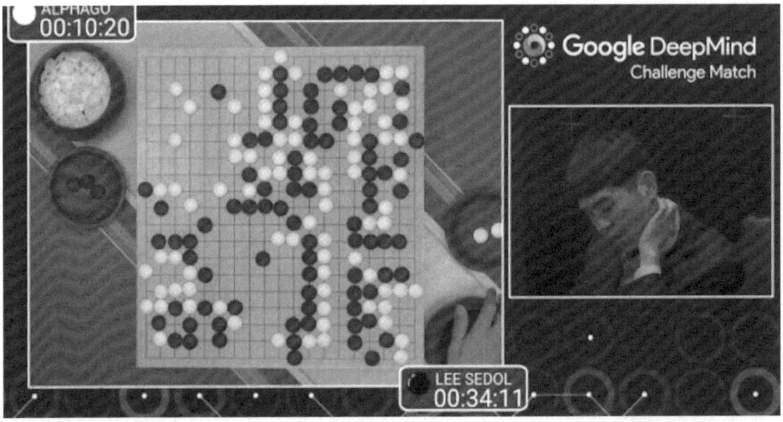

▶ 바둑 챔피언 이세돌 9단과 구글 딥마인드의 인공지능 바둑 프로그램 '알파고(AlphaGo)'의 대국

제4차 산업혁명 시대란 바로 이런 인공적인 지능이 보다 업그레이드되는 상황으로 변모하는 것을 뜻한다. 그런데 제4차 산업혁명 시대는 그동안 지구상에서 연출되었던 1차, 2차, 3차 산업혁명과 완전히 궤를 달리한다는데 의미가 있다. 3차례의 산업혁명이 인간의 현대 문명을 견인하던 산업혁명에 바탕을 두고 있는 것은 사실이다. 그러나 4차 산업혁명은 3차 산업혁명이 컴퓨터와 인터넷으로 세계를 하나로 묶어준다는 것을 전

1) 「인공지능 새로운 타자의 출현인가」, 신상규, 계간 철학과현실, 2017 봄(112호)

제로 시작하지만 보다 차원 높은 발전으로의 변환을 예시하기 때문이다.

한국전자통신연구원(ETRI)의 이승민 박사는 인공지능(A.I.)이 지배하는 세상은 과거 캄브리아기 대폭발 시대에 해당한다고 주장했다. 현재 시점에서 제4차 산업혁명이 갖고 올 영향력이 그만큼 크다는 뜻이다. 지금으로 부터 약 5억4300만 년 전부터 약500만년 동안 지구의 생명체가 고속 진화를 일으켰는데 이를 '캄브리아기 대폭발'이라 부른다. 영국의 고생물학자인 앤드류 파커 박사는 바로 이 시기에 생물체들에게 '눈'이 생겨 '빛'을 인식하게 되었고 이 '눈의 탄생'이 캄브리아기 생물의 생명 대폭발(빅뱅)을 가져왔다고 주장했다.

이 말은 제4차 산업혁명을 견인할 인공지능(A.I.)에게 새로운 눈이 첨가되어 과거 '캄브리아기 대폭발'과 같은 폭발적인 변화를 초래할 수 있다는 뜻이다. 알파고와 이세돌간의 세기의 바둑 대결로 많은 사람들에게 알려진 인공지능은 이제 '딥러닝'과 같은 알고리즘으로 무장하여 새로운 시대로 진격하고 있다고 알려진다. 그동안 인간이 알고리즘을 이해하여 컴퓨터(로봇)에게 주입시켰지만 이제는 기계의 알고리즘이 인간을 이해하는 시대가 되었다는 것이다.

제4차 산업혁명이 얼마나 큰 파장을 갖고 올 수 있는가는 다음으로도 알 수 있다.

과거 로마 제국은 전체 세계 영토의 3.64%, 중국 청 왕조는 전 세계의 9.87%를 차지했다. 전 세계를 자국의 식민지로 편입시킨 대영제국은 22.63%, 아시아를 통합했던 몽골제국의 영토 장악력은 22.29%에 불과하다. 인류 사상 가장 거대하다는 제국들도 25% 미만의 영토를 갖고 세계를 좌지우지한 것이다.

그런데 현재 구글의 모바일기기 운영체제(OS)인 '안드로이드'와 마이크로소프트의 윈도 OS 점유율은 거의 76%나 되며[2] 국가별 검색엔진의 90%이상을 구글이 차지하고 있고 〈페이스북〉의 국가별 SNS의 점유율도 80%에 달한다. 현 단계에서 과거의 제국주의보다 큰 힘을 글로벌 기업들이 대체하고 있다는 뜻인데 이 말은 국가 체제로는 새로운 시대 즉 '4차 산업혁명'에는 순발력 있게 따르지 못한다는 것을 의미한다. 이와 같은 새로운 시대는 다음과 같은 변화가 가능하기 때문이다.

> '인공지능화가 되면 컴퓨터 파워는 엄청난 베타 수준으로 간다. 인간이 상상할 수 있는 규모가 아니다. 쓰나미처럼 밀려온다. 과거 실험실에서 연구하던 규모로는 설명할 수 없게 된다. 이제 인공지능은 한 기업이나 국가의 문제가 아니라 전 세계의 문제다.'

인간의 노동구조는 산업혁명 이후 세분화, 전문화시키는 작은 프레임하에서 작동되었다. 그러나 인공지능은 현재 인간이 만들어 낸 세분화된 구조를 최적화된 시스템으로 산업 시스템 전반과 인프라에 큰 영향을 줄 수 있다. 이러한 변화는 그동안 어느 누구도 예측하지 못했는데 그 단초를 알파고와 이세돌 간의 바둑 대결로 촉발되었다는 것이다. 특히 알파고가 바둑의 고수인 이세돌을 4승 1패로 물리친 것은 그동안 비밀로 싸여있던 인공지능의 능력을 단적으로 보여주었다. 이 말은 현재 개발된 알파고의 능력과 같은 혁신이 보다 업그레이드되면 제4차 산업혁명으로의 진행이 보다 빠른 속도로 촉진될 수 있다는 것을 예견한다.[3]

---

2) 「구글 안드로이드, MS 윈도 '37년 천하' 깼다」, 유하늘, 한국경제, 2017.04.06

3) 「디지털 캄브리아기 빅뱅 온다」, 김지혜, 사이언스타임스, 2016.06.03

제4차 산업혁명을 한 마디로 정의하는 것이 간단한 것은 아니므로 여러 가지로 설명되지만 대체로 다음과 같이 설명되는 것에는 이론이 없다.

'4차 산업혁명의 핵심은 사물인터넷, 소셜 미디어 등으로 인간의 모든 행위와 생각이 온라인의 클라우드 컴퓨터에 빅데이터의 형태로 저장되는 시대가 온다는 것이다.'

이것은 사실상 온라인과 오프라인이 일치하는 세상이 온다는 것을 의미한다. 이를 부르는 이름도 여러 가지인데 디지로그(Digilogue), 사이버피지컬시스템(Cyber Physical System), O2O(Online to Offline)도 있다.

그런데 이들이 변모시키는 미래세상은 현재와 상당히 다르다. 학자들은 제4차 산업혁명으로 사물인터넷, 유비쿼터스, 스마트시티, 스마트홈 등이 현실화되는데 걸림돌이 없다고 단언해서 말한다.

사실 미래 세상이 어떻게 변할까하는 것은 예측하기 어려운 일이다. 그러나 이들이 무엇을 의미하는지는 핸드폰을 갖고 자동차를 운전하는 사람들은 재빠른 내비게이션의 변화로도 알 수 있다. 현재 구글은 지구 전체를 촬영하여 통째로 온라인상에 올려놓고 있는데(Google Earth), 이를 활용하여 각 나라별 지도 및 도로 시스템을 데이터로 저장하고 위치추적시스템(GPS)을 통해 도로 위의 모든 자동차들의 움직임을 측정해 내비게이션 시스템으로 제공한다. 자동차를 운전할 때 핸드폰을 사용하는 '카카오내비', 'T-map'이 그것이다.

이 시스템이 얼마나 현대인들에게 도움이 되는지는 국내 교통 상황을 연상하면 잘 알 수 있다. 내비게이션이 없을 때 길이 막히면 도로에서 하염없이 기다릴 수밖에 없으므로 어느 길로 가야할지 막막했다. 그러나 이제는 내비게이션이 도착 예정시간을 알려주고 어느 길은 교통 체증이 있으므로 목적지에 가장 빨리 갈 수 있는 길을 안내해준다. 과거의 내비게이션은 별도로 구입하여 장치해야 하지만 '카카오내비', 'T-map' 등은 평상시 사용하는 핸드폰을 사용하는데 핸드폰의 내비게이션은 빅데이터를 기반으로 한다.

▶ 카카오내비

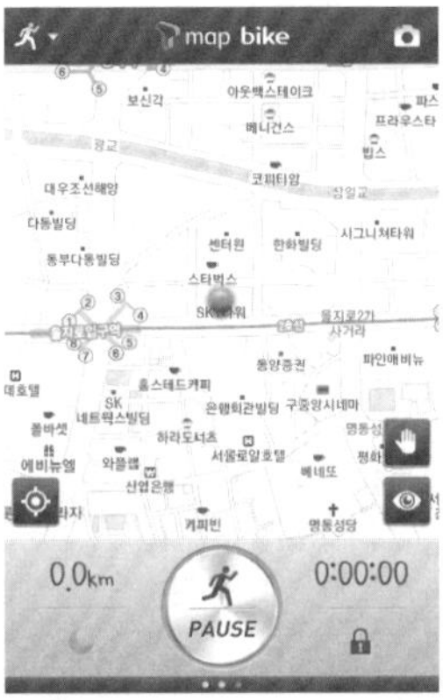

▶ T-map

인공지능을 통해 앞으로 전개될 새로운 세상은 사람들이 직접 요구하는 것을 넘어 '원할 것 같은 것'을 미리 예측해 제공하고 그들도 인식하지 못하는 숨겨진 욕망을 추적해 제품과 서비스를 제공하는 시대로 변모한다고 말해진다. 아마존은 주문이 들어오기 전에 고객의 행동을 예측해 '주문할 것 같은 물건'을 사전에 포장하고 기다린다. 어느 제품을 판매한 후 고장 날 때 애프터서비스를 하는 것이 아니라 사전에 고객에게 사용

정보를 알려주어 미리 고장 날 때의 낭패를 예방해 줄 수도 있다.

그동안 생산자와 소비자 관계는 우군이기도하고 적군이기도 하다. 생산자는 되도록 많은 이득을 얻기 위해 소비자로부터 많은 수익을 받기 위해 저가로 물품을 공급하고자 한다. 기본적으로 소비자는 울며 겨자 먹기로 공급자의 주장에 따른다. 소위 생산자가 갑이다. 그러나 어떤 문제가 생기면 소비자가 오히려 공급자의 문제점을 공격하여 갑으로도 변한다.

이와 같은 이분법적인 '갑', '을' 관계는 4차 혁명시대에 더 이상 존재할 수 없다. 정재승 박사는 앞으로 완제품을 시장에 내놓는 것이 아니라 인공지능을 통해 고객과 함께 성장하는 제품을 양산하는 시대가 될 것이라고 예상했다. 얼마 전만해도 상상할 수 없었던 이런 변화에 어떻게 대처해야 하는 것이 화두이지 않을 수 없는데 이것은 4차 산업혁명의 핵심이 과연 어떤 기술로 움직이느냐로 귀결된다.[4] 이런 의미에서 4차 산업혁명을 이끌고 있는 핵심 요소들이 있기 마련이다. 한마디로 이런 핵심 요소가 등장하지 않았다면 제4차 산업혁명은 원천적으로 출발할 수 없었을 것으로 생각한다.

---

4) 『4차 산업혁명의 충격』, 클라우스 슈밥 외, 흐름출판, 2016

4 빅데이터

제4차 산업혁명이란 엄청난 변화를 갖고 올 핵심으로 제일 먼저 제시되는 것은 '빅데이터(Big Data)'이다. 이것은 미래 세상이 원천적으로 가능하려면 각 사물에 대한 엄청난 데이터들을 적시 적소에 처리해야 한다는 것을 의미한다. 그러므로 학자들은 디지털 혁명의 확산으로 규모를 가늠할 수 없을 정도로 많은 정보와 데이터가 생산되는 상황을 '빅데이터 환경'이라고도 부른다. 빅데이터란 과거 아날로그 환경에서 만들어진 데이터에 비하면 그 규모가 방대하고, 생성 주기도 짧고, 형태도 수치 데이터뿐 아니라 문자와 영상 데이터를 포함하는 대규모 데이터를 말한다. 빅데이터가 현대인들의 일반 생활에 얼마나 깊숙이 들어와 있는지는 다음으로도 알 수 있다.

'사용자가 직접 제작하는 UCC를 비롯한 동영상 콘텐츠, 휴대전화와 SNS(Social Network Service)에서 생성되는 문자, 블로그나 SNS에서 유통되는 텍스트 정보를 통해 글을 쓴 사람의 성향뿐 아니라, 소통하는 상대방의 연결 관계까지도 분석할 수 있다. 또한 사진이나 동영상 콘텐츠를 PC를 통해 이용할 수 있으며 방송 프로그램도 TV수상기를 통하지 않고 PC나 스마트폰으로 볼 수 있다.'

현재 스마트폰이나 태블릿 PC에 들어간 칩과 센서에 인간들이 무제한적으로 입력하는 정보가 엄청난 양의 데이터를 생산하고 있다는 것은 알려진 자료로만으로도 알 수 있다. 현재 트위터(twitter)에서만 하루 평균 1억5,500만 건이 생겨나고 유튜브(YouTube)의 하루 평균 동영상 재생

건수는 40억 회에 이른다. 모바일 데이터는 매년 61%씩 증가하고 있으며 데이터 전체 양은 50~60%씩 늘어나고 있다. 다국적 데이터 회사들이 추측하는 데이터의 양은 그야말로 천문학적으로 2020년경 40제타바이트(zettabyte)에 달할 것으로 예측했다. 1제타바이트는 1조 바이트 즉 1,000엑사바이트(exabyte)인데 1엑사바이트는 미 의회도서관 인쇄물의 10만 배에 해당하는 정보량이며 1제타바이트는 전 세계 사람이 35년 동안 쉬지 않고 감상할 수 있는 DVD 2,500억 개 가량의 용량이다. 이를 개인별로 나누면 300만 권의 책에 담긴 데이터 용량에 버금간다.[5)]

SNS, 사진, 동영상 같은 다채로운 디지털 정보가 등장하면서 주요 도로와 공공건물은 물론 소규모 마트, 아파트 엘리베이터 안에까지 설치된 CCTV도 빅데이터의 부산물이다. 세계 각지에서 촬영되는 수많은 영상 정보의 양이 상상할 수 없을 정도로 거대한데 이들을 저장한다면 그 분량이 얼마나 거대한지를 이해할 것이다.

그러나 빅데이터라 하면 상상할 수 없는 규모의 거대한 용량을 가진 데이터를 연상하지만 현재 널리 사용되고 있는 빅데이터의 의미는 엄청난 규모의 데이터 자체를 넘어 이를 관리하고 분석하기 위해 필요한 인력과 조직, 기술을 포괄한다. 이런 의미에서 빅데이터란 기존 데이터베이스 관리 도구로 데이터를 수집, 저장, 관리, 분석할 수 있는 역량뿐만 아니라 대량의 정형 또는 비정형 데이터 집합과 이러한 데이터로부터 가치를 추출하고 결과를 분석하는 기술을 총칭한다.[6)]

빅데이터는 3V 즉 데이터의 양(Volume), 데이터 생성 속도(Velocity),

---

5) 「스마트워크)」, 이지영, 네이버캐스트, 2013.11.21
6) 『기업을 바꾼 10대 정보시스템』, 노규성, 커뮤니케이션북스, 2014

형태의 다양성(Variety)로 요약된다. 여기에 가치(Value), 복잡성(Complexity)이 포함되기도 한다.

빅데이터의 용량이 크다는 것은 단순 저장되는 물리적 데이터 양뿐만이 아니라 이를 분석, 처리하는 데 어려움이 따를 만큼 네트워크 데이터가 급속하게 증가한다는 것을 의미한다.

둘째 특징인 데이터의 다양성(variety)은 매우 골머리 아픈 문제점을 제기한다. 즉 오늘날 매일 쏟아지고 분석해야 하는 데이터의 형태가 매우 다양하기 때문에 단순히 큰 규모로만으로 빅데이터라고 할 수 없다는 것이다. 그동안의 데이터는 기업의 재무 데이터처럼 비교적 형태가 잘 정리된 것들이지만 최근 쏟아지는 데이터들은 정해진 형식에 맞추어진 것들이 아니라 매우 다양한 형태를 보이고 있다. 각종 SNS에 올려지는 글들, 뉴스나 커뮤니티 사이트의 게시물들, 유튜브의 동영상, 팟캐스트, 음악, 사진 등은 각기 자유롭게 제작하고 올린다. 누구도 형식을 지정해 주지 않고 제각각으로 이런 크기와 내용이 제각각인 데이터를 비정형화 혹은 비구조적인 데이터라 하는데 학자들은 앞으로 이런 비정형 데이터가 전체의 90% 이상을 차지할 것으로 추정한다. 속도 문제는 〈클라우드 컴퓨팅〉 장에서 별도로 설명한다.

문제는 빅데이터를 저장만한다고 해서 각 개인의 입맛에 맞게 활용될 수 있는 것은 아니다. 2017년 9월 인터넷 구글(Google)에서 'google'이란 단어를 입력했더니 검색결과 약 11,460,000,000개의 목록이 나왔다. 'Love(사랑)'를 치면 7,790,000,000건이 올라오며 'Simple(단순)'를 치자 3,210,000,000건이 올라왔다. 인간 생활에서 가장 중요하다고 생각되는 사랑과 마찬가지로 단순이라는 것이 인간과 매우 밀접하게 접목되어 있다는 것을 말하지만 이들 정보 중에서 자신에게 필요한 것을 어떻게 찾아내느냐는 차원이 다른 일이다.

다양하고 방대한 규모의 데이터를 분석하여 의미 있는 정보를 찾아내는 시도는 예전에도 존재했다. 그러나 현재의 빅데이터 환경은 과거와 비교해 데이터의 양은 물론 질과 다양성 측면에서 완전히 다르다.[7] 데이터 분석은 이미 오래전부터 인간들이 사용해 온 방식인데 이를 효율적으로 활용하려면 일반적으로 다음 6단계를 제시한다.

① 문제 인식

분석은 자신이 하고 있는 업무나 관심을 갖고 있는 분야에서 문제점을 찾아내고 그것을 해결하려는 것이다. 문제의 인식 단계에서 무엇이 문제가 되고 왜 이 문제를 해결해야 하는지, 문제 해결을 통해 무엇을 얻을 있는지 등을 명확히 한다.

② 관련 연구 조사

문제와 직간접적으로 관련된 정보를 조사하여 문제를 보다 명확하게 정하는 단계다. 특히 문제와 관련된 주요 변수들을 파악하는 것도 중요하다. 모든 문제 해결은 무에서가 아니라 유 즉 관련 자료에서 시작되므로 수집된 자료로부터 문제와 관련된 변수를 뽑아낸다.

③ 모형화(변수 선정)

모형은 문제를 의도적으로 단순화한 것을 말하므로 문제와 본질적으

7) 『빅데이터』, 정용찬, 커뮤니케이션북스, 2013

로 관련된 변수만 추려서 재구성하는 것이다. 문제가 갖고 있는 특성의 주요 요소를 기본으로 주요 변수를 분석한다.

④ 자료 수집(변수 측정)

변수가 선정되면 그 변수들을 측정한다. 자료는 변수들의 측정치를 모아 제기된 문제를 모형화를 통해 주요 변수로 재구성하고 측정하여 자료로 제공한다.

⑤ 자료 분석

자료를 통해 규칙적인 패턴 즉 변수 간의 관련성을 파악한다.

⑥ 결과 제시

자료 분석을 통해 변수 간의 관련성이 파악되면 그 결과가 의미하는 바를 해석해서 이를 보고서로 제출한다. 보고서에는 대안제시가 필수로 명확한 대안 제시가 없다면 효용도가 떨어진다.[8)]

위와 같은 데이터 분석이 기업의 운명을 좌우한다는 명제하여 세계적인 기업은 모두 빅데이터를 활용하는데 게을리 하지 않는다. 4차 산업혁명에서는 인공지능 플랫폼 선점하는 자가 세상을 차지한다고 믿기 때문이다. 구글, 아마존, 마이크로 소프트, IBM가 빅데이터 활용에 총력을 기우리는데 각자 자신만의 차별성을 갖는데 주력하지만 다음 핵심 기술에는 공통적으로 집중 투입한다.

---

8) 『빅데이터가 만드는 제4차 산업혁명』, 김진호, 북카라반, 2016

① 텍스트를 이해하고 작성하고 번역하는 '자연어 처리' 능력 개발

② 지도(Supervised Learning)와 비지도 학습(Unsupervised Learning)이 가능한 '머신 러닝' 영역

③ 인간의 추론 부분에 해당하는 지식을 표현하는 능력

④ 인간의 감각과 스피치를 모방할 수 있는 패턴 인식 기술

⑤ 인공지능 로봇과 자율주행차 개발을 위한 계획 수립[9)]

(1) 분석의 효과

〈이코노미스트〉가 전 세계 약 600개 기업을 대상으로 실시한 빅데이터에 관한 조사에서 대상자의 10%는 빅데이터가 기존 비즈니스 모델을 완전히 바꿀 것이며, 46%는 기업 의사결정의 중요한 요소로 작용할 것으로 응답했다.

빅데이터라는 개념은 인터넷이 본격적으로 활성화되기 이전부터 알려진 내용이다. 사실 많은 산업체 경영진들은 회사를 경영할 때 직관을 따르는 것보다는 데이터를 활용하는 것이 훨씬 유리하다는 사실을 인지했다. 그러나 막상 이를 실무 현장에 도입하는 것은 간단한 일이 아니다. 우선 필요한 데이터를 확보하는 것이 만만치 않고 설사 확보했다고 해서 반드시 성공한다는 보장이 되는 것도 아니기 때문이다.

다소 어정쩡한 상황에 빅데이터가 필요하다는 것을 잘 알려준 사건이 '머니볼(moneyball)' 이론이다. 미국 메이저리그 오클랜드 애슬레틱스의 빌리 빈(William Lamar Beane) 단장이 주장한 이론으로 야구선수 출신인 빈은 선수의 연봉 계약에 이용되는 기존의 선수 평가 방식에 문제

---

9) 「인공지능 선점 기업이 세계 지배」, 김은영, 사이언스타임스, 2016.05.30

가 있다고 생각했다. 단적으로 자신의 예로 보아도 앞날이 보장된 유망주였지만, 선수로서는 실패했는데 그것은 선수들을 평가하는 방식에 문제가 있었기 때문이라는 것이다. 그는 선수 경험을 볼 때 홈런이나 타율이 높은 타자도 중요하지만 일단 1루에 출루해야 득점의 기회가 있으므로 출루율이 높은 타자가 경기를 승리로 이끄는데 매우 중요하다는 것이다.

그가 구단의 단장이 되었을 때 오클랜드는 메이저리그 구단 중 꼴찌에서 3번 때로 열악한 재정 형편 때문에, 연봉이 높은 선수들을 마음껏 확보할 수 없었다. 그러므로 그는 하버드대학교에서 경제학을 전공한 폴 데포데스터(Paul DePodesta)를 영입해 타율, 홈런, 도루는 적지만 출루율이 높은데도 저평가된 선수를 저렴한 연봉으로 데려와 팀을 꾸렸다. 한마디로 저비용、고효율 구조로 야구단을 재창조했는데 놀랍게도 1990년대 이후 만년 꼴찌인 오클랜드로 하여금 2002년 20연승을 비롯하여 5번의 포스트시즌 진출이라는 돌풍을 일으켰다.

빌리빈의 생각은 간단하다. 인생은 확률 게임이라 볼 수 있는데 야구에서 3할 타자는 강타자이고 2할 5푼은 평범한 타자로 인식하는데 이 차이는 5퍼센트에 지나지 않는다는 점이다. 빌리빈은 이 5퍼센트의 차이는 안타를 치든 포볼을 얻든 진출하기만 하면 상쇄될 수 있다고 생각했다.

빈이 선수를 평가하는 데 이론적 기반을 제공하는 것이 '세이버매트릭스(Sabermatrics)'이다. 1970년대 빌 제임스(Bill James)가 창안한 세이버매트릭스는 다년간 누적된 야구 통계를 수학적으로 분석해 선수의 능력을 평가하는 방법을 말한다. 그의 성공은 미국 경영진에 큰 충격을 주었다. 그러므로 미국 〈월스트리트 저널〉은 미국 경제에 큰 영향을 끼치는 파워 엘리트 30인에 워런 버핏(Warren Buffett), 앨런 그린스펀

(Alan Greenspan)과 함께 빌리 빈을 선정할 정도였다.[10]

빌리 빈의 머니볼 아이디어 즉 데이터에 기반한 메이저리그의 성공담을 곧바로 도입한 곳이 대형할인점인 타켓(Target)이다. 타켓의 핵심은 통계 부서를 육성하는 것으로 자사 매장에서 추출한 방대한 데이터를 분석해 매출을 더 많이 올릴 수 있는 방안을 찾는 것이다.

▶ 대형할인점인 타켓(Target)

타켓은 소비자의 구매 목록뿐만 아니라 소비자의 나이, 성별, 혼인 여부, 자녀수, 주소지의 주변 여건 등은 물론 소비자가 자사 웹사이트에서의 활동까지 수집해서 이를 함께 분석한다. 타켓은 이런 분석을 통해 소비자들의 구매 습관이 거의 변하지 않는다는 점을 발견했다. 사람들이 보통 식료품을 사러 슈퍼마켓으로 가며 옷이나 기타 잡화를 살 때 쇼핑몰을 들린다. 그런데 타켓은 음식부터 가전제품, 가구 등 거의 모든 제품을 판

10) 『기업을 바꾼 10대 정보시스템』, 노규성, 커뮤니케이션북스, 2014

매하므로 고객이 어떤 물품이라도 구입할 생각이 나면 우선 자신들의 '타켓'사를 떠오르도록 소비자의 구매 습관을 바꾸어야 한다고 생각했다. 타켓의 전략은 고객들이 자신의 마케트를 다시 방문해달라는 의미로 주로 고객이 앞으로 구입할 예상 물품을 예상하여 그 부분 목록과 함께 쿠폰을 주는 것이다.

문제는 소비자가 평생 동안 몇 차례 중요한 시기를 제외하고 구매습관을 거의 바꾸지 않는다는 점이다. 중요한 시기란 소비자가 다른 장소로 이사하거나 아이를 갖는 경우다. 그런데 수집된 데이터로는 고객이 언제 이사할지를 알지 모른다는 점이다. 즉 어느 고객이 여행용 가방이나 차량용 밧줄을 구입한다고 해도 그 고객이 이사한다고 단정할 수 없으며 더구나 어느 지역으로 이사할 지는 더더욱 알 수 없는 일이다.

그런데 타켓은 빅데이터를 이용하여 임신부를 찾아내는 것이 상대적으로 수월하다는 것을 발견했다. 타켓이 임신부에게 집중한 것은 일단 임신한 사실을 알게 된 이후부터 임신과 출산 이후에 필요한 여러 종류의 물품을 계속 구매한다는 점이다. 그러므로 고객의 출산 시기를 예측하면 자사의 제품을 홍보하는데 매우 유리하다는 결론을 내렸다.

그러므로 타켓은 출산시기를 예측하는 프로그램을 토대로 임신한 여성 고객을 대상으로 3개월 주기로 맞춤형 쿠폰을 송부했다. 이를테면 첫 3개월 동안은 임신한 고객에게 비타민 보충제 쿠폰 등을 제공하는 식이다. 문제는 이들의 예측 모델이 매우 정확하다는 점이다.

그런데 임신한 고객 중 임신 사실을 비밀로 하고 싶은 경우도 있기 마련이다. 타켓은 이 문제로 큰 곤욕을 치렀다. 한 고객을 임신부로 판단하고 계속하여 임신에 관한 쿠폰을 보냈다. 그런데 안타깝게도 그녀는 아직

고등학생이었다. 타켓에서 보낸 쿠폰이 계속 우송되자 아버지가 타켓 매장을 방문하여 항의했다. 그는 고등학교 다니는 딸에게 아기 옷, 아기 침대 쿠폰을 주는 것이 말이 되냐고 항의했다. 한마디로 어린 딸에게 임신하라고 조언하는 것 아니냐는 뜻이다. 매장에서 총알같이 사과하면서 상황을 수습하려고 했다. 그런데 얼마 후 아버지가 사과 전화를 했다. 딸이 임신했다는 것이다. 타켓이 딸의 부모들도 알아채지 못하는 임신사실을 사전에 파악했다는 것인데 이것은 빅데이터의 활약 때문이다. 이 문제는 미국에서 빅데이터가 심각한 프라이버시 문제를 일으킬 수 있다는 점에서 큰 반향을 일으켰다.

타켓이 보여주는 핵심은 인간의 행동(고객의 구매 패턴) 데이터를 분석하면 미래를 예측할 수 있다는 점이다. 이러한 데이터를 통한 예측은 매장의 판매에만 국한되는 것은 아니다.

유럽인들도 쌀을 많이 먹지만 한국인을 비롯한 아시아인처럼 쌀을 주식으로 하지는 않으므로 쌀이 상점의 주요 판매 지수는 아니다. 일반적으로 한국인이 잘 먹는 쌀은 다른 종류의 쌀보다 매우 저렴하여 상점으로 볼 때는 환가성이 매우 낮은 물품이라고 볼 수 있다. 그럼에도 불구하고 한국인이 많이 살고 있는 지역의 슈퍼에서는 한국인용 쌀을 기본 준비물품으로 전시한다. 경영에 도움이 되지 않는다고 생각되는 한국인들이 선호하는 쌀을 비치하는 것은 한국인이 쌀만 사는 것이 아니기 때문이다. 소위 슈퍼 마케트 측으로 보면 쌀이 미끼 상품인데 이 역시 데이터 분석에 의한 것이다.

일본의 최대 전자상거래 업체인 라쿠텐(樂天)은 슈퍼 데이터베이스(DB)를 구축해 이를 기반으로 다양한 마케팅 활동을 벌이고 있다. 슈퍼

데이터베이스는 회원의 기본 정보와 구매 내역, 서비스 예약 정보가 통합되어 있다. 라쿠텐은 이를 활용해 그룹 내 전자상거래 사업과 신용 · 결제 서비스, 포털, 여행, 증권, 프로스포츠 사업 부문에서 공동 활용한다.

하루 40억 회 이상 동영상이 검색되는 유튜브도 이용자가 자신이 선호하는 동영상 채널을 구성할 수 있는 개별 홈페이지를 제공하고 있다. 개인별로 동영상 이용 데이터가 축적되면 이를 SNS 정보, 인적 네트워크 정보와 연계해 다양한 개인 맞춤형 서비스를 제공할 수 있다.

패스트 패션(fast fashion)의 선도자인 자라(Zara)는 현재 유행하는 패션 트렌드를 즉시에 반영해 단기간에 다품종 소량 생산하는 초스피드 전략을 채택하고 있다. 이러한 전략을 뒷받침하기 위해서 상품 수요를 예측하고 매장별 적정 재고를 산출하며 상품별 가격 결정과 운송 계획까지 실시간 데이터 분석에 의존하고 있다. 또한 자사 고객 데이터뿐 아니라 제휴회사의 데이터를 활용한 제휴 마케팅도 포함한다.

(2) 빅데이터는 흥행의 바로미터

빅데이터는 데이터 양이 많으면 많을수록 효율성이 높게 마련이다. 그러므로 구글은 이런 상황을 잘 숙지하고 접근할 수 있는 모든 웹 페이지를 탐색해서 제목과 내용이 검색어와 얼마나 밀접한 관계를 가지는지를 측정해 지수로 환산한다. 이렇게 방대한 작업을 빠른 시간에 처리하기 위해 '구글분산파일' 시스템과 '맵리듀스'라는 처리 기술을 개발했다. 구글은 자사가 개발한 자동번역 시스템을 '통계적 기계 번역(statistical machine translation)'이라고 표현하는데 이는 컴퓨터에게 문법을 가르치지 않고 사람이 이미 번역한 수억 개의 문서에서 패턴을 조사해서 언

어 간 번역 규칙을 스스로 발견하도록 하는 방식이다.[11)]

IBM 연구소가 개발한 슈퍼컴퓨터 '왓슨'도 인간의 언어에 대한 이해를 기반으로 방대한 정보를 빠르게 검색하는 기술을 개발했다. 왓슨은 2011년 2월 미국에서 가장 인기 있는 퀴즈쇼 〈제퍼디(Jeopardy!)〉에 출연해서 인간 챔피언과 겨뤄 승리했다. 〈제퍼디〉 퀴즈의 질문은 분야가 광범위하고 은유적인 표현이 포함되어 사람들조차도 의미를 파악하기 어렵다. 왓슨은 4테라바이트(TB)의 디스크 공간에 저장된 2억 페이지에 달하는 콘텐츠를 활용했다.

인터넷 상의 정보 바다에서 소비자가 자신이 원하는 제목을 효과적으로 찾을 수 없으므로 정보의 과부하를 해소하기 위해 기업들은 다양한 추천 시스템을 활용한다. 예를 들어 인터넷 사이트 검색을 통해 자신의 취향과 선호에 맞는 여행지를 결정하고 이동수단과 묵을 곳을 정해 예약하려면 상당한 정보 탐색의 시간이 필요하다. 하지만 개인 맞춤형 여행 추천 시스템은 개인의 취향과 과거의 여행 기록 등을 토대로 고객이 가장 흥미를 가질 만한 장소를 추천해주므로 정보 탐색의 부담이 크게 줄어든다. 이런 개인 맞춤형 추천 기법은 도서, 영화, 음악, 쇼핑, TV, 인터넷 콘텐츠, 신문이나 잡지 기사뿐 아니라 온라인 데이터까지 광범위하게 활용된다. 개인맞춤형 추천 기법은 어떤 정보 즉 제품 특성, 고객 취향, 구매 기록 등을 사용해 개인이 가장 좋아할 만한 아이템을 추천하느냐에 따라 달라진다.

이를 위해 협업 필터링(collaborative filtering) 기법이 사용되는데

---

11) 「[인공지능] 알파고 알고리즘 집중분석 IT 이야기」, 이상옥, 2016.03.13
http://blog.naver.com/sanny0314/220653317353

구매, 시청, 청취 등 고객의 유사한 행위나 평가 정보를 맞춤형 마케팅으로 각 고객에게 제시할 수 있다. 협업 필터링(collaborative filtering) 기법을 가장 적극적으로 활용한 예가 미국의 신생 미디어 콘텐츠 유통기업인 넷플릭스(Netflix)이다. 넷플릭스는 이용자의 영화 대여 목록에 기초해서 새로운 영화를 추천해주는 시네매치(Cinematch) 시스템을 개발했는데 이런 작은 아이디어가 빅데이터를 활용하면 세계적인 거대기업이 될 수 있다는 것을 보여주어 그야말로 세계인들에게 충격을 주었다.

1997년 리드 헤이스팅스(Reed Hastings)는 미국에서 대형 비디오 대여 업체인 '블록버스터'에서 영화 「아폴로 13」을 빌렸는데 깜빡하고 늦게 반납하여 연체료 40달러를 물었다. 그는 언제 반납하더라도 연체료를 내지 않고 DVD를 빌려 볼 수 있는 방법을 구상하기 시작했고 이를 실천에 올린 것이 넷플릭스이다. 그는 헬스클럽처럼 매달 정액제로 온라인으로 영화 DVD를 주문해 무료 우편서비스로 받아 본 뒤 다시 무료 우편서비스로 반납하는 시스템이다.

그가 이 사업을 구상하자 많은 지인들이 곧 망할 것이라고 말했다. 당시 이미 〈블록버스터〉란 공룡이 미국 구석구석에 9,000여 개 이상의 대여점을 두고 매년 30억 달러 이상 수입을 올리며 시장을 장악하고 있었다. 더욱이 미국 우편서비스는 '달팽이 우편'이라 할 정도로 느린 것으로 소문나 있었다. 그러나 모두의 예상을 뒤엎고 넷플릭스는 1999년 500만 달러 매출에서 2006년 10억 달러, 2013년 44억 달러로 초스피드 성장을 했으며 전 세계 회원수가 5,000만 명이 넘을 정도다. 후담을 말하자면 거대 공룡 〈블록버스터〉는 결국 파산했다.

넷플러스의 성공 비결은 개인 맞춤형 영화 추천을 잘 활용했다는 것이다. 일반적으로 많은 사람들이 어떤 영화 DVD를 빌릴지 결정하는데 어려움을 겪는데 그가 만든 영화 추천 엔진 '시네매치' 알고리즘은 장르별로 분류한 영화 10만 개에 대한 2,000만 건의 고객 영화 평점을 활용한다. 또한 각 회원의 웹사이트 내에서 클릭 패턴이나 검색어 입력 등 행동 패턴, 실제 콘텐츠 대여 이력, 시청 영화에 부여한 평점 등을 분석해 고객 취향에 맞춰 영화를 추천하고 DVD 재고 상황을 최적화한다. 회원 80% 정도가 시네매치가 추천한 영화를 대여하므로 영화 감상 후 만족도도 90%나 된다.[12)]

중요한 것은 넷플릭스에서 엄청난 컴퓨터 장비를 동원한 것이 아니라 빅데이터와 클라우드 컴퓨팅 시스템을 적극적 활용했다는 점이다. 과거 대형 업체들이 정보를 얻고 이를 저장, 분석하기 위해 어마어마한 컴퓨터 시설을 기본으로 했는데 넷플러스는 인터넷의 장점 즉 무료로 모든 호텔 안내 사업을 처리할 수 있었다는 것이다. 소프트웨어 즉 작은 아이디어와 오로지 개인용 PC만 갖고 거대기업으로 성장시킬 수 있음을 보여준다. 4차 산업혁명의 핵심 요소인 빅데이터의 중요성을 알 수 있을 것이다.

그런데 이런 사용자 기반(user-based) 협업 필터링 방식을 사용하려면 그전에 고객의 선호나 행위에 대한 많은 데이터가 축적되어야 한다. 한마디로 계속 같은 상점을 방문하여 구매하는 경우 이들 정보를 토대로 고객에 대한 선호도를 분석할 수 있다. 그러나 새로 출시된 제품에는 고객 선호에 대한 충분한 데이터가 부족하므로 추천에 어려움을 겪을 수밖에 없다.

이런 문제점 극복을 위해 남다른 아이디어를 도출한 곳이 아마존이다.

---

12) 『빅데이터가 만드는 제4차 산업혁명』, 김진호, 북카라반, 2016

아마존도 당대에 최고의 첨단 기술인 협업 필터링 기법을 사용하여 고객을 유치하려고 했다. 그러나 영화와 책은 영역이 다르다. 특히 인쇄물의 경우 하루에도 엄청나게 많은 양의 책들이 쏟아져 나오므로 신간 서적 특성상 추천의 정확도가 낮기 마련이다. 그래서 아마존은 고객 선호나 행위는 고려하지 않고 구매한 아이템에서만 유사성을 찾는다. 아마존은 이용자가 아이템을 검색할 때마다 '이 상품을 구입한 사람은 이런 상품도 샀습니다'라는 제목으로 추천 아이템 목록을 제시한다. 더불어 고객이 읽을 것으로 예상되는 책을 추천하면서 할인쿠폰도 지급한다.

전형적인 데이터 분석에 기반한 마케팅 방식은 고객에 큰 도움을 주어 아마존이 비상하는 발판이 되었고 31개 제품 카테고리를 커버하는 세계 최대 인터넷 쇼핑몰로 거듭났다. 한국의 인터넷 도서 판매업체인 교보문고, YES24, 알라딘에서도 자신이 원하는 책을 찾으면 하단부에 다른 고객이 구입한 책이나 유사한 분야의 책을 나열하여 함께 구매할 것을 조언하는 것은 바로 아마존이 성공한 비결을 따른 것이라 볼 수 있다.

제4차 산업혁명의 기본은 예상치 못한 아이디어가 세계를 아우를 수 있다는데 있다. 여기에서의 승부는 창발성 즉 상상력의 보고인 독창성이다. 경쟁의 원리는 대단히 비정하다. 경쟁은 필연적으로 승자와 패자를 갈라놓는데 승자는 소수고 패자는 다수다. 그러나 돌아가는 보상의 몫은 승자가 더 크다. 때때로 현장 특성에 따라 패자에 대한 보조가 있는 경우도 있지만 그것은 사후적인 정책의 결과이지 경쟁 그 자체에 보호본능이 있는 것은 아니다.

윌 스미스는 TV 탤런트를 거쳐 현재 할리우드를 주름잡는 최고의 흥행스타로 활약하고 있다. 2009년 경제 전문지 〈포브스〉가 전 세계 영화전문가 1,400여 명을 대상으로 흥행성(Star currency)을 조사했다. 투자 매력도, 박스오피스 성공 가능성, 매스컴 화제성 등의 다양한 속성을 평가하는데 한마디로 여기서 상위권이라면 눈 감고 투자해도 손해 보지 않는다는 배우를 의미한다.

여기에서 1등한 배우가 윌 스미스이다. 잘 알려진 조니 뎁, 레오나르도 디카프리오, 안젤리나 졸리, 브래드 피트가 2위 그룹군, 톰 행클스, 조지 클루니, 덴젤 워싱톤, 맷 데이먼, 잭 니컬슨 등이 20위 권에 들었다.

윌 스미스는 영화에 본격적으로 데뷔할 때부터 엄청난 성공을 거두었는데 그 방법은 자신 나름대로 빅데이터를 활용했기 때문이다. 윌 스미스가 1990년대 미국 NBC-TV에서 자신의 이름을 딴 시트콤 「더 프레스 프린스 오브 벨에어(The Fresh Prince of Bel-Air)」로 큰 성공을 거두었지만 그가 도전하려는 할리우드는 TV와는 차원이 다른 동네이다.

그는 10년 동안 박스오피스에서 최고 흥행을 거둔 영화 10편을 고른 다음 그 영화 내용을 분석했다. 분석이란 데이터 속에 숨은 일관적인 패턴을 찾는 것이다. 그가 찾아낸 흥행 성공의 패턴은 10편 모두 특수효과를 사용했고 그중 9편이 외계생명체를 등장시켰으며 8편이 러브스토리가 있다는 것이다. 이런 분석을 바탕으로 그가 고른 영화는 「인디펜던스 데이」, 「맨인블랙」이었다. 두 영화 모두 외계인이 등장하고 최고 수준의 특수효과로 무장했다. 이 영화는 전 세계적으로 약 13억 명의 관객을 끌어 모았다.

그의 흥행 성적은 그야말로 놀랍다. 미국 내에서 연속으로 8편이 1억 달러 이상 수익을 냈고 국제적으로는 영화 11편이 연속적으로 1억 5,000만 달러 이상 수익을 내면서 윌 스미스는 『기네스북』에도 올랐다. 지금까지 그가 출연한 20여 편 중 1억 명 이상 관객을 모은 영화가 15편 이상이며 5억 명 이상 관람한 영화도 5편이나 된다. 영화계에서 윌 스미스는 그의 이름 하나로 액션, 코미디, 드라마 등 장르에 관련 없이 많은 관객을 끌어들일 수 있는 최고 흥행 배우라는 것을 알려주는데 그의 성공은 인공지능으로 무장한 빅데이터에서 자신이 가고자하는 길을 찾았고 이를 실천에 옮겼다는데 있다.

영화계에서 빅데이터의 사용은 이제 보편적이다. 영화의 개봉일 선정은 매우 중요한데 과거에는 영화 한 편을 찍고 나면 제작자들이 '손 없는 날'이나 '길일(吉日)'을 개봉일로 잡기 위해 점집으로 달려가는 것은 당연한 일로 생각했다. 그러나 현대는 영화 개봉일을 잡기 이전부터 빅데이터 분석과 사전(事前) 관객 설문 조사, 경쟁 작품 조사 등을 통해서 예상 관객 숫자를 산출한다. 놀라운 것은 빅데이터의 예측이 대부분 적중한다는 것이다.[13)]

(3) 빅데이터는 활용하기 나름

학자들에 따라 빅데이터를 21세기의 원유(原油)라고도 부른다. 원유를 효율적으로 정제하면 휘발유처럼 고부가가치의 연료를 만들 수 있는 것처럼, 수많은 데이터 중에서 가치 있는 정보를 발굴한다면 보다 풍요로운 생활이 가능하다는 점 때문에 붙여진 별명이다.

빅데이터의 기반인 데이터 분석은 기업 내부적으로 다양한 문제를 해결하는 도구도 된다. 실제로 빅데이터를 분석하면 대기업이 회사를 운용·관리하는데 매우 유리한 환경을 부여한다. 가장 중요한 것은 채용된 직

13) 「개봉일 잡으러 점집? 이젠 빅데이터에 물어보죠」, 김성현, 조선일보, 2017.02.23

원이 자신의 능력을 한껏 발휘할 수 있는 임무를 주는 것이다. 즉 빅데이터를 동원하여 동일 그룹 내에 근무하는 수십 만 명의 행동을 분석하여 각자의 능력을 파악하여 그들의 적성에 맞는 직책을 찾아주는 것이다. 한마디로 적성에 맞는 업무를 부여하여 직원과 회사에 '윈윈'하는 방법을 구사하는데 주저하지 않는다.

가장 주목받는 빅데이터 활용방법으로 〈구글〉의 채용방식을 꼽는다. 〈구글〉은 70여 개국에 지사를 두고 있으며 미국에서 일하는 직원만 해도 55,000여 명이 되는데 미국 경제전문지 〈포춘〉이 선정한 '일하기 좋은 100대 기업'에 6년 연속 1위를 차지하므로 세계인들이 선호하는 회사이다. 세계 최고의 연봉, 자유롭고 수평적인 조직 문화로 '신의 직장'이라고 불리기도 한다. 구글의 복지는 상상을 초래하는데 놀이터와 같은 일터, 안락한 사무실, 유기농 식단으로 구성된 양질의 공짜 식사, 업무시간의 20%를 개인적으로 자유롭게 사용할 수 있으며 3개월간 월급을 주는 유급 출산 휴가 등을 주는 것은 물론 70살이 넘어도 엔지니어로 근무가 가능하다. 또한 주기적으로 '구글가이스트(Googlegeist)'라 불리는 설문조사를 실시해 직원들의 친밀도와 행복감을 파악해서 회사 운영 방침에 반영한다.[14)]

구글은 그동안 매년 200만 여명의 지원 서류를 받아 우수한 인재를 찾기 위해 많은 시간과 비용을 투자해 공채시험을 진행했다. 구글은 어느 회사보다 근무 여건이 좋다고 자부하므로 평범한 사람을 뽑아 교육과 훈련을 통해 인재로 키우는 것보다 최고 인재를 뽑는 것이 훨씬 효율적이라고 생각했다. 그러므로 200여만 명의 지원자 중 4,000~5,000명을 뽑

14) 『구글은 빅데이터를 어떻게 활용했는가』, 벤 웨이버, 북카라반, 2015

는데 엄청난 채용 자금을 투입하는데 주저하지 않았다. 그럼에도 불구하고 채용한 사람들에 대한 만족도가 생각보다 높지 않자 공채시험 없이 인재를 선발할 수 있는 방법을 강구했다.

▶ 구글 본사(미국 캘리포니아 실리콘밸리)

과거에 지원서류가 도착하면 우선 학점이 일정 이상 되어야 하며 면접 통보를 받은 지원자는 2개월에 걸쳐 6~7회 면접을 거친다. 까다로운 문제를 거쳐 직원을 뽑았지만 구글은 학점과 면접이 지원자 능력을 평가하는 데 신뢰할 수준이 아니라는 것을 깨달았다. 한마디로 기존의 방식으로는 훌륭한 인재를 알아보지 못할 확률이 높은 것은 물론 급증하는 채용 수요에 맞춰 적기에 인재를 채용하는 것도 간단한 일이 아니라는 결론이다.

구글이 채택한 채용방법은 다소 의외다. 구글은 지원 채용용 수학적 알고리즘을 개발한 후 온라인으로만 입사 지원을 받는다. 구글이 개발한 알고리즘은 지원자들의 경험과 인성의 어떤 요소가 그들의 미래 잠재력을 예측할 수 있는가를 파악하는 것이다. 구글은 최소한 5개월 이상 근무한 모든 직원에게 300개 질문을 던져 구글이 더 좋은 직장이 되는 행동 등을 자신의 업무가 아니더라도 제시할 수 있도록 했다.

그런데 이런 과정을 거쳐 만들어진 200만 개 데이터를 분석한 결과 구글이 예상한대로 학창생활의 학점은 직원들의 성과와 크게 관련이 없었다. 결론은 모든 채용 영역에 걸쳐 최고 인재를 찾는데 영향을 끼치는 단 하나의 요소는 존재하지 않는다는 것이다. 그러므로 구글은 지원자가 온라인에서 구글 지원용 설문지에 응답한 것을 토대로 이를 0점에서 100점으로 평가한 후 면접 대상자를 쉽고 빠르게 선별한다.

인공지능이 앞으로 회사에 필요한 직원을 뽑아준다는 것은 그다지 실감이 되지 않겠지만 이 부분이야말로 인공지능이 힘을 발휘할 수 있는 분야이다. 인공지능 A.I.가 직원을 추천하는 방법을 보자.

> '인공지능 A.I.가 일단 지원자가 제출한 이력서를 들여다 본 후 15초 만에 지원자를 1차 면접 대상자로 추천한다. 채용 담당자가 그의 추천을 검토한 후 승낙하면 A.I.는 곧바로 지원자에게 메일을 보내 1차 면접 대상자로 선정되었다는 축하의 말을 전한 후 언제 방문할 수 있느냐고 질문한다.'

영화나 과학소설 속에 나오는 일이 아니라 현재 굴지의 회사들이 실제로 활용하는 방법이다. 그런데 A.I.의 중요성은 입사지원자가 제출한 이력서만 토대로 심사하지 않는다는 점이다. A.I.는 지원자가 그동안 사용한 페이스북·트위터·인스타그램 등 소셜미디어 계정에 남긴 자료를 분석해 지원자의 성격과 이직 확률을 판단하는 등 실제 채용 과정에 적용한다.

이것은 채용 담당자가 입사지원서를 하나하나 들여다보고 후보를 추려내는 방식으로는 4차 산업혁명 시대에 맞는 인재를 찾아낼 수 없다는 것을 의미한다. 세계 최일류 기업이라 불리는 IBM에 2016년 전 세계에서 무려 300만 명이 지원했는데 이렇게 많은 인원이라면 아무리 훌륭한 채용 담당자라도 이력서를 제대로 분석할 수 없다. 한마디로 인간이 수천 통을 계속 들여다보면 회사에 중요하다고 생각하는 인재도 제외되기 마련이다.

IBM은 의료 · 법률 서비스 분야에서 이미 활용되고 있는 A.I. '왓슨'을 채용 과정에 적용했다. 왓슨이 딱딱하게만 움직이는 것은 아니다. 지원자는 온라인으로 왓슨과 대화를 나눌 수 있으며 이를 통해 왓슨은 지원자가 어떤 능력을 갖추고 있는지를 판단한다.

왓슨이 지원서, 면접은 물론 그동안 지원자가 사용한 각종 소셜미디어 자료를 검토한 후 채용 담당자가 미리 알려준 기준에 따라 채용 후보를 추린다. 채용 담당자는 왓슨이 추천한 지원자들만 집중적으로 검토하면 된다. 왓슨의 효과는 놀라워 그동안 IBM에서 채용에 걸리는 시간을 85일에서 45일로 절반 가까이 줄일 수 있었다고 발표했고 일본 소프트뱅크도 왓슨을 사용한 후 신입사원 채용 서류 심사에 들어가는 시간을 680시간에서 170시간으로 줄일 수 있었다고 발표했다.

이에 질세라 구글 구직자와 기업이 채용에 활용할 수 있는 A.I. 플랫폼 '클라우드잡스'를 공개했다. 이 A.I.는 인터넷에 공개된 각종 채용 정보를 학습해 구직자에게 맞는 일자리를 추천해주며 기업에는 적합한 인재가 어디에 있는지를 찾아서 추천해준다. 클라우드잡스는 전 세계를 대상으로 인터넷과 소셜미디어에 올라온 자료를 분석해 어떤 유형의 지원자가 회사에 적합한지 또는 나중에 이직할 확률이 높은지를 판별해준다. 특히 면접 영상에 나온 지원자의 단어 선택, 목소리, 몸짓 등을 보고 지원자가 정직하게 대답하는지도 판단하여 기업에 알려준다.

이와 같이 인공지능 A.I.가 사람을 채용하는데 결정적인 기여를 할 수 있는 것은 사람들의 특성이 기본적으로 바뀌지 않기 때문이다. 특히 A.I.의 능력이 업그레이드 될수록 숫자로 나타나지 않는 다양한 사람의 성품을 파악하여 이를 실무에 적용할 수 있다. 한마디로 자원자가 과거 소셜미디어 등에 올린 글을 순식간에 분석해 그의 성격과 가치관을 유추해낼 수도 있다. 사실 기업이 찾는 인재상이 근본적으로 변할 수는 없는 일이다. 4차 산업 혁명시대라 하여 인간이 비인간화되는 것은 아니다. 그러므로 4차 산업혁명 시대에도 기업이 찾는 인재는 과거와 다를 게 없지만 A.I.는 지원자가 이력서에서 적지 않은 것도 순식간에 찾아내 분석할 수 있다는 것이 과거 입사 과정과는 크게 다르다.

빅데이터만이 갖는 장점이 아닐 수 없는데 그렇다면 빅데이터에 자료가 없으면 어떻게 하느냐 질문하겠지만 스마프폰 시대에 이를 사용치 않는 사람이 몇 명이 될 것이냐고 반문할 수 있다. 한마디로 앞으로 취직할 생각이 있는 사람은 빅데이터를 통해 자신의 모든 것이 저장되고 있음을 기억해야 할 시대가 된 것이다.[15] 한마디로 상습적으로 악플을 다는 사람들은 인공지능의 날카로운 눈을 속여 취직한다는 생각을 애초부터 버려야 할 것이다.

이런 빅데이터를 사용하면 인공지능으로부터 각자의 진로까지 상담

15) 「인공지능이 사람 뽑는 시대 왔다」, 김경필, 조선일보, 2017.08.17

받을 수 있다. 작곡에 능력이 있다고 생각한 신문방송학과 대학생 S는 인공지능 적성검사를 받았다. 50,000개의 직업 빅데이터를 분석한 인공지능은 그에게 음악도, 언론도 아닌 제3의 진로를 제시했다.

인공지능 왓슨을 기반으로 한 챗봇의 경우 이력서를 입력하면 적합한 직무를 추천한다. 인공지능 시스템이 채용뿐만 아니라 내부 인사관리에도 활용되는데 이것은 빅데이터를 기반으로 효과적인 인사 서비스, 개인 맞춤형 인사 서비스를 할 수 있기 때문이다. 이는 경영진과 직원 모두 만족할 수준으로 개발되었다는 것을 의미한다.[16]

학자들은 바로 이점이 빅데이터 시대의 중요한 핵심이라고 말한다. 빅데이터 시대에 경쟁의 승부는 누가 더 많은 데이터를 갖고 있고 누가 그것을 다른 사람보다 잘 활용하는지에 달려 있다는 뜻이다. 빅데이터 시대에 직원이나 경영자들의 경험이나 직감의 의존해서 의사 결정하는 구태적인 기업은 살아남을 수 없다. 한마디로 조직 문화와 직원들의 마인드를 분석 지향적으로 이끌며 데이터 분석으로 새로운 창의성을 이끌어내는 시스템이 되어야 한다는 뜻이다.

구글, 애플, 아마존, 이베이, 넷플러스, 캐피탈원, 시저스에너테인먼트 등 글로벌 유명 기업들이 갖는 공통점은 빅데이터 분석으로 최고 경쟁력을 구가하는 기업이라는 사실이다. 성공 배후에는 언제나 분석 지향적인 조직 문화를 구축하고 강요했다. 이들 최고경영자들이 천명하는 말은 간단하다.

'신이 아닌 모든 사람은 근거가 되는 데이터를 갖고 와야 한다.'[17]

16) 「진로 설계 조언까지…"인공지능에게 물어봐"」, 이승훈 외, Channel A, 2017.07.09

인공지능을 활용하는 빅데이터가 크게 활약할 수 있는 분야가 금융시장이다. 금융과 IT의 융합을 통한 '로보어드바이저'가 즉 로봇 투자전문가가 인간보다 크게 우대받는다는 뜻이다. 로보어드바이저는 고도화된 알고리즘과 빅데이터를 통해 인간 프라이빗 뱅커 대신 모바일 기기나 PC를 통해 포트폴리오 관리를 수행하는 온라인 자산관리 서비스이다. 특히 로보어드바이저는 시스템 트레이딩과 같이 고정된 규칙으로 매매를 하는 것이 아니라, 빅데이터를 처리하는 과정 속에서 자기 학습을 할 수 있으므로 많은 금융기관들이 이미 로보어드바이저를 통해 포트폴리오 설계, 상품 추천, 실제 운용상의 보조 업무 등을 수행하고 있다. 이외에도 인공지능은 은행 대출 관리, 재무제표로부터 여러 정보를 추출해주는 기능, 세법 적용을 도와주는 세무서비스 등 여러 분야에서 사용되고 있다.

현재 인공지능의 기능을 가장 잘 활용하는 곳은 헤지펀드로 알려진다. 각 헤지펀드들은 수익을 내기 위해 자기 학습을 수행하는 고유한 알고리즘이나 매매 기법 등을 갖고 비정형데이터를 포함한 다양한 빅데이터를 처리해 장기적인 예측 기능을 산정하여 펀드운용에 사용한다.

특히 인간 프라이빗 뱅커(PB) 대신 온라인 자산 관리 서비스를 해주므로 개인 맞춤형 서비스는 물론 저렴한 수수료로 로봇이 인간 대신 자산을 관리해준다. 기존 전통적인 자문사들이 하는 서비스보다 로보어드바이저 기술이 뛰어나 금융업계의 일부 직원에 위협이 될 수 있지만 일자리에 대해서도 긍정적인 면도 있다. 전통적인 금융 조직에서 타격받을 일자리도 있지만 새로운 빅데이터, 데이터베이스를 관리할 사람에 대한 수요는 계속 늘어날 것이라는 시각으로[18)19)] 빅데이터 시장이 무한함을 알 수 있다.

---

17) 『빅데이터가 만드는 제4차 산업혁명』, 김진호, 북카라반, 2016

문제는 빅데이터로 얻은 정보가 완벽할 수는 없다는 점이다. 인공지능이 가짜 정보를 생산할 수도 있다. 실제로 2013년~2014년 미국 플로리다주 브로워드 카운티(Broward County)는 약 18,000명의 범죄자를 중심으로 향후 2년 동안 새로운 범죄를 일으킬 재발 가능성을 범죄자 예측 알고리즘을 통해 분석했다. 그 결과 새로운 범죄 재발 가능성이 흑인이 백인보다 45% 더 높은 것으로 파악했다. 하지만 이 결과 데이타는 '거짓'이었다. 동일 기간의 실제 데이터를 분석한 결과 컴퓨터 알고리즘의 예측과는 달리 백인의 재범 비율이 흑인보다 더 높은 것으로 나타났다. 인간이 가진 인종차별의 편견이 컴퓨터 알고리즘에 영향을 미쳤고 이는 컴퓨터 프로그램의 심각한 오류로 이어진 것이다.[20]

이런 문제가 만만치 않다는 것을 모르는 사람은 없다. 특히 현 지구상에 75억 명이라는 인간들이 있다는 것을 생각하면 더욱 그러한데 학자들은 이 부분에 대해서도 우려하지 않는다. 많은 학자들이 지적하는 사항이지만 인간이 완벽하지 않은 것처럼 인간이 만든 인공지능도 완벽할 수 없다는데 공감한다. 그러므로 이런 문제들을 교정해 나가면서 궁극적으로 인간에게 유익하도록 만드는 것 역시 인간이라는데도 의견이 일치한다.[21]

〈범죄자 꼼짝마라〉

빅데이터 활용은 미국이 가장 앞서있는데 그 중에서도 법률 서비스는

---

18) 「인공지능, 금융시장에 기회인가?」, 김지혜, 사이언스타임스, 2016.06.03
19) 「인공지능이 내 돈을 관리한다?」, 김지혜, 사이언스타임스, 2016.05.31
20) 「인공지능 오작동, 새로운 위험」, 김은영, 사이언스타임스, 2016.11.23
21) 『구글은 빅데이터를 어떻게 활용했는가』, 벤 웨이버, 북카라반, 2015

매우 앞서있다. 법률기계로 알려진 '렉스 마키나(Lex Machina)'는 라틴어로 '법률 기계(Law Machine)'라는 뜻인데 수천만 건의 판결문과 소장(訴狀) 등 법률 관련 빅데이터 분석을 통해 소송의 결과를 예측하는 시스템을 제공한다. 이용자가 자신의 사건 정보를 입력하면 해당 판사의 과거 성향, 사건 종결까지 걸리는 기간, 상대 변호사의 과거 소송 결과, 유리한 소송 전략 등을 일목요연하게 그래프로 정리해 보여준다. 마이크로소프트, 구글, 나이키 등 세계적 기업들이 이 시스템의 주요 고객인데 연방 법원이나 학계, 언론계 및 비영리 단체에는 시스템을 무료로 제공하고 있다.

렉스 마키나가 큰 호응을 얻는 것은 몇 년 전만해도 대기업조차 법률 정보에 접근하는 것이 어려웠기 때문이다. 사실 과거에 억울한 사건에 피해자가 오히려 패소하는 경우가 많았는데 이것은 피해자들의 정보 부족 때문이다. 이들 정보 부족 문제가 법조 비리를 낳는 원인이 되고 사법에 대한 신뢰를 떨어뜨리는 결과로 이어졌지만 인공지능의 도입으로 소송 당사자들의 시간과 비용을 절약하는 것은 물론 사법 정의 실현에도 기여할 수 있다는 평가다.[22]

빅데이터는 기업체뿐만 아니라 공공기관에서 시민이 요구하는 서비스를 제공하여 '사회적 비용 감소와 공공 서비스 품질 향상'을 가능하게 만든다. 싱가포르와 미국 정부는 보안과 위험관리 분야에 빅데이터를 활용하고 있다. 싱가포르 정부는 재난방재와 테러감지, 전염병 확산과 같은 불확실한 미래를 대비하기 위해 2004년부터 국가위험관리시스템(RAHS, Risk Assessment &Horizon Scanning)을 추진했다. 다양한

22) 「법률 빅데이터 통해 소송결과 예측할 수 있어」, 신수지, 조선일보, 2016.10.19

국가적 위험 데이터를 수집 · 분석해 사전에 예측하고 대응방안을 모색하고 있다.

범죄자 색출에 미국 연방수사국(FBI)은 빅데이터를 적극적으로 활용하고 있다. FBI는 유죄 판결을 받은 혐의자의 혈액이나 정액 등 법의학적 증거인 범죄자의 DNA 데이터를 유전자 정보은행인 CODIS(Combined DNA Index System)에 보관한다. CODIS에는 미제 사건 용의자나 실종자에 대한 DNA 정보 13,000건을 포함하여 총 12만 명의 범죄자 정보가 저장되어 있는데 1시간 내에 범인의 DNA를 분석할 수 있다.[23]

지능적인 범죄가 계속 증가하자 수사 당국의 첨단 기술을 활용한 집단 감시(mass surveillance) 기능 즉 비디오 감시 카메라(video surveillance cameras)가 전방위로 활약한다. 이를 통한 '범죄예측 지도(crime mapping)'를 구성하여 이미 발생한 범죄 종류와 시간, 장소 등을 분석해 범죄 발생 확률을 분석한 후 산출된 데이터에 근거해 범죄 발생 확률이 높은 지역을 집중적으로 관리하는 것이다. 이 시스템을 먼저 도입한 LA 지역의 경우 범죄 발생 건수가 획기적으로 낮아졌다고 한다.

또한 범죄 우범지역 곳곳에 사운드 센서를 깔아서 인터넷에 연결하는 것으로 지역 안에서 들리는 총소리의 패턴만 가지고도 무슨 총인지, 지금 소리가 발생한 지역이 어디인지를 찾을 수 있다. 수집된 데이터는 수 초안에 범인의 위치를 경찰에게 무전으로 알려 준다. 멕시코시티의 범죄율이 2009년 이후 32%나 줄었던 것도 바로 이 사운드 센서를 활용했기 때문이다. 도로에 설치한 오디오 센서는 차량의 충돌소리, 사람들의 구조 요청 소리, 비명 소리 등을 수집하여 차량의 충돌 사고도 방지할 수 있다.[24][25]

23) 「빅데이터 기술, 어디까지 왔나」, 김준래, 사이언스타임스, 2016.12.28

빅데이터는 보험사기도 적발한다. 한국에서 교통사고를 가장해 손해보험사로부터 거액의 합의금과 차량 수리비를 받는 것이 비일비재했는데 〈금감원〉은 상당수 피해자와 가해자들의 주변 인물들을 분석한 결과 이들이 한패로 교통사고를 조작한 것을 밝혔다.

A씨 일당은 2011년부터 2017년까지 6년간 인천광역시 일대에서 가벼운 접촉사고를 일부러 내고 보험금 총 1억3,700만원을 받았다. 택시운전사 4명은 경기도 일대에서 3년간 지인을 태우고 차선 변경 차량과 일부러 부딪치거나 급정차해 추돌을 유발하는 수법으로 보험금 7,700만원을 챙겼다. 부산광역시 일대에서 오토바이로 음식배달을 하는 13명은 4년간 오토바이 사고를 공모해 보험금 6,700만원을 타냈다. 〈금감원보험사기대응단〉은 과거엔 분석시간이 너무 오래 걸리고 간과하기 쉬운 공모 혐의점을 밝히는 것이 매우 어려웠지만 빅데이터는 이를 순식간에 처리할 수 있다고 말했다.[26]

미국 미시간 주정부는 관련 정부기관 통합 데이터웨어하우스(IDW, Integrated Data Warehouse) 구축했다. 이를 통해 미시간주의 21개 정부기관은 공공의료보험(Medicaid) 부정행위 발생 감지, 개인 건강관리 개선, 최적의 입양가정 선택 등 공공 서비스 품질 개선에 활용하고 있다. 오하이오주와 오클라호마주 정부도 국세청(IRS) 데이터와 고용데이터를 분석해 새로운 세원을 확보하고 미납세금을 확인한다.

한국의 경우 국내 공공 부문의 빅데이터 활용은 아직 활발한 것은 아니지만 최근 인터넷에 산재한 다양한 웹문서, 댓글 등을 통해 특정 이

24) 「엔진과 기어 없는 자동차, 그 다음은?」, 김은영, 사이언스타임스, 2016.06.10
25) 「테러와 숨바꼭질 하는 빅데이터」, 이강봉, 사이언스타임스, 2016.06.16
26) 「[이슈플러스] 보험사기, 빅데이터는 알고 있다」, 류순열, 세계일보, 2017.08.28

슈에 대한 시민의 의견을 분석해 대응책을 마련하는 오피니언 마이닝(opinion mining)을 도입하고 있다. 국민권익위원회의 '민원동향분석시스템'과 국민연금공단의 '여론정보수집분석시스템'은 시민 고객의 의견을 분석해 불신을 해소하고 소통하기 위한 시도다. 또한 전국 어디에서나 주민 등록서류, 부동산 정보들을 발급받을 수 있는 것은 관련 모든 데이터가 전산화되었기 때문에 가능한 일이다.[27]

문제는 빅데이터가 착한 일로만 사용되지 않으리라는 의문 제기다. 이 문제는 예전부터 제기된 사항인데 이를 국가 같은 공권력이 독점하면 그야말로 조지 오웰가 『1984』에서 예상한 빅브러더와 같은 시대가 될 수 있다는 우려인데 사실 이 문제는 현실로 다가온 면이 있다. 간단한 예로 근간 화제의 대상이 된 중국의 동영상이다.

중국의 도심 거리를 담은 9초짜리 동영상인데 평범한 도심 모니터용 CCTV 화면인 듯한 이 동영상에는 카메라가 움직이는 사물 하나하나를 끝까지 추적하는 모습이 담겨 있다. 행인이든 오토바이 배달꾼이든 자동차든 움직이는 사물마다 '남자-40세-검은 양복', '백색-SUV' 등의 꼬리표가 달려 있다. 시야 속 모든 사물의 정보를 알려주는 영화 「터미네이터」 속 살인 로봇의 선글라스를 연상시키는 동영상이었다.

이 동영상은 중국 공안 당국이 2,000만대의 인공지능 감시카메라를 기반으로 구축한 범죄 용의자 추적 시스템인 '톈왕(天網 · 하늘의 그물)' 화면 일부인데 2,000만 대라면 아무리 넓은 중국이라도 촘촘히 배치되어 있음을 의미한다. 프랑스 국제라디오(RFI)는 CCTV 2,000만 대로 이뤄진 감시망의 존재는 국민을 보호한다는 명분 아래 사생활을 침해하고

---

27) 『빅데이터』, 정용찬, 커뮤니케이션북스, 2013

있는 실상을 확인해준다며 강하게 비판했다.

중국이 반부패 · 반범죄 시스템 일환으로 2015년 구축을 시작한 '톈왕'은 움직이는 사물을 추적 · 판별하는 인공지능 CCTV와 범죄 용의자 데이터베이스가 연결돼 있다. CCTV에는 위성위치확인시스템(GPS)과 안면 인식 장치 등이 장착돼 있다. 신호를 어기고 질주하는 차량이나 갑자기 뜀박질하는 행인 등을 포착한 뒤 모습을 확대해 안면 인식 등을 실행한다. 만약 수배자 명단에 있는 용의자와 같다고 판명되면 경보가 울린다. SF영화에 나오는 바로 그런 장면이다. 그런데 중국 인터넷에서는 '톈왕이 있는데도 왜 그렇게 많은 아이가 여전히 유괴되는지 모르겠다. 정부의 감시 아래 더 이상 사생활이 없다'는 등의 글이 올라오고 있다.

문제는 정부 기관에서 마음에 들지 않는 정보는 차단할 수 있다는 점이다. 중국은 2017년 9월 텐센트 웨이신(중국판 카카오톡), 신랑 웨이보(중국판 트위터), 바이두 인터넷 게시판 등 중국 3대 IT 업체의 대표적 소셜미디어 서비스에 대해 '불순한 정보에 대한 관리 소홀'을 이유로 벌금을 부과했다. 음란 정보와 테러 정보, 민족 간 증오를 부추기는 정보나 논평 등을 퍼뜨렸다는 책임을 물었다. 또 중국 인터넷 서비스 업체들은 세계 최대 온라인 메신저인 미국 와츠앱 접속을 전면 차단했다. 페이스북, 인스타그램, 트위터, 구글에 이어 와츠앱까지 중국 정부의 차단 리스트에 오른 것이다.

이 문제는 단지 중국에만 한 한 것이 아니므로 그 심각성이 더해진다. 개인은 보다 자유를 원하는 반면 정부에서는 보다 원활한 통치를 위해 규제를 선호하므로 융합점은 각 국에 따라 다른 것은 사실이다. 한국은 어느 수준인지 독자들이 판단해 보기 바란다.[28]

〈스포츠계에서 활약〉

제4차 산업혁명의 빅데이터 등 새로운 무기는 스포츠계에 상상할 수 없는 변화를 예고한다. 마르코 판 바스턴 국제축구연맹(FIFA) 기술개발 위원장은 FIFA가 추진 중인 축구 경기 규칙 변경안으로 전 · 후반제 대신 쿼터제(1~4쿼터)로 경기를 진행하는 방안, 교체선수 숫자의 확대, 10분간 퇴장(오렌지 카드)제 도입 등 혁명적인 아이디어를 제시했다. 심지어 수비축구가 흥미를 떨어뜨린다며 오프사이드제 폐지까지 제안했다. FIFA가 변화를 밀어붙이려는 건 '재미'를 위해 서로 재미는 돈과 직결되기 때문이지만 이런 이야기가 나올 수 있는 것은 빅데이터를 통한 분석을 참조했기 때문이다.

특히 축구에서 쿼터제 도입도 강구중이다. 쿼터제는 기존 전 · 후반제보다 TV 중계에서 광고 기회와 효과를 높일 수 있다. 미국 프로농구(NBA)와 프로풋볼(NFL)은 쿼터제를 도입해 성공했고 오렌지 카드 제도는 럭비에서 따온 규정이다. 아이스하키와 핸드볼에도 '2분간 퇴장' 규정이 있다. 박진감 넘치는 플레이를 유도하는 데 안성맞춤이다. FIFA는 '드리블 후 슈팅'이라는 새로운 승부차기 방식도 거론했는데, 이는 퍽을 몰고 와 슛을 하는 아이스하키의 페널티슛아웃과 비슷하다. 이종 간의 융합을 통해 새로운 가능성을 찾는 것이 '제4차 산업혁명'의 특징으로 여러 종목의 특징을 합쳐 새로운 스포츠를 만들자는 것이다.

그러므로 축구와 골프가 결합한 '풋골프'도 시도되고 있다. 풋골프는 골프공 대신 축구공을 홀에 차 넣는 경기로 기본적으로 골프 규칙을 따르지만 플레이 형태는 축구에 가깝다. 이미 국제풋골프협회(FIFG)가 조직

---

28) 「중국 감시하는 '인공지능 빅브러더'」, 이길성, 조선일보, 2017.09.27

됐고, 30여 개국이 참가하는 월드컵도 매년 열린다. 주요 골프 대회에 앞서 풋골프 시범경기가 열리기도 하는데 골프 인구 감소로 경영난을 겪고 있는 골프장에서 신규 고객을 끌어들일 수 있으므로 적극 도입하고 있다. 또 기술과 결합한 드론레이싱, 퀴디치(소설 「해리포터」에 나오는 마법 빗자루 폴로 게임) 등도 스포츠로 인정받을 수 있다. 관점에 따라 스포츠의 개념 자체를 재정의해야 할 수도 있다는 설명이다.

▶ 해리포터에 나오는 마법 빗자루 폴로 게임

이런 스포츠계의 변화는 빅데이터 분석을 기초로 한다. 2014년 브라질 월드컵 우승팀인 독일은 기업용 소프트웨어업체인 SAP가 개발한 '매치 인사이트'라는 분석 프로그램의 도움을 받았다. '매치 인사이트'는 선수 몸에 달린 센서로 데이터를 수집한 뒤 실시간으로 선수들의 기록 및 영상과 결합한다. 감독 등 코칭스태프는 태블릿PC 등을 통해 선수 상태를 점검할 수 있다. 빅데이터 분석은 야구산업의 틀도 바꾸고 있다.

미국 메이저리그는 데이터 경기라고도 할 정도로 수많은 선수들의 데이터를 분석하고 이를 선수관리에 적극적으로 활용한다. 메이저리그에서 활용하고 있는 인공지능 시스템을 '키나트랙스(Kinatrax)'라고 하는데 선수들의 신체 데이터를 실시간 추출해 부상을 방지하는 것은 물론 최적의 컨디션으로 경기를 치를 수 있게 도와준다. 인기 구단 보스턴 레드삭스는 아예 자체적으로 '카메인(Carmain)'이란 인공지능 프로그램을 이용하여 구단을 관리하고 선수들의 영입 비용도 산출한다.[29] 그러므로 일부 메이저리그 구단은 수천만 달러 몸값의 선수를 영입하는 대신 그보다 저렴한 분석 시스템의 개발과 관련 장비 도입에 보다 적극적이다.[30]

빅데이터는 아마존・구글・페이스북・넷플릭스・마이크로소프트 등 미국 공룡 소프트기업만 손대는 것은 아니다. 현재 빅데이터 분야의 가장 강력한 도전자는 중국이다. 그 선두에 'BAT'라고 불리는 중국 3대 IT 기업 바이두, 알리바바, 텐센트가 있는데 이들은 7억 명이 넘는 중국 내 스마트폰과 인터넷 사용자들이 쏟아내는 빅데이터를 수집해 활용하면서 급성장하고 있다. 중국 내 데이터센터 투자는 매년 30%씩 늘고 있고, 기업 가치가 1조원이 넘는 빅데이터 관련 스타트업들도 쏟아져 나오고 있어 미국과 격차를 빠르게 좁혀가고 있다는 전망이다.

빅데이터의 중요성은 한마디로 기업들의 가치로도 알 수 있다. 미국 IT 기업인 애플・구글・마이크로소프트・아마존・페이스북 등 5개의 기업 시가총액 합계는 3조 달러에 달해 세계 5위 경제 대국인 영국의 국내총생산(GDP)보다 많다. 중국 알리바바와 텐센트의 기업 가치는 세계

29) 「구글 검색에 인공지능 이미 사용」, 김지혜, 사이언스타임스, 2016.05.02
30) 「[지식충전소] IoT 심은 스마트 배트・라켓 … 스포츠도 4차 산업혁명 중」, 김원, 중앙일보, 2017.02.16

최대 석유기업 엑손모빌을 추월했다.

이를 두고 일부 학자들은 '뉴 모노폴리(새로운 독점)' 시대가 도래했다고 설명한다. 빅데이터 기업들이 빅데이터를 분석해 고객에게 맞춤형 정보를 제공하고 이를 통해 더 많은 고객을 끌어들이며 막강한 독점력을 갖게 됐다는 것이다. 이러한 독점 체제는 다른 기업의 생사를 쥐고 있어 각국에서 이를 견제하려고 하지만 문제는 그런 시도 자체가 거의 불가능하다는 점이다. 20세기 미국은 석유와 전화를 독점했던 스탠더드오일과 AT&T는 과점으로 인한 폐해를 막기 위해 미국 정부는 이들을 강제 분할하는 조처를 내렸다. 록펠러의 스탠더드오일이 당대 미국 석유 시장의 90% 이상을 독점한 반대급부다. 그러나 데이터 독과점은 소비자들 입장에서는 편의성이 점점 높아지는 데다 무형의 자산이므로 스탠더드오일과 AT&T와 같이 강제 분할이 가능하지도 않다.[31] 빅데이터에 치중하는 현상을 강력한 정부조차 만만하게 볼 수 없다는 뜻이다.

〈의료 부분의 혁명〉

빅데이터의 중요성은 의학부분에서 두드러진다. 우선 유전자 연구는 빅데이터가 아니면 엄두도 내지 못할 분야다. 전 세계 학자들을 동원하여 인간의 게놈(genome · 인간 DNA 서열 전체)을 전체 분석했다고 발표된지 20년도 채 되지 않는데 현재 이를 실생활에 접목시켜 산전(産前) 태아 검사용 유전자 샘플을 분석하여 이를 출산 정보에 활용한다. 태아 유전자를 분석해 돌연변이를 찾아내어 기형아 출산 가능성은 물론, 평생 어떤

31) 「페북은 하늘, MS는 바다… 육해공에서 '빅데이터 장악작전' [4차 산업혁명, 이미 현실이 된 미래] [2]」, 박건형, 조선일보, 2017.07.25

병에 걸릴 확률이 높은지도 예측할 수 있다. 한 사람이 가진 유전자 서열 30억 쌍 전체를 분석하는 데 드는 비용은 1998년 1억 달러였는데 이제는 1,000달러 수준까지 떨어졌다.[32)]

빅데이터가 수술에 활용될 수 있다는 것은 〈365MC〉의 김남철 박사의 인공지능 지방흡입시술의 예로도 알 수 있다. 의료분야에서 인공지능은 그동안 수많은 데이터를 바탕으로 '최적의 판단'을 하는데 활용됐다. IBM의 인공지능 프로그램 '왓슨'의 경우 입력된 암 치료와 관련된 방대한 논문 DB를 바탕으로, 환자별로 최적의 항암제를 추천한다. 그러나 지방흡입술은 비교적 쉬운 시술이지만 인공지능이 단순히 의학적 판단에서 그치지 않고, 인간의 고차원적인 시술 즉 손동작을 DB화 해 의사가 최적의 시술을 할 수 있도록 안내했다는데 큰 의의가 있다. 그동안 불가능으로 여겨졌던 시술 · 수술 분야로 인공지능의 영역이 넓어진다는 것을 의미한다.

그동안 의학자들이 시술 · 수술의 경우 인공지능을 적용하는 것이 어렵다고 생각한 것은 의사마다 다른 시술 · 수술의 동작과 패턴을 컴퓨터가 이해하도록 정량화할 수 없었기 때문이다. 인공지능이 최적의 시술 · 수술 경로를 파악하려면 수치화된 데이터가 필요한데, '손 감각'에 기반한 천차만별의 의사의 동작을 숫자로 나타내는 것은 불가능에 가까웠던 것이다.

지방흡입 시술에는 지름 4mm, 길이 30cm의 캐뉼라가 사용된다. 이 관을 피부 아래 지방층에 비스듬히 넣고 지방을 뽑아낸다. 문제는 지방을

---

32) 「150세 시대' 만드는 글로벌 기업들… AI · 빅데이터로 질병 발생 막는다 [4차 산업혁명, 이미 현실이 된 미래] [4]」, 신동흔, 조선일보, 2017.07.27

한 번에 흡입할 수 없다는 점이다. 오렌지 알갱이처럼 작게 덩어리진 지방 조직을 빨아내려면 관을 꽂은 채 앞뒤로 수없이 찔렀다 빼야 한다. 시술이 진행되는 2~3시간에 15,000~20,000번 반복된다. 이때 관의 끝부분이 지방층 정 가운데를 찌르지 않으면 문제가 된다. 지방층 위쪽을 찌르면 피부가, 지방 아래쪽을 찌르면 근육 · 장기가 손상된다. 정확히 찌르는가는 오로지 의사의 손 감각에 의존하는데 아무리 숙련된 의사라도 20,000번에 가까운 동작을 반복하면 실수하기 마련이다.

이를 인공지능 로봇이 담당토록 개발했는데 여기엔 모션캡처 · 빅데이터 · 인공지능 등 최신 IT 기술이 총동원됐다. 모션캡처 기술은 관의 움직임을 기록하는 데 사용되는데 시술이 반복되면 정보가 천문학적인 수준으로 쌓인다. 이 정보를 빅데이터가 저장하고 처리하는데 인공지능이 빅데이터에서 패턴을 찾고 분석한다. 수억 회의 찌르기를 종합해 바람직한 찌르기 각도 · 속도 등을 계산하여 관이 지나치게 깊거나 얕게 들어가지는 않는지, 관의 끝이 위나 아래를 향하지 않는지 실시간으로 확인한다. 이는 빅데이터를 이용할 경우 의술에 획기적인 진전을 이룰 수 있다는 뜻이다.[33]

빅데이터 분석기술은 한국에서 2015년 'C형 간염 집단감염' 사건에서 큰 힘을 발휘했다. 이 사건은 당시 보건 당국이 '서울의 H병원이 주사기를 재사용하고 있는 것 같다'라는 환자의 신고를 받으면서 시작되었다. 본격적인 조사에 앞서 보건 당국은 먼저 신고의 신빙성을 확인하기 위해 빅데이터 기술을 활용했다. 만약 어느 특정한 병원이 주사기를 재사용한

33) 「인공지능, 지방흡입술에 첫 도입… '의사 없는 수술실' 가능할까?」, 김진구, 조선일보, 2017.09.13

다면, C형간염처럼 혈액으로 전염되는 감염병의 발병 확률이 다른 병원보다 훨씬 높게 나타날 것이라 전제를 한 뒤 빅데이터를 분석했다.

빅데이터 분석에 의하면 서울 H의원에서 진료를 받았던 환자들 중 C형 간염에 대한 항체양성률이 무려 13.2~17.7%인 것으로 드러났다. 전국 평균인 0.6%의 최대 30배에 달하는 수치였다. 이 결과를 토대로 질병관리본부는 H의원에서 주사기 재사용으로 인한 C형간염 집단감염 사고가 발생했다고 결론을 내었다.

또 다른 사례도 있다. 2016년 여름 전북 순창에서 보건당국은 30,000여 명인 순창의 인구수에 비해 C형 간염 환자 수가 많은 것으로 분석되자 그 지역의 A병원에 대한 역학 조사를 진행했다. 하지만 A병원에서는 별다른 문제가 나오지 않자 결국 상당수의 환자가 불법으로 의료 행위를 하는 무허가 치료사로부터 치아 질환 치료와 한방 치료를 받은 점을 발견했다. 결론은 불법 의료 행위자들이 C형 간염 환자를 치료한 의료 도구를 제대로 소독하지 않아 다른 환자에게 C형 간염을 옮긴 사고라고 발표했다.[34]

〈한계가 없는 빅데이터 영역〉

빅데이터가 전방위로 활용된다는 것은 그동안의 음식물은 물론 음료수 등을 인공적으로 만들 수 있다는 것으로도 알 수 있다.

롯데제과는 IBM 인공지능(AI) 컴퓨터 왓슨과 함께 새롭게 새로운 맛을 찾아냈다. 왓슨은 식품 관련 80,000여개 인터넷 사이트에 게재된 1,000만여 개의 소비자 반응과 각종 소셜네트워크서비스(SNS) 채널의

---

34) 「빅데이터 기술, 어디까지 왔나」, 김준래, 사이언스타임스, 2016.12.28

정보를 수집했다. 이 정보를 AI가 분석하고, 조합하여 '빼빼로 깔라만시 상큼요거트'와 '빼빼로 카카오닙스'를 출시했는데 이는 빅데이터가 아니면 상상도 못할 일이다. 제과업계 처음으로 AI를 활용한 신제품 개발 사례로 칼라만시는 동남아시아 전역에 분포하는 라임류 열매로, 비타민C와 식이섬유가 풍부하다.[35] 한마디로 빅데이터를 통해 식음료계에서 획기적인 성과를 얻을 수 있다는 뜻이다.

▶ 빼빼로 깔라만시 상큼요거트와 빼빼로 카카오닙스

빅데이터는 농산물 영역에서 놀라운 적응력을 보인다. 세계 최대 종자 회사 몬산토는 빅데이터를 이용한 '처방 농법'으로 작물 수확량을 획기적으로 늘리고 있다. 빅데이터를 이용해 농작지별 수분량, 질소량, 병해충 상태, 미생물 함유량 등을 종합 분석하여 예상 수확량이 평년보다 적은 곳, 예상 수확량이 많은 곳을 파악하여 적절한 조처를 취한다. 강수량, 기온 같은 빅데이터를 분석해 비료를 몇 ㎡마다 몇 kg씩 뿌리면 생산량이 증가할 수 있다는 구체적인 개선책도 제시한다. 그동안의 결과

[35] 「AI가 만든 빼빼로 맛?」, 이유정, 한국경제, 2017.09.28

에 의하면 생산 비용을 30% 줄이면서도 수확량은 25% 이상 늘릴 수 있다고 알려진다.

빅데이터가 농작물 조절 등 거대 영농에만 적용되는 것은 아니다. 포도주 제조 스타트업 기업인 '아바 와이너리'는 포도주 성분을 정밀 분석하여 '복제 포도주'를 만든다. 즉 포도를 수확해 숙성시키는 전통적 포도주 제조 방식 대신 실험실에서 포도주를 주조하는 것이다. 포도주의 당 성분과 알코올, 향을 분석한 뒤 아미노산과 에탄올 · 화합물 등을 이용해 분자 단위로 합성하면 유명 브랜드 포도주가 만들어진다.

더욱 놀라운 것은 축산의 획기적 변화다. 기본적으로 현재의 농업과 축산업은 엄청난 물과 사료가 필요하다. 바로 이런 요인으로 폐기물과 온실가스가 쏟아져 나오지만 이는 동물을 키우는 한 불가항력으로 인식했다.

그러나 새로운 방식의 식량 생산은 날씨나 강우량 등에 상관없이 안정적인 식량 공급이 가능해지는 것은 물론 동물 도축 자체도 사라진다. 축산 개념 자체가 바뀔 수 있는 것은 햄버거의 고기를 소를 도축하여 얻는 것이 아니라 단백질과 지방 등을 합성한 인공 소고기를 만드는 것이 가능하기 때문이다. 햄버거에 들어있는 고기는 도축된 소고기와 마찬가지로 육즙 같은 액체도 흐르며 입에 씹으면 고기 특유의 질감도 느껴진다. 도축 소고기와 전혀 다르지 않다는 것이다. 밀 · 감자에서 추출한 단백질과 코코넛 오일 · 콩에서 추출한 지방 원료를 합성한 것이다. 비타민 · 아미노산 · 설탕 · 곤약 등을 첨가해 소고기의 맛 · 색 · 질감을 재현했다. 이는 빅데이터가 없으면 태어나지 못할 일로 전문가들은 앞으로 인공소고기 등 많은 식재료가 인공으로 만들어질 것으로 추정한다. 놀라운 것은 입맛이 까다롭고 법규가 까다로운 미국에서 상당수의 식당에서 이들 화학적 합성 소고기를 사용하고 있다는 점이다. 이런 4차 산업혁명의 소고기가 각광받을 수 있는 것은 인공 소고기가 가축을 도축해 만든 고기보다 친환경적이면서 영양도 사람에 따라 맞춤형으로 제공할 수 있기 때문이다.[36)]

기상 빅데이터는 생각보다 실생활에 많은 영향을 미친다. 기상 예측에 의하면 주말 기온이 25℃를 넘으면 20~40대 여성들의 치킨 배달 주문이 많아진다는 결론이다. 이것은 날씨 데이터를 활용한 건강예보 서비스 등이 유용할 수 있다는 것을 의미한다. 실제로 이런 데이터를 토대로 주문 물량이 한꺼번에 몰릴 것에 대비하여 사전에 식자재들을 준비해놓는 것은 이제 구문이나 마찬가지다.[37)]

---

36) 「실험실 와인, 공장서 만든 소고기, 수확량 늘리는 빅데이터 농법」, 강동철, 조선일보, 2017.07.28

37) 「로봇 기상캐스터」, 이진희, 조선일보, 2016.10.01

5 플랫폼

제4차 산업혁명에서 빅데이터의 중요성은 사물인터넷(IoT), 이어서 유비쿼터스 시대로 진입할 수 있는 기본 요소이기 때문이다. 한마디로 이제까지의 지구촌이 완전히 다른 세상으로 변한다는 것을 전제로 한다. 사물인터넷이란 우리 주변의 모든 사물이 인터넷으로 연결된다는 것을 의미하며 유비쿼터스는 이런 상황이 보다 업그레이드되어 전지구가 하나의 정보 세계로 묶여 움직인다는 것을 뜻한다.

이런 미래를 담보하는 것이 빅데이터인데 빅데이터가 제대로 효과를 얻으려면 두 가지가 필요하다. 첫째는 어디엔가 빅데이터 등을 컨트롤 할 수 있는 타워가 필요하며 둘째는 일반 네티즌들이 빅데이터를 활용할 수 있는 그 무엇이 있어야 한다. 첫째를 위해 필요한 것이 플랫폼이며 둘째가 클라우드 컴퓨팅(Cloud Computing)이라는 정보처리기술이다.

4차 산업혁명은 기본적으로 인공 지능(AI), 사물 인터넷(IoT), 모바일, 3D 프린팅, 로봇공학, 생명공학, 나노기술 등이 유기적으로 효과를 볼 수 있다. 즉 모든 제품 · 서비스를 네트워크로 연결함으로써 사물을 지능화해 초연결(hyperconnectivity)과 초지능(superintelligence)을 이뤄내고, 이를 기반으로 기존 산업혁명에 비해 더 넓은 범위(scope), 더 빠른 속도(velocity), 더 크게 영향(impact)을 끼칠 수 있게 된다.

그런데 그 초연결을 누가 담당하는가? 그 초지능을 누가 활용하는가가 관건인데 그 해답이 플랫폼이다. 제너럴일렉트릭(GE)을 필두로 소니, 마이크로소프트, 하이얼, 디즈니(Disney), 월마트(Walmart), 나이키

(Nike), 언더아머(Under Armour) 등의 글로벌 기업은 물론, 대형 농기계 생산업체 존 디어(John Deere)에서 126년 된 향신료와 조미료 판매업체 매코믹푸드(McCormick Food)에 이르기까지 모두가 다양한 방식으로 자신들의 비즈니스에 플랫폼 방식을 도입하고자 사력을 다한다. 그 이유를 플랫폼 싱킹 랩스(Platform Thinking Labs) 설립자인 상지트 폴 초더리 박사는 아래와 같이 단순하게 설명한다.

'4차 산업혁명의 주인공은 플랫폼을 구축하거나 활용하는 자가 될 것이다.'[38]

인터넷 플랫폼은 한마디로 세계를 움직이는 인터넷의 두뇌 역할을 하는 부분이다. 실세계에 존재하는 사물들과 네트워크로 상호 연결하여 사람과 사물, 사물과 사물끼리 언제 어디서나 소통하게 하여 사물들의 데이터를 수집하거나 사물에 대한 제어방법을 제공하고 궁극적으로 수집한 데이터를 중심으로 지능적인 서비스를 사람들에게 제공하기 위한 서비스 프레임워크 기술이다.

그러므로 플랫폼이란 인터넷이 원활하게 활동을 할 수 있도록 표준으로 정리하고 이들을 쉽게 적용할 수 있도록 중요하고 어려운 부분을 먼저 구현한 후 누구라도 쉽게 응용하고 이용할 수 있도록 공개된 소프트웨어와 이를 이용하기 위한 규격 모음을 말한다.

(1) 광장의 기능을 갖는 플랫폼

유럽 각국을 다니다 보면 거리에서 공연하는 사람들을 흔하게 본다. 유

38) 『플랫폼 레볼루션』, 마셜 밴 앨스타인 외, 부키, 2017

럽의 각 도시 중요 광장에는 많은 사람들이 모이고 그 광장에는 그 도시만의 독특한 전통과 문화가 살아 숨 쉬고 있다. 이렇듯 선진국들이 세계인들의 주목을 끌 수 있는 이유는 광장을 통해 나라마다 독특한 문화적 특색을 형성하고 있기 때문이다. 파리, 런던, 로마, 뮌헨, 비엔나, 프라하, 부다페스트 등의 도시를 가보면 도심 광장에서 다양한 공연이 이루어진다. 유럽의 정치와 민주주의가 자유로운 카페 문화의 토론에서 발전했다고 말하지만 문화와 예술은 이런 개방적이고 인간 중심의 광장 문화에서 발전했다고 보아도 과언이 아니다.

학자들은 IT 생태계에서 플랫폼을 바로 이런 광장으로 비유한다. 다양한 서비스와 콘텐츠를 제공하고, 많은 사용자가 거쳐 가며 사용자들의 취사선택에 따라 자연스럽게 좋은 콘텐츠와 서비스가 선택되고 진화하는 선순환 구조가 되는 곳이 바로 플랫폼이라는 설명이다. 사람들이 모이는 곳, 사람들이 필요로 하고 원하는 서비스가 거래되고 사용되면서 재생산되는 곳, 다양한 사업자들의 이해관계가 만나는 접점이 플랫폼이다.

제4차 산업혁명 시대에서 플랫폼은 소수의 특정 사업자가 좌지우지하는 것이 아니라 자연스런 생태계의 원리에 따라 움직여야 생존이 가능하다는 점을 확실히 한다. 더불어 플랫폼에서는 정부의 간섭과 조정이 거의 불가능하다. 이것은 플랫폼에서 사용자들의 선택적 권리가 우선한다는 것을 의미한다. 광장에 누구나 가서 공연하고 연주하고 즐길 수 있는 것처럼 플랫폼에서도 좋은 아이디어와 콘텐츠로 쉽게 진입할 수 있고, 진입장벽이 거의 존재하지 않기 때문이다.

제4차 산업혁명의 핵심으로 빅데이터, 플랫폼, 클라우드 컴퓨팅을 한 축으로 설명되지만 플랫폼을 한가지로 똑 부러지게 정의하는 것이 간단한 일은 아니다. 학자들에 따라 컴퓨터의 윈도즈와 같은 운영 체제를 플랫폼이라 부르기도 하며 통신사는 물론 페이스북과 같은 소셜 미디어를 플랫폼이라 말하기도 한다. 이는 플랫폼이 점차 진화하면서 많은 분야에 활용되기 때문이다.

플랫폼의 사전적 의미는 'plat(구획된 땅)'과 'form(형태)'의 합성어로 '구획된 땅의 형태'를 의미한다. 즉, 경계가 없던 땅이 구획되면서 계획에 따라 집이 지어지고, 건물이 생기고, 도로가 생기듯이 '용도에 따라 다양한 형태로 활용될 수 있는 공간'을 상징적으로 표현한 단어다.

컴퓨터의 운영 체제를 의미하던 플랫폼이 최근 하나의 장(場)이라는 광의의 의미로 확대된 것은 스마트 혁명의 역할이 크다. 스마트 혁명의 주역들인 애플, 구글, 아마존, 트위터, 페이스북과 같이 세상을 뒤흔들며 시장을 주도해 나가는 기업의 공통점은 바로 이들 모두 플랫폼을 기반으로 성장한 기업이며, 자사만의 독특한 플랫폼을 구축하는 데 성공했다는 것이다. 애플과 구글을 플랫폼 공급자로서 그들이 가진 OS를 중심으로 소프트웨어의 다른 컴포넌트들과 하드웨어 컴포넌트 등을 경쟁적으로 확보하고 있다. 구글과 애플은 OS 플랫폼 공급자의 역할을 하고 있는 동시에 이러한 플랫폼 공급자와 이용자를 연결, 매개하는, 광의의 플랫폼을 형성하고 있는 것이다.

애플의 아이폰이 세상에 나오기 전부터 PC 플랫폼, 윈도즈 플랫폼 등 이미 많은 플랫폼이 자리를 잡고 있었는데도 플랫폼이 갑자기 주목받기 시작한 이유는 애플의 플랫폼이 혁신을 통해 다수의 소비자를 매료시켜 소비 생태계의 경쟁력으로 자리 잡았기 때문이다. 애플의 플랫폼 전략이란 기업이 제공하는 여러 종류의 상품들을 설계하고 만들고 운송하고 판매하는 전 과정에서 공통 요소들을 찾아내고, 이들의 상호 공유와 활용을 통한 지렛대 효과를 극대화하는 시스템을 구축하는 것이다.[39]

이런 의미에서 플랫폼은 스마트 시대의 '정거장'에 비유한다. 정거장은 특정한 장소로 가기 위해 반드시 도착해야 하며 도착한 사람을 태우기 위해 운송 수단이 필요하다. 여기서 운송 수단을 이용하고자 하는 사람이 이용자가 되는데 플랫폼은 바로 사람과 운송 수단이 만나는 접점, 혹은 사람과 운송 수단을 매개하는 매개 지점의 역할을 한다고 볼 수 있다. 스마트 시대에 인터넷 사업자, 콘텐츠 제공자, 사용자, 기기 제조사 등 다양한 주체들이 만나는 매개 지점이 플랫폼이다.

따라서 핵심 역량과 가치가 플랫폼에서 나오고 그 플랫폼의 중요성은 갈수록 높아지고 있다. 그러므로 플랫폼이 기업에는 기회이자 위협이 될 수 있다. 애플, 구글, 아마존 같은 기업은 플랫폼 구축에 성공해 기업 가치가 상승하고 있는 반면, 음반업계와 제조업체, 판매업체 등 거대 기업이 순식간에 도산의 위기에 빠질 수 있는 것은 플랫폼 내에서 새로운 생존 전략을 찾지 못했기 때문이라고도 볼 수 있다.

혁신 기업들이 공통으로 채택하고 있는 플랫폼 전략은 관련 그룹을 '장(場)', 즉 플랫폼에 모아 네트워크 효과를 창출하고 새로운 사업의 생태계를 구축하는 것이다. 그것은 플랫폼을 운영하는 사업자뿐만 아니라 이를 이용하는 사용자에게도 중요하기 때문이다.[40][41]

이를 학자들은 플랫폼을 앞에서 설명한 것처럼 장마당 즉 숱한 마을과 도시에서 볼 수 있는 전통적인 노천시장으로 설명한다. 장마당이 잘 운영

39) 『인간과 컴퓨터의 어울림』, 신동희, 커뮤니케이션북스, 2014
40) 『사물인터넷의 미래N, 박종현 외, 한국전자통신연구원(ETRI), 2014
41) 『인간과 컴퓨터의 어울림』, 신동희, 커뮤니케이션북스, 2014

되게 하려면 일단 사람들이 모여야 한다. 네트워크를 생성해야 하는 것이다. 또 이렇게 모여든 사람들 사이에 거래가 활발해야 네트워크 효과를 얻을 수 있다. 여기에서 중요한 것은 거래 자체가 서로가 만족스러운 거래 즉 긍정적 네트워크 효과를 얻을 수 있도록 해야 한다는 점이다. 부당거래나 부정 거래가 많으면 사용자들이 이탈하기 때문이다. 이렇게 되기 위한 최소한의 요건은 장마당에 제품이 제공되고 이를 판매하는 판매자가 있어야 하되 판매자와 소비자가 적당한 비율로 모여 있어야 한다. 생산자와 판매자만 많고 소비자가 부족하거나 그 역이 되면 장마당이 활성화 될 수 없는 일이다.

물론 이런 장마당과 현대적 플랫폼 사이에는 결정적 차이가 있다. 현대적 플랫폼은 디지털 기술에 기반한 인터넷을 토대로 디지털 데이터의 교환을 통해 이뤄지기 때문이다. 멧커프의 법칙(Metcalfe's law)에 의하면 네트워크 참여자의 수가 많아질수록 그 네트워크의 가치는 지수 함수적으로 증가한다. 전화망을 예로 든다면, 전화망에 가입자가 한 명밖에 없으면 그 전화기의 가치는 0이다. 단 한 대의 전화기만 가지고는 누구에게도 전화를 걸 수 없기 때문이다. '역사상 가장 위대한 세일즈맨 상'은 최초의 전화기를 판 사람에게 줘야 한다는 한 MIT 교수의 농담은 결코 농담이 아닌 것이다. 그러나 사람들이 전화기를 더 많이 구매하면 할수록 전화기의 가치는 늘어난다. 2대의 전화기로는 1개의 연결이 가능하나, 4대의 전화기로는 6개의 연결, 12대로는 66개의 연결, 100대의 전화기로는 4,950개의 연결이 가능하다. 이런 식의 증가를 가리켜 비선형 성장(nonlinear growth) 또는 볼록 성장(convex growth)이라고 하는데 1990년대의 마이크로소프트, 애플 및 페이스북, 우버와 같은 기업들에서 볼 수 있는 성장 패턴이 바로 이것이다. 이 점을 이해하면 플랫폼 기업이 왜 그렇게 어마어마한 성장세를 보일 수 있는지, 플랫폼 기업의 몸값이 왜 그렇게 높은지를 이해할 수 있을 것이다.

일단 규모의 수요 경제에 이르면 경쟁업체들이 따라잡기란 극히 어렵다. SNS의 효율성, 수요 결집, 앱 개발을 비롯해 기타 네트워크가 크면 클수록 사용자들에게 더 많은 가치를 가져다주는 현상으로 말미암아 플랫폼 시장 자체가 몸집이 가장 큰 기업에게 네트워크 효과 우위를 제공하기 때문이다.

이는 산업화 시대 거대 기업들도 마찬가지였다. 산업화 시대에 기업들은 규모의 공급 경제를 이룸으로써 거대 기업으로 성장했다. 하지만 규모의 공급 경제는 규모의 수요 경제에 비해 파워가 훨씬 약하다. 일례로 힐튼이나 쉐라톤 같은 호텔 체인이 사업을 확장하려면 객실을 늘리고 수천 명의 직원을 고용해야 한다. 반대로 에어비앤비는 거의 0에 가까운 한계비용으로 사업을 확장한다. 또 업워크에 더 많은 프리랜서가 참여할수록 구인 기업들에게는 이 플랫폼 공간이 더 매력적으로 다가온다. 반대로 더 많은 기업들이 업워크를 통해 사람을 구할수록 프리랜서들은 이곳을 더 많이 찾게 된다.[42)]

플랫폼 전략에서 주목할 점은 콘텐츠와 소프트웨어, 하드웨어가 일체가 된 플랫폼 전략을 취해야 한다는 것이다. 애플 아이팟은 음악 재생 단말기지만 다양한 음악을 구입할 수 있는 아이튠스라는 플랫폼과 연계했기 때문에 세계 시장에서 절대적인 우위를 점하는 것이다. 제4차 산업혁명 시대에서는 하나의 물건(하드웨어)이 지닌 가치보다는 플랫폼의 일부

42) 『플랫폼 레볼루션』, 마셜 밴 앨스타인 외, 부키, 2017

로 지닌 가치가 더 중요해졌다는 것을 의미한다. 스마트 시대에 플랫폼이 주목을 받는 이유는 여러 가지다.

① 급속도로 발전하는 기술 : 기술 혁신의 속도가 과거에 비해 눈에 띄게 빨라진다. 그러므로 하나의 기업에서 모든 서비스를 제공하는 것이 아니라 기술력을 갖춘 기업과 제휴하여 보다 효율적이며 신속하게 대응할 수 있다.

② 다양한 고객의 요구 : 인터넷의 정보 활성화로 고객의 요구가 다양해지고 있으므로 한 회사의 능력만으로 다양한 요구에 부응하기 어렵다.

③ 네트워크 효과 : 입소문의 신속하면서도 광범위한 확대가 이루어지면서 플랫폼이 진화되었다.

④ 디지털 컨버전스의 진화 : 디지털 기술과 통신 기술의 발달로 전화, 방송, 통신, 출판 등 지금까지는 '출구'라는 형태로 분류되어 왔던 산업이 일단 무너지면서 전혀 새로운 미디어로 통합되는 '미디어 수렴'이 일어났다. 애플의 경우 컴퓨터 제조 회사로 출발했지만 현재는 음악 파일 공급업자, 음악 재생 휴대 단말기 제조사라는 분류에 속한다. 이러한 움직임은 아마존이나 구글도 유사하며 이것은 거대 기업은 물론 산업 자체가 사라질 수도 있다.[43]

플랫폼이 우리 실생활에 얼마나 밀접해 있는지는 소비자 행동에 극적인 변화를 가져왔기 때문이다. 수백만 명에 달하는 사용자들이 몇 년 전만 해도 상상할 수 없었던 방식으로 제품과 서비스를 사용하고 있다. 한

43) 『사물인터넷의 미래』, 박종현 외, 한국전자통신연구원(ETRI), 2014

국의 예가 아니지만 저널리스트 제이슨 탠즈(Jason Tanz)는 이를 다음과 같이 표현한다.

'낯선 사람들의 자동차에 올라타고(리프트, 사이드카, 우버), 남는 방으로 낯선 이들을 맞아들이며(에어비앤비), 반려견을 낯선 이들의 집에 맡긴다(도그베이케이, 로버). 우리는 또 그들에게 우리 자동차(릴레이라이즈, 겟어라운드)와 배(보트바운드), 우리 집(홈어웨이)과 우리가 쓰는 각종 도구(질록)들을 빌려준다. 우리는 생판 모르는 이들에게 우리의 귀중품과 개인적 경험, 나아가 우리의 삶 그 자체를 맡긴다. 얼마 전까지 이런 행동은 매우 위험하거나, 아주 이상하게 비쳤을 것이다. 하지만 오늘날에는 너무도 익숙한 행위이다. 이런 환경을 기반으로 이제 스스로를 'X 분야의 우버'라고 칭하는 다수의 신생 플랫폼 기업들은 해당 분야에서 소비자들의 행동을 바꾸기 위해 열심히 일하고 있다.'

상상도 못하는 일이 제4차 산업혁명의 여파로 일어나고 있다는 설명인데 플랫폼이 정말 무서운 이유는 정작 다른 곳에 있다. 우버의 경우 이미 몰고 온 변화만도 엄청나다. 우버로 인해 미국의 택시 업계는 전체 택시 산업이 조만간 붕괴할 거라고 예상하고 있는데, 여기에 대해서는 전 세계 대도시 택시 회사 사장들이 공감하고 있다. 120만 달러가 넘던 뉴욕시 택시 면허 가격은 1년 만에 30만 달러 가까이 떨어질 정도이다(한국의 경우 우버가 진출하지 못했음). 그것은 우버에 의해 사람들이 자가용을 보유하는 것보다 훨씬 경제적으로 차를 탈 수 있기 때문이다. 우버의 충격은 택시에만 국한되는 것은 아니다. 현재 각국에서 추진하고 있는 자율주행차가 플랫폼 모델과 결합하면 그렇지 않아도 뛰어난 우버의 경제 모델로 인해 택시 산업을 넘어 다른 영역으로까지 확장되는 일련의 폭포 효과를 이끌어 낼 수 있다는 전망이다.

이는 자동차 시장의 축소를 의미하고 그에 따라 자동차와 관련된 보험, 대출, 주차장 같은 부수적인 사업들도 타격을 입게 된다. 또한 자율자동차는 사실상 계속해서 사용될 수 있으므로 주차 공간에 대한 수요가 급격히 줄어들면서 수백만 평에 달하는 부동산이 개발용으로 풀리고 거의 모든 도시의 도로가 여유로워지며 운전자가 주차 공간을 찾아다니면서 야기하는 공해와 도로 혼잡이 급격히 줄어들 수 있다. 더불어 자율주행차는 전기로 작동하므로 현재 길거리를 주행하는 휘발유 사용 수냉식 자동차와는 구조 자체가 다르다. 한마디로 수냉식 자동차를 작동시키기 위한 냉각장치 등이 필요치 않으므로 자동차부품이 획기적으로 사라진다. 이는 앞으로 상당수의 자동차 부품과 정비회사들이 사라진다는 것을 의미한다.

또한 물류와 유통에서도 혁신적인 변화를 갖고 오게 된다. 탑승객 데이터를 통해 사용자들이 어디에서 일하며, 언제 어떻게 통근하는지, 기타 탑승객의 여러 행동적 측면에 대한 특별한 정보를 수집할 수 있으며 이를 통해 수많은 이득점을 찾아낼 수 있다는 것이다.[44] 플랫폼 전략에 몰두하지 않을 수 없는 이유이다.

플랫폼도 특성화가 가능하다. 시각장애인들에게 있어 디지털 세계는 접촉하기 힘든 먼 나라 이야기에 불과했다. 그러나 최근 인공지능, 컴퓨터영상, 영상인식 기술이 급속히 발전하면서 시각장애인과 디지털 세계를 연결해주는 기술들이 속속 개발되고 있는데 이를 특수 플랫폼이 도전하고 있다.

호주의 스타트업〈BLITAB〉사는 시각장애인들이 사용할 수 있는 태

44) 『플랫폼 레볼루션』, 마셜 밴 앨스타인 외, 부키, 2017

블릿을 개발했다. 이 태블릿은 전자책(e-Book)과 비슷하게 생겼지만 일반 태블릿처럼 스크린을 사용하는 대신 점자판을 사용한다. 시각장애인들은 이 점자판을 통해 정보를 음성으로 변환한 '터치 투 스피치(text-to-speech)', 손가락으로 접촉할 수 있는 '터치 네비게이션(touch navigation)' 등의 기능을 활용할 수 있다. 즉 태블릿과 대화를 하면서 다양한 인터넷과 접촉할 수 있는 방식이다. 한마디로 시각장애인들이 접촉과 소리를 통해 새로운 정보를 접촉하고, 또 새로운 정보를 입력할 수 있다는 것이다.

그러므로 〈BLTIAB〉사는 시각장애인들이 소통할 수 있는 전용 플랫폼을 구축하고 있다. 시각장애인 전용 플랫폼 안에 시각장애인들이 사용할 수 있는 다양한 소프트웨어를 축적하면 시각장애들이 그동안 겪었던 불편을 상당부분 덜어줄 수 있다는 것이다. 〈에이폴리(Aipoly)〉사는 모바일 앱으로 스마트폰 등에 설치하면 눈앞의 물체나 장면을 분석해 음성으로 설명해준다. 이 앱을 통해 시각장애인들은 자신의 주변에서 일어나는 약 5,000개 유형의 상황을 설명하는 것을 들으면서 삶을 영위해나갈 수 있다. 흥미로운 것은 눈앞에 벌어지는 일뿐만 아니라 멀리 떨어져 있는 집안, 혹은 사무실 상황까지 감독할 수 있다. 한마디로 눈을 감고도 주변 상황을 상세하게 인식할 수 있는 길이 열리게 된다는 뜻으로 이를 위한 전용 플랫폼이 설치되면 세계 장애인들에게 희소식이 아닐 수 없다. 전문가들은 거대 플랫폼의 세계만 플랫폼이 가능하다는 기존의 생각을 불식시켜 아이디어만 좋으면 소규모 플랫폼으로도 성공할 수 있다는 것은 앞으로 플랫폼 세계에 큰 영향을 미칠 것이라고 말한다.[45]

45) 「인공지능이 시각장애인을 돕는다」, 이강봉, 사이언스타임스, 2016.04.08

(2) 플랫폼 기술

플랫폼 주요 기술은 다양한 사물에 대한 연결성을 제공하고, 이들 사물에 대한 실시간 상태 모니터링을 통한 물리 사물과 가상 사물들 간의 상태 동기화를 제공하며, 대규모 사물로부터의 실시간 정보 수집・검색・분석을 위한 클라우드 기반의 데이터 수집・정제・분석・가시화 기술, 지능형 사물 중심의 사물 자율 협업 및 제어 기술, 신뢰성 있는 사물 서비스 제공을 위한 자율 복구 기술 등을 포함한다.

또한 플랫폼의 중요 기술로는 이종의 광역 사물들이 상호 운용되어 서로 다른 식별자들이 운용되고 데이터가 해석되고, 동시에 분석되어 자율적 서비스가 제공될 수 있다. 인터넷의 핵심 기술은 다양한 기준으로 분류되어 개발되고 운용되는데 전자통신연구원 박종현 박사의 다음 분류에 따른다.

① 대규모 이종 사물 간 연결 기술

인터넷은 사물의 사양, 운용정책 등에 따라 다양한 사물 연결 프로토콜을 활용하게 된다. 하부단에는 현재 가장 많이 이용되는 WiFi, ZigBee, Bluetooth, Ethernet, 3G, 4G를 거쳐 한국의 경우 5G 등의 다양한 통신 기술이 이용된다. 이러한 통신 기술 위에 응용 레벨의 통신 프로토콜 역시 다양하게 존재한다. 이러한 다양한 사물 연결 기술이 연동되어 대규모 사물 연결에 맞는 분산 구조의 사물 연결 프레임워크가 작동한다. 대규모 이종 사물 간 연결 기술이야말로 인터넷 플랫폼의 가장 근저가 되는 기술이다.

② 사물 모니터링 및 복구 기술

대규모의 이종 사물들이 연결 · 공유 · 활용되는 인터넷 환경에서, 공유되는 사물에 대한 안정적인 상태 모니터링 및 관리는 매우 중요하다. 복수 이종의 다양한 응용 서비스가 다양한 도메인의 사물에 대한 융합 서비스를 제공하거나, 혹은 혼합현실과 같이 가상세계와 현실세계가 매우 밀접도 높게 연결되는 서비스를 제공할 경우 인터넷의 안정성이 응용 서비스의 신뢰도 및 품질을 좌우한다. 따라서 다양한 미래형 서비스는 플랫폼 차원에서 지속적이고 실시간적으로 모니터링하고, 필요시 복구 혹은 적절한 대응 처리를 제공해야 한다.

③ 상황 기반 관련 사물(물리 · 가상)들 간의 상태 동기화 기술

인터넷의 주요 서비스로 혼합현실 기반의 다양한 시뮬레이션, 게임, 교육, 여행 서비스 등 많은 분야가 활용된다. 인터넷 서비스를 제공하면서 안정성, 효율성, 품질, 적용 타당성 등을 확보하는 것이 필요하다.

④ 대규모 분산 사물 등록 · 검색 기술(의미 기반 지능형 사물 검색 기술)

대규모의 이종 사물들이 복수의 플랫폼을 통해 연동되고 공유되는 경우, 대규모 분산 사물에 대한 등록 및 효율적 검색 기술이 요구된다. 일반적으로 클라우드 기반의 사물 검색 시스템이 구축되고 있으므로 이러한 분산 구조상에서 얼마나 빠르고 효과적으로 요구되는 사물을 검색할 수 있는가가 관건이다. 더불어 사물에 대한 정보의 제공에 따른 권한 관리가 중요하므로 권한 관리를 사물이 등록되는 시점과 사물이 운용되는 시점

으로 분리한다.

⑤ 이종 도메인 멀티 사물 식별자 간 상호 운용 기술

인터넷 인프라를 단독의 사물 식별자로 구현되는 것이 불가능하다. 현재 운용되는 다양한 도메인의 시스템은 오랜 역사 속에서 최적의 식별자를 구성해왔으므로, 새로운 식별자를 만드는 것보다는 기존에 가장 널리 쓰이는 식별자들을 포함할 수 있는 프로토콜 및 엔진을 개발한다.

⑥ 클라우드 기반의 대규모 사물 정보 저장·검색 기술

제4차 산업혁명시대의 인터넷은 엄청난 숫자의 사물들이 실시간 데이터를 생산하며, 이러한 데이터는 클라우드 기반의 분산 빅데이터 저장소에 저장된다. 이와 같은 저장을 위해 해당 사물 데이타의 신뢰도가 반드시 검증되어야 하며, 데이터 분석을 위한 필터링·보정 등의 사전 처리 작업도 병행된다. 이러한 인터넷 기반의 빅데이터 저장소에서는 저장된 데이터의 종류·값·조회 패턴·조회 빈도 수 등의 다양한 통계 및 실시간 정보에 대한 가시화 기술을 병행하여 제공함으로써 활용도를 높인다.

⑦ 이종 도메인 상이한 데이터 모델·단위·어휘 간 상호 운용 기술 (data interoperability)

복수 도메인, 복수 플랫폼 간의 상호 운용 기술은 제4차 산업혁명 시대의 인터넷 플랫폼에서 가장 특징적인 기술이다. 지금까지의 도메인 플랫폼들은 각기 해당 도메인의 특성에 맞는 데이터 모델을 정의하고, 적합한 단위, 어휘를 이용해서 구축되고 이용되었다. 그러나 멀티 도메인 융합

혹은 멀티 제조사 융합을 지원하는 인터넷 플랫폼에서는 이러한 상이성에 대한 투명성을 제공하는 방향으로 개발된다.

⑧ 사물 정보 기반 상황 인식 기술(실시간·배치, 머신러닝·데이타 마이닝·시맨틱)

사물인터넷이 궁극적으로 유비쿼터스 컴퓨팅 실현 기술로 전개된다. 다양한 사물로부터 광범위한 정보를 수집함으로써, 분석의 폭이 넓어지며, 다양한 실시간 분석 기술의 개발과 함께 상황에 대한 정확한 분석 및 예측이 가능하도록 한다.

⑨ 개방형 인터페이스

인터넷 디바이스의 활용 및 응용 서비스 활성화는 간편하면서도 다양한 플랫폼에 연동하고, 또한 연동된 사물들을 수월히 활용할 수 있는가에 따라 달련다. 이런 연동성은 개방형 인터페이스 기술로 구현된다.

⑩ 대규모 사물에 대한 적응형 클라우드 서비스 기술(로드밸런싱, 상황 기반 추천, 상황 기반 커뮤니티 관리 기술)

제4차 산업혁명을 구현하는 사물인터넷은 기본적으로 전 세계에 관련된다. 그러므로 대체 가능한 유사 사물들이 존재할 수 있고 비안정적으로 운용되는 사물도 가능하다. 따라서 사물인터넷 플랫폼은 사물인터넷 응용 서비스가 요구하는 최적의 사물에 부합하는 기능을 제공함으로써 최적의 안정적 서비스를 제공할 수 있는 방향을 우선으로 한다.

⑪ 프라이버시 및 보안 기술

사물인터넷은 다자간 공유·개방적 활용을 기반으로 하므로 프라이버시 보안 문제 등이 제기된다. 이것은 인터넷 서비스를 활성화하는 데에서 가장 중요하므로 이와 관련된 인증·인가·암복호·정책적 정보 소멸 및 보호 등의 기술들이 제공되어야 한다. 보안 문제가 제기되는 것은 인터넷에 연결되는 사물의 수가 폭발적으로 증가하고, 개인이 보유하고 제공하는 디바이스의 수가 증가하기 때문이다. 현재 상용화되어 있는 클라우드 플랫폼들의 경우, 클라우드 플랫폼에 디바이스가 연동될 때와 이를 사용하려는 사용자가 로그인할 때 상호 간 인증을 수행하는 방식이 제공되고 있다.[46]

〈플랫폼 비즈니스〉

위 설명에 따르면 플랫폼이란 개념이 과거 소프트웨어·하드웨어 개발자가 이해하는 기계적 플랫폼의 의미를 넘어 전체 생태계에서 포괄적인 의미를 지니고 있음을 알 수 있다. 망이 점차 상용화(commodization)하며, 망－애플리케이션의 분리(decoupling) 현상이 가속화되고(정책적으로도 망 중립성이 시행되고), 산업적으로 애플리케이션과 서비스 부문의 경쟁이 치열해지며 고도화되는 상황에서 망과 서비스를 유기적으로 연결시키고 산업적 경쟁력을 활성화하는 것이 플랫폼의 역할이 된 것이다.

스마트 시대의 특징은 사람과 사람, 사람과 기계, 기기와 기기가 연결되는 환경에서 IT 생태계의 중심이 기존 하드웨어에서 콘텐츠와 플랫폼과 같은 소프트웨어로 이동하는 것이다. 사용자 경험이 사용성이라면, 플랫폼은 상품성이라고 할 수 있다. 두 가지가 스마트 생태계의 핵심이라 할

46) 『사물인터넷의 미래』, 박종현 외, 한국전자통신연구원(ETRI), 2014

수 있다.

학자들은 유럽의 정치와 민주주의가 자유로운 카페 문화의 토론에서 발전했듯이, 문화와 예술은 이 개방적이고 인간 중심의 광장 문화에서 발전했다고 인식한다. IT 생태계에서 플랫폼이란 바로 이 광장에 비유할 수 있다. 다양한 서비스와 콘텐츠를 제공하고, 많은 사용자가 거쳐 가며 사용자들의 취사선택에 따라 자연스럽게 좋은 콘텐츠와 서비스가 선택되고 진화하는 선순환 구조가 되는 곳이 바로 플랫폼이다. 사람들이 모이는 곳, 사람들이 필요로 하고 원하는 서비스가 거래되고 사용되면 재생산되는 곳, 다양한 사업자들의 이해관계가 만나는 접점이 플랫폼이다. 한때 국내 시장에서 킬러 앱이라 불렀던 우리의 싸이월드, 아이러브스쿨, 다이얼패드, 힐리오(가상 망 서비스)는 다 역사의 뒤안길로 사라지고, 그 후속작이라 볼 수 있는 페이스북, 트위터, 스카이프 등에 플랫폼 자리를 내주었는데 이유는 간단하다. 이들 서비스들에는 광장의 기능이 없었던 것이다.[47]

플랫폼을 장으로 설명하면 공급자와 수요자의 거래를 연결하고 중계해 주면서 가치를 창출하는 것이 플랫폼 전략의 요체로 가치 창출과 관련한 플랫폼 비즈니스의 핵심에는 네트워크 효과가 들어있다. 네트워크 효과는 같은 제품을 소비하는 사용자 수가 늘어나면 늘어날수록 그 제품을 소비함으로써 얻는 효용이 더욱 증가하는 것을 말한다. 예를 들어 한 도시에 우버 사용자가 증가하면 운전기사가 늘어나고, 그 결과 탑승객 대기 시간은 줄어들고, 더 많은 승객이 우버를 이용하게 된다. 유저의 활성화가 전체 플랫폼 성장에 영향을 미치는 것으로 플랫폼 성패의 관건은 네트워크 효과를 유발할 수 있는 상호작용의 디자인에 있다.

---

47) 『인간과 컴퓨터의 어울림』, 신동희, 커뮤니케이션북스, 2014

이것이 대다수의 플랫폼을 개방형 생태계를 구축하는 이유다. 이를 역으로 말하면 한정된 내부 자원을 기반으로 하는 전통적 기업들이 플랫폼 기업과의 경쟁에서 뒤떨어지는 이유다. '소프트웨어가 세계를 집어삼키고 있다'는 표현은 이제 '플랫폼이 세계를 집어삼키고 있다'로 바뀌고 있다는 것도 이제는 구문이다.

플랫폼 비즈니스는 크게 세 가지로 나눌 수 있다. 첫째는 확산형 비즈니스 모델이다. 플랫폼화된 자사의 비즈니스 모델을 중심으로 다양한 비즈니스와 기능을 연결하며, 새로운 서비스를 지속해서 창출하는 모델을 통칭한다. 테슬라가 대표적이다. 테슬라는 2014년 2월 자사 블로그를 통해 그들이 기존에 갖고 있던 전기차 관련 특허와 더불어 테슬라 S모델 설계도를 공개했다. 기술 집약 회사의 생명인 지식재산권을 공유함으로써 전기차 전체 시장을 확대했다.

둘째는 융합의 형태다. 우버의 시작은 차량 공유 회사였다. 그러나 이제는 물류회사에서 금융회사로 그 비즈니스 모델의 속성을 바꾸고 있다. 기존의 비즈니스에 새로운 생각과 기능 등을 추가해 지속적으로 사업 영역을 넓히는 경우다.

마지막은 전환이다. 기존의 가치 제안을 180도 바꿔 완전히 다른 기능의 비즈니스 모델로 변모하는 경우다. 제너럴일렉트릭(GE)은 제조 중심 기업에서 서비스 중심 기업으로 전환했고, 일본 쓰타야 서점은 콘텐츠 제공 사업에서 새로운 마켓 플레이스로 바뀌었다. 4차 산업혁명의 큰 파고는 기업에 분명히 위협이지만, 또한 기회의 창임을 확연하게 보여준다.[48]

플랫폼은 큰 틀에서 중계대리점이라 볼 수 있다. 그런데 중계대리점이

48) 「테슬라는 전기차 잘 만드는 일에 관심이 없다?」, 양백, 한국경제, 2017.09.21

얼마나 큰 소득원인지를 알면 놀랄 것이다. 2017년 한국의 모바일 게임 업체들이 최고의 흥행 성적을 내는 데 힘입어 미국 인터넷 기업 구글이 수수료로만 1조원 이상을 벌어들일 수 있다는 것이다.

이런 천문학적인 수입은 구글이 자사의 앱 장터 '구글플레이'에서 모바일 게임의 판매를 중개해주고 30%의 수수료를 받기 때문이다. 일종의 '구글 통행세'이다.

구글이 이런 수익을 얻을 수 있는 것은 전 세계 스마트폰 운영체제(OS) 시장의 약 80%를 차지하기 때문이다. 그러므로 한국의 모바일 게임 매출 대부분이 구글 앱 장터인 '구글플레이'를 통해 발생한다. 나머지 20%는 애플 앱 스토어를 통해 나온다. 엔씨소프트가 지난 6월 내놓은 '리니지M'은 매일 50억~60억원 정도의 매출을 올리고 있다. 증권가에서는 리니지M 하나만으로 9,000억~1조원의 매출을 예상하고 있다. 구글은 '리니지M'의 수수료로 최소한 2,000억 원을 챙길 것으로 보인다. 이런 통행세를 거두려면 탄탄한 플랫폼이 준비되어야 함은 물론이다.[49]

49) 「한국게임으로 1兆 챙긴 구글… 세금은 '깜깜'」, 양지혜, 조선일보, 2017.09.15

6 클라우드 컴퓨팅

노팅엄대학교의 크리스토퍼 버넷 교수는 다음과 같이 말했다.

'컴퓨팅 분야는 또 하나의 혁명에 직면하고 있다. 클라우드 컴퓨팅(Cloud Computing)이라 불리는 이 혁명은 인터넷을 통한 소프트웨어 어플리케이션과 데이터 저장 공간 및 처리 장치의 이용에 있어 획기적인 변화를 갖고 올 것이다.'[50]

빅데이터가 일반 네티즌들에게 활용될 수 있는 배경에는 플랫폼과 클라우드 컴퓨팅(Cloud Computing)이란 정보처리기술이 결합되었기 때문이다. '클라우드'라는 용어는 광범위하게 사용되지만 그 의미는 상황에 따라 각기 다른 맥락을 지닌다. 클라우드는 기본적으로는 인터넷 같은 거대 네트워크에서 작동하는 분산형 컴퓨팅 환경을 일컫지만 엄밀한 정의는 간단하지 않다.[51]

일반적으로 클라우드를 가장 명확하게 설명한 표현은 온라인으로 접근이 가능한 서비스형 소프트웨어이다. 또한 클라우드는 서비스형 플랫폼의 형태도 취한다. 그러므로 유저들은 호스트 클라우드에서 운영할 소프트웨어 개발을 취한 특정도구들을 이용할 수 있다.[52]

이를 풀어서 설명하면 클라우드 컴퓨팅이란 자신의 컴퓨터가 아닌 인터넷으로 연결된 다른 컴퓨터를 활용할 수 있는 기술을 말한다. 이것은

50) 『클라우드 컴퓨팅』, 크리스토퍼 버넷, 미래의창, 2011
51) 『사물인터넷이 바꾸는 세상』, 새무얼 그린가드, 한울, 2017
52) 『클라우드 혁명』, 찰스 밥콕, 한빛비즈(주), 2011

온라인으로 컴퓨팅 자원을 이용할 수 있다는 뜻으로 한마디로 인터넷을 통해 프로그램을 사용할 수 있다는 뜻이다. 인터넷을 통해 프로그램을 사용한다는 뜻은 사람들이 더 이상 소프트웨어를 자신의 컴퓨터에 설치하기 위해 구입할 필요를 느끼지 않는다. 기업의 입장에서도 온라인 대여가 가능하다면 그 많은 하드웨어와 소프트웨어를 구입하고 유지할 필요가 없다. 결과적으로 클라우드 컴퓨팅의 성장은 수많은 소프트웨어 업체와 기업 내 데이터 센터의 생존을 위협한다는 뜻인데 4차 산업혁명은 바로 이를 토대로 이루어진다는데 의의가 있다.[53]

전형적인 사례는 인터넷에 연결되어 있는 집합적 컴퓨터들은 플랫폼 또는 서비스로 기능한다. 그 형태는 소프트웨어, 하드웨어, 저장소 등 다양한 서비스라 할 수 있는데 그 기능은 인터넷 및 사설 네트워크를 통해 전달된다. 호스트 서비스 또는 관리 서비스는 하나의 컴퓨터를 다수의 이용자가 동시에 사용하는 시분할(time sharing) 시스템과 유사하다.

일반인들이 사용하고 있는 개인용 컴퓨터(PC)에는 각종 소프트웨어가 설치되어 있고 동영상과 문서와 같은 데이터도 저장되어 있다. 문서를 작성하려면 자신의 컴퓨터에 저장되어 있는 '호글'과 같은 프로그램을 구동시켜야 한다. 그러나 클라우드 컴퓨팅은 프로그램과 문서를 다른 곳에 저장해 놓고 내 컴퓨터로 그곳에 인터넷을 통해 접속해서 이용하는 방식이다[54]. 자동차를 사지 않고 필요할 때 빌려서 쓰거나 대중교통을 이용하는 것과 같다. 즉 빅데이터를 처리하기 위해서는 다수의 서버를 통한 분산처리를 가동시키는 것이다.

---

53) 『클라우드 컴퓨팅』, 크리스토퍼 버넷, 미래의창, 2011
54) 『사물인터넷이 바꾸는 세상』, 새무얼 그린가드, 한울, 2017

엄밀하게 클라우드 컴퓨팅이 무엇이냐는 질문에 대한 정의는 매우 복잡하지만 엄밀한 의미에서 '클라우드'는 인터넷 그 자체가 아니라 온라인상의 컴퓨팅 자원을 뜻한다. 즉 클라우드 컴퓨팅이란 용어는 온라인상에서 소프트웨어 및 처리 장치를 이용하는 새로운 시대를 의미하며 그동안 지구인들이 인터넷으로 해오던 종류의 일과 구분된다.

그러므로 인터넷 유저는 자신이 사용하고 있는 워드프로세서가 정확히 어디에서 실행되는지, 파일들은 어디에 저장되고 있는지 전혀 알지 못한다. 더 중요한 사실은 그런 문제에 유저가 전혀 관심을 갖지 않아도 된다는 점이다. 클라우드를 구름으로 표현하는 것은 클라우드 컴퓨팅이 마치 '구름'처럼 하늘 위에 둥둥 떠 있다고 생각하기 때문이다. 즉, 수많은 컴퓨터가 연결되어 있는 인터넷 환경이 마치 하늘 저편에 떠 있는 구름처럼 알 수 없는 존재로 여긴 것이다.

클라우드 컴퓨팅 세계에서는 기업 데이터센터는 해체되고 소프트웨어 어플리케이션과 데이터는 더 이상 사용자의 컴퓨터에 설치되거나 저장되지 않으며 대신 기업 및 개인용 어플리케이션, 데이터 저장 공간, 원격 처리 장치 모두를 클라우드에서 가져다 사용한다. 클라우드 컴퓨팅이라는 개념이 도출되자 수많은 기업 데이터센터들이 강력히 저항한 것도 그 때문이다. 그러나 바로 그 점이 일반사람들로 하여금 클라우드 컴퓨팅에 의해 컴퓨터 작업을 훨씬 더 자유롭게 하여 일상생활에 엄청난 위력을 발휘하는 이유이다.[55]

이것은 사실상 컴퓨터의 혁신으로 볼 수 있는데 필요한 소프트웨어를 자신의 컴퓨터에 설치할 필요도 없고, 또 주기적으로 업데이트 하지 않아

---

55) 『클라우드 컴퓨팅』, 크리스토퍼 버넷, 미래의창, -2011

도 된다. 더불어 회사 컴퓨터에서 작업을 하던 문서를 따로 저장해 집으로 가져갈 필요도 없다. 자신의 컴퓨터가 고장을 일으켜도 데이터가 손상될 염려도 없다. 현재 자신의 컴퓨터에 문제가 생겼을 때 컴퓨터 전문가에게 자문하면 전문가가 자신의 컴퓨터를 먼 곳에서 확인하면서 조처 방안을 알려주는 것도 이 때문이다.

클라우드 방식은 새로운 개념은 아니다. 컴퓨터가 처음 등장했을 때 가격이 매우 비쌌지만 조그마한 기업일지라도 필요한 시스템을 구축하기 위해서 값비싼 하드웨어와 애플리케이션을 사서 기업 상황에 맞게 컴퓨터 시스템을 구축하고 운영해야 했다. 장비 값도 만만치 않지만 서비스를 위한 환경 구성 비용과 운용을 위한 인건비가 더 큰 문제였다. 그런데 이용자가 더미터미널(dummy terminal)이라고 부르는 입출력 기능만 있는 단말기로 자료를 입력하면 중앙의 대형 컴퓨터에서 저장하고 처리했다.

그러나 클라우드 컴퓨팅과 유사한 이러한 방식은 개인용 컴퓨터가 등장하고 성능이 향상되면서 점차 사라졌는데 인터넷이 출현하면서 클라우드 컴퓨팅이란 개념이 재등장한다. 처리해야 할 데이터의 양이 증가하면서 개인용 컴퓨터보다는 외부에 있는 고성능 컴퓨터의 힘을 사용하는 '그리드(Grid)' 시스템이 필요해진 것이다. 한마디로 각지에 분산되어 있는 컴퓨터의 유사한 기능을 한데 모아 운영하는 것이다. 이 방식에 따르면 필요한 만큼 쓰고 비용을 지불하면 되므로 사용 빈도가 낮은 소프트웨어를 비싸게 구입할 필요도 없고, 터무니없이 큰 저장장치를 갖추지 않아도 되며 에너지 절감에도 기여할 수 있다.

(1) 남의 것이 내 것, 내 것이 남의 것

1990년대 이후 웹의 폭발적인 성장은 전 인류가 컴퓨터를 사용하는 틀을 바꾸었다. 개인용 컴퓨터 안에서만 저장, 연산, 정보처리, 정보생성 등의 모든 것을 처리할 수 있는 세상에서 인터넷 단말기만 있으면 어디에 있든 인터넷을 통하여 업무, 오락, 통신 등 모든 컴퓨터 기능을 얻을 수 있게 된 것이다.

사용자 입장에서 사용자 인터페이스(User Interface) 기능을 제외한 모든 컴퓨팅 자원이 인터넷 클라우드에 있다는 뜻을 갖고 있는 클라우드 컴퓨팅은 'ICT as a Service', 즉 모든 ICT 기술 및 기능을 플러그에 꽂으면 전기를 사용할 수 있듯이 ICT 서비스를 받을 수 있다는 개념적 특징을 지향하고 있다.

다양한 사람들이 함께 사는 현대에서 시장이란 공간은 매우 냉혹하다. 한마디로 시장에서 성공하기 위해서는 프로토콜(Protocol) 경쟁에서 승리해야 한다. 즉 컴퓨터와 컴퓨터 사이, 또는 한 장치와 다른 장치 사이에서 데이터를 원활히 주고받기 위하여 약속한 여러 가지 규약(規約)에서 자신이 제시하는 것을 보다 많은 사람들이 활용토록 해야 한다는 것이다. 이를 통신과 연계하면 A와 B간에 어떤 메시지를 주고받는 단순한 행위다. 1 : 1로 메시지를 주고받을 수도 있고 1 : N, N : N으로도 메시지를 주고받을 수 있다. A는 한 대의 컴퓨터일 수도 있고 하나의 기업 또는 서버가 클라우드가 될 수도 있다,

여기에서 이들 간을 연결해 주는 것을 네트워크가 필요한데 중요한 것은 서로 메시지를 주고받기 위해 동일한 프로토콜을 이용해야 한다는 것이다. 네트워크만큼 '네트워크 효과'가 나타나는 분야도 없는데 이것은

시장에서 가장 많이 사용되는 프로토콜은 단지 많이 사용된다는 이유로 가장 확장되어 독점적인 시장점유율을 달성한다. 이때 다소 아이러니한 일은 이들 시장을 유저가 선택할 때 다윈의 자연선택설과 같은 형태를 보이기도 한다. 한마디로 기술 개발이라는 차원으로 진화되는 것이 아니라 성능이 떨어지고 심지어 가격이 더 비싼데도 불구하고 시장의 선택을 받아 그 기술이 생존해서 진화의 길로 나가는 것이다.

그런데 프로토콜은 누가 만든 것이므로 저작권은 물론 사용에 따른 제약 조건이 있다. 가장 우수한 프로토콜이 살아남는 것이 아니라 시장에서 가장 많이 사용되는 프로토콜이 살아남는 것이다. 그러므로 프로토콜을 개발한 측은 자신들의 프로토콜이 보다 많이 보급되도록 노력한다. TCP/IP(Transmission Control Protocol/Internet Protocol)이 인터넷에서 컴퓨터들이 서로 정보를 주고받는 데 사용하는 대표적인 프로토콜이지만 과거 인터넷에 연결되어 있는 모든 단말기가 고유한 IP로 움직이는 것은 아니다. 그런데 TCP/IP가 대세를 이루게 된 것은 이들이 다른 프로토콜과는 달리 오픈소스(Open Source)였기 때문이다.

그러나 이런 서비스를 위한 환경 구성 비용과 운용비가 만만치 않았다. 그러므로 여러 컴퓨터들을 연결하여 가상의 슈퍼컴퓨터를 만드는 그리드 기술이나 웹호스팅과 같은 네트워크상에서 컴퓨팅 자원을 임대하는 아이디어도 도출되었다. 이런 틀 즉 기술과 서비스를 통칭하여 클라우드라고 부른다. 한국의 경우 '네이버 N드라이버'가 그것이다. 인터넷의 어느 공간에 나만의 저장소가 있거나 또는 웹 호스팅 업체를 통해 기업의 홈페이지가 운용되는 방식 또한 누군가 물리적인 서버 위에 가상으로 할당해준 자원을 유저가 소비하는 개념으로 지금은 거의 모든 IT서비스가 클라우드 위에서 동작한다고 봐도 무방하다. 그러므로 가상화(Virtualization)라는 용어 또하 클라우드와 거의 동일한 의미로 사용된다. 가상화가 클라우드 서비스를 제공하는 기본 기술을 의미하지만 현재는 구분 자체가 무의미해진 것이다.

과거에 기업들과 관공서들은 모두 서버실을 갖추고 전문 인력을 고용하여 서버를 운용했다. 당시 서버 자체가 비쌌지만 서비스를 위한 환경 구성 비용과 운용을 위한 인건비가 가장 큰 문제였다. 그러나 클라우드 서비스가 발전하면서 네트워크 시장이 획기적으로 바뀐 것은 기업들이 이제 서버를 구매하기보다는 클라우드 서비스 회사와 계약하여 자신들의 IT자원을 클라우드에 구축한다는 점이다. 아마존은 2012년 약 30만대의 서버를 보유했으나 2015년에 이를 250만 대로 증가시켰다. 기업들은 자체 서버를 운용하기보다 저렴한 클라우드를 선호하는 것은 자연스럽다고 볼 수 있다. 특히 스마트폰의 폭발적인 증가로 모든 서비스가 앱 형태로 바뀐 지금 거의 모든 서비스는 클라우드에 존재한다. 페이스북이나 카카오톡과 같이 실시간으로 엄청난 데이터가 생성되는 SNS가 증가할수록 네트워크 관점의 트래픽 전달경로는 기존과 완전히 달라진 것이다.

클라우드 서비스를 학자들은 '노스-사우스(north-south)' 트래픽이 '이스트-웨스트(east-west)' 트래픽으로 바뀌고 있다고 표현한다. 노스-사우스 트래픽이란 기존의 고객이 어떤 서비스를 사용하기 위해 특정 서버로 접속하는 트래픽을 의미한다. 예를 들어 내 컴퓨터에서 메일을 쓰기 위해 구글 G메일 서버에 접속하는 것과 같다. 하지만 클라우드 시대는 사용자가 클라우드 어디엔가에 이미 접속해 있고 서비스 기능별로 다른 클라우드에 접속하여 데이터를 보내거나 갖고 온다. 이런 트래픽을 동일 계위(Hierarchy)간 연결이란 뜻으로 이스트-웨스트 트래픽이라 부른다. 즉 데이터 센터 간 트래픽으로 현재 전 세계의 대규모 네트워크는 데이터 센터 내부(Intra Datacenter Network)와 데이터 센터 간 연결(Inter Datacenter Network)에 집중되고 있다.

과거에 수많은 서버를 네트워크 스위치에 전부 연결한 상태에서 사용했지만 현재는 그 서버들을 마치 거대한 한 개의 컴퓨터로 만들어 주는 가상화 기술로 운용된다. 물리적으로는 똑같이 연결된 것으로 볼 수 있지만 가상화 솔루션을 통해 사용자, 서비스별로 컴퓨팅 자원과 네트워킹 자원을 할당하고 있다.[56] 이러한 클라우드 서비스는 크게 SaaS, PaaS, IaaS로 구분하여 설명된다.

① SaaS(Software as a Service)

제공자가 소유하고 운영하는 소프트웨어를 웹 브라우저 등을 통해 사용하는 서비스이다. 대표적인 예로는 G메일 등이 포함된 Google G Suite와 네이버의 Works Mobile 서비스를 들 수 있다. SaaS 어플리케이션은 어떤 장치에서나 이용할 수 있다는 잇점이 있다. 이는 유저들이 자신의 집 PC나 사무실 PC, 노트북, 태블릿, 스마트폰 등으로 언제나 지금 막 업로드된 문서를 이용할 수 있음을 의미한다. 또한 SaaS는 협업 지향적이므로 두 명 이상의 사용자가 동시에 같은 문서를 작업할 수 있으며 더욱 중요한 것은 원격작업으로 가능하다는 점이다. 그 결과 이동의 필요성이 줄어들며 특히 유저는 이 시스템이 무엇으로 구축되고 어떻게 동작

56) 『스마트 테크놀로지의 미래』, 카이스트 기술경영전문대학원, 율곡출판사, 2017

하는지, 백업은 이루어지는지 등을 알 필요가 없이 곧바로 바로 사용이 가능하다. 하지만 SaaS가 정한 틀 안에서 운용해야 한다.

② PaaS(Platform as a Service)

개발자가 개발환경을 위한 별도의 하드웨어, 소프트웨어 등의 구축비용이 들지 않도록 개발하고 구축하고 실행하는 데 필요한 환경 즉 플랫폼(인프라)적 환경을 제공한다. 특히 PaaS업체들은 새로운 온라인 어플리케이션을 신속히 생성하고 테스트하여 구동시키는 데 필요한 모든 것을 제공한다. 이렇게 만들어진 어플리케이션은 특정 조직의 직원만 사용할 수 있게 하거나 아니면 무료나 유료로 누구나 사용할 수 있게 할수도 있다. 이는 PaaS의 용도가 상당히 크다는 것을 의미한다.

그러나 SaaS, PaaS를 사용하든 자신이 만든 어플리케이션이 구동되는 물리적 인프라 및 플랫폼에 어떤 통제권도 갖지 못한다는 점이다. 구글, 마이크로소프트의 애저는 PaaS에 특화된 서비스의 예인데 이것의 특징은 자체 프로그램을 제작할 수는 있지만 클라우드 서비스 업체가 결정하는 방식으로 한정된다. 예를 들자면 구글 앱 엔진에서 어플리케이션을 개발할 때 사용할 수 있는 프로그래밍 언어는 자바(Java)와 파이썬(Python) 중 하나다. 이때 프래그래머가 예를 들어 한글로 작성하고 싶다 해도 구굴앱인 경우 작동되지 않는다.

③ IaaS(Infrastructure as a Service)

응용서버, 웹서버 등을 운영하기 위해서는 기존에는 하드웨어 서버, 네트워크, 저장장치, 전력 등 여러 가지 인프라가 필요하다. 이런 것들을 가상의 환경에서 쉽고 편하게 이용할 수 있게 제공하는 서비스이다. 한마디로 IaaS는 SaaS, PaaS처럼 자신의 프로그램 제작에 대한 제한이 없으므로 아마존 등 상당수 클라우드 컴퓨팅은 IaaS 모델을 기반으로 한다. 즉 IaaS는 고객이 원하는 어플리케이션의 가동과 데이터를 저장할 수 있도록 클라우드 하드웨어에 대한 접근을 허용한다.

IaaS 제공업체들이 고객들의 데이터를 저장하고 어플리케이션을 구동시킬 수 있는 서버를 대여하지만 업체들이 제공하는 서버의 대다수는 '실체'라기 보다 가상적이다. 이것이야말로 클라우드 컴퓨팅의 장점이라고 볼 수 있는데 클라우드데이터샌터들이 서버 블레이드가 장착된 물리적 서버들이 '가상화'라 불리는 소프트웨어 처리에 의해 나눠져 있다는 것이다.

실질적으로 서비스형 인프라를 이용하는 개인과 기업들은 자신의 컴퓨팅 활동을 변경할 필요 없이 클라우드 컴퓨팅의 이점을 누릴 수 있다. 과거와 다른 점은 어플리케이션이 사내 혹은 자체 데이터 센터에 설치된 서버가 아니라 저 바깥 어딘가에 있는 클라우드에서 구동된다는 점이다.[57]

인터넷 자체 다음으로 학자들이 인터넷에서 가장 중요한 기술로 인식하는 것은 가상화 기술이다. 이 기술은 SaaS, PaaS의 기반이 되는데 대표적인 예는 아마존의 AWS 서비스이다.[58][59] 클라우드를 가능하게 해주는 핵심 기술은 가상화(virtualization)와 분산처리(distributed processing)다. 가상화란 실질적으로는 정보를 처리하는 서버(server)가 한 대이지

57) 『클라우드 컴퓨팅』, 크리스토퍼 버넷, 미래의창, 2-011
58) 「클라우드 서비스」, 스마트과학관-사물인터넷, 국립중앙과학관
59) http://egloos.zum.com/swprocess/v/2873555

만 여러 개의 작은 서버로 분할해 동시에 여러 작업을 가능하게 만드는 것으로 서버의 효용률을 높일 수 있다. 분산처리는 여러 대의 컴퓨터에 작업을 나누어 처리하고 그 결과를 통신망을 통해 다시 모으는 방식으로 다수의 컴퓨터로 구성되어 있는 시스템을 마치 한 대의 컴퓨터 시스템인 것처럼 작동시켜 규모가 큰 작업도 빠르게 처리할 수 있다.

이 기술은 2000년대 이후에 인터넷을 통해 많은 양의 데이터를 처리하기 위해 대규모(몇 천 노드 이상)의 서버 환경에서 대용량 데이터를 분산 처리하기 위한 개발된 것이다. 바로 하둡(Hadoop: High-Availability Distributed Object-Oriented Platform)으로 하둡은 대형 컴퓨터 클러스터에서 동작하는 분산 응용 프로그램을 지원하는 프리웨어 자바 소프트웨어 프레임워크이다. 복수의 컴퓨터를 논리적인 하나의 컴퓨팅 자원으로 이용할 수 있는 것으로 볼 수 있다. 현재는 하둡의 단점을 보완하고 메모리를 활용한 아주 빠른 데이터 처리가 특징인 스파크(Spark)가 그 뒤를 잇고 있다.[60]

클라우드 컴퓨팅을 또 다른 특징은 하드웨어나 소프트웨어와 같은 컴퓨터 자산을 구매하는 대신 빌려 쓰는 개념으로도 설명된다. 어떠한 요소를 빌리느냐에 따라 소프트웨어 서비스, 플랫폼 서비스(PaaS, platform as a service), 인프라 서비스로 구분한다.

소프트웨어 서비스는 네트워크를 통해 소프트웨어를 온라인으로 이용하는 방식이다. 이용자가 필요로 하는 기능만을 골라 이용하고 사용한 만큼 요금을 지불한다. 플랫폼 서비스란 운영체제를 빌려 쓰는 방식을 말한다. 구글의 앱엔진(App Engine), 아마존의 EC2, 마이크로소프트의 윈

60) 「클라우드 컴퓨팅 기술」, 스마트과학관-사물인터넷, 국립중앙과학관

도 어주어(Window Azure) 등이 대표적인 플랫폼 서비스 상품이다. 인프라 서비스는 서버나 스토리지, 데이터베이스, 네트워크를 필요에 따라 이용할 수 있게 서비스를 제공하는 형태다. 아마존의 S3가 대표적인 서비스다.

현재 클라우드 서비스를 제공하는 대표적인 기업은 아마존, 구글, 마이크로소프트(MS)다. 그 중에서 아마존과 구글은 빅데이터 원천 기술을 선도적으로 개발한 후 그 과정에서 자연스럽게 클라우드 서비스를 외부에 제공하기 시작했다. 구글 앱스는 이메일 기능(Gmail)과 문서도구(Google Docs), 데이터 연산 기능(Google Spreadsheet)을 제공한다. 이러한 서비스는 저장용량과 처리 성능을 지속적으로 늘려야하기 때문에 세계 각지에 데이터센터를 계속해서 건설해야 하므로 구글은 오픈소스 소프트웨어를 사용하고 서버도 직접 만들어 저비용 설비 구축을 특징으로 하고 있다. 구글의 예측 프로그램(Google Prediction API)은 기계학습을 통해 일정한 데이터 패턴을 발견하고 이를 통해 새로운 예측결과를 제공한다. 스팸메일을 판단해 삭제하거나 GPS를 통한 내비게이션이 이런 서비스의 일환이다.

아마존은 인터넷 서점으로 출발한 기업으로 서적 검색과 추천 기능을 통해 성장했지만 서점으로 성공하자 서적뿐 아니라 방대한 상품 정보를 저장하기 위해 대량의 서버와 데이터베이스를 구축했다. 이러한 설비는 최대치를 기준으로 설계되므로 평소에는 다른 기업에게 서비스로 제공한다. 아마존의 클라우드 서비스는 저장 장치를 빌려주는 S3(Simple Storage Service), 데이터베이스를 빌려주는 심플DB(SimpleDB), 서버를 빌려주는 EC2(Elastic Computing Cloud), 빅데이터 분석용 프로

그램으로는 EMR(Elastic Map Reduce)을 제공한다.[61]

아마존, 구글, MS와 같은 글로벌 플레이어들이 클라우드 플랫폼과 서비스 개발에 열을 올리고 있는 것은 모바일 시대에 클라우드가 서비스의 중심으로 등장하기 때문이다. 특히 클라우드 기반 개발에서 IT 자원, 개발, 테스트, 운영 환경이 제공되기 때문에 개발자에게 매우 유리하다. 소스관리와 빌드, 배치를 직접 할 수 있으며 오픈소스 도구들을 통하여 대규모 부하 테스트도 수행해볼 수 있다. 한마디로 소규모로 스타트하는 기업들로 보아서 IT 인프라와 개발도구에 대한 투자 없이 이러한 개발환경을 갖는다는 것은 매력적일 수밖에 없다. 현재 SW 플랫폼 기반 클라우드가 제공하는 서비스들은 대체로 다음 6가지로 요약된다.

① 가상 저장공간
② 컴퓨팅 클라우드
③ 데이터 스트리밍과 메시징 통합관리 서비스
④ 다중, 이종단말간 자동 동기화 및 오프라인 데이터 캐싱 지원
⑤ 오픈 API 및 Mashup 플랫폼
⑥ 모바일앱 및 백엔드 개발을 위한 PAAS 환경 제공[62]

물론 이렇게 편리한 서비스임에도 단점도 있다. 어느 시스템이든 완벽할 수 없다는 뜻인데 서버가 해킹당할 경우 개인정보가 유출될 수 있고, 인터넷 접속이 곤란하거나 서버에 장애가 생기면 자료 이용이 불가

61) 『빅데이터』, 정용찬, 커뮤니케이션북스, 2013
62) http://egloos.zum.com/swprocess/v/2873555---

능하다는 단점도 있는 것은 사실이다. 이 문제를 원천적으로 해결하기 위해 '컴퓨터 바이러스' 퇴치 프로그램을 각 유저들에게 무료로 배포하는 이유다.

클라우드 컴퓨팅이 4차 산업혁명의 핵심 축 중 하나이므로 다시 설명한다. 클라우드 컴퓨팅은 다시 말해 자신이 필요한 정보 처리를 자신의 컴퓨터가 아닌 인터넷으로 연결된 다른 컴퓨터로 처리하는 기술을 말한다. 그러므로 그동안 컴퓨터 활용이라는 개념이 바뀐다. 과거 IT 업종은 컴퓨터와 소프트웨어를 판매했지만 현재는 이들을 활용하기는 하되 개념이 다른 '컴퓨팅'이라는 서비스를 제공하는 방식으로 사업 모델이 전환되고 있다.

최종 유저가 클라우드 서버에 접속하면 서버는 필요에 따라 복수의 CPU에서 프로세싱 사이클을 가져오거나 나눠주고 메모리 사용량을 조절하는 능력을 발휘한다. 사용자에게 할당된 클라우드 장치는 필요에 따라 늘어나지만 피크 프로세싱이 끝나면 줄어든다. 한 순간은 데이터센터의 이쪽을 사용했다가 다음 순간은 저쪽을 사용하는 식이다. 그렇다고 최종 유저의 작업속도가 저하되는 것은 아니다. 서버 내부의 전환은 사용자가 알아차리지 못하게 일어나며 클라우드 서버는 그 역량과 크기에 제한되지 않도록 신축성 있게 바뀐다. 신축성이야말로 클라우드 컴퓨팅의 핵심이라 볼 수 있다.[63)]

이를 내비게이션을 예로 들면 쉽게 이해된다. 과거엔 전용 하드웨어와 수 기가바이트에 달하는 전국지도 데이터를 통째로 구매한 후 적어도 1~2년마다 업그레이드해야 했다. 그러나 지금은 스마트폰에서 수십 메

---

63) 『클라우드 혁명』, 찰스 밥콕, 한빛비즈(주), 2011

가바이트 크기의 앱만 내려 받으면 클라우드 컴퓨팅에 접속해 필요한 교통 정보를 실시간으로 받아볼 수 있다. 스마트폰에서 음성 인식, 번역 등 고성능 컴퓨터를 요구하는 작업이 가능한 이유도 클라우드 컴퓨팅에 접속해 처리하기 때문이며, 데이터가 개별 단말기를 넘어 클라우드 서버에 축적되므로 기술 발전도 빨라진다. 과거의 내비게이션 칩은 저장된 것만 제공하지만 현재의 스마트폰은 실시간으로 교통 정보 즉 어느 구간이 체증인지도 알려주는 것도 이 때문이다.

다시 말하면 과거에 보급된 PC와 인터넷은 모니터의 2차원 화면 속 가상 공간에서만 활용이 가능했고, 논리적으로 명확히 정의되는 지식만 구현해낼 수 있었다. 그런데 무선통신을 통해 각종 사물을 연결하게 되자 디지털 기술이 가상공간을 뛰쳐나와 현실공간으로 확장되었다. 더불어 발전된 인공지능 기술을 통해, 반복 경험에서 체득하는 지식도 결합되었다.

이것이 그동안 제조업체들이 접근할 수 없는 새로운 공간을 제공했다. 과거 대형 회사란 '제품의 대량 생산과 판매'라는 공급자 영역에 한정됐다. 제품을 판 뒤 소비자가 이를 어떻게 사용하는지 직접 관찰하고 개입할 방법이 없었기 때문이다. 그런데 클라우드 컴퓨팅은 제품을 판 뒤에도 소비자가 실제 사용하는 시점에 적절한 서비스를 제공할 수 있게 되었다. 즉, 산업화 시대에 대량 생산과 원가 절감이 수익 창출의 핵심이었다면, 4차 산업혁명 시대에는 사용자와 상호작용하며 고객 만족을 높이는 역량이 중요해진 것이다.

클라우드 컴퓨팅 확산으로 인한 가장 큰 변화는 PC를 최신형으로 교체할 필요성이 줄어들었다는 점이다. 이로 인해 자동적으로 PC 시장이 퇴조하고 있는데 그동안 컴퓨터 시장의 성장을 볼 때 상상할 수 없는 일이다. 실제로 PC 시장은 2008년 금융 위기에도 지속적으로 성장했는데 세계 PC 출하량은 클라우드 컴퓨팅과 모바일 기기의 보급이 본격화된 2011년을 정점으로 하향세가 계속되고 있다. 그동안 하드웨어 제조업에서 민첩하게 변모하지 못한 굴지의 컴퓨터 업체인 HP, 선마이크로시스템스, 델 등이 쇠락의 길로 접어든 것은 이 때문이다.

반면 인터넷 서적 판매로 등장한 아마존은 클라우드 컴퓨팅의 선두 주자로 수익 대부분을 여기서 얻고 있다. 마이크로소프트, 구글, IBM도 현재 클라우드 컴퓨팅을 중심으로 모든 개별 제품을 통합하고 있는데 이것이야말로 '제조업의 서비스화'를 단적으로 보여준다.

이제 클라우드 컴퓨팅이란 신 개념이 어디로 발전되느냐가 관심사인데 학자들은 한마디로 과거에 생산하던 생각은 기본적으로 잊어야 한다고 말한다. 한마디로 클라우드 컴퓨팅이 기계 · 설비 등 자본재 산업 전반으로 확대되고 있기 때문이다.

GE, 롤스로이스 같은 기업들이 발 빠르게 움직이는 것은 그동안 제조하여 판매한 제트엔진, 발전터빈, 의료기기에 연료, 온도, 진동 등을 측정하는 센서를 장착하고 방대한 데이터를 실시간으로 수집, 분석해 고객의 생산성을 높이는 서비스를 제공하는 것이다. 즉 그동안 운행한 항공기 엔진에서 수집된 데이터를 분석해 엔진 장애를 예방하고 연비를 높여 운항 효율을 개선한다. 이에 따라 수익 모델 또한 '일회성 판매 수입 중심'에서 실제 고객의 사용량에 비례해 지속적으로 늘어나는 '서비스 수입 중심'으로 전환되고 있다.

이는 궁극적으로는 소비재 산업에서도 제품의 서비스화가 확대될 수 있다는 것을 의미한다. 학자들이 주목하는 것은 자율주행차 시스템이 본격적으로 도입되면 자동차 산업이 '무인 택시'라는 서비스 모델 중심으로 재편될 것으로 추정한다. 구글의 공동 창업자인 세르게이 브린은 매우 충격적인 아이디어를 제시했다.

'무인차가 상용화되면 모든 사람이 굳이 자기 차를 소유할 필요가 없어질 것이다. 차는 당신이 필요로 할 때 와서 데려다 줄 수 있기 때문이다.'

한마디로 제품의 제조와 생산도 중요하지만 소프트웨어 · 서비스화가 절대적으로 중요해진다는 뜻이다. 이는 대기업은 물론 소기업도 새로운 변화에 발을 맞추지 않으면 도태될 수 있다는 것을 의미한다.[64]

참고적으로 클라우드 컴퓨팅이 제대로 작동하기 위해서 데이터센터가 반드시 필요한데 클라우드 컴퓨팅 체제에서는 이들을 관리하는 것은 상상할 수 없을 정도로 단순하다. 마이크로소프트의 데이터센터는 무려 30만 대의 서버를 갖고 있는데 직원은 수위와 경비를 포함해 겨우 45명이다. 과거 대형 기업 데이터센터에서 시스템 관리자 한 명이 애플리케이션 몇 개를 담당하지만 클라우드의 경우 시스템 관리자 한 명이 애플리케이션 수백 개의 하드웨어를 감독하기 때문이다.

종래의 데이터센터는 기계 고장을 피해야 하므로 지나치게 복잡하게 제작되었고 하드웨어에 과잉 투자되었다. 반면 클라우드 데이터센터는 하드웨어 고장을 견뎌내며 고장 난 기계를 피해 작업을 전송한다. 또한 소프트웨어를 통해 가동중단이나 부품 교체가 필요로 했던 하드웨어 문

64) 「클라우드 컴퓨팅 혁명… '서비스' 입는 제조업」, 이성호, 조선일보, 2017.08.29

제를 해결한다. 블라우드 데이터센터는 수많은 저가 부품들을 묶어서 단일 리소스로 관리하며 그에 맞추어 작업을 수행한다. 이 때문에 아마존 소비자가 상품을 구입하는 즉시 유사한 취향의 다른 구매자들이 구입했던 상품을 추가로 알려줄 수 있다. 구글의 검색엔진은 다중키워드 검색으로 몇 초도 안 되는 시간에 수 억 개의 검색결과들 돌려준다. 클라우드 시스템이 없다면 이와 같은 속도는 실현 불가능하다.[65)]

〈공동 작업 가능〉

클라우드 컴퓨팅이 각광받는다는 것은 많은 사람들이 클라우드 컴퓨팅의 잇점을 쉽게 이해하고 활용하기 때문이다. 클라우드 컴퓨팅을 사용하여 수많은 로컬, 또는 기업 컴퓨팅 자원을 설치하고 유지해야 할 필요를 없애준다. 단기적으로도 두 가지 이점이 있다.

첫째는 인터넷이 연결되어 있는 어느 컴퓨터에서든 데이터와 어플리케이션을 이용할 수 있다는 점이다. 둘째는 클라우드 컴퓨팅이 공동 작업에 적합하다는 점이다. 일반적으로 어떤 글을 쓸 때 독자적으로 작업하지만 만일 누군가와 공동으로 집필할 경우 클라우드 워드프로세서는 개별 저자가 책의 어느 부분이든 가장 최신 원고를 가지고 사용할 수 있도록 도와줄 뿐 아니라 심지어는 실시간으로 동시에 작업할 수 있게 한다.

클라우드의 또 다른 장점은 보관 가능한 데이터 형식에 텍스트 문서만 있는 것이 아니다. 클라우드 컴퓨팅 기술이 발전함에 따라 사진, 음악, 이메일, 개일 파일, 계정, 비디오, 책을 포함한 많은 데이터가 인터넷에서 처리될 수 있다는 것을 이제 모르는 인터넷 유저는 없을 것이다.

---

65) 『클라우드 혁명』, 찰스 밥콕, 한빛비즈(주), 2011

더불어 클라우드 컴퓨팅은 기존의 방식보다 비용이 절감되며 보다 환경 친화적이다.

비용이 절감된다는 것은 고정 비용이 들지 않기 때문이다. 고정비용이란 특정 설비를 사용하는 인원의 수나 회사 생산량과 무관하게 들어가는 비용을 의미한다. 예를 들어 작업장을 임대하는 연간 비용은 고정적이지만 작업장에 투입하는 인력에 드는 인건비라든가 원자재 비용은 생산량에 따라 달라진다. 전통적으로 컴퓨팅에는 상당한 고정비용이 따랐는데 이는 데이터센터를 짓고 장비를 설치하고 유지하는데 드는 비용이 만만치 않기 때문이다. 그러나 클라우드 컴퓨팅은 동적인 확장 가능성과 업무 중심적이라는 특성 덕분에 고정 비용이 거의 발생하지 않는다. 즉 사용량에 비례하는 변동 비용이 적용될 뿐이다. 특히 클라우드에 비용을 지불하고 사용하는 소프트웨어 어플리케이션 역시 고정 비용이 발생하지 않는다. 유료 서비스인 경우 요금은 통상 매달 특정 어플리케이션을 사용한 인원수 또는 수행되는 프로젝트 수에 따라 부과된다.

이때 업체에서도 상당히 유연한 제안을 한다. 온라인데이터베이스 소프트웨어인 〈조호크리에이터〉의 경우 2명의 사용자가 최대 3건까지 데이터베이스어플리케이션을 무료로 사용할 수 있으며 사용자가 늘어나면 경비를 청구한다. 이것은 사용자들이 얼마든지 자신의 요구사항을 상향 또는 하향 조정할 수 있음을 의미한다. 따라서 특정 시기에 업무가 집중되는 업체라면 연중 가장 바쁜 시기에만 소프트웨어를 다수의 사용자가 이용할 수 있는 조건으로 구매할 수 있다. 이런 탄력성은 소규모 업체들에게 매우 중요하다. 즉 클라우드 컴퓨팅 서비스를 이용할 경우 초기에 투입되는 고정 비용이 들지 않기 때문에 소규모 업체들이 출발 때 대기업

과 동등한 조건에서 경쟁할 수 있다는 뜻이다.[66]

〈유저가 권력자〉

획기적인 PC컴퓨터 등장은 많은 사람들을 놀라게 했지만 현재 상황과는 너무 다르다. 당초 PC들은 개별 기업의 데이터센터 내에 있는 더 강력한 컴퓨터에 연결되었다. 그 과정에서 PC의 잠재력은 저해되어 데이터센터의 서버와 PC의 관계는 주인과 노예의 관계 또는 주인과 하인 관계였다. 많은 경우에 PC의 지능은 무시되었고 제대로 정보처리도 못하는 기계장치 신세였다. 애초에 PC에게 독자적인 정보처리를 기대하지 않았으며 그저 하달된 명령만 따르면 되기 때문이다.

그럼에도 불구하고 PC는 점점 보급 즉 힘을 얻어가고 있었는데 큰 약점이 드러났다. PC 설계는 개인에 맞춰져 있었기 때문에 PC가 외부 세상과 단절되는 방향으로 전개된 것이다. PC가 네트워크 구축을 통해 동료직원 또는 제휴기업 직원들을 서로 묶어줄 수 있었지만 특별한 어떤 이유로도 스스로 외부 세계에 나아갈 수는 없었다. 단지 더 큰 규모의 시스템이나 조직에서 미리 정해진 통로를 따라가야 했다.

이때 등장한 인터넷으로 인해 정보와 콘텐츠를 공유하는 글로벌 네트워크에 대한 접속능력을 PC에 부여하면서 상황이 바뀌기 시작했다. 하지만 WWW에 참여한다는 것은 PC가 또 다른 주종관계의 하부로 전락함을 의미했다. 초기 브라우저 윈도우는 최종사용자가 뉴욕의 날씨 정보나 런던의 시간 정보에 접근할 수 있게 해주었지만 일단 접속이 이루어지면 인터넷 서버가 보낸 콘텐츠를 표시하는 것 이외의 기능은 전혀 없었다.

---

66) 『클라우드 컴퓨팅』, 크리스토퍼 버넷, 미래의창, 2011

모든 사용자에게 동일한 콘텐츠가 전송되는 것이다.

그러나 제2단계 인터넷 컴퓨팅이 지능적인 면모를 보이자 상황은 급변한다. 약간의 정보를 전송하면 다소 개별화된 요구에 의해 항공권 예매, 아마존의 베스트셀러 주문이 가능하다. 이와 같은 작업이 가능해지자 브라우저 윈도우는 더 이상 정적 장치(Static Device)가 아니다. 브라우저 내부에서 최종 사용자가 지시한 작업을 수행하는 소형 프로그램이 작동하여 이 프로그램들이 서버에 응답하고 지시사항을 전달한다. 이를 일컬어 2단계 인터넷 컴퓨팅 또는 웹 2.0이라 한다. 이 경우 최종 사용자는 전 단계에 비해 인터넷 서버에 더 많은 입력을 제공한다.

클라우드와 함께 등장한 제3단계는 상상을 초래한다. 최종사용자의 선택여하에 따라 반대편 끝에 위치한 고성능 서버에 대해 프로그램 방식 제어장치를 얻을 수 있다. 최종사용자의 네트워크 연결이 반대편에 있는 서버와 동등한 관계를 향해 나아가고 있는 것이다. 즉 프로그램 방식 제어장치를 통해 사용자는 현재 개발되고 있거나 앞으로 개발될 온갖 종류의 강력한 서비스들을 훨씬 더 효과적으로 활용할 수 있다. 컴퓨터 유저는 단순히 양식의 빈칸을 채우는 것이 아니라 본인이 원하는 서비스에 관한 지시사항을 서버에 전송하고 자신의 데이터를 추가하며 다양한 서비스 목록 중에서 원하는 것을 선택하고 나아가 서비스 결과를 처리한다. 심지어 스마트폰으로 서버에 실행 내용을 지시하는 자신만의 코드를 전송하여 그때그때 기존 서비스를 수정할 수 있다. 이때 어느 누구도 유저가 현재 실행 중인 작업을 승인하거나 적용되는 제한 사항이 무엇이라도 개입할 수 없다. 이에 반해 유저가 더 큰 컴퓨팅 파워를 원할 경우 약간의 요금만 지불하면 되는데 이것도 신용카드만 한 번 긁어주면 해결된다. 한마디로 클라우드 세계에서 일반적인 최종유저는 신용카드로 얼마 안 되는 제한을 해제하면 주어진 시간은 거대한 영토의 임시 왕이 되는 것이다.

이 말은 클라우드 컴퓨팅의 등장으로 주종관계는 사라지고 적어도 대등한 관계가 되었다는 것을 뜻한다. 이는 리소스가 더 널리 사용되고 접속권한이 더 평등해지고 고성능 서버가 원거리 최종사용자의 지시를 따르는 신세대를 여는 강력한 전환을 의미한다.

클라우드컴퓨팅이 그렇게 대단하고 저렴하다면 어째서 더 많은 업체들이 클라우드 서비스를 공급하지 않는지 의문이 들것이다. 이것은 컴퓨팅 단계에서 클러스트 구축이라는 마술이 개제하기 때문이다. 클러스터란 한데 묶어 그 결합된 힘을 발휘하는 서버를 말한다. 클러스터에 속한 개별 컴퓨터는 클러스터 네트워크라 불리는 클러스터 인터페이스를 통해 다른 모든 컴퓨터와 연결되어야 한다. 이는 특정 컴퓨터가 다른 컴퓨터의 처리 결과를 필요로 할 수도 있기 때문이다. 이 경우 이들 컴퓨터를 연결하기 위한 간접비가 많이 들게 마련이다.[67)]

더불어 4차 산업혁명의 핵심 요소가 빅데이터, 플랫폼, 클라우드 컴퓨팅이므로 이들을 함께 아우르는 본부가 필요함은 물론이다. 이를 간단하게 데이터센터라고 부를 수 있는데 놀라운 것은 이 분야의 선두주자인 구글・MS・아마존이 이들을 운용하는데 무려 년36조원을 투입한다는 것이다. 미국 오리건주 더댈러스에 있는 구글 데이터센터는 약 9,300평의 부지에 가로 60m, 세로 150m, 높이 10m가 넘는 초대형 건물 세 동(棟)이 나란히 서 있는데 이곳에 구글 사용자의 데이터 정보가 보관돼 있기

67) 『클라우드 혁명』, 찰스 밥콕, 한빛비즈(주), 2011

때문이다. 이곳에 전 세계 15곳 서버 250만여 대에 사용자 30억 명이 만드는 데이터가 실시간으로 쌓인다. 구글 데이터센터에 현재 보관된 데이터양은 최소 15엑사바이트(EB · 1EB는 10억7,000기가바이트)에 이른다. 4단 캐비닛 3,072억 개 분량이다. 구글 데이터센터 인근의 농촌 지역 프린빌 외곽에 애플과 페이스북의 데이터센터가 들어서 있다.

공장이 필요 없는 인터넷 기업들이 데이터센터 건설에 현금을 쏟아 붓고 있는 것은 빅데이터, 플랫폼, 클라우드 컴퓨팅이 세계 산업을 이끌 것으로 예상하기 때문이다. 이 말은 현재 어느 거대기업이라도 이 경쟁에서 밀려나면 세계 데이터 기업들의 하도급업체로 전락할 것이라는 전망도 제기되었다. 학자들은 하루가 다르게 변하는 4차 혁명시대에 살아남는 것이 어렵다고 말한다면 이미 패했다는 것을 인정하며 재기가 거의 불가능하다고 지적한다. 4차 산업혁명과 핵심 요소를 정확하게 이해해야 비로소 전망을 찾아볼 수 있다는 뜻이다.[68] 구글, 아마존, 마이크로소프트, IBM, 렉스페이스 등 대형 IT업체로는 이것이 가능하지만 만만한 회사가 덤비기에 부담이 가지 않을 수 없다는 것을 이해할 것이다.

한마디로 기선을 잡은 대형 IT업체 등에 한해 이들 서비스가 가능하다는 뜻으로 일부 전문가들은 앞으로 이들의 위세가 미국 정부의 막강함도 추월할 것이라고 전망하기도 한다. 이는 클라우드 혁명의 주체가 전 세계에 퍼져있는 최종 유저로 인식하기 때문이다. 한마디로 정부의 틀이 클라우드 혁명에서 개제할 소양이 많지 않다는 뜻으로도 설명되는데 이를 4차 산업혁명의 미래라고 보기도 한다.

68) 「"앞으로 100년은 빅데이터 싸움" 구글 · MS · 아마존 年36조원 투자 [4차 산업혁명… 이미 현실이 된 미래] [2]」, 강동철, 조선일보, 2017.07.25

놀라운 것은 데이터센터의 효율이다. 마이크로소프트의 데이터센터는 무려 30만 대의 서버를 갖고 있는데 직원은 수위와 경비를 포함해 겨우 45명이다. 과거 대형 기업 데이터센터에서 시스템 관리자 한 명이 애플리케이션 몇 개를 담당하지만 클라우드의 경우 시스템 관리자 한 명이 애플리케이션 수백 개의 하드웨어를 감독하기 때문이다.[69]

(2) 통신 속도가 관건

제4차 산업혁명에서 인터넷이 기반을 이루지만 이를 실현화하는데 중요한 또 다른 관건은 통신 속도이다. 과거 오랫동안 3G(three Generation) 통신 방식의 스마트폰이 사용되었으나 4G(four Generation) 방식의 스마트폰이 등장하자 통신 속도가 확실히 빨라졌음을 느꼈을 것이다. 3G로 통신을 할 때만 하더라도 동영상을 시청하던 중 자주 끊겼는데 4G 방식을 사용한 후 그런 문제가 거의 발생하지 않는다. 그런데 한국은 이보다 한 발 더 앞서나가고 있다. 평창 동계 올림픽을 계기로 5G(fifth Generation)가 본격적인 상용화 작업에 들어가기 때문이다.

4G는 속도가 데이터 전송 초창기의 전화 모뎀(modem, 음성인 아날로그 신호를 데이터 전송을 위해 디지털로 전환해 주는 장비) 시절보다 10만 배나 빠르다.[70] 그런데 4G 통신과 5G 세상은 완전히 다르다. 5G는 28GHz의 초고대역 주파수를 이용하는 이동통신 기술로서, '꿈의 속도'로 불리는 20Gbps(초당 기가비트) 이상 즉 초당 기가(G)급의 데이터를 전송할 수 있다. 5G가 이처럼 빠른 속도를 낼 수 있는 비결은 '광대역(廣

69) 『클라우드 혁명』, 찰스 밥콕, 한빛비즈(주), 2011
70) 『기업을 바꾼 10대 정보시스템』, 노규성, 커뮤니케이션북스, 2014

帶域) 통신 시스템' 덕분이다. 광대역 통신이란 더 많은 통신의 양을 주고받을 수 있게 만드는 일종의 '구축망'으로서, 여러 대역으로 나누어져 있는 4G(LTE : Long Term Evolution) 주파수를 결합하여 더 넓고 빠른 통신망을 제공할 수 있다.

쉽게 말하여 통신은 '전파'와 '정보'의 융합이라 할 수 있는데, 통신을 강에 비유한다면 전파는 강물이고, 전파를 통해 주고받는 정보는 그 위에 떠있는 배라 할 수 있다. 광대역 통신이란 바로 이 같은 강물에 더 많은 배가 다닐 수 있도록 강의 폭을 더 넓게 만들어주는 기술이라 생각할 수 있다. 일반적으로 5G는 4G보다 10∼100배 빠르다고 이야기되는데 대체로 50배 정도인 50Gbps를 통신 속도로 말한다. 이 정도의 속도는 대략 2시간짜리 영화 한편을 다운로드 받는데 있어서 약 5초 정도 걸리는 통신 속도이다.

통신 속도가 산업혁명의 핵심 요소임은 자명하다. 사물인터넷(IoT)과 인공지능, 그리고 빅데이터 및 클라우드 등이 결합된 '지능형 네트워크' 시대인 4차 산업혁명의 시대 즉 트래픽과 디바이스의 수가 거의 무한대로 증가하는 상황에서 5G 기반의 통신 속도는 필수적이라는 뜻이다. 가상현실 콘텐츠를 즐길 수 있는 VR 헤드셋의 경우 360도의 입체영상을 만들려면 모두 17대의 카메라를 사용하여 거의 모든 방향에서 촬영을 해야 만들어진다. 거의 모든 시각에서 촬영을 하기 때문에 헤드셋을 쓴 사람은 마치 자신이 영상을 촬영한 장소에 실제로 서 있는 것 같은 느낌을 받는다. 스포츠 콘텐츠의 경우는 카메라 위치에 따라 실제 관중석에 앉아 있는 것 같은 느낌을 받을 수 있고, 아예 경기장 한가운데서 선수들이 바라보는 시각을 간접체험 할 수도 있다. 입체 영상의 대명사인 홀로그램

(hologram)의 경우는 특히 실물을 보는 것과 같은 입체감을 느낄 수 있지만 이를 위해 엄청난 데이터를 전송해야 하는데 5G로는 가능하다. 또한 5G 통신은 현재 테스트 수준에 머물러 있는 원격진료 시스템도 본격적으로 활용할 수 있다.

또한 자율주행차 · 커넥티드카와 같은 스마트카 기술 구현에도 5G 통신이 필수적이다. 자율주행 기술은 주변 도로 환경의 360도 생중계 영상 등 대용량 정보를 0.1초의 지연 없이 운전자에게 전달하는 방식으로 구현되어야 한다. 주변 차량과 관제센터, 신호등, 위성 등과의 데이터 송 · 수신도 실시간으로 처리해야 하므로 인간의 생명을 다루는 긴박한 상황에서 통신 전달 속도가 관건임은 물론이다.[71]

현재 글로벌 클라우드 빅3 업체인 아마존웹서비스(AWS), 마이크로소프트(MS), 구글은 경쟁적으로 A.I. 기능을 제공하고 있다. 클라우드가 AI 구현에 필수적인 머신러닝 툴을 이용할 수는 플랫폼이 됐기 때문이다. 한마디로 이들 빅3 업체들은 일반 개발자들도 누구나 쉽게 머신러닝 기술을 자신의 애플리케이션에 적용할 수 있도록 지원한다. 예를 들어 AWS를 이용하면, 아마존 에코에 적용된 AI 음성인식 애플리케이션 프로그래밍 인터페이스(API)를 가져다 자신의 앱에 적용할 수 있다.

AWS는 이미지 인식, 문자-음성 전환, 자연어 인식 등 3개 머신러닝 API를 제공한다. 이 기능을 이용하면 사진 속 객체를 실시간으로 분석할 수 있다. 사람 얼굴 인식도 가능하다. 아마존 폴리(Amazon Polly)는 글을 말로 바꿔주는 기능을 제공한다. 글이 입력되면 mp3파일로 만들어 재생해 준다. 폴리는 24개의 언어를 구사할 수 있다. 또 47개의 다른 목

---

71) 「4차 산업혁명 '실핏줄' 5G 2019년 한국서 첫 서비스」, 이정호, 한국경제, 2017.03.29

소리로 표현할 수 있다. 아마존 렉스(Amazon Lex)는 자동 음성인식과 자연어 인식 기능을 제공한다. 렉스를 이용하면, 아마존 알렉사 같은 서비스 제작이 가능해진다.

MS는 머신러닝 모델을 맞춤형으로 학습시킬 수 있는 방식으로 서비스를 진화시키고 있다. MS도 커스텀 비전(사진 인식)과 커스텀 스피치(음성인식)를 개발했는데 기존 비전 및 스피치 API가 미리 학습된 모델을 제공했다면, 커스텀 비전과 커스텀 스피치 API는 사용자가 목적에 따라 적합한 데이터를 입력해 학습시킬 수 있다. 즉 스피치 API를 활용하면, 특정 분야의 전문용어를 보다 잘 인식할 수 있다. 예컨대 주식 정보 챗봇을 만들려면 머신러닝 모델이 전문 용어를 많이 알아야 한다. 일반적인 스피치 API를 썼을 때 일부 용어를 이해하지 못할 수도 있기 때문에 별도의 학습이 필요하다. 이럴 때 스피치 API를 이용하면 된다. 또 영어를 쓰더라도 이탈리아 사람처럼 액센트가 있는 경우, 아주 시끄러운 곳에서 음성을 인식해야 하는 경우, 또 아이들이 말하는 방식에 대해서도 학습시킬 수 있다.

구글도 이 분야에서 빠지지 않는다. 구글이 개발한 '퍼블릭베터버전'은 영상 속 객체가 무엇인지 또 어떤 행동을 하고 있는지 탐지할 수 있다. 구글 포토에서 이용할 수 있는 사진 검색 기능을 영상으로 확장한 것으로 이를 활용하면 영상 안 콘텐츠 검색이 가능해진다.[72]

통신 속도에서 한국의 잇점은 클라우드 플랫폼 서비스로 이어진다. 네이버의 IT 인프라 자회사인 네이버비즈니스플랫폼(NBP)는 클라우드 서비스인 '네이버 클라우드 플랫폼'을 출시하고 기업과 공공기관 등을 대상으로 클라우드 사업을 본격적으로 시작한다고 발표했다.

---

72) 「IT 이슬 新성장동력… 대기업들까지 뛰어들어」, 임유경, 지디넷코리아, 2017.07.07

네이버가 주목하는 클라우드는 아마존, 마이크로소프트(MS), 구글 등과 같이 서버나 데이터 저장장치(스토리지) 등 전산 설비와 업무용 소프트웨어(SW)를 인터넷망을 통해 유료로 빌려주는 서비스다. 네이버 클라우드는 검색, 음성인식, 음성합성, 지도 등 네이버의 간판 기술을 고객사가 빌려 쓸 수 있다. 한마디로 전산 비용을 대폭 낮출 수 있다는 것인데 제4차 산업혁명의 여파로 등장한 인공지능(AI), 자율주행자동차, 사물인터넷(IoT) 등 보급에 결정적인 요소임은 물론이다. 네이버 클라우드 플랫폼은 컴퓨팅, 데이터, 보안, 네트워크 등 30여개의 인프라 상품으로 구성됐다.[73]

한국이 세계에서 가장 빠른 인터넷 강국이 된 것도 통신 속도에 비롯하므로 앞으로 도래할 제4차 산업혁명 시대에서 인터넷 속도를 볼 때 세계 선두주자가 될 요인은 충분하다. 일자리에 대한 시장이 상상보다 넓다는 것을 의미한다.[74]

(3) 오픈소스

클라우드 서비스(Cloud Sevice)로 수많은 대용량의 컨텐츠를 전 세계 어디서나 쉽게 열어보고 저장하고 처리할 수 있게 되자 클라우드의 진가는 교육 현장에서 더욱 강하게 발휘된다. 학생들이 디지털 교과서를 읽고 온라인으로 수강 신청을 하며 언제 어디서든 동일한 양질의 인터넷 강의를 들을 수 있으며 원격으로 시험을 볼 수도 있다. 교사는 수업 내용을 클라우드 서비스에 올려놓고 학생들과 함께 공유하고 평가할 수도 있다. 한

73) 「네이버, 클라우드 출사표 "목표는 글로벌 빅5"」, 유하늘, 한국경제, 2017.04.18
74) 「4차 산업혁명의 핵심, 5G가 빠른 이유」, 김준래, 사이언스타임스, 2017.03.22

마디로 원격 교육의 장점은 누구나 교과목을 자유롭게 선택할 수 있을 뿐만 아니라, 개인의 능력과 진도에 따른 맞춤 학습이 가능하다는 점이다. 비록 얼굴을 마주하지 않지만 '1대 1' 교육은 기본이다.

클라우드 서비스를 기반으로 한 디지털교과서는 기존 종이 교과서에서는 느낄 수 없는 색다른 경험을 제공한다. 전자계시판과 전자우편 등을 통해 각각 개인적으로 관심 있는 부분을 집중적으로 파고들 수 있다. 특히 PC, 노트북, 스마트패드 등 다양한 디바이스를 통해 학교 혹은 가정 어디에서든지 교과서 이용이 가능하다.

클라우드 서비스의 가장 큰 장점은 끊김이 없는 '심리스(seamless)한 확장성'이다. 이러한 장점을 바탕으로 학교 현장에서는 디지털 교과서 플랫폼으로 수업을 진행할 수 있다. 디지털 교과서 플랫폼은 기존 종이로 만들어진 교과서에 각종 용어 사전은 물론 동영상, 애니메이션 등 다양한 멀티미디어 교육 자료가 함께 제공되어 학습 효과를 높여준다. 학습지원 및 관리 기능이 부가되고 다른 교육용 콘텐츠와의 연계도 가능해진다.

이런 변화를 단적으로 보여주는 실례가 있다. 현재 많은 대학에서 온라인 강의 신청 및 온라인 동영상 강의, 온라인 평가 시스템 등을 클라우드 서비스로 해결하는데 이런 시스템은 어떤 지역에 구애받지 않는다. 서울사이버대학교는 IT가 취약한 아시아 10개국을 대상으로 원격 동영상 강의 시스템인프라를 구축할 수 있는 것도 이 때문이다.[75]

명문대학의 인기 강의는 업계와 학생들의 수요가 가장 높은데 일례로 서배스천 스런 스탠퍼드대 교수가 개설한 인공지능 개방형 온라인 강의(MOOC)에 세계 각지에서 무려 16만 명이 수강하여 '세계 최대의 강의

75) 「클라우드, 학교 수업을 바꾼다」, 김은영, 사이언스타임스, 2016.12.02

실'이 만들어지는 기록을 만들어냈는데 이 역시 클라우드 서비스 덕분이다.[76]

이와 같이 전 세계인들을 하나로 아우를 수 있는 것은 인공지능의 딥러닝 등 고유시스템이 기존의 접근법과 다른 관점으로 운용되기 때문이다. 딥러닝 연구의 돌파구를 연 제프리 힌턴 등 학계의 리더들이 오픈소스와 개방을 통한 기술 발전이라는 신념을 공유하면서 값진 연구 성과를 오픈소스로 공개하는데 앞장섰다. 즉 인터넷을 기반으로 한 개방과 공유, 오픈소스 문화이다.

이런 인공지능 오픈소스의 공개는 관련 플랫폼을 누구나 활용하고 테스트해볼 수 있는 환경이 조성되었다는 것을 의미한다. 알파고를 개발한 구글 딥마인드는 인공지능 개발 플랫폼인 딥마인드랩을 공개해 누구나 인공지능 알고리즘을 활용할 수 있게 했다. 페이스북도 개방형 머신러닝 개발 플랫폼인 토치를 기반으로 제작된 딥러닝 모델들을 공개했다. 마이크로소프트도 이미지 인식, 음성 인식, 자연어 인식 기능의 인공지능 개발도구를 개방했다. 인공지능 도우미 코타나, 스카이프의 자동번역 기술도 오픈소스화했다. 테슬라자동차 그룹에서도 10억 달러 규모의 비영리 인공지능 연구기관(OpenAI)을 설립해 모든 연구 성과를 공개했다.

대형 회사들의 이런 정책은 급속하게 발전하는 인공지능 기술에서 플랫폼을 장악하려면 되도록 많은 사용자를 확보하는 것이 유리하다는 것을 인지했기 때문이다. 한마디로 정보 기술 거대기업들이 개발자 생태계를 장악하기 위한 시도가 개방과 공유로 나타난 것이다.

이런 오픈 소스 공개는 엄청난 파장을 갖고 왔다. 인공지능 연구가 확

---

76) 「인공지능 기술 숨가쁜 발전 배경엔 '공유와 개방' 문화」, 구본권, 한겨레, 2017.03.06

산되고 빨라지는 선순환 구조가 만들어지기 시작했는데 가장 큰 파급은 세계 각지 연구자들의 연구 성과물이 곧바로 평가 대상에 오를 수 있다는 점이다. 전문 학자들에게 가장 중요한 것은 자신들이 종사하는 분야의 연구 논문이다. 권위 있는 학회에 논문을 투고하면 심사위원 평가(피어 리뷰)를 통해 심사하고 학술지를 통해 공개했는데 보통 논문심사에 1년 이상이 걸리므로 다른 연구자들의 후속 연구는 2~3년 뒤에나 가능했다. 그런데 공개적인 논문 공개 환경이 조성되자 학자들은 저명 학회에 논문을 발표하기 전에 논문과 실험 자료를 오픈 아카이브(arXiv)에 등록해 많은 연구자들로부터 검토와 평가를 받을 수 있게 되었다. 이것이 전문학자들에게 중요한 것은 학회지 논문으로 공식 발표되기 이전까지 비공개되던 논문과 실험 자료에 대한 공개 접근(오픈 액세스)이 이뤄짐에 따라 이를 활용한 연구개발과 기술발전이 비약적으로 빠른 속도를 낼 수 있기 때문이다. 인공지능 연구 공유 사이트를 통해 논문이 선공개되므로 6개월 정도면 후속 연구가 나올 수 있게 된 것이다.

인터넷의 오픈소스로 가장 큰 혜택을 받은 스타트업 회사가 바로 우버 택시이다.

택시를 탈 때에는 우버(Uber)나 리프트(Lyft), 카카오택시(Kakao Taxi) 같은 O2O(Online to Offline) 서비스를 사용한다. 오프라인(Offline) 택시에 온라인(Online) 기술을 적용한 우버는 랙러릭 트레비스가 2009년 샌프란시스코에서 처음 시작하여 기존 택시 서비스의 영역을 일반인이 자신의 개인 자동차를 택시로 활용할 수 있도록 한 것이다. 내용은 간단하다. 당시 샌프란시스코에서 대형 세미나, 이벤트들이 계속 열려 택시를 잡을 수 없게 되자 트레비스는 스마트폰을 사용하여 좌석이 비어있는 개인 자동차에게 카풀(Car full)을 제안했다. 이것이 대박을 터트린 것인데 우버는 기술적으로 크게 진보한 모델이 아니다. 생각이 달랐을 뿐이다. 우버는 당돌하게도 '스마트폰을 쓰는 인류만을 위한, 스마트폰을 쓰는 인류만을 위한, 스마트폰으로만 지불 가능한 택시서비스'를 선보였다. 신사업의 관점에서 보면 크게 우월하지도 않았다. 사실 한국의 콜택시와 시스템이 다를 바 없다. 우버가 탄생할 당시 사업관점에서 본다면 모든 사용자가 이용할 수 있는 콜택시보다 시장성이 작다고 생각했다.

그런데 결과는 너무 극명했다. 중국에서만 우버택시 개념의 디디추싱은 1일 사용자가 불과 5년 만에 1,200만 명을 돌파했다. 즉 스마트폰으로 택시를 이용한다는 것으로 본질에서 유사한 기능의 콜택시와 다름이 없다. 그럼에도 불구하고 모든 고객들이 콜택시보다 우버를 선호한 것은 '유선통화'와 '폰'은 비교할 수 없는 차별성을 갖기 때문이다. 스마트폰에 익숙한 신인류에게 '낯선 사람에게 전화를 걸어 위치를 설명하고 택시를 부르는 서비스'는 시대화에 뒤떨어진 시스템이었다.

2007년에 등장한 스마트폰이지만 2009년부터 그동안 많은 사람들의 일상생활에 접목되어 활용되던 유선통화를 거리에 내몰았다. 우버는 스마트폰이 탄생한지 2년 후에 탄생했는데도 불구하고 현시가로 무려 680억 달러에 호가하여 4차 산업혁명에서 아이디어와 빅데이터 등의 중요성을 알려주었다.[77] 놀라운 것은 우버는 자체적으로 자동차를 단 한 대도 보유하지 않고 있으며 더불어 우버가 소유하는 대형컴퓨터를 사용하는 것이 아니라 기존 클라우드 컴퓨팅 시스템을 무료로 사용하면서 스타트업에 도전한 것이다.

77) 「4차 산업혁명의 기로에 선 우리의 현실」, 최재봉, 계간 철학과현실, 2017 여름(113호)

PART 02

4차 산업혁명이 바꾸는 세상

제4차 산업혁명을 한 마디로 정의하는 것이 간단한 것은 아니므로 여러 가지로 설명되지만 대체로 다음과 같이 설명되는 것에는 이론이 없다.

'4차 산업혁명의 핵심은 사물인터넷, 소셜 미디어 등으로 인간의 모든 행위와 생각이 온라인의 클라우드 컴퓨터에 빅 데이터의 형태로 저장되는 시대가 온다는 것이다.'

이것은 사실상 온라인과 오프라인이 일치하는 세상이 온다는 것을 의미한다. 이를 부르는 이름도 여러 가지인데 디지로그(Digilogue), 사이버피지컬시스템(Cyber Physical System), O2O(Online to Offline)도 있다.

이들이 무엇을 의미하는 지는 핸드폰을 갖고 자동차를 운전하는 사람들은 잘 알 수 있다. 현재 구글은 지구 전체를 촬영하여 통째로 온라인상에 올려놓고 있는데(Google Earth), 이를 활용하여 각 나라별 지도 및 도로 시스템을 데이터로 저장하고 위치추적시스템(GPS)을 통해 도로 위의 모든 자동차들의 움직임을 측정해 내비게이션 시스템으로 제공한다. 자동차를 운전할 때 핸드폰을 사용하는 '카카오내비', 'T-map'이 그것이다.

이 시스템이 얼마나 현대인들에게 도움이 되는지는 국내 교통 상황을 연상하면 잘 알 수 있다. 내비게이션이 없을 때 길이 막히면 도로에서 하염

없이 기다릴 수밖에 없으므로 어느 길로 가야할지 막막했다. 그러나 이제는 내비게이션이 도착 예정시간을 알려주고 어느 길은 교통 체증이 있으므로 목적지에 가장 빨리 갈 수 있는 길을 안내해준다. 과거의 내비게이션은 별도로 구입하여 장치한 후 정기적으로 칩을 업데이트해야 하지만 '카카오내비', 'T-map' 등은 평상시 사용하는 핸드폰을 사용한다는 점에서 차이가 있는데 핸드폰의 내비게이션은 빅데이터를 기반으로 한 것이다.

이렇게 인공지능을 통해 온라인에 올라온 빅데이터를 분석해 맞춤형 예측 서비스를 제공해준다는 것이 4차 산업혁명의 핵심이라 볼 수 있다. 앞으로 새로운 세상은 사람들이 직접 요구하는 것을 넘어 '원할 것 같은 것'을 미리 예측해 제공하고 그들도 인식하지 못하는 숨겨진 욕망을 추적해 제품과 서비스를 제공하는 시대가 된다는 것이다.

이미 아마존은 주문이 들어오기 전에 고객의 행동을 예측해 '주문할 것 같은 물건'을 사전에 포장하고 기다린다. 어느 제품을 판매한 후 고장 날 때 애프터서비스를 하는 것이 아니라 사전에 고객에게 사용 정보를 알려주어 미리 고장 날 때의 낭패를 예방해 줄 수도 있다.

정재승 박사는 앞으로 완제품을 시장에 내놓는 것이 아니라 인공지능을 통해 고객과 함께 성장하는 제품을 양산하는 시대가 될 것이라고 예상했다. 얼마 전만해도 상상할 수 없었던 이런 변화에 어떻게 대처해야 하는 것이 화두이지 않을 수 없는데 이것은 4차 산업혁명의 핵심으로 무장된 기술들이 어떤 미래를 만드느냐로 귀결된다.[1] 한마디로 사물인터넷, 유비쿼터스 시대인데 이런 새로운 시대의 이해야말로 미래 일자리를 찾는 한 방안이 될 수 있다는 뜻이다.

1) 『4차 산업혁명의 충격』, 클라우스 슈밥 외, 흐름출판, 2016

4 사물 인터넷(Internet of Things)

사물인터넷, 유비쿼터스 세상이 얼마나 많은 변화를 가져올지는 다음 변화로도 알 수 있다. 우선 외국 여행을 위해 여권은 물론 비자도 필요 없는 시대가 된다. 현재는 나라에 따라 여권은 물론 비자 등도 일일이 챙겨야 하지만 4차 산업혁명시대에는 비행기 표 등을 챙겨 공항에 가기만하면 된다. 비행수속을 마친 후 법무부 직원을 비롯하여 공항의 보안요원들이 일일이 여행 경력을 조회하던 출입국대도 곧바로 통과한다. 어디엔가 설치된 얼굴인식과 감시용 버그(Intelligent Surveillance Bug) 시스템 등이 도입되어 출입국자들이 출입국 심사대를 통과하기만 하면 모든 절차가 끝나기 때문이다.

얼굴인식시스템이 어디엔가 설치되어 공항에 도착하는 순간부터 사람들의 얼굴 모양을 알아내 전 세계의 지명수배자들의 얼굴과 대조한다. 만약 범인으로 판명되면 관제실에 경보가 울리며 곧바로 경찰에 통보된다. 물론 범인이 선글라스를 끼거나 콧수염을 붙이거나 모자를 쓴다 해도 감시의 눈길을 피할 수 없다. 카메라에 찍힌 사진에서 안경과 수염, 모자는 물론 화장 등을 제거한 얼굴을 컴퓨터가 자동으로 영상화한 뒤 이를 인식한다. 이지영 기자는 미래의 어떤 날 하루를 다음과 같이 시작할 수 있다고 적었다.

'출근 전, 교통사고로 출근길 도로가 심하게 막힌다는 뉴스가 떴다. 소식을 접한 스마트폰이 알아서 알람을 평소보다 30분 더 일찍 울리는 것은 물론 스마트폰 주인을 깨우기 위해 집안 전등이 일제히 켜지고, 커피포트가 때맞춰 물을 끓인다.

식사를 마친 스마트폰 주인이 집을 나서며 문을 잠그자, 집안의 모든 전기기기가 스스로 꺼진다. 물론, 가스도 안전하게 차단된다.'

공상과학 영화에서 볼 수 있는 일이라 생각하겠지만 4차 산업 혁명시대에 이런 상황은 누구에게나 올 수 있는 일이다. 이것은 앞으로 주변에서 흔히 보고 쓰는 사물 대부분이 인터넷으로 연결돼 서로 정보를 주고받게 되는 '사물인터넷'(Internet of Things) 시대가 열리기 때문이다.

4차 산업혁명을 가능하게 만드는 것은 빅데이터를 기반한 데이터 처리 기술이다. 큰 틀에서 이들 기술이 보다 업그레이드된 것이 'IoT(사물인터넷) 생태계'이다. 사물인터넷(IoT)은 사물에 센서를 부착해 실시간으로 데이터를 인터넷으로 주고받는 기술이나 환경을 일컫는다. 지금도 인터넷에 연결된 사물을 상당 부분 볼 수 있지만 사물인터넷이 여는 세상은 이와 천양지차이다.

사물인터넷은 단어의 뜻 그대로 '사물들(things)'이 '서로 연결된(Internet)' 것 혹은 '사물들로 구성된 인터넷'을 말하는데 여기서 사물은 'Internet of Things'를 한국어로 번역하면서 생긴 용어이다. 사전적으로는 '일과 물건을 아울러 이르는 말', '물질세계에 있는 구체적이며 개별적인 모든 존재를 통틀어 이르는 말', '사건과 목적물을 아울러 이르는 말'로 정의된다. 그러나 소위 컴퓨터 환경에서는 우리 주변의 유형・무형의 모든 것을 포함한다.

기존의 인터넷이 컴퓨터나 무선 인터넷이 가능했던 휴대전화들이 서로 연결되어 구성되었던 것과는 달리, 사물인터넷은 책상, 자동차, 가방, 나무, 애완견 등 세상에 존재하는 모든 사물이 연결되어 구성된 인터넷이라 할 수 있다. 즉, 우리가 주변에서 흔히 보고 사용하는 모든 유형의 것으로, 사람・자동차・교량・전자 기기・자전거・안경・시계・의류・문화재・동식물 등 자연 환경을 이루는 모든 물리적 객체에서 컴퓨터에 저장된 다양한 데이터베이스, 인간이 행동하는 패턴 등 가상의 모든 대상도 포함되는 매우 광범위한 개념이다.

이런 것을 가능하게 하는 커넥티드 디바이스(connected devices)는 최초로 컴퓨터 네트워크와 소비자 가전이 도입된 이후 다양한 형태로 존재해왔다. 그러나 다양한 형태의 디바이스는 지구를 '연결하는 행성'으로 만드는 인터넷이 등장하면서 비로소 구체화되기 시작했다. 즉 인터넷이 등장과 기계가 연결되어 완전히 새로운 방식으로 소통하고 기계와 상호 작용하는 방법에 대해 이론화되었다. 그 결과가 바로 사물 인터넷이다. 이를 촉발시킨 것이 애플의 아이폰이다. 아이폰 이후 사람들은 손에 스마트폰을 들고 다니게 되자 비로소 실시간 점 대 점(point-to-point) 커뮤니케이션이 활성화되었다. 한마디로 전선이 없는 모바일이 모든 대상을 연결하는 것이다.

스마트폰은 물론 사물인터넷의 각 요소들은 전기코드, 인공위성, 이동통신망, 와이파이(Wi-Fi), 블루투스 등 무선 기술들을 통해 연결된다. 사물들은 내제된 전기회로망뿐만 아니라 칩과 태그, RFID와 근거리 무선통(NFC)도 이용한다. 특히 어떠한 메커니즘을 사용하든 상관없이 모든 사물인터넷은 데이터를 이동시켜 멀리 떨어진 서로 다른 장소들 간의 작업을 가능케 만든다는 공통점을 가진다.

그러나 모바일디바이스와 네트워크만으로 사물인터넷을 구성하는 것은 아니다. 디지털기기에서 수많은 개인과 사업체가 이용하는 광범위한 전산망 혹은 데이터베이스로 데이터를 옮기는 작업은 매우 복잡하고 많은 비용이 소요되는 번거러운 작업이다. 고속도로망을 구축하는데 단순히 도로와 도로와 표지판을 설치하는 것만으로 불충분하고 주유소, 카페, 숙소 가은 편의시설이 필요하다. 사물인터넷도 시스템, 소프트웨어, 각종 도구를 필요로 한다.

클라우드컴퓨팅, 소셜미디어, 빅데이터 등 이동성을 갖춘 다양한 종류의 테크놀로지의 교차점에서 각 테크놀로지는 서로에게 반영된다. 각 테크놀로지가 합쳐지면 궁극적으로 강력하고 폭넓은 교차점이 만들어지는데 이것은 1 + 1 = 3과 같은 방정식이 된다. 그러므로 사물인터넷의 활용은 단순히 디바이스가 서로 연결된다는 의미에 머무르지 않고 네트워크와 디바이스가 포용하는 전체 생태계가 생성된다고 볼 수 있다.[2] 그러므로 사물인터넷에 대한 정의도 분야별로 차이가 있는데 2014년 미래창조과학부에서 정의한 사물인터넷의 개념은 다음과 같다.

> '사물인터넷은 사람 · 사물 · 공간 · 데이터 등 모든 것이 인터넷으로 서로 연결되어, 정보가 생성 · 수집 · 공유 · 활용되는 초연결 인터넷으로 사물인터넷은 기본적으로 모든 사물을 인터넷으로 연결하는 것을 의미한다.'

침대와 실내등이 연결되었다고 가정할 때 지금까지는 침대에서 일어나서 실내등을 켜거나 꺼야 했지만, 사물인터넷 시대에는 침대가 사람이 자고 있는지를 스스로 인지한 후 자동으로 실내등이 켜지거나 꺼지도록 할 수 있게 된다. 마치 사물들끼리 서로 대화를 함으로써 사람들을 위한

2) 『사물인터넷이 바꾸는 세상』, 새무얼 그린가드, 한울, 2017

편리한 기능들을 수행하게 되는 것이다.

이처럼 편리한 기능들을 수행하기 위해서는 침대나 실내등과 같은 현실 세계에 존재하는 유형의 사물들을 인터넷이라는 가상의 공간에 존재하는 것으로 만들어줘야 한다. 그리고 스마트폰이나 인터넷상의 어딘가에 '사람이 잠들면 실내등을 끈다'거나 혹은 '사람이 깨어나면 실내등을 켠다'와 같은 설정을 미리 해놓으면 새로운 사물인터넷 서비스를 이용할 수 있게 된다.[3)]

즉 지금까진 인터넷에 연결된 기기들이 정보를 주고받으려면 인간의 '조작'이 개입돼야 했다. 사물인터넷 시대는 이와는 달리 인터넷에 연결된 기기들이 사람의 도움 없이 서로 알아서 정보를 주고받으며 대화를 나눌 수 있다. 블루투스나 근거리무선통신(NFC), 센서데이터, 네트워크가 이들의 자율적인 소통을 돕는 기술이 된다.

이러한 기능의 IoT는 모든 세상의 인간과 사물을 연결되므로 공장이든 회사든, 지금 현재 머물고 있는 방 안의 정보도 모두 수집된다. 특히 IoT는 기존 인터넷의 확장이므로 다양한 활용 서비스인 커넥티드 카, O2O, 헬스케어, 스마트 팩토리로 연결된다. 결국 이 모든 데이터 처리 기술의 집합체가 궁극적으로 모여 유비쿼터스, 스마트시티가 된다. 김대영 교수는 '모든 길은 로마로 통한다'는 말이 있듯이 IoT가 모든 세상의 문을 두드리는데 그 방법은 '데이터의 오픈과 공유'라고 설명했다.[4)]

20년 전만 해도, 사람들이 컴퓨터와 정보를 공유하기 위해 '플로피 디스크'나 '하드디스크 드라이브(HDD)'라는 물리적인 저장장치를 이용했

3) 「사물인터넷이란」, 스마트과학관-사물인터넷, 국립중앙과학관
4) 「빅데이터 테크놀로지 시대 온다」, 김은영, 사이언스타임스, 2016.03.10

는데 인터넷이 등장하면서 인터넷 망을 이용해 컴퓨터와 비트로 소통했다. 사물인터넷도 그 연장선에 서 있지만 보다 업그레이드된 소통 방식이다. 기본적으로 컴퓨터가 네트워크를 이용해 원격으로 다른 컴퓨터와 정보를 주고받는다. 지금도 우리 주변에서 사물끼리 소통하는 모습을 흔하게 볼 수 있는데 구글의 스마트 안경 '구글글래스', 나이키의 건강관리용 스마트 팔찌 '퓨얼밴드'가 대표 사례다.

NFC를 활용한 가전제품도 사물인터넷이 구현된 사례이다. NFC칩이 탑재된 세탁기에 스마트폰을 갖다 대면 세탁기 동작 상태나 오작동 여부를 확인하고 맞춤형 세탁코스로 세탁을 할 수 있다. 냉장고는 사람이 굳이 확인하지 않아도 실시간으로 온도를 점검을 하고 제품 진단과 절전 관리도 척척 해낸다. 사람이 누군가와 대화를 하기 위해 상대방의 얼굴을 바라보거나 이름을 물어보듯, 사물도 서로 대화를 나누려면 상대 기기 아이디나 IP주소를 알아야 한다. 기기끼리 통성명을 나눈 다음에는 어떤 대화를 나눌 것인지 화제를 찾아 준다.

사물인터넷에선 모든 물리적 센서 정보가 기본 자산이다. 온도, 습도, 열, 가스, 조도, 초음파 센서부터 원격감지, SAR, 레이더, 위치, 모션, 영상센서 등 유형 사물과 주위 환경으로부터 정보를 바탕으로 사물 간 대화가 이뤄진다. 사물끼리 통신을 하려면 몇 가지 기술이 더 필요하다. 사물끼리 통신을 주고받을 수 있는 통로, 사물끼리 공통적으로 사용할 수 있는 언어가 필요하다. 센싱 기술, 유 · 무선 통신 및 네트워크 인프라, IoT 서비스 인터페이스 기술 등이 그것이다. 센싱 기술이란 정보를 수집 · 처리 · 관리하고 정보가 서비스로 구현되기 위한 환경을 지원하므로 이 기술들이 적절하게 가동되어야 비로소 사물 간 온도나 습도, 위치나

열 같은 정보를 주고받을 수 있다. 센싱 기술이란 정보를 수집 · 처리 · 관리하고 정보가 서비스로 구현되기 위한 환경을 지원하므로 한다. 이를 위한 기술로는 근거리 통신기술(WPAN, WLAN 등), 이동통신기술(2G, 3G 등)과 유선통신기술(이더넷, BcN 등) 같은 유 · 무선 통신 및 네트워크 인프라 기술이 있다.

(1) 사물인터넷의 하나둘셋

엄밀히 말한다면 사물인터넷이란 용어의 탄생은 1999년으로 거슬러 올라간다. 인터넷(Internet)이 탄생한 지 정확히 30년 후의 일이다.

당시 비누, 샴푸, 칫솔 등 다양한 종류의 소비재를 제조 및 판매했던 P&G의 브랜드 매니저로 근무하던 캐빈 애시턴(Kevin Ashton) 박사가 이 용어를 처음으로 사용하였는데, 자사의 제품들에 RFID((Radio Frequency IDentification) 즉 전자태그를 부착함으로써 제품들의 가시성을 확보할 수 있는 것처럼 세상에 존재하는 모든 사물이 서로 연결될 수 있다면 새로운 세상이 펼쳐질 것이라고 주장했다.[5] 한마디로 RFID와 기타 센서를 일상생활에 사용하는 사물에 탑재한 사물인터넷이 구축될 것이라는 전망으로 당시에는 사물인터넷이 보다 큰 틀로 적용되는 유비쿼터스 시대로 설명되었다. 이후 유비쿼터스로 변환하는데 상당한 시간이 걸릴 수 있다는 전망이 나오자 사물인터넷이란 말이 등장하는데 이는 유비쿼터스의 전 단계를 뜻하는 용어라는 설명도 있다. 그러므로 이곳에서는 사물인터넷과 유비쿼터스를 분리하여 설명한다.

사물인터넷은 수많은 이름으로 설명되었는데, 점차 그 기술과 개념이

5) 「사물인터넷역사」, 스마트과학관–사물인터넷, 국립중앙과학관

진화하여 RFID, USN(Ubiquitous Sensor Network), WSN(Wireless Sensor Network) 등이 바로 그 대표적 개념들이다. 그런데 흔히 사물인터넷 기술이라는 말을 쓰지만, 엄밀한 의미에서 사물인터넷은 기술 용어가 아니다. 사물인터넷은 센서 기술, 무선통신기술, 데이터 처리 기술 등 지금까지 개발되어온 다양한 기술들을 함께 이용함으로써 새로운 가치를 만들어내는 패러다임의 변화라 할 수 있다.[6)]

사물인터넷은 좁은 범위에서는 우리 주변의 사물들에 네트워크를 연결하고, 지능화함으로써 그 사물의 가치를 증대시키는 것을 의미한다. 예컨대 기존의 만보걷기는 단순히 각 개인의 걸음 수를 재는 용도였지만, 인터넷을 연결하고 다양한 정보를 수집하고 분석할 수 있는 건강 관리 플랫폼을 연결하면 건강을 측정・판단・예측 가능한 기능을 발휘한다. 한편 넓은 의미의 사물인터넷은 도메인 융합을 통한 산업의 지능화다. 우리 주변의 모든 일은 어느 하나도 단순한 것이 없다. 생산에서 소비되는 과정 중에는 에너지, 교통, 기후, 선호도 등 다양한 환경이 영향을 끼치므로 이를 하나로 통합하는 것으로 볼 수 있다.

사물인터넷은 센서와 개체 식별 데이터 등의 데이터 중심의 무선주파수 식별용 전자태그 RFID, WSN, USN에서 이동통신 네트워크를 활용하여 정보를 전달하는 M2M(사물지능망통신), 다양한 사물의 지능화를 목표로 하는 사물인터넷, 지구상의 모든 정보와 지식이 연결되는 만물통신(AToN)의 흐름을 보인다.

① RFID : RFID도 기존의 바코드(Barcode)를 읽는 것 자체는 유사하

6) 「사물인터넷 활성화 배경」, 스마트과학관-사물인터넷, 국립중앙과학관

다. 그러나 바코드와는 달리 물체에 직접 접촉을 하거나 어떤 조준선을 사용하지 않고도 데이터를 인식할 수 있다. RFID의 가장 중요한 기능은 여러 개의 정보를 동시에 인식하거나 수정할 수 있다는 점이다. 또한 태그와 리더 사이에 장애물이 있어도 정보를 인식하는 것이 가능한데다 바코드에 비해 많은 양의 데이터를 저장할 수 있다. 그럼에도 데이터를 읽는 속도 또한 매우 빠르며 데이터의 신뢰도 또한 높다. RFID 태그의 종류에 따라 반복적으로 데이터를 기록하는 것도 가능하며, 물리적인 손상이 없는 한 반영구적으로 이용할 수 있다. 현재 유통 경로, 재고 관리, 교통카드, 지불 결제, 출입 통제, 도시 관리, 차량·선박 등의 위치 추적 등 다양한 분야에서 활용된다. RFID 시스템은 반도체 칩과 주변에 안테나를 결합한 RFID 태그(tag), 태그와 통신하기 위한 안테나 및 안테나와 연결된 RFID 리더, 그리고 이러한 시스템을 제어하고 수신된 데이터를 처리하는 호스트로 이루어지며 다음과 같은 방식으로 동작한다.

- 칩과 안테나로 구성된 RFID 태그에 활용 목적에 맞는 정보를 입력하고 대상에 부착
- 게이트, 계산대, 톨게이트 등에 부착된 리더에서 안테나를 통해 RFID 태그를 향해 무선 신호를 송출
- 신호에 반응하여 태그에 저장된 데이터를 송출
- 태그로부터의 신호를 수신한 안테나는 수신한 데이터를 디지털 신호로 변조하여 리더로 전달
- 리더가 데이터를 해독하여 호스트 컴퓨터로 전달

RFID는 배터리 등의 전력 공급원을 지니는 능동적인 태그와 전력을 필요로 하지 않는 수동 태그로 나뉜다. 두 종류 모두 근처의 RFID 리더를 통해 컴퓨터에서 데이터를 수집하고 교환된다. 두 가지 중 수동(passive) RFID는 주변에 있는 리더에서 전력을 공급받으므로 자체적인 전력을 필요로 하지 않고 20년 넘게 사용할 수 있고 가격이 저렴하다. 디바이스에 내장된 코일 안테나가 회로를 형성하며 태그가 자기장을 생성한다.[7]

RFID는 이미 우리들의 일상생활에서 다양하게 활용되고 있다. 매일 이용하는 교통카드는 대표적인 RFID 태그 중의 하나이며, 고속도로의 하이패스도 RFID 기술을 이용하고 있다. 도서관에서 빌려주는 책이나 의류 매장에서 판매되는 옷, 그리고 할인매장에서 판매되는 와인 등에도 RFID 태그가 부착되어 있다. 또한, 한우나 인삼 등의 농산물 이력 관리나 약품 관리 등 위변조를 방지하기 위한 목적으로도 이용된다.[8]

② WSN : WSN은 주변의 다양한 정보를 수집하기 위해 센서, 프로세서, 근거리 무선통신 및 전원으로 구성되는 센서 노드(Sensor Node)와 수집된 정보를 외부로 연결하기 위한 싱크 노드(Sink Node)로 구성되는 네트워크 개념으로, 자동화된 원격 정보 수집을 목적으로 하는 기초 기술이다.

③ USN : USN은 근거리 무선 통신 기능을 포함하고 있는 소형의 센서 장치들이 결합하여 온도・습도・오염 등의 다양한 센서의 유・무

7) 『사물인터넷이 바꾸는 세상』, 새무얼 그린가드, 한울, 2017
8) 「RFID」, 스마트과학관-사물인터넷, 국립중앙과학관

선 네트워크, 사람과 정보, 환경, 사물 간의 개방형 정보 네트워크를 구성하고 언제, 어디서나, 다양한 서비스를 제공하는 지식 기반 서비스 인프라다. 건물・교량 등의 안전 관리, 에너지 감시, 농업 생장 관리, 기상, 재난 및 환경오염 모니터링 등의 응용 분야의 활용을 목표로 한다.

④ M2M : M2M은 서로 멀리 떨어져 있는 기계들이 사람이 직접 제어하지 않는 상태에서 지능화된 기기들이 스스로 통신을 수행하는 기술을 의미한다. 그러므로 센서 등을 통해 전달, 수집, 가공된 위치, 시각, 날씨 등의 데이터를 다른 장비나 기기 등에 전달한다. 병원에서는 응급상황, 환자의 상태모니터링, 의학 데이터 등을 연결하여 건강관리 시스템을 구축하기도 한다. 은행의 현금지급기(ATM)나 택시에 설치된 카드 결제기가 대표적인 예에 해당한다.[9)]
M2M을 보다 적극적으로 활용하면 새로운 디지털 공간이 생긴다. 예를 들어 수많은 사람들이 사용하고 있는 어느 기기의 발신 정보를 한 곳에 모았다고 하면 이 상태 자체에서 이들 데이터는 어떠한 의미도 맥락도 없는 막대한 데이터 덩어리에 불과하다. 그러나 일정한 목적을 가지고 분석하여 피드백하면 기기나 서비스 등의 사용실태를 정확히 파악할 수 있다. 일본 철도회사 JR동일본의 비접촉형 IC카드가 한 예이다. 이 회사는 철도 이용시 표를 사지 않고 IC카드만으로 결제토록 했는데 동시에 편의점, 슈퍼마켓, 음식점에서도 결제가 가능하다. 이러한 IC 카드 사용현황에 대한 데이터를 어떤 특

9) 「사물인터넷역사」, 스마트과학관–사물인터넷, 국립중앙과학관

정 목적을 가지고 해석하면 놀라운 가치를 발휘한다.

단순한 예로 어떤 역을 이용하고 있는 승객에 초점을 맞추면 어느 시간대에 어느 정도의 사람들이 역을 이용하는지 알 수 있다. IC카드에는 이용자의 연령이나 성별에 대한 정보도 있으므로 이 정보들을 분석하면 역을 이용하는 승객들의 성향을 분석하여 어떤 종류의 상점을 운영할지 결정하는데 중요한 정보를 제공한다. 한마디로 성공할 가능성이 높아진다. [10)]

M2M과 RFID/USN의 개념은 유사하다. M2M은 일반적으로 사람이 접근하기 힘든 지역의 원격 제어나 위험 품목의 상시 검시 등의 영역에서 적용된 반면, RFID는 홈 네트워킹이나 물류, 유통 분야에 적용되다가 NFC로 진화해 모바일 결제 부문으로 영역을 확장했다. 사물인터넷이 인간을 중심으로 바라본다는 점에서 유비쿼터스(Ubiquitous) 환경과 유사하다. 유비쿼터스는 사용자가 네트워크나 컴퓨터를 의식하지 않고 장소, 시간에 상관없이 자유롭게 네트워크에 접속할 수 있는 환경을 의미하는 것으로, 사물인터넷이 정의하는 세상보다 더 확장되어 지구를 한 틀 안에 넣을 수 있다는 개념이다. 그러므로 유비쿼터스를 사물인터넷 너머에 있는 만물인터넷(Internet of Everything) 시대로 묘사하기도 한다.[11)]

〈사물인터넷의 진화〉

4차 산업혁명시대에서 사물인터넷은 인간의 자연스러운 생활 방식의

10) 『제4차 산업혁명』, 요시카와 료조, KMAC, 2016
11) 『사물인터넷의 미래』, 박종현 외, 한국전자통신연구원, 2010

하나로 접목된다.

사물인터넷의 효과를 가장 쉽게 볼 수 있는 것은 과거보다 다소 빠른 교통이다. 과거 교통 체증이 심한 곳을 대상으로 신호등이 도로와 교신해 교통량에 맞춰 신호등을 조정해준다. 운전자는 핸드폰 내비게이션을 통해 체증이 일어나고 있는 곳을 피하면서 빠른 운전을 할 수 있다.

미국의 월트디즈니 놀이공원은 방문 고객이 손목에 매직밴드를 차도록 권고한다. 그러면 공공 곳곳에 설치된 센서는 물론 미키마우스를 비롯한 수많은 인형 등에 설치된 센서들이 놀이공원 정보를 수집하여 고객들에게 실시 정보를 알려준다. 어떤 놀이기구 줄이 가장 짧은지, 지금 방문객 위치가 어디인지, 오늘 날씨는 어떤지 같은 정보를 그때그때 상황에 맞춰 알려준다. 고객은 매직밴드를 가지고 레스토랑에서 음식을 계산하고 호텔 방의 문을 열고 조명을 컨트롤한다. 디즈니랜드는 모든 시설을 매직밴드 하나로 사용할 수 있게 유도하는데 이것은 큰 틀에서 모바일과 인터넷이 없었다면 상상도 할 수 없는 일이다.[12]

여기서 매직밴드의 개념이 사물인터넷을 통해 얼마나 넓은 분야에서 활용되는지 보자. 이동성 클라우드가 많은 사람들에게 접목되어 있는데 피트니스 디바이스가 그것이다. 과거 달리기, 걷기, 자전거 운동 등을 하는 사람들은 자신의 활동을 기록하기 위해 연필과 종이로 수작업을 하거나 발걸음 수와 거리 등을 인식하는 기능 또는 글로벌 지리 정보 시스템 소위 GPS를 탑재한 장치를 구매해야 했다. 그러나 이들은 인터넷 연결성을 갖추기 했지만 사물인터넷으로 가능한 기능 등을 조악한 형태로 모아둔 형태에 불과했다.

---

12) 『O2O』, 박진한, 커뮤니케이션북스, 2016

반면에 근래 개발된 핏빗(Fitbit) 손목밴드는 걸음 수, 칼로리, 걸어 올라간 층의 높이, 활동 시간 등을 가속도 센서와 고도계 등 기계에 내장된 전자 장치를 통해 기록한다. 그 뿐만 아니라 수면 패턴을 기록하고 유기 발광 다이오드(OLED)를 판독하는 블루투스를 사용해 스마트폰이나 컴퓨터와 주기적으로 연결해 클라우드에 데이터를 업로드한다. 이렇게 업로드된 정보는 클라우드에서 분석되고 표와 그래프로 변환되어 웹사이트와 모바일 앱으로 전달된다.

손목밴드의 중요성은 계기판 역할만 하는 것이 아니다. 즉 손목 밴드에 내장된 소프트웨어가 다른 앱과 연동되어 다양한 데이터를 송신한다. 이런 기능은 러닝머신, 실내 자전거 등의 운동기구에서도 인터넷에 연결만 되어 있으면 데이터를 받아볼 수 있다. 심박계, 운동 루트 확인 및 식단 조절 앱 등 다양한 기기에서도 데이터를 볼 수 있다. 얼마 전까지만 해도 상상할 수 없던 방식으로 다른 사용자들과 운동의 성과를 비교할 수 있으므로 몸무게의 감소폭을 보면서 건강을 증진시키는 방법을 학습할 수도 있다.

여기에서 주목할 점은 각기 다른 서비스와 앱들이 하나의 생태계를 구성하고 그 안에서 핏빗 등의 디바이스가 자유롭게 서로 연결된다는 점이다. 그 결과 우리는 이동거리와 식습관, 영양 상태, 수면의 질에 이르기까지 개인의 하루 활동에 대한 매우 정확한 기록을 얻을 수 있다. 컴퓨터는 여러 디바이스 및 앱에서 수집한 데이터를 알고리즘에 넣어 자세한 분석 결과를 실시간으로 이용자에게 제공한다. 모바일 테크놀러지, 클라우드 컴퓨팅, 커넥티드 시스템이 없었다면 이 모든 것은 불가능했을 것이다.

이런 진전이 보다 중요한 것은 과거 아마추어와 전문가의 경계를 나누었던 비용 장벽을 무너뜨릴 수 있다는 점이다. 취미나 오락 삼아 활동하거나 파트타임으로 관심을 쏟던 사람들이 노력의 대가를 얻을 수 있는 시장이 갑자기 열린 것이다. 한마디로 과거에 몸무게 빼기를 전문 영역의 사람들이 독점하던 정보는 자기 자신이 얼마든지 확보하여 이를 선용할 수 있게 된 것이다.[13]

메사추세츠 공과대학(MIT)은 기숙사 화장실과 세탁실에 센서를 설치하고 인터넷에 연결했다. 학생들은 이들이 주고받는 정보를 통해 어떤 화장실이 지금 비어 있는지, 어떤 세탁기와 건조기가 사용 중인지를 실시간 파악할 수 있다. 샌프란시스코는 네트워크 업체 시스코와 손잡고 사물인터넷을 도입해 쓰레기 이동 경로를 추적했다. 쓰레기에 센서를 부착해 쓰레기가 어디로 이동하고, 어떻게 사라지는지를 추적, 관리하고 있다.

자동차 회사도 빠지지 않는다. 포드는 신형차 '이보스'에 사물인터넷을 적용했다. 이보스는 거의 모든 부품이 인터넷으로 연결돼 있는데 만약 자동차 사고로 에어백이 터지면 센서가 중앙관제센터로 신호를 보낸다. 센터에 연결된 클라우드 시스템에서는 그동안 발생했던 수 천만 건의 에어백 사고 유형을 분석해 해결책을 전송한다. 범퍼는 어느 정도 파손됐는지, 과거 비슷한 사고가 있었는지, 해당 지역 도로와 날씨는 어떤지, 사고가 날 만한 특이사항은 없었는지 등의 데이터를 분석한다. 사고라고 판단되면 근처 고객센터와 병원에 즉시 사고 수습 차량과 구급차를 보내라는 명령을 전송하고, 보험사에도 자동으로 통보한다.

한 때 전 세계 디바이스 플랫폼 시장의 95%까지 장악했던 마이크로소프트(Microsoft, MS)는 2015년 스마트 기기(Mobility: 스마트폰, 태블

---

13) 『사물인터넷이 바꾸는 세상』, 새무얼 그린가드, 한울, 2017

릿PC, 투인원(two-in-one), 노트북PC) 시장에서 겨우 12%의 점유율을 차지하는 데 그쳤다. 한마디로 유저들 사이에서 '윈도는 한 물 갔다'는 소리조차 들릴 정도로 실적이 저조하자 MS는 인공지능(A.I)과 사물인터넷(IoT)을 기회로 보고 집중 투자하고 있다.

사물인터넷이 크게 각광받는 분야는 에너지 분야로 전방위로 낭비되고 있는 비효율적인 에너지 사용을 크게 절감시킬 수 있기 때문이다. 미국의 경우 건물이 사용하는 전력이 전체의 4분의 3을 차지한다. 그런데 그중 3분의 1이 낭비된다. 사실 미국에 가면 한국 사람들이 볼 때 상상할 수 없을 정도로 에너지가 낭비되고 있다는 것을 알 수 있다. 자연광이 충분한데도 전등이 켜져 있고 외기가 시원한 것은 물론 심지어 실내에 사람이 없음에도 에어컨이 계속 돌아간다. 이렇게 엄청나게 에너지가 낭비되는 것은 건물을 신축할 때 온도 조절 장치와 조명 장치가 함께 설치되기 때문이다. 즉 전선이 고정되어 있으므로 이를 바꾸는 것이 간단한 일이 아니다. 한국도 이런 상황은 거의 마찬가지이지만 한국에서는 관리원은 물론 퇴근하는 사람들이 직접 건물의 상태에 따라 스위치를 내리는 등 에너지 낭비를 철저히 줄이는데 익숙하다. 그러나 이런 문제는 내부 기반시설에 네트워크 센서를 활용한다면 자동적으로 조절할 수 있다. 미국의 일부 학자들은 건물에서 사물인터넷이 소기의 능력을 발휘한다면 무려 현 에너지의 60~70%를 절약할 수 있다고 주장한다.[14)]

우리나라도 급변하는 인터넷 세상에 발 빠르게 움직이고 있다. 한국은 2009년 10월, 당시 방송통신위원회는 사물인터넷 분야의 국가 경쟁력 강화 및 서비스 촉진을 위한 '사물지능통신 기반구축 기본계획'을 발표했

14) 『4차 산업혁명의 충격』, 클라우스 슈밥 외, 흐름출판, 2016

다. 2010년 5월에는 방송통신 10대 미래서비스에 사물지능통신을 주요 분야로 사물인터넷을 선정했고, 2011년 10월 7대 스마트 신산업 육성 전략에 사물인터넷을 포함했다.[15]

(2) 유비쿼터스

유비쿼터스는 물이나 공기처럼 시공을 초월해 '언제 어디에나 존재한다'는 뜻의 라틴어(語)로 사물인터넷보다 업그레이드된 상위 개념이다. 즉 전 세계의 모든 사물이 하나로 통합된다는 것을 뜻하며 근래에는 '만물인터넷(Internet of everything)이란 용어와 같은 뜻을 가진다. 사용자가 컴퓨터나 네트워크를 의식하지 않고 장소에 상관없이 자유롭게 네트워크에 접속할 수 있는 환경을 뜻하는 말로 유비쿼터스 컴퓨팅의 준말이다.

유비쿼터스라는 용어는 복사기 제조업체인 제록스사의 팔로알토연구소의 마크 와이저 박사가 주창한 것으로 '사람을 포함한 현실 공간에 존재하는 모든 대상물을 기능적 · 공간적으로 연결해 사용자에게 필요한 정보나 서비스를 곧바로 제공'하려는 기술로 정의되었다. 정보가 자유롭게 흘러 다니는 가운데 인간과 사물이 인터페이스의 주체로 떠오른다는 것이다.[16]

유비쿼터스가 실현되면 각종 사물들과 물리적 공간에 눈에 보이지 않는 소형 컴퓨터 코드들이 곳곳에 배치되므로 오늘날 사용되는 노트북도 사라진다고 볼 수 있다. 한마디로 유비쿼터스는 현대와 같은 컴퓨터들이

15) 「사물 인터넷(Internet of things)」, 이지영, 네이버캐스트, 2013.11.07
16) 「유비쿼터스로 마음을 읽으렴」, 김수병, 한겨레21, 2003년 12월 19일 제489호

사라지는 환경 즉 컴퓨터가 없던 때와 같은 생활공간을 확보하면서도 궁극적으로는 모든 생활을 컴퓨터로 활용할 수 있는 환경에서 살게 된다는 것을 뜻한다. 즉 인간이 살고 있는 모든 환경이 인간의 손발처럼 움직이는 시대가 열리는 것으로 이는 모든 공간이 똑똑해진다는 것을 의미한다.

이것은 가전, 통신기기, 센서들이 네트워크에 연결돼 모든 일상생활이 언제 어디서나 네트워크로 연결된다는 것을 전제로 한다. 이점으로 보면 사물인터넷과 유비쿼터스에 차이점이 없다. 그러나 두 개념사이에 차이점은 분명히 존재한다. 한마디로 사물인터넷은 현재의 데이터 처리 기법을 활용하는데 비해 유비쿼터스는 소형이든 아니든 모든 사물에 체크할 RFID 코드가 부착된다는 것이다.

이를 다소 쉽게 설명하면 현재 대부분 제품에 부착되어 있던 바코드는 사라지고 RFID로 변하는데 한마디로 전자태그가 그야말로 소형화되어 어느 제품에도 설치가능하다는 것을 전제로 한다. 이것은 초소형 '무선 주파수 인증' 혹은 '무선 ID'가 모든 사물에 부착된다는 것으로 사물인터넷보다 더 광범위하게 모든 사물을 대상으로 한다.

전자식별 태그 안에는 기본적으로 무선 통신이 가능한 안테나와 배터리, 기억 기능을 하는 부품이 들어 있다. 배터리가 내장되어 있지 않은 태그는 판독기가 보내주는 전파로 전기를 만들어 작동해 저장된 정보를 무선으로 전송하며, 소요되는 시간은 잠깐이다.

최근 들어 우리 주변에 RFID 칩들은 쉽게 볼 수 있는데 열쇠가 필요 없는 도어락이나 교통카드가 대표적인 예이다. 하나의 바코드는 한 종류의 제품을 확인해 주지만 RFID 태그는 제품 하나하나를 인식한다. 다시 말해 하나의 바코드가 5개가 든 라면 한 봉지를 한 종류의 상품으로 인식하지만 RFID태그는 봉지 안의 5개 라면을 별개의 존재로 식별시켜준다. 마치 사람마다 고유한 주민등록번호가 있는 것처럼 초소형 상품이라도 상품 하나하나가 고유한 RFID태그를 가진다.

RFID와 바코드가 다른 것은 전자식별 태그는 물건의 종류를 가리지 않고 적용할 수 있음에 반해 바코드는 그것을 붙일 수 있는 상품에만 쓸 수 있다는 점이다. 쇠고기, 물 자체에는 붙일 수 없기 때문에 겉포장에 바코드를 붙인다. 또 계산대에 가서 하나하나 바코드 판독기에 닿게 해야 그 안에 들어 있는 정보를 읽을 수 있었다. 그러나 전자식별 태그는 물속 또는 쇠고기 살 속에 엄지손톱만한 태그를 넣어 놓기만 해도 전자식별 판독기는 몇 미터 떨어진 곳에서도 그게 쇠고기인지, 얼마인지, 어느 나라 산인지 판별할 수 있는데 주요한 것은 저장된 정보 변경이 가능하다는 점이다. 그래서 공급망을 통해 상품이 전달되는 동안 태그는 자동으로 다시 프로그램되어 그 태그가 붙어있는 제품이 언제 공장에서 출하되었는지, 하역장에서 보관창고까지 움직이는데 얼마나 많은 시간이 걸렸는지, 소매점의 진열대 위에서 얼마나 오래 머물렀는지 등의 정보를 알려주며 유통기간이 지난 물품은 곧바로 폐기처분될 수 있다. 한마디로 왕창 세일할 때 가격을 바코드는 일일이 다시 붙여야 하지만 RFID는 중앙 컨트롤 센터에서 다시 프로그램이 가능하다. 이것이 소위 유비쿼터스의 핵심이다.[17]

쇼핑을 할 때 카트에 물건을 담으면 카트에 달린 RFID 인식기가 물건값을 계산하고 신용카드 결제까지 자동적으로 한다. 공항에서는 화물 추적이 가능하고 박물관에서는 소장품을 잃어버릴 염려가 없다. 심지어는 놀이공원에서는 미아 방지용은 물론 고령자들의 위치 추적으로 불상사

17) 「성큼 다가온 '전자식별 태그' 시대」, 박방주, 중앙일보, 2006.10.20

를 미연에 방지할 수 있다.

고속도로에서 제한속도를 넘나들며 난폭 운전하는 자동차도 요금소에서는 어김없이 꼬리를 내려야 한다. 요금소에서 통행증을 내고 거스름돈을 주고받으려면 먼 거리에서 속도를 줄여 교통체증 대열에 합류할 수밖에 없다. 하이패스라 해도 인식거리가 1.2미터에 지나지 않으므로 시속을 줄여야 한다. 그러나 RFID를 장착한 요금징수시스템(ETCS)을 가동하면 요금소에서 15m 떨어진 차량이 시속 165km로 달려도 통행료를 자동으로 처리한다. 요금소에 있는 RFID 판독기가 차량에 있는 칩의 정보를 감지하고, 요금은 운전자의 계좌에서 자동으로 인출한다.

이런 변화는 인식거리가 확장되었기 때문이다. 초창기에 쓰인 RFID 태그는 13.56MHz 아래의 주파수 영역에서 작동했다. 이들은 인식거리가 1m 이내로 짧아 출입통제나 재고관리에 쓰이는 정도였다. 그러다가 텔레비전의 UHF 대역 주파수(850~950MHz)로 늘어나 인식거리가 길어지면서 물류·유통의 총아로 떠올랐다. 심지어 주파수 대역이 2.4~5GHz로 확장되면서 인식거리가 27m까지 길어졌는데 앞으로 더욱 길어질 수 있으므로 판독기를 무한정 설치하지 않아도 필요한 공간을 커버하는데 문제가 없다.

소매점에 RFID 판독기가 설치되면 판독기가 상점의 재고율을 감지해 물류센터에 주문하는 것까지 자동으로 이뤄진다. RFID는 상점의 상품이 움직이는 것까지 감지해 따로 폐쇄회로텔레비전(CCTV)을 설치하지 않아도 절도를 막을 수 있다. 상점의 재고 관리나 자동 계좌 인출 등은 '데이터 마이닝'(data mining)이 RFID 판독기를 통해 순식간에 이뤄진다. 데이터 마이닝은 데이터들 간의 상호관계를 분석해 수요를 창출하는 마케

팅 기법이다.[18]

가전기기도 획기적으로 바뀐다. 자동인식 냉장고는 네트워크로 연결되어 있는 가전기기들을 제어하고 인터넷을 열어 요리 관련 정보를 주방에서 바로 확인할 수 있고 TV도 시청할 수 있다. 구입한 식품을 냉장고에 넣으면, 그 식품의 전자태그를 읽어 냉장고의 저장식품 리스트에 뜨고 생산일자, 유효기간도 나타나고, 유효기간이 만료되기 전에 먹도록 알려주기도 한다. 그만큼 식품을 효율적으로 관리할 수 있다. 컵은 언제나 내가 원하는 대로 내용물의 온도를 올리고 낮춰주며 화분은 흙과 식물의 상태를 정확하게 알려줄 정도이다.

현재 많은 항공사가 비행기 수화물표를 사용하는데 RFID 태그를 붙여놓은 수화물을 분실하더라도 어디에서든 주인에 관한 정보를 일목요연하게 파악해 빠르게 되찾을 수 있다. 그동안 바코드를 사용하던 제약업체들이 초소형 RFID 태그를 의약품 포장에 부착하면 기업들은 약품 생산에서 처분까지 유통 경로를 손쉽게 추적하고 가짜 약품 유통을 막을 수 있다.

유비쿼터스의 특징은 사물들에 내장된 컴퓨터 칩이 모두 네트워크로 연결된다는 것이다. 즉 우리 주위에 있는 모든 물건에 소형 칩을 넣어 무선으로 연결하는 것으로 모든 사물에 태그를 붙여 웹에 연결한다면 공간의 제약을 받지 않고 사물을 조정할 수 있게 된다. RFID야말로 유비쿼터스 환경으로 나아가는 기본 통로라는 뜻이다.

예를 들어 세탁기에 세탁물을 넣어 두고 깜박 잊고 집을 나왔더라도 길거리 가게의 냉장고에서 세탁기를 돌릴 수 있다. 가스불 끄는 것을 깜빡

18) 「마법의 돌'이 일상을 바꾼다」, 김수병, 한겨레21, 2004년 05월 20일 제510호

잊어버렸을 경우에도 가스레인지나 연기 및 열 탐지기 안에 장치된 컴퓨터가 스스로 인식해 가스불을 자동으로 꺼지게 한다. 또 고장이 나서 그와 같은 과정이 제대로 이루어지지 않으면 주택관리컴퓨터가 소방관리센터에 연락하여 조처를 취한다.

그뿐이 아니다. 집 밖에서도 집안의 모든 사물과 소위 '의사 소통'이 가능하다. 이를테면 귀가 시간이 지체될 경우 된장찌개를 좀 더 있다가 끓이라고 조리기에 메시지를 전달할 수 있다. 외국에 전 가족이 나갈 때도 언제든 주택 내장 컴퓨터에 연락해 집에 무슨 일이 일어났는지를 확인할 수 있다. 사물인터넷에 설명된 내용과 동일하지만 유비쿼터스에서는 보다 많은 사물에 이런 기능을 접목시킬 수 있다는 뜻이다.[19]

유비쿼터스는 정보 통신 관점에서 모든 사회분야에 혁명을 일으킨다. 어느 제품의 결함이 발견되어도 리콜되지 않는다. 네트워크에 접속되어 있는 자사 제품의 프로그램을 모두 교체해주기 때문이다. 제품의 기능이 향상되면, 네트워크에 접속된 제품의 기능을 업그레이드만 해주면 된다. 유비쿼터스는 이 같은 방식으로 제품의 수명과 효용가치를 더욱 길게 해줄 수 있기 때문에 생산량이 줄어들게 된다. 이것이 소비자에게는 오히려 이득이다. 소비자가 새로운 제품을 구매할 필요가 없기 때문에 생산자들은 최고의 제품을 생산하기 위해 열심이다. 좋은 제품만 살아남기 때문이다.

전자태그(RFID)를 부착한 식료품들이 가득 찬 냉장고는 신선도와 구입날짜 등을 세세히 알려준다. 태그에 더욱 많은 정보를 넣으면 육류의 경우 가축의 품종과 나이, 무게 그리고 의학적인 기록까지 포함할 수 있

19) 『미래 속으로』, 에릭 뉴트, 이끌리오, 2001

다. 집안의 냉장고에 있는 물품을 원격지에서 인터넷으로 확인하는 것도 가능하다. 이런 시스템이 진화되면 식료품에 들어 있는 화학 · 생물학적 병원균을 탐지하는 센서 태그를 냉장고에 부착할 수도 있다. 만일 개인휴대단말기(PDA)가 RFID 태그 판독기로 쓰이면 냉장고에 들어 있는 식료품을 이용한 요리법을 내려 받는 등 눈에 띄지 않는 정보를 손쉽게 활용할 수 있다. 또한 곳곳에 인공지능의 실체를 보여주는데 TV의 경우 말만으로 켜서 내장된 자료를 마음껏 선정하여 볼 수 있다.

그러므로 유비쿼터스 환경에서 선진국일수록 저성장사회로 이행될 거라는 생각이 지배적이었지만, 오히려 소모성 자원의 활용도를 높이는 등, 순환형 사회시스템이 구축되는 효과를 가져다준다. 대량생산을 통한 제품판매방식은 소비자 개개인에 대한 맞춤형 제품으로 바뀌면서 마케팅 분야가 훨씬 증대되어 그만큼 지속적 성장이 가능해진다.[20]

사물인터넷에서 바코드는 물론 RFID도 사용한다. 그러나 진정한 유비쿼터스 시대로 들어가기 위해서 가장 먼저 선결해야 할 문제는 RFID 칩을 모든 사물에 붙이기 위해서 극소형이 되어야 한다는 점이다. 현재 히다치사가 개발한 '내부 안테나를 사용하는 극소형의 RFID 태그 '뮤(μ) 칩'은 가로 · 세로 0.4mm 넓이에 두께는 0.03mm로 128비트(bit)에 이른다. 그러나 이 정도로는 어림도 없다는데 유비쿼터스 환경을 기대하는 학자들의 고민이다.

학자들은 RFID가 나노 크기는 아니더라도 적어도 마이크로 수준으로 축소되어야 비로소 은행 수표나 보통지폐에도 부착하여 위 · 변조를 원천적으로 막고 검은돈의 흐름을 차단할 수 있다고 본다. 사물인터넷이 유

20) 「건강을 지키는 나노섬유」, 파퓰러사이언스, 2007년 10월

비쿼터스 시대로 곧바로 진행되지 못하는 또 다른 결정적인 문제점은 RFID의 활용도 문제다. 첫째는 인식거리의 한계로 현재의 기술로는 인식거리가 100미터 미만인데 RFID가 보편성을 가지려면 적어도 500~1,000미터 정도는 되어야 한다고 생각한다. 이 경우 전 세계를 촘촘하게 한 권역으로 묶는데 어려움이 없다.

이런 문제점이 해결된다하더라도 원가문제가 걸림돌이다. 껌 한 통이 아니라 껌 하나하나, 약 한 통이 아니라 약 캡슐 하나하나마다 소형이라 할지라도 소위 반도체 태그를 붙인다면 과연 경제성이 있을까 하는 의문이다. 한마디로 이런 문제가 해결되어야 진정한 유비쿼터스 시대로 진입이 가능하다는 생각이다.[21)]

21) 「바코드, 앞으로 40년 이상 유용」, 김광호, 『내일신문』 2004년 7월 1일

5 스마트시티

사물 인터넷, 유비쿼터스는 엄밀한 의미에서 시공간의 제한이 없지만 스마트홈이라는 단위에서 인간들이 집중적으로 거주하는 대형 공간까지 확장한 단위 공간을 스마트시티라 부른다. 스마트홈, 스마트시티의 원리는 간단하다. 집과 개인이 그동안 집에서 따로 놀던 에너지, 수도, 가전제품들이 온라인 플랫폼으로 연결되면 스마트홈으로 변하고 더 나아가 교통, 에너지, 보건과 같은 국가 시스템이 광역으로 연결되면 스마트시티가 된다.

그러므로 스마트시티는 수많은 첨단 IT 기술의 집합체이다. 도시의 각종 데이터를 수집하고, 분석하기 위해 발전된 네트워크 기술과 센서 등의 IoT 기술, 대용량 데이터의 분석을 위한 빅데이터 등 IT의 최신 기술이 녹아들어 새로운 서비스로 변모한다. 이것은 스마트시티가 규모가 크든 적든 큰 틀에서 유비쿼터스 개념을 도시라는 공간 안으로 수용한 것이다. 설명의 편의를 위해 스마트시티를 스마트홈보다 먼저 설명한다.

전 세계적으로 급증하는 도시화는 상당한 이슈를 불러오는데 그것은 1960년 대비 2010년 전 세계 인구증가는 233%인 반면, 도시인구는 350%나 증가한 것으로도 알 수 있다. 이는 인구 증가보다 1.5배 더 높은 수치로 2010년 기준으로 전 세계 인구의 50%가 도시에 거주하고 있다는 것을 뜻한다. 미국의 경우 도시화 비율은 81%가 넘으며 글로벌 차원에서 도시화 현상은 더욱 가속화되는 중인데 2050년에는 전 세계인구의 70%가 도시에 거주할 것으로 전망했다.

메가시티는 1,000만 명이 넘는 인구가 거주하는 도시를 말한다. 1970년대 메가시티 수는 지구상에서 3개에 불과했는데 2010년에는 23개로 늘어났고 2025년에는 37개로 늘어날 전망이다. 서울은 당연히 메가시티이다.

메가시티를 포함하여 도시인구비중의 증가는 도시 거주자들의 생활여건에 따른 많은 문제점이 생길 수 있다는 것을 의미한다. 이런 문제점 해결하기 위해 수많은 대책들이 마련되고 있는데 4차 산업혁명 시대는 보다 새로운 도시모델을 필요로 한다. 이런 의미에서 등장한 개념이 스마트시티이다.[22)23)]

스마트시티는 사물인터넷의 본격적 도입으로 언제 어디서나 인터넷 접속이 가능하고, 첨단 IT 기술을 자유롭게 사용할 수 있는 미래형 첨단 도시를 말한다. 미국 이동통신사 AT&T는 2016년 스페인 바르셀로나에서 도시 전체에 인터넷을 연결하는 'IoT&스마트시티' 플랜을 발표했다. 한마디로 사물인터넷과 스마트시티가 미래 먹거리 산업으로 부상한다는 뜻이다. 이런 스마트시티가 얼마나 큰 파격적인 미래를 예상하는가는 대한무역투자진흥공사(KOTRA)가 전 세계적으로 스마트시티 사업이 2020년까지 약 1조2,000억 달러의 지속적인 투자가 있을 예정으로 추정하는데 유럽과 미국에서 50% 이상의 도시들이 참여할 것으로 진단했다.

스마트시티 프로젝트가 본격적으로 추진되면 사물인터넷 시장이 폭발적으로 증가할 것은 당연한 일이다. 자동차, 신호등, 사무실, 냉장고, 세탁기 등 수많은 사물들이 인터넷을 통해 연결되고 사용정보를 공유할 것

22) 「4차혁명시대, 스마트시티가 화두」, 유성민, 사이언스타임스, 2016.12.26
23) 『O2O』, 박진한, 커뮤니케이션북스, 2016

이기 때문이다. 인터넷을 통한 사물 간의 연결이 활발해짐에 따라 인터넷의 주소라고 할 수 있는 IP의 수 또한 폭발적으로 증가하게 된다.

IT 시장조사업체 가트너는 사물인터넷 관련 연결 디바이스의 수를 2015년 50억 개에서 2020년까지 250억 개에 이를 것으로 예측했다. 또한 사물인터넷의 영향을 받는 각종 전자기기 및 사물들의 개수도 증가해 2014년 100억 개의 사물에서 2020년까지 300억 개의 사물들이 인터넷과 연결돼 사용될 것으로 추정했으며 영국의 〈마키나 리서치〉는 세계 사물인터넷 시장이 2022년까지 연평균 21.8% 성장률을 보일 것으로 전망했다.[24)]

또 다른 전망은 〈니케이〉로 2010년부터 2030년까지 스마트시티에 약 33조 달러가 투자될 것으로 전망했다. 니케이는 중국, 인도와 같은 신흥국가들이 스마트시티에 적극적으로 투자하고 있는데 2010년부터 2030년까지 중국은 약 7.45조 달러, 인도는 2.58조 달러에 달한다. 국내에서도 부산시, 세종시 등 여러 지역에서 스마트시티 사업을 추진하고 있다.[25)]

(1) 세상이 바뀐다

스마트시티는 스마트기술이 가정에서 출발하여 빌딩이나 병원과 같은 도시 시설물로 적용되는 것이 기본이다. 스마트 빌딩 운영 시스템(Smart Building Management System)이라 불리는 스마트건물은 빌딩 전체에 설치된 전자태그를 통해 화재 경보, 보안 시스템, 조명 시스템, 발전기, 물 관리를 자동으로 실행해준다. 위기 상황 시나리오를 설정해 놓고

24) 「스마트시티가 IoT 시장 이끈다」, 이성규, 사이언스타임스, 2016.08.25
25) 「4차혁명시대, 스마트시티가 화두」, 유성민, 사이언스타임스, 2016.12.26

마치 자동으로 비디오를 예약 녹화하듯이 빌딩에서 일어나는 모든 위급 상황에 자동으로 대처한다.

스마트시티에서 가장 신경을 쓰는 부분은 주차공간서비스이다. 주차공간서비스는 주차에 설치한 센서로부터 주차정보를 공유시키는 것으로 자동차의 내비게이션을 통해 운전자의 목적지와 주차현황을 파악해 지능적으로 주차할 장소를 알려준다. 내비게이션으로부터 정보를 얻은 운전자는 바로 주차할 장소로 찾아가 주차함으로서 주차하는 데에 드는 시간과 스트레스를 줄일 수 있다. 더불어 원래 목적지와 가장 가까운 곳에 주차토록 유도함으로써 목적지까지 도보로 걸어가는 번거로움을 최대한 줄일 수 있게 된다. 현대인에게 가장 짜증나게 만드는 문제를 어려움 없이 처리하는 것이다.

잘 알려진 콜택시 시스템을 콜버스에도 적용 가능하다. 미국의 '채리엇(Chariot)'은 온디맨드 즉 맞춤형 셔틀버스 서비스다. 기존의 버스는 정해진 노선과 시간에 따라서 이용하지만 온디맨드 버스는 출발지와 도착지가 비슷한 사람들이 함께 모여서 노선과 시간을 선택해 이용할 수 있는 맞춤형 대중 버스인데 당초 예상보다 성업 중이다. 국내에도 '콜버스(CALLBUS)'가 채리엇과 같은 주문형 버스 서비스를 제공하는데 국내에서는 온디맨드 버스 서비스 관련 법규가 없고 기존 버스 및 택시의 이익을 침해한다며 반대하고 있어 어려움을 겪고 있다고 한다.

도시의 쓰레기 수거에도 O2O 서비스가 등장했다. '루비콘(Rubicon)'은 소비자가 원하는 시간에 쓰레기를 수거하는 주문형 서비스를 제공한다. 기존에는 정해진 스케줄에 따라 쓰레기를 버려야 했지만 루비콘을 이용하면 내가 원하는 시간을 정해서 쓰레기를 처리할 수 있다.

〈성업 중인 스마트시티〉

스마트홈이 도시 전체를 커버하는 스마트시티 아이디어가 태어나자 이를 추진하는 도시들이 꼬리를 물고 있는 것은 그만큼 스마트시티에 매력이 있다는 것을 의미한다. 미국의 경우, 스마트시티와 관련된 시장 점유율을 15%를 목표로 스마트그리드를 추진하고 있으며 에너지를 효율화하는 빌딩의 개보수시 세금공제 등을 제공한다. 두바이는 전 도시의 가로등을 비디오가 설치된 스마트 조명으로 바꾸었는데 조명등을 첫 번째 타켓으로 삼은 것은 조명이 시내 전체를 가로지르므로 도시의 상황을 한눈에 파악할 수 있는 장점이 있다. 중국도 300여개 이상의 도시를 스마트시티로 변화시키는 프로젝트를 전개하고 있다.

유럽, 북미 등의 선진국들은 대부분 노후 도시의 경쟁력 향상과 산업 활성화를 위해 도시 재생사업의 일부로 접근하는 반면, 중국이나 인도 등 신국국가는 급속한 도시인구 증가에 따른 실업, 범죄, 교통난 등의 문제를 해소하기 위한 방향에서 스마트시티를 추진한다. 공통점은 온실감스 감축 등을 위한 에너지 효율화와 교통 문제 해소 등이다.[26]

영국에서 스마트시티 개념을 최초로 도입한 도시는 글라스고이다. 글래스고는 20세기 초까지만 해도 영국에서 런던 다음으로 가장 번성한 도시 중 하나로 세계 제조업의 중심지라고 해도 과언이 아니다. 당시 영국 조선의 50%가 글래스고에서 생산됐고 전 세계 기관차 생산의 25%를 차지했었다. 더욱이 글래스고는 2차 산업혁명을 이끈 주역 도시 중 하나였다. 증기기관을 개발한 제임스와트, 파라핀을 제조한 제임스 영, 열역학의 이론을 도출한 켈빈 경 등도 글래스고의 대학교 출신이다. 그러나 이

26) 「[스마트시티③] IoT 기술 각축…선점 경쟁 '불꽃', 오현식, Data Net, 2015.12.09

런 호황의 글래스고가 침체로 빠진 것은 산업 중심이 IT로 변화했기 때문이다.

3차 산업혁명에 재빠른 대응을 하지 못해 경기가 위축되자 100년 전의 인구 수 100만 명이 넘는 인구가 줄어들어 60만 명 정도의 중소형 도시로 전락했다. 또한 2014년 평균수명도 65세에 불과했다. 이는 영국 평균수명이 81세인 점을 고려하면 매우 낮은 수치이다. 약물중독, 자살, 비만율이 다른 도시들에 비해서 매우 높기 때문에 국가 평균 수준보다 수명이 낮은 것이다.

이러한 절대 절명의 위기에 봉착하자 글래스고는 재도약으로 스마트시티를 표명했고 영국에서 최초로 스마트시티 시범도시로 선정된 것이다. 글래스고는 '미래해킹(Hacking the Future)' 대회를 개최하여 글래스고 정부에서 제공하는 데이터를 가지고 가장 적합한 아이템을 제안한 시민들에게 상금을 전달했다. 또한 우승자에게는 우승자가 아이디어를 실제로 발휘할 수 있게 자금 지원을 한다. 이에 연계하여 가동되고 있는 '스마트에너지' 프로그램은 시민들이 에너지 사용정보만 파악해도 기존 에너지 사용량 대비 5%에서 15% 절감이 가능한 방법들을 제시한다.[27)]

사실 스마트시티는 사람들에게 단순히 편의를 제공하기 위해 추진되는 것은 아니다. 전 세계적으로 도시 인구가 급증함에 따라 교통혼잡, 에너지 과소비, 환경오염 등의 문제가 심화되자 이를 해결하기 위한 방편으로 스마트시티를 추진하기 시작한 것인데 이 캠페인이 예상외로 좋은 결과를 얻을 수 있다는 것이 증빙된 것이다.

---

27) 「스마트시티로 재도약, 글래스고, 시민과 소통으로 에너지 절감」, 유성민, 사이언스타임스, 2017.01.25

네덜란드의 암스테르담시는 6가지 테마로 나누어 스마트시티를 연결했다. Circular City(자원순환 도시), Citizens & Living(시민, 생활), Energy, Water & Waste(에너지, 물, 폐기물), Governance & Education(도시관리, 교육), Infrastructure & Technology(기반시설 및 기술), Mobility(교통)이다. 에너지 문제만 해도 암스테르담시는 2025년까지 1990년 대비 이산화탄소 배출량을 40% 절감하고, 에너지 사용량을 25% 감축하겠다는 목표다. 이를 위해 스마트그리드를 빌딩과 가정으로 확산해 에너지 절약을 유도하고, 전기차를 이용하는 쓰레기수거 등의 사업을 전개하고 있다.

자원순환 프로젝트 중 하나로 흥미를 자아내게 하는 것은 '빗물을 이용한 맥주 제조'이다. 건물 지붕에 빗물 집수 장치를 설치하고, 집수된 물을 한곳에 모아 정수를 한 뒤 집수 장치를 설치하고, 집수된 물을 한곳에 모아 정수를 한 뒤 맥주의 원수로 사용하는 것인데 생각보다 성과가 좋다고 한다.[28]

덴마크 코펜하겐시는 2014년 조도에 따라 스스로 조명 밝기를 조절하는 스마트 가로등을 설치하여 에너지 효율을 높이고 있으며 일본 요코하마시 역시 2,000대의 전기자동차, 상업 빌딩과 주택의 에너지 관리 시스템을 모두 통합해 도시 전체의 에너지 사용을 정교하게 제어하는 에너지 관리 프로젝트를 통해 에너지 효율화를 꾀하고 있다.[29]

멕시코도 발 빠르게 스마트시티를 추진하고 있다. 'IQ 스마트시티'라 불리는 프로젝트에는 스마트 에너지망과 스마트 모빌리티, 스마트 워터

28) http://blog.sktechx.com/220981228266
29) 「[스마트시티③] IoT 기술 각축…선점 경쟁 '불꽃'」, 오현식, Data Net, 2015.12.10

시스템으로 구분된다. 스마트 에너지망은 시간대별로 전력 사용량을 분석한 후 전력 사용량이 적은 지역의 잉여 전기를 전기 사용이 많은 지역으로 보내 효율적으로 전력을 사용토록 한다. 스마트 모빌리티는 멕시코시티의 인구가 무려 2,300만 명이나 되어 그야말로 교통난이 보통이 아닌데 모든 차량에 전자센서를 부착해 이동경로를 파악하고 자전거 주차장을 늘려 자전거 사용량을 늘리려는 사업이다. 스마트 워터 시스템은 낭비되는 물을 최소화하고 오염을 막는 사업이다. 브라질의 부에노스아이레스시는 'SAP HANA'를 활용해 홍수피해를 예방한다. 부에노스아이레스시는 배수관의 상태를 모니터링하고, 이 데이터를 분석해 폭우로 발생하는 수해의 위험을 감소시키고 있다.

2016년 유럽연합(EU)은 유럽에서 가장 혁신적인 도시로 스페인의 바르셀로나를 지명했다. 바르셀로나는 무료 와이파이를 설치하고 사물인터넷을 사용해 물 관리, 폐기물 시스템을 개선하고, 스마트 가로등, 주차장에 태그를 설치해 운전자들에게 주차 가능한 공간을 알려준다. 이를 통해 바르셀로나는 유럽에서 몇 안 되는 흑자도시로 발돋움했다. 〈포춘〉지는 바르셀로나를 다음과 같이 극찬했다.

'바르셀로나에는 지중해 항구와 가우디의 보물이 있으며 2011년부터 스페인 카탈루냐 지역의 문화적 보석을 지구상에서 가장 똑똑한 '스마트시티'로 바꾸는데 여념이 없는 시장(사비에르 트리아스)이 있다. 그는 시스코와 마이크로소프트 같은 회사와 협력하여 개발에 필요한 연료를 공급하고 기술 캠퍼스 허브를 조성하고 있으며 모바일 기술을 통해 시민을 정부 서비스에 연결하고 있다.'

유럽연합이 발 빠르게 움직이는 것은 국가재난이나 교통망에 사물인터넷 기술을 채택하는 것이다. 유럽의회는 2018년 4월부터 모든 자동차 회사들이 '이콜(eCall)' 기술을 도입하도록 법제화했다. 이콜 기술은 자동차가 심각한 사고를 당했을 경우 자동으로 위급 전화를 걸도록 하는 기술이다. 이콜은 사고가 날 경우 자동으로 사고가 난 장소 정보를 가장 가까운 재난 구조 센터로 자동 연결시키므로 위급 상황에 대처하는 시간을 상당히 줄일 수 있다.

프랑스의 파리시도 2011년부터 공공 전기자동차 대여 서비스인 '오토리브'를 전개해 교통문제와 도시 환경 오염 문제 해소에 나섰다. 오토리브는 4인용 전기 자동차를 시민들이 빌려 사용할 수 있도록 하는 서비스로, 3,000대의 전기자동차로 운영되고 있다. 오토리브의 전기차는 주차장에 주차된 22,500대의 자동차를 줄이는 효과를 내 이를 통해 도심 내 교통 체증 해소와 환경오염 완화에 기여한다.

흥미로운 것은 홍보도 맞춤형이 된다. 「마이너리티 리포트」에 매우 흥미 있는 장면이 나온다. 주인공 톰 크루즈가 한 쇼핑센터를 걸어갈 때 홀로그래피 광고 간판과 아바타들이 그에게 마케팅 메시지를 던지고 그의 이름을 부르면서 그가 특별히 좋아할 상품과 서비스를 제안한다. 이 장면은 간판에 설치된 눈동자 추적기술이 행인의 시선을 모니터하여 행인의 나이와 성별을 추정하고 얼굴 신호를 관찰해서 기분과 감정을 인식하여 송출하는 것으로 특정 메시지와 자극에 대한 인간의 반응을 지속해서 테스트하고 모든 범주의 소비자 구매 행동과 감정적 반응을 관찰하여 맞춤 광고를 보내주는 것이다.

이런 기술은 데이터 마이닝, 얼굴 인식, 통번역 시스템 등으로 구형되는데 예를 들어 상점을 찾아오는 고객들의 표정을 분석해 적당한 상품을 추천할 수 있다. 사용자가 외국어로 쓰인 표지판이나 메시지를 사진으로 찍으면 즉시 통역해준다. 즉 프랑스 파리에 가서 에펠탑을 사진으로 찍으면 그 정보를 즉시 제공하는 증가현실 상황도 가능하다. 이런 기술이 쇼핑 천국 등으로 비화되는 것이 타당치 않다는 지적이 있지만 스마트시티가 발전하면 충분히 가능한 장면이 될 수 있다는데 이의를 제기할 필요는 없을 것이다.[30][31]

사물인터넷 기술이 스마트홈과 스마트시티로 확장되면 서비스의 영역은 한계는 사라진다. 수많은 제품군과 회사들이 얽혀 있는 스마트홈과 스마트시티 영역에서는 하나의 기업이 모든 것을 전부 만족시킬 수는 없으므로 넓은 영역에 성공적인 고객 서비스를 제공하기 위해 기업들이 협업 시스템으로 움직인다.

협업은 필수적으로 가장 효율적인 모듈화를 요구한다. 여기에서 모듈화란 각 기업이 잘할 수 있는 부분에만 집중하고 나머지는 다른 회사와의 협업을 통해 고객 서비스 수준을 높이는 방식이다. 사실 모듈화는 소프트웨어 영역에서는 이미 일반화된 용어로 한마디로 자신의 회사가 잘하는 핵심 경쟁력을 모듈화해서 다른 회사가 잘하는 영역과 융합하여 고객에게 최상의 서비스를 제공하는 것이다.[32]

〈세계를 주도하는 한국의 스마트시티〉

존 체임버스 박사는 인천 송도를 스마트시티의 규범이라고 적었다. 그는 한국의 송도가 처음부터 경제, 사회, 환경적 지속 가능성이라는 기준

30) 『4차 산업혁명의 충격』, 클라우스 슈밥 외, 흐름출판, 2016
31) 『사물인터넷이 바꾸는 세상』, 새무얼 그린가드, 한울, 2017
32) 『O2O』, 박진한, 커뮤니케이션북스, 2016

을 염두에 두고 개발한 세계 최초의 진정한 스마트 녹색도시라고 극찬했다. 송도는 도시의 네트워크를 통해 시민들은 거실에서 또는 걸어서 12분 거리 내에서 의료, 운송과 편의시설, 안전과 보안, 교육 등 여러 가지 도시 서비스를 이용할 수 있다. 실시간 교통정보는 시민들이 어떻게 통근해야할지를 사전에 계획할 수 있게 만들며 원격 의료 서비스와 정보는 비용과 이동시간을 줄여 준다.

또한 송도시는 국내 N3N, 넥스파, 나무아이앤씨 등 16개의 국내 스타트업과 협력해 '시스코 스마트+커넥티드 시티 오퍼레이션스 센터'를 발족 시스코 UCS 서버에 N3N의 '이노워치', 시스코의 비디오 감시 시스템(VSM), 스토리지, 협업 기술 등을 통합해 도시의 효율적으로 운영, 도시관리와 안전 확보를 꾀하고 있다. 예를 들어 미아 발생시 관제센터에서 GPS와 영상정보를 활용해 아이의 경로를 확인하는 동시에 경찰에 통보해 보다 신속한 미아찾기를 지원한다. 또 도시 전체에 설치된 디지털 사이니지에 미아정보를 전달해 미아찾기에 시민의 참여도 유도한다. 이러한 시나리오는 미아찾기 뿐 아니라 범죄예방이나, 대형 화재 발생시 시민대피 등 다양한 상황에 적용될 수 있다.[33] 한국의 송도를 스마트도시의 규범이라고 본다는 것은 한국이 4차 산업혁명에 낙후된 지역이 아님을 보여준다.[34]

한국에서 스마트시티 개념을 차용하고 있는 도시는 송도뿐이 아니다. 서울시도 스마트시티로의 변환을 추진하고 있다. 송도시가 새롭게 건설되는 신도시를 초기부터 스마트시티로 건설하였지만 서울시는 노후된

33) 「[스마트시티③] IoT 기술 각축…선점 경쟁 '불꽃'」, 오현식, Data Net, 2015.12.11
34) 『4차 산업혁명의 충격』, 클라우스 슈밥 외, 흐름출판, 2016

도시재정비의 일환으로 스마트시티를 추진한다. '세계도시 전자정부 평가'에서 서울시는 2003년 이후 줄곧 1위를 지켜오고 있는데 800여개 지역에 무료 와이파이존을 구성했으며, 시내 노선버스에도 와이파이를 이용하고 있다. 또한 휴대폰 통화량 데이터와 서울시 교통 데이터를 분석하여 심야버스를 운영해 우수 행정혁신 사례로 선정되었으며 교통사고와 택시 급정거 데이터를 빅데이터 분석해 교통흐름 개선을 꾀하고 있다.[35]

부산시는 '소통과 협치로 시민이 행복한 스마트시티 실현' 이라는 목표로 본격적인 스마트시티 추진하고 있다. 스마트 주차 확산사업, 영상기반 스마트교차로 구축, 통합 빅데이터 플랫폼 구축 및 빅데이터 분석 사업 등이다. 부산시가 스마트시티를 내세우는 것은 사물인터넷을 통해 관광인프라의 수준을 향상시켜 관광객들에게 보다 편리한 관광서비스를 제공하자는 의미를 표명했다. 관광객들의 부산시에 만족도를 더욱더 증가시켜 많은 관광객들의 방문을 유도하면 결국 이것이 부산시의 경제를 활성화시킬 수 있다는 뜻이다.

'해운대'는 한국 최고의 수영장으로 알려지지만 많은 사람들이 일거에 몰리므로 미아발생, 교통 혼잡, 주차불편 등 불편하기 짝이 없는데 이를 사물인터넷으로 해결할 수 있다는 설명이다. 또한 스마트미아방지 서비스로 사물인터넷의 특화된 망을 구축해서, 해운대 해수욕장 내에 어린이 위치 및 수영 안전지역 이탈을 보호자에게 알려준다. 또한 해운대 해수욕장 300여 곳에 안심태그밴드를 제공하는데, 아이들이 안심태그밴드를 착용하고 있으면 실시간으로 부모들에게 모바일 앱으로 아이들 위치를 확인할 수 있다.

---

35) 「[스마트시티③] IoT 기술 각축…선점 경쟁 '불꽃'」, 오현식, Data Net, 2015.12.10

드론도 활용된다. 드론 영상 촬영으로 익사할 상황이 발견되면 안전튜브를 투하해 구조한다. 스마트파킹은 해운대 지역에 주차 빈 공간 정보를 알려줘 운전자가 모바일과 웹으로 이를 확인해서 주차장소를 찾는데 어려움 없이 주차할 수 있게 했다. 스마트횡단보도는 도로에 센서를 설치해서 주차위반 차량이 있을 시 경찰청에 바로 알린다. 또한 신호등에 안전대기 장치를 설치해 차량이 도로에 지나가는 여부를 확인해 녹색불이 바뀌어도 안전하지 않으면 보행자가 지나갈 수 없게 설치했다. 해운대 스마트시티는 정부기관이 독자적으로 주도하는 사업이 아니라 민간사업자들과 함께 컨소시엄을 구성해서 공공기관과 민간기관이 협력하는 모델로 주목받았다.[36]

▶ 세계 최고 수준의 스마트시티를 만들겠다는 목표로 부산 해운대지역을 글로벌 스마트시티로 조성

36) 「SF, 인공지능은 왜 빨간 눈일까」, 김은영, 사이언스타임스, 2016.06.22

6 스마트홈

4차 산업혁명의 진정한 매력은 산업계뿐만 아니라 인간의 생활 전반에 걸쳐 활용할 수 있다는 점이다. 특히 이런 변화는 로봇에 이어 컴퓨터, 인터넷 등이 연이어 등장했기 때문으로 볼 수 있는데 스마트홈의 기본은 인공지능 개념이 궁극적으로 인간과 함께 생활할 수 있다는 것을 의미하는데 여기에서 핵심은 로봇이라 볼 수 있다. 스마트라는 개념 자체가 로봇으로부터 유래했다고 해도 과언이 아닌데 여기서는 우선 로봇의 가정화에 대해 설명하고 이어서 사물인터넷으로 이어지는 스마트홈에 대해 설명한다.

스마트홈은 크게 두 가지의 인공지능을 활용하는데 첫째는 로봇을 가정에서 활용하는 것이고 두 번째는 사물인터넷 시스템으로 홈을 구성하는 것이다. 첫 번째 로봇을 활용하는 방법도 두 가지로 나뉜다. 하나는 로봇화한 장비나 기구들을 인간이 활용하는 공간에 배치하는 것이고 다른 하나는 휴머노이드 로봇 즉 가정용 로봇 또는 가사지원 로봇(Home Service Robot)의 개념이다.[37)]

산업체에서 기계적인 단순 작업을 주로 하는 로봇을 제1세대라고 부른다면 가정용 로봇은 제2세대라고 부를 수 있다. 가정용 로봇의 기본은 일반 가정 내에서 인간과 함께 생활하며, 설거지, 빨래, 청소, 조리, 정리정돈, 심부름 등 가사를 지원해 주는 것이다. 이들 로봇은 수많은 사람들을 가사노동에서 해방시켜 주고, 보다 효율적이고 창의적인 일에 시간을 쏟

37) 『로봇의 시대』, 도지마 와코, 사이언스북스, 2002.

을 수 있도록 만들어 줄 수 있으므로 '서비스 로봇'이라고도 부른다. 개인용 로봇이 실생활에 접근하게 된 직접적인 요인은 퍼스널 컴퓨터(PC, Personal Computer)의 발달 때문이다.[38] 우선 인공지능 로봇의 가정화에 대해 먼저 설명한다.

(1) 인공지능 로봇의 가정화

현재 생각보다 많은 분야에서 개인용 로봇이 등장한다. 사람의 일을 도와주는 개인용 로봇은 크게 가사 로봇, 생활도우미 로봇, 교육용 로봇, 안내 로봇, 접대 로봇 등으로 앞에서 이미 부분적으로 설명된 것도 있으므로 이곳에서는 간략하게 다시 설명한다. 가사로봇의 기본은 가정에서 생기는 여러 가지 작업을 직접 수행하여 각 개인의 가사 노동의 부담을 줄여주는 것이다. 생활도우미 로봇은 병원과 요양소에서 재활훈련을 돕거나 고령자와 신체 장애인들을 도와주며 교육용 로봇은 가정에서 교육을 위해 친근하고 효과적인 수단으로 활용된다. 안내로봇은 공공장소나 각종 행사장에서 사람 대신 안내 업무를 수행하며 접대 로봇은 가정은 물론 음식점이나 연회장 등 각종 장소에서 음식 시중을 든다.

현재 우리는 생각보다 많은 생활을 인공지능 로봇 개념 속에서 살아간다. 〈사이언스타임즈〉에 소개된 미래의 한 평범한 직장인의 삶을 보면 얼마나 많은 분야에서 인공지능이 활용될지를 보여준다.

'07:00. 홍길동씨는 NX로보사의 가정용 로봇 빅아이의 재촉으로 잠을 깬다. 빅아이는 날씨를 말해주며 오늘은 기온이 많이 떨어졌으니 든든하게 입고 가라고

38) 「유비쿼터스 시대의 로봇, 유비봇」, 김종환, 사이언스타임스, 2004.11.05

조언한다. 침대에서 나와 세수를 한 홍씨는 팬케이크 봇이 만들어주는 팬케이크 2장과 커피로 아침을 먹는다. 폴디메이트사의 로봇이 차곡차곡 개어놓은 셔츠 하나를 골라 입고 출근 준비를 한다.

09:00. 자율주행차를 타고 회사에 들어선 홍씨는 정문 안내 로봇의 굿모닝 인사에 기분이 좋아진다. 엘리베이터를 타고 자리에 앉으면 업무가 시작된다. 생산관리본부 소속의 홍씨는 지난해 말 조직개편으로 로봇 상사를 맞이했다. 다소 긴장했지만 이전 상사처럼 불필요하게 감정을 긁지도 않고 보고를 받은 후 피드백을 빨리 주는 것이 상당히 괜찮다고 느낀다.

11:00. 제조 상황을 점검하기 위해 공장으로 향했다. 공장엔 직원들과 유니버설로봇사의 협업 로봇이 한데 어우러져 자동화 효율이 매우 높아졌다. 힘들고 반복적인 일은 로봇에 맡기니 안전사고도 줄어들고 공장 직원들의 건강 상태도 좋아졌다. 생산라인 직원을 교육을 통해 공장 효율화 부분에 투입하면서 1인당 생산성이 높아진 것은 물론이다.

13:00. 늦은 점심은 공장 근처 KFC 매장에서 빨리 먹기로 한다. 매장에 들어서자 홍씨의 얼굴과 표정을 인식한 로봇은 바삭한 치킨 햄버거와 구운 닭날개, 콜라가 어떠냐고 묻는다. 마침 메뉴 고르기도 귀찮고 치킨이 생각나던 터라 바로 주문 승인을 한다.

15:00. 휴게실에서 잠시 휴식을 취하던 홍씨는 문득 집에 혼자 있을 애완견이 궁금해져 펄스펫사의 '고본' 모바일 앱을 열어본다. 고본은 계속 굴러다니는 애완견용 뼈다귀 모양 로봇으로 강아지와 놀아주기도 하고 간식통 기능을 하기도 하는데 확인해보니 운동량이나 간식 섭취도 적당해서 흡족하다.

18:00. 퇴근 후 저녁 약속 장소로 향한다. 친구와 함께 저녁을 먹기로 한 곳은 로봇 초밥 전문점. 가와사키가 제작한 로봇 팔이 밥 위에 와사비를 얹고 생선, 계란말이, 장어 등을 올려 1분 만에 원하는 초밥을 뚝딱 만들어준다. 생선초밥 장인이 하는 최고급 초밥에는 비할 바가 아니지만 가격대비 만족도가 꽤 높아 자주 찾는 곳이다.

21:00. 홀로 계신 아버님께 전화했더니 얼마 전 사드린 소셜 로봇에 대해 입이

마르도록 칭찬을 한다. "말도 걸어주고, 혈압약도 챙겨주고, 운동도 시켜주니 자식보다 낫다"고 마음에 없는 소리를 한다. 아니다. 가만 생각해보니 정말 자식보다 나을 수도 있겠다는 생각이 든다. 한 달 후 잡힌 아버지의 백내장 수술은 로봇의 도움을 받아 진행하기로 했다.

22:00. 집에 돌아오니 강아지가 반갑게 맞아준다. 빅아이도 살뜰한 인사를 한다. 혼자 살지만 외롭지 않다. 유진로봇의 로봇 청소기가 집안을 말끔하게 청소해놨다. 음. 하지만 잠들 는 뭔가 허전하다. 얼마 전 판매가 시작된 러브 로봇이라도 하나 장만할까. 저녁식사를 같이 한 친구도 구입할 생각이 있다는데… 아직은 사람들이 좀 이상하게 생각하지 않을까. 빅아이가 들려주는 은은한 음악을 들으며 홍씨는 스르륵 잠이 든다. 주인 옆을 지키던 로봇 집사는 집안의 모든 조명을 끄고 자신도 슬립모드로 바꾼 후 휴식을 취한다.'[39]

위에 언급한 사례들은 가상으로 설정한 것이지만 여기 등장하는 14개의 로봇들은 나라는 달라도 모두 현재 시중에 나와 있는 제품이다.

2000년 일본전기(NEC)가 회사 창립 100주년을 기념하여 출시한 '알100'은 개인용 로봇으로 인간의 조수 역할을 하면서 집안의 여러 가지 일을 처리한다. 자율주행자동 모양으로 생겼는데 높이 44cm, 무게 7.9kg이다. 알100은 두 눈에 달린 렌즈를 통해 사람과 사물을 알아보고 100여개의 일본 말을 알아들으며 사람과 친근한 대화를 나눌 수 있다. 알100은 노래도 부르고 춤도 추며 말로 지시하면 전자우편을 다른 사람에게 보내기도 한다.

2001년 일본은 사람 대신 집을 보는 휴머노이드 로봇 '드림포스'를 등장시켰다. 키 35cm, 무게 1.5kg인데 두 발로 걷고 인사를 하거나 작은

---

39) 「3년후 개인용 로봇이 가정의 필수품」, 조인혜, 사이언스타임스, 2017.01.03

병을 쥐고 잔에 술을 따라 건배할 줄도 안다. 드림포스의 특징은 외출했을 때 휴대전화로 원격조정이 가능하다. 따라서 휴대전화의 화면을 통해 로봇의 눈에 비친 집안 상황을 확인할 수 있으므로 집안에 노인이나 어린이만 남겨 놓고도 안심하고 외출할 수 있다.

가사 로봇 중에서 가장 인기가 높은 것은 청소 로봇으로 2001년 스웨덴에서 출시된 '트릴로바이트'가 상용화된 가정용 청소 로봇의 시초다. 진공청소기에 구동 바퀴, 위치제어 센서를 장착해 혼자서 방안을 청소하는 '움직이는 가전기기'로 가전기기에 바퀴를 달아놓는 방식은 다소 진부해도 초기 로봇시장 진출에 따르는 위험 부담을 줄일 수 있어 가장 빨리 상용화가 이루어진 분야이다. 트릴로바이트는 사람의 조종 없이 모든 집안 청소를 혼자 처리한다. 일단 청소 시작 스위치를 누르면 자동으로 청소할 공간을 한 바퀴 돌아본 후 청소 준비에 들어간다. 딱딱한 바닥과 양탄자 모두 청소가 가능하다.

2002년 미국에서 출시된 '룸바'는 로봇 연구의 선구자로 인식되는 MIT 대학의 로드니 브룩스 교수가 개발한 것으로 트릴로바이트와 마찬가지로 원통형이다. 지름 35cm, 높이 9.5cm인데 원반 모양의 룸바는 원터치식 전원 스위치를 누르면 작동을 시작하는데 회전솔이 모서리에 감기지 않도록 하는 철사가 있다. 룸바는 장애물에 부딪히면 다시 중앙으로 돌아온 뒤 무작위로 이동하며 약 20제곱미터의 방을 30여 분에 걸쳐 청소한다.[40] 사람의 손이 필요한 곳까지 완벽하게 해결하지는 못해도 일손을 덜기에는 충분하다. 특히 트릴로바이트보다 거의 10분의 1 가격으로 출시되어 전 세계에서 1,000만대 넘게 팔렸다.[41] 'e Vac'라는 청소로봇

---

40) 『사람을 위한 과학』, 김수병, 동아시아, 2005

은 보다 업그레이드되어 카펫이나 융단, 바닥과 같은 집안 청소 중 가장 힘든 영역의 청소도 가능하다.

▶ 아이로봇 청소로봇 룸바 577

우리나라에서도 청소로봇에 수많은 기업이 도전하여 2003년 '로봇킹'이 출시되었다. 로보킹은 청소를 할 때 낭떠러지와 장애물을 인식하여 추락과 충돌을 피한다.[42] 한국의 〈유진로봇〉사가 개발한 로봇청소기 '홈런'은 2011년 독일의 〈엠포리오 테스트 매거진〉에서 실시한 로봇청소기 성능 평가에서 그동안 청소로봇에서 우위를 점하던 룸바 등을 제치고 1위를 차지했다. '홈런'은 실내 공간 구석구석을 청소할 수 있는 공간 커버능력과 장애물 회피능력 등에서 최고 점수를 받았다. [43]

〈가정 공간의 개념을 바꾼다〉

로봇의 개념으로만 보면 이런 것들도 로봇일까 하는 질문도 있겠지만

---

41) 「[Weekly BIZ] "로봇, 인간과 공존" 3D업종 · 단순 노동 해주고 인간은 감독하게 될 것」, 유한빛, 조선일보, 2016.04.02

42) 『나는 멋진 로봇 친구가 좋다』, 이인식, 고즈윈, 2010

43) 「이제는 로보테크(RT) 시대 〈3 · 끝〉 급증하는 로봇 수출」, 조형래, 조선일보, 2011.06.14

집이나 거리의 수많은 곳에 로봇이 활용되고 있다. 간단하게 설명하여 사람의 음성을 이해하고 텔레비전이 켜지거나 세탁기가 돌아가며 냉장고가 열리는 등 머리 좋은 가전제품 등이 이런 예이다. 영화에서 주인이 "배가 고프다"고 하면 자동으로 냉장고에서 재료가 나와 전자레인지에서 데워지는 것 등도 한 예이다.

홈서비스 로봇의 또 다른 방식은 컴퓨터에 인공지능과 홈오토메이션 제어 기능을 부여하는 퍼스널 컴퓨터 기반의 생활 로봇이다. 이 생활 로봇은 기동성보다 주인의 음성 명령을 인식하고 무선 인터넷 검색으로 날씨와 주식 정보에서 최신 유머까지 말해주는 지적인 처리능력이 최우선시 된다.

음성인식기술은 키보드를 두드리지 않고 말로 명령을 내리면 사용자의 음성을 인식하여 컴퓨터가 곧바로 다음 단계의 조치 즉 명령을 수행토록 만든다. 음성인식기술은 휴대폰이나 내비게이션뿐만 아니라 가정안의 상당 기자재 등에서 사용되고 있는데 미래에는 단순한 명령 정도가 아니라 복잡한 문장으로 이루어진 명령도 정확하게 전달할 수 있게 된다. 학자들은 글을 쓰는 직업을 가진 사람도 손 아프게 키보드를 두드릴 필요없이 말로 하면 컴퓨터가 알아서 텍스트를 입력할 수 있게 된다. 컴퓨터를 켜고 끄는 일, 사이트를 찾아가는 일뿐만 아니라 컴퓨터 게임도 말로 할 수 있게 된다.[44]

컴퓨터 기반 생활 로봇은 물리적인 가사 노동은 못하지만 주인과 직접 의사소통이 가능한 인간친화 직접인터페이스를 바탕으로 방범, 온라인 예약, 비서 등 가정 내 응용 범위가 비약적으로 넓어질 전망이다. 전문가

44) 『미래과학, 꿈이 이루어지다』, 이종호, 과학사랑, 2008

들은 앞으로 퍼스널 컴퓨터 기반 생활 로봇은 가정용 시장을 잠식하면서 홈오토메이션의 허브 역할을 수행할 것이라고 전망한다.

인간의 일상 노동 중 얼마만큼을 로봇에게 맡길 것인가를 설정하는 것처럼 어려운 질문은 없다. 로봇을 어떤 모습으로 만들어야 하는 가라는 원천적인 문제부터 로봇이 부엌일을 할 때 무슨 업무까지 맡겨야 하는 것도 정해야 하기 때문이다. 로봇이 냉장고에서 음료를 가져오거나 칵테일을 만들어 올 수는 있다. 그런데 고기를 굽거나 국이나 반찬도 만들도록 해야 할지는 간단한 일이 아니다. 불판 위에 올려놓은 바비큐 고기를 어느 정도로 구워야 할지를 비롯하여 까다로운 요리까지 로봇에게 맡길 수 있는 것인지를 정하는 것은 정말로 어려운 일이다. 여하튼 영국의 〈몰리 로보틱스사〉의 '로보틱 키친(Robotic Kitchen)'은 사람의 팔과 유사한 양팔로 2,000여 가지의 요리를 해낸다. 채소를 다듬고 생선회를 뜨고, 스테이크를 굽는가 하면 국물 요리까지 척척 해낸다. 채소를 다듬고 생선회를 뜨고, 스테이크를 굽는가 하면 국물 요리까지 척척 해낸다. 조리 뒤에는 지저분해진 주방을 정리해주는데 대부분의 식당에서 고객들은 로봇이 만든 요리를 먹게 될 것으로 생각하지만 각자의 입맛에 맞을지는 모르는 일이다.

로봇 요리사가 등장하면 요리를 못하면 시집 장가를 못 간다는 말이 구문이 된다. 로봇 '몰리'는 사람의 두 팔 형태인데 TV 방송에 등장한 인기 마스터 셰프의 요리를 기본으로 요리한다. 이를 위해 20개의 모터와 24개의 관절 및 129개의 센서로 구성돼 있는데 시방서에 의해 만들어진 음식 자체는 만족할 만하다고 한다.[45] 물론 로봇이 인간이 요구하는 수많은

---

45) 「예술과 과학의 미래⑤ 로봇+작곡+미술+요리」, 김지희, 월간객석, 2016년6월

요리를 기계적으로 수행할 수는 있다고 하지만 고객이 천편일률적인 음식을 선호할지는 다른 차원의 문제다. 그럼에도 불구하고 이런 이야기가 나오는 것은 로봇이 담당할 수 있는 분야가 무한대라는 것을 의미한다.

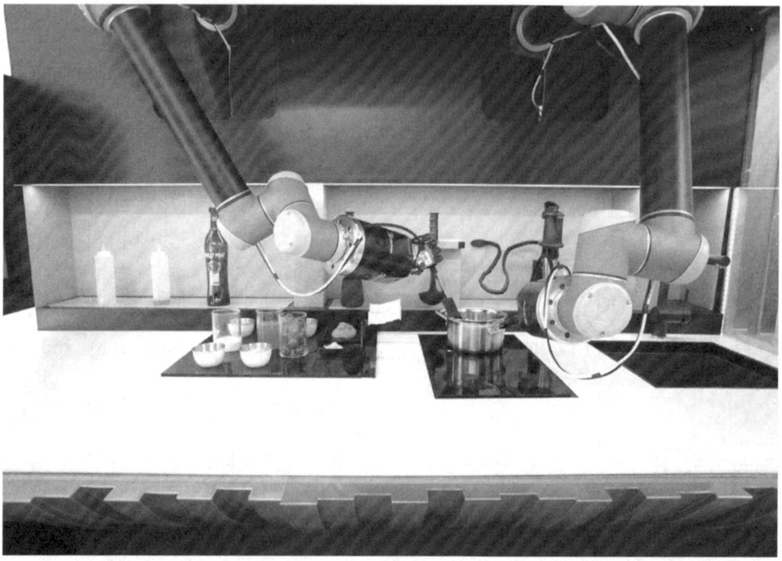

▶ 영국 몰리 로보틱스사의 로보틱 키친

그러나 학자들은 이런 만능가사도우미 로봇이 근간 실현되어 각 가정에 보급되리라고 생각하지 않는다. 그것은 만능가사도우미 로봇이 설사 개발되더라도 판매 가격이 만만치 않을 것으로 보기 때문이다. 실질적인 상황으로 로봇을 구입하는 비용이 주방 인원을 채용하는 것보다 훨씬 비싸다면 굳이 로봇을 구입할 일은 없는 일이다. 이것은 경제적인 면도 있지만 사람을 고용하면 일자리 창출은 물론 대화가 가능하다는 장점이 있다. 물론 대형 식당에서는 이들 로봇이 충분한 역할을 할 수 있다. 반복적인 조리 뒤에는 지저분해진 주방을 정리해 줄 수도 있다. 학자들은 대부분의 대형 식당에서 고객들은 상당수의 음식은 로봇이 만들어 준 것으로 대체될 것으로 생각한다.

그러므로 복지에 대한 사회적 요구가 큰 유럽, 미국 등에서 가장 심혈을 기울여 개발하고 있는 것은 가사용보다는 노약자와 장애인들을 위한 복지형 로봇이다. 노약자 및 장애인을 위한 지능형 침대, 휠체어, 그리고 침대와 휠체어를 잇는 보조 로봇 등 주로 주거 공간에서 거동이 불편한 사람들을 대상으로 한다. 또한 보행보조 로봇은 실내외에서 노인들을 항상 부축해줄 수 있는 파트너가 될 수 있다.

(2) 사물인터넷의 스마트홈

스마트시티에서 스마트홈에 산다는 것은 사실 제4차 산업혁명의 여파라 볼 수 있다. 한국을 방문한 프랑스 교수에게 한국의 송도가 스마트시티로 운용된다고 하자 스마트홈을 보고 싶다하여 안내했는데 그야말로 놀라며 한국의 비약적 발전이란 평가가 이해가 된다고 칭찬 일색이었다.

스마트홈은 더 편리한 삶, 강화된 보안, 환경 친화적이고 효율적인 시스템을 약속하므로 크던 작던 이미 많은 가정에서 활용하고 있다. 조명, 차고 문, 스마트 잠금장치 등은 구문이라 할 정도로 많은 곳에서 사용되고 있다. 차세대 연기 감지기는 예를 들어 불이 나면 즉시 119에 알린다. 어떤 시스템은 평소에는 침묵 모드로 유지되다가 배터리를 교체할 때 알려주는 기능을 갖고 있다. 스마트 온도 조절계는 프로그래밍과 조작법이 쉬울 뿐 아니라 스스로 성능을 최적화하므로 40~50%의 에너지를 절약하는 기능까지 지니고 있다. 버지니아 대학 연구팀은 홈 자동화를 통해 가구마다 20~30%의 에너지를 절감할 수 있고 결과적으로 미국에서 1,000억 킬로와트 정도의 전력, 금전적으로 150억 달러를 절약할 것으로 추산했다.

스마트홈에서 가장 주목받는 영역은 부엌이다. LG는 사물인터넷을 도입한 냉장고, 세탁기, 오븐 등을 스마트 가전기기로 출시했다. 주부는 스마트폰 또는 '온수 세탁을 시작해'같은 말을 통해 가전 기기를 작동시킬 수 있다. 부재중에도 빨래를 돌리거나 설정을 바꿀 수 있다. 냉장고에 내장된 스마트 매니저는 장착된 카메라로 냉장고 안의 내용물을 촬영해 스마트폰으로 보여준다. 냉장고에는 음식물의 유통기한을 통해 신선도를 확인하는 기능, 식단을 추천하는 기능, 그리고 냉장고 안의 식재료로 요리할 수 있는 요리법을 알려주는 기능도 있다.

장을 보고 집에 돌아와 피로하다면 손으로 이런 저런 버튼을 조작하지 않고 '얼어 있는 베이글을 녹여줘' 또는 '커피를 데워줘' 같은 명령을 말로 해서 오븐을 돌리거나 커피포트를 사용할 수 있다. 텔레비전과 스트리밍 미디어 플레이어도 말로 명령해서 원하는 콘텐츠나 채널을 재생시킬 수 있다.[46]

이러한 스마트홈이 제대로 작동되기 위해서 게이트웨이가 설치되는데 스마트홈 게이트웨이는 가정 내의 다양한 사물인터넷 장치들을 사용자의 간섭 없이 자연스럽게 인터넷 통신망에 접속시키는 네트워크 장치를 말한다. 네트워크 기술에서 허브(Hub)와 게이트웨이(Gateway)는 여러 종류의 네트워크 장치들을 연결해주는 일종의 중계 장치를 말한다. 그러나 이러한 장치들을 같은 통신 방식의 네트워크에 연결해주느냐 다른 통

46) 『사물인터넷이 바꾸는 세상』, 새무얼 그린가드, 한울, 2017

신 방식의 네트워크에 연결해주느냐에 따라 허브 혹은 게이트웨이라 부르게 된다.

일반적으로 각 가정에서 인터넷 서비스에 가입하게 되면 인터넷 공유기나 IP-TV를 위한 셋톱박스를 함께 설치하게 되는데, 바로 이러한 장치들이 일종의 허브 혹은 게이트웨이 장치이다. 인터넷 서비스에 가입하면서 설치하게 되는 이러한 장치들은 인터넷 공유기 혹은 모뎀이라고 부르는데, 이들을 데스크톱 컴퓨터나 노트북, 프린터 등에 연결해서 사용하게 된다. 또한, 인터넷(Internet) 혹은 WAN으로 연결되는 케이블도 데스크톱 컴퓨터나 노트북에 연결되는 케이블과 같은 형태의 케이블을 이용하므로 인터넷 공유기가 허브 역할을 한다.

그러므로 스마트홈 게이트웨이에 다양한 제품들이 연결되어 스마트홈을 구성한다고 볼 수 있는데 와이파이로 연결되는 노트북, 스마트폰, 태블릿 등이 인터넷 공유기에 무선으로 연결된다. 그러므로 유선 인터넷 케이블과 와이파이를 동시에 지원하는 장치가 활용되는데 이는 허브보다는 게이트웨이에 가깝다고 할 수 있다. 그러나 현재 소개되는 스마트홈 게이트웨이 장치들은 단순히 유선 인터넷과 다양한 무선통신기술을 지원하는 인터넷 모뎀 장치에 불과한 것은 사실이다. 그러므로 제4차 산업혁명이 본격화되면서 소개될 스마트홈 게이트웨이는 그 모양이나 기능면에서 현재의 게이트웨이 장치들과는 사뭇 다를 것으로 예상한다.

스마트홈에서 가장 먼저 접목될 분야는 큰 틀에서 인공비서이다.

애플사가 '아이폰4S'를 출시하면서 음성 인식 기반의 가상 비서인 시리를 처음 공개했다. 간단한 정보 검색이나 문자메시지 작성, 전화 통화 등은 물론 음성 명령만으로 우버 택시까지 호출할 수 있다. AI 비서의 원조로 시리가 등장하자 아마존은 '알렉사(Alexa)'가 곧바로 뒤를 잇는다. 아마존은 알렉사가 탑재된 스피커인 '에코'를 최초로 출시했는데 음성 명령으로 듣고 싶은 음악을 재생하고 전등이나 TV 등 가전기기를 제어하는 것도 가능하다. 아마존 쇼핑몰과 연계해 생필품 등을 자동 주문할 수도 있다. 에코는 놀라운 매출을 기록했는데 2014년 출시 후 단 2년 만에 미국 등 글로벌 시장에서 500만대 넘게 팔렸다. 또한 어떤 기업이든 자유롭게 알렉사를 가져다 쓸 수 있도록 플랫폼을 개방하여 더욱 활용도를 높였는데 이를 통해 다양한 분야에서 7,000개가 넘는 파트너사를 확보했다. LG전자 · 하이얼 등 가전사는 물론 스마트폰 업체인 화웨이, 자동차 업체인 폭스바겐 · 포드 등이 알렉사를 적용한 서비스를 활용한다. 놀랍게도 알렉사는 세계 최고 수준의 컴퓨터 과학자 2,000여명을 동원해 4년 동안 개발했다고 알려진다.

▶ 아마존이 자사 간편 생필품 주문 기기 '아마존 대시'에 인공지능 개인비서 알렉사(Alexa) 기능을 더한 '아마존 대시 원드(amazon dash Wand)'를 발표

구글도 스마트홈 프로젝트에 발빠르게 움직였다. 아마존 '에코'와 유사한 '구글홈(Google Home)'을 개발했다. '구글 홈'에는 이용자로부터 검증받은 AI개인비서인 '구글 어시스턴트(Google Assistant)'가 탑재됐다. '구글 어시스턴트'는 사용자의 음성을 인식해 질문을 파악하고 음악 재생, 예약, 스케줄 조회, 메시지 전송 등을 수행할 수 있다.

국내에서도 A.I. 비서 경쟁이 치열하다. SK텔레콤은 2016년 국내통신사 최초로 음성 인식 기반의 인공지능 스피커인 누구를 선보였다. 국내 1위 음원 서비스인 멜론과 연동한 음악 감상과 교통 및 날씨 정보 확인, 피자 · 치킨 배달 주문 등을 할 수 있다. KT도 A.I. TV인 '기가 지니'를 출시하며 홈 비서 경쟁 대열에 뛰어들었다. 유무선 네트워크를 바탕으로 TV 및 음악 감상, 일정관리, 교통안내, 홈 사물인터넷(IoT) 기기 제어, 영상통화 등의 기능을 갖췄다. 이와 같이 거대 기업들이 인공지능 비서 개발에 심혈을 쏟는 것은 모든 기기가 인터넷에 연결되는 IoT 시대에서 인간의 음성만으로 모든 기기를 통제할 수 있을 것으로 예상하기 때문이다.[47]

소프트웨어 분야만 제4차 산업혁명의 여파인 스마트홈 지식이 활용되는 것은 아니다. 2013년 3조3,000억 원을 투입하여 가정용 보일러 온도조절계 제작 회사인 '네스트(Nest)'를 인수한 후 스마트홈 아이템으로 무장한 신제품을 출시했다. 신제품에는 카메라, 화재 시 이산화탄소와 연기를 감지할 수 있는 디텍터를 추가했고 스마트홈 플랫폼 역할을 할 수 있는 통합 모바일 앱을 오픈했다.

구글은 이에 그치지 않고 보험회사와 파트너십을 통해 네스트 설치와

---

47) 「인공지능 첫 승부처, AI 비서」, 이호기, 한국경제, 2017.02.14

보험료 할인을 연계하는 보조금 상품을 출시했다. 보험회사는 네스트를 설치한 집에 네스트를 무료 설치해주고 보험료를 할인해 주는 판매 전략을 세웠고 이어서 가정을 유지하는 데 핵심이 되는 에너지, 물, 음식을 제공하는 스마트홈 프로젝트를 계속 연계시키고 있다. 물론 이러한 작업은 엄청난 규모의 예산, 시간 등이 필요하므로 단계적으로 이를 수립하는 정책을 세웠다. 우선 집안의 보안과 안전, 에너지 통제와 같은 핵심 영역을 먼저 추진한 후 스마트홈 플랫폼을 개방한다는 것이다.

이것은 스마트홈이 포함하고 있는 영역이 매우 광범위하다는 것을 알려준다. 정원에 있는 스프링클러서부터 집안 곳곳에 퍼져 있는 전선 관리, 창문 커튼 조절장치서부터 도어록 장치에 이르기까지 가정 내 거의 모든 영역을 다루고 있다. 앞으로 모든 가정이 스마트홈 시대가 되기를 바라는 업계는 스마트홈 시대의 시장규모가 무로 1조 달러 시대를 내다볼 수 있을 것으로 전망하고 있다.[48]

인공지능의 스마트홈 세상에서 일상생활은 그야말로 컴퓨터화 된다고 보아도 과언이 아니다. 스마트홈에서는 잠자는 동안에도 스마트 잠옷과 스마트 침대를 이용해 사용자의 건강 상태를 모니터링한다. 아침에 일어나서 화장실 문을 여는 순간 손잡이에 장착된 센서는 사용자를 확인한다. 사용자가 아침 식단을 선택하면, 스마트 주방은 선택된 아침 식단을 준비하기 위해 스마트 냉장고로부터 필요한 요리 재료를 확인하고 부족한 재료는 인근 마켓에 배달 요청을 한다. 아침에 챙겨야 하는 서류나 물건도 점검해주고 스마트 자동차는 도로 교통 상황을 즉시에 파악해 최단 시간에 사무실로 이동할 수 있도록 한다. 자동차에 문제가 발생할 때는 자동

48) 「사람보다 똑똑한 스마트홈 시대」, 이강봉, 사이언스타임스, 2016.12.23

으로 감지해 원격검진을 받게 하거나 위치 정보망을 이용해 가장 가까운 정비소로 안내하는 것도 가능하다.

위에 설명된 내용을 보다 실무적인 홈디스플레이로 정리하면 미래의 스마트홈은 집안 내에서 어떤 디스플레이가 어떤 기능을 하느냐로 설명될 수 있다. 우선 집 안 화장실에서 양치질을 하면서 거울에 붙어 있는 투명 디스플레이를 통해 오늘의 날씨와 메일을 확인한다. 싱크대에서 아침 준비하면서 뉴스를 시청하고 식탁에 붙어있는 디스플레이를 통해 부모님과 영상통화가 가능하다. 건물 내 모든 창문은 투명 디스플레이로 되어 있어 커튼이나 차양막 없이도 실내를 밝거나 어둡게 할 수 있다. 개인 책상에 있는 칸막이도 디스플레이로 되어 수많은 메모 정보를 띄워 놓을 수 있고 책상 바닥에 있는 투명 디스플레이를 통해 키보드나 마우스를 이용한다.[49)]

이러한 사물인터넷, 유비쿼터스 환경에서는 인간관계도 컴퓨터화한다. 당사자들이 원한다면 원격지에서 친구나 애인, 부모 등이 무엇을 하는지 알도록 연결해준다는 점이다. 여기에서 중요한 것은 상대방과 직접 대면하지 않아도 상대의 현황을 곧바로 파악할 수 있다는 점이다. 너무 개인 노출이 심하다고 생각하는 경우 정보 교환을 해지하면 되지만 환자나 어린아이, 노인들의 일거수일투족이 체크된다는 것이 마냥 나쁜 것만은 아니다.[50)]

가장 큰 차이는 사람들과 소통하기 위한 사용자 인터페이스를 포함한다는 것이다. 예를 들면, 사람의 음성 명령을 이해하고 그에 대한 답변을

---

49) 『스마트 테크놀로지의 미래』, 카이스트 기술경영전문대학원, 율곡출판사, 2017
50) 「유비쿼터스로 마음을 읽으렴」, 김수병, 한겨레21, 2003년 12월 19일 제489호

소리나 화면을 통해 전달한다. 음성 명령을 인식하여 거실의 램프를 켤 수도 있고, 외출 시 가스불이 켜져 있는 사실을 스마트폰을 통해 알려줄 수도 있다. 특히 인공지능 기능을 장착하여 스마트홈 게이트웨이가 가족들의 생활 패턴을 분석한 후 알아서 가족들에게 알맞은 형태로 보일러나 에어컨, 조명, 가전제품 등을 조절할 수 있다. TV를 보다가 잠이 들면, 알아서 TV와 조명을 꺼주고 출입보안 시스템 등이 멀지않은 시기에 실현될 것이다.[51] 이러한 기술이 접목되어 4차 산업혁명이 이끄는 미래 세계는 상당 부분이 가정용 로봇과 기능이 일치되어 사물인터넷으로 가정용 로봇의 상당 부분을 접수할 것으로 생각한다.

단순히 하나의 가전기기나 센서/디바이스 등을 다른 기기가 모니터링하거나 조정하는 것에서 그치면 IoT 응용이나 서비스라 할 수가 없다. TV・에어컨・냉장고 등 가전제품, 수도・전기・냉난방 등의 에너지소비 장치, 도어록・감시카메라 등 보안기기를 통신망에 연결해 컴퓨터・스마트폰 등을 통해 한꺼번에 활용한다는 것을 의미하는데 이는 큰 틀에서 유비쿼터스, 스마트시티 등 거대 구조의 일환에 속한다.

현관에 있는 거울 앞에 선 뒤 도어락을 열면 사람이 집을 나갔다고 판단하여 집안의 전등이나 가스 등을 점검하여 끈 후 스마트폰에 그 결과를 알려주는데 이를 위해 여러 디바이스와 중앙장치가 상호 연동 즉 이들 전체가 공통적인 틀 속에 움직일 필요가 있다. 이런 작업을 스마트홈을 위한 플랫폼이 제공한다. 앞에서 설명한 플랫폼이 제4차 산업혁명의 중추가 됨을 이해할 것이다.[52]

---

51) 「스마트홈 게이트웨이」, 스마트과학관-사물인터넷, 국립중앙과학관
52) 「스마트홈 플랫폼」, 스마트과학관-사물인터넷, 국립중앙과학관

〈스마트워크〉

스마트폰과 태블릿 등 다양한 스마트 기기가 등장하면서 '모바일 오피스' 구축 붐이 일고 한발 더 나아가 기존 업무 방식에서 차원이 다른 '스마트워크'가 도입되고 있다. 모바일과 태블릿PC를 통해 외근이나 출장 때도 마치 자리에 앉아있는 것처럼 회사 업무를 볼 수 있으며 종이서류 대신 e메일을 통한 전자결재를 도입해 효율적으로 근무할 수 있다.

스마트워크는 일과 가정, 두 마리 토끼를 잡는 개념으로 〈한국정보화진흥원〉에서는 스마트워크를 'IT를 이용해 시간과 장소에 제한 없이 업무를 볼 수 있는 유연한 근무환경'으로 정의하고 있다.

보통 직장인이라면 오전 9시에 사무실에 출근해 오후 6시에 퇴근하는 근무 환경을 갖는다. 스마트워크는 이에 비해 자유롭게 출근하고 장소에 구애 받지 않고 업무를 볼 수 있는 환경을 일컫는다. 예를 들어 직장인 K 과장은 아침 출근하기 전 아이의 등교 준비를 도와주면서 스마트폰을 이용해 e메일로 그날 일과를 확인한다. 출근길에는 사내 메신저를 이용해 팀 동료와 오전 회의를 갖는다. 또한 회사에 직접 출근하지 않고 사내 협업 커뮤니케이션 솔루션이 설치된 태블릿을 이용해 회사가 아닌 커피숍에서 근무를 시작한다.

협업 솔루션을 이용해 팀원들과 실시간으로 영상 또는 음성회의를 하며, 컴퓨터 화면으로 회의 자료를 공유하면서 각종 업무를 진행한다. 아이의 하교 시간이 가까워지면 잠시 하던 일을 멈춘다. 아이와 함께 집으로 돌아와 간식을 챙겨주고 자신은 서재에서 컴퓨터를 켜 다시 업무를 보면서 그날 업무를 정리해 보고한 뒤 거실로 나가 아이들과 시간을 함께 보낸다.

이처럼 직장의 업무도 소홀히 하지 않으면서 가정생활도 충실하게 할 수 있는 환경이 바로 스마트워크 힘이다. 스마트워크 시대가 열리면 스마트폰 등 무선 기구 등을 이용해 사내 업무를 확인할 수 있으며, 꼭 출근하지 않아도 집에서 회사 업무를 처리할 수 있다. 또한 사내 메신저를 이용해 언제 어디서나 수시로 직장 동료들과 아이디어를 나눌 수도 있다.

스마트워크는 근무 방식에 따라 세 가지 종류가 있다. 집에서 업무에 필요한 공간과 장비를 구입한 뒤 일하는 '재택근무', 모바일 기기를 활용해 공간 제약 없이 실시간 업무 처리를 할 수 있는 '모바일근무', 사무실 환경과 유사한 원격 사무실에서 일하는 '스마트워크센터 근무'다.

스마트워크가 가장 활성화된 나라는 네덜란드다. 네덜란드는 전체 사업체 중 49%가 원격근무제도를 운영하고 있다. 고용 규모가 큰 기업일수록 원격 근무자 비율이 높고 500인 이상의 경우에는 91%가 원격근무를 할 만큼 스마트워크는 이미 보편적 형태로 자리 잡고 있다. 네덜란드의 스마트워크는 신도시 알미르가 생기면서 발생한 교통체증으로 인한 출퇴근이 어려워지자 2008년 시범으로 스마트워크센터를 만들면서 시작됐는데 효과가 좋아 암스테르담 주변에 99개의 스마트워크센터를 구축 · 운영하고 있다. 이곳에는 원격근무, 영상회의, 금융, 복지시설 등이 완비돼 있고 경우에 따라서는 공공기관과 민간기업이 공동으로 활용하는 경우도 많다.[53]

53) 「스마트워크」, 이지영, 네이버캐스트, 2013.11.21

PART 03

4차 산업혁명과 신성장동력

사람들이 영화나 연극에 출연한 배우나 야구경기장에서 특출한 재능을 보이는 야구 선수에게 남다른 매력을 느끼는 것은 자신은 그들처럼 비록 할 수는 없지만 인간으로서의 감정을 공유하기 때문이다. 사람들이 특정 식당이나 바를 자주 찾는 것도 단지 음식이나 음료 때문이 아니라 그들이 베푸는 환대에 더 큰 점수를 주면서 단골이라는 개념을 만든다.

큰 틀에서 보면 산업혁명으로 인한 기술의 발전을 인간의 환대로만 설명할 수 있는 것은 아니다. 사실 인간의 환대도 환대를 주거나 받을 수 있는 자산이 확보되어야 한다. 이런 면에서 어느 때보다 기술 문명이 더 많은 인간의 노동을 대체한다는데 부정할 수만은 없는 일이다. 그것은 기계가 더 많은 자본을 만들어 냈기 때문으로 이는 미래의 진정한 승자는 저가 노동을 제공하는 사람이나 일반 자본을 소유하는 사람이 아님을 의미한다. 이 말은 이미 출발했다는 4차 산업혁명 시대에서 새로운 제품과 서비스, 비즈니스 모델을 창조해낼 수 있는 혁신적인 사람들이 그 행운의 주인공이 될 수 있음을 말해준다.

미래는 노동과 자본보다 더 좋은 아이디어를 제공하는 소수의 사람이 엄청난 보상을 받는다는 것을 말해준다. 그런 면에서 산업혁명으로 인해 어떤 혁신적인 아이디어가 현재 우리 주위에 등장했고 이들이 얼마나 지구촌을 바꾸어줄 것인가는 초미의 관심사가 아닐 수 없다. 이 문제에 관해 정답이 있을 리 없다. 과거에도 수많은 아이디어가 태어났고 앞으로도 수많은 아이디어가 태어날 것이기 때문이다.

그러므로 이 장에서 설명되는 첨단기술들은 4차 산업혁명이라는 폭풍우 속에서 굳건히 자리를 차지할 수 있다고 각계로부터 이미 공감대가 형성된 아이템들로 이들 각 분야의 과거・현재・미래를 살펴본다. 한마디로 이들 첨단 기술 분야에서 앞으로 수많은 일자리가 생성될 것으로 추정한다.[1)]

---

1) 『4차 산업혁명의 충격』, 클라우스 슈밥 외, 흐름출판, 2016

학자들은 인공지능(AI)을 인류의 바퀴 발명과 같은 파괴적 기술(Disruptive Technology)이라고 비견하기도 한다. 인류의 삶에 거대하고 급속한 변화를 가져오는 기술을 우리는 '파괴적 기술'이라 부른다. 인공지능을 바퀴에 비견하는 것은 인공지능이 거의 모든 영역의 4차 산업혁명 분야에 접목할 수 있는 '원유'와 같은 성격을 지니고 있기 때문이다.[2)]

4차 산업혁명이 본격적으로 진행되는 미래의 이동수단이 바퀴를 사용하더라도 현재와 다르게 변한다는 것은 자연스러운 일이라고 볼 수 있다. 인간이 바퀴를 발명한 지 10,000년이 넘었고, 운송수단으로 활용한 것은 5,000년 전이며, 소와 말이 바퀴를 끌기 시작한 것은 대체로 3,000~4,000년 전으로 추정한다. 이들 마차를 소멸시킨 것은 자동차다.

19세기 말 런던에선 전기차 택시들이 거리를 돌아다녔다. 시민들은 '윙~' 소리를 내며 달리는 택시들을 '벌새(humming bird)'라고 불렀는데 대다수의 전문가들은 '마차 택시'보다 절반 이하의 공간을 차지하는 '벌새'들이 거리의 여러 가지 문제를 해결해줄 것이라고 생각했다. 파리, 베를린, 뉴욕에서도 전기차 택시들이 손님을 찾아 돌아다녔다. 당대의 예상은 미래의 자동차는 전기자동차가 될 것으로 보았으나 전기차는 서서히 줄더니 가솔린 자동차에게 완전히 자리를 내주었는데[3)] 이제 자동차는 인공지능 개념이 듬뿍 들어있는 자동차로 변모한다. 엔진이 없는

---

2) 「AI시대 유망한 직업과 새로 태어날 일자리는?」, 박지윤, 매일경제, 2016.05.02

3) 「전기차도 100년 전 기술… "꺼진 생각도 다시 보자"」, 송태형, 한국경제, 2017.02.24

자동차, 사람이 운전하지 않는 자율주행자동차, 하이브리드 자전거 휠(Wheel) 등 영화에서 보이는 이동수단이 혁신을 거듭해 새로운 모습으로 등장할 것으로 예상한다. 한마디로 바퀴의 세계가 바뀌는 것이다.

(2) 인간의 개입이 필요 없는 이동 수단

인공지능이 예상보다 빨리 인간생활에 접목되기 시작하자 많은 사람들이 관심을 보이는 것은 자율주행차(무인자동차, Autonomous Vehicle)이다. 앞으로 자동차의 대세를 무인차로 생각하기 때문이다. 세계 각국에서 인간이 운전하지 않아도 되는 자동차들을 개발하는 이유는 세계적으로 자동차 사고 사망자가 연간 130만 명에 달하기 때문이다. 이 가운데 90%는 운전자 과실에 의하므로 이를 '0' %로 줄일 수 있다면 많은 예산을 투입하더라도 커다란 명분과 경제적으로 매우 긍정적인 결과를 가져올 수 있다고 생각한다. 더불어 무인자동차는 연료를 가장 적게 쓰는 소프트웨어를 장착하기 때문에 에너지 비용도 20~40% 줄일 수 있다. 특히 자동차의 경우 교통 혼잡에 따른 비용이 상상할 수 없을 정도로 엄청나므로 미국 기준으로 약 300조 원 이상의 사회적 비용을 절감할 수 있을 것으로 예상한다.[4)]

이런 무인자동차의 아이디어는 생각보다 오래전부터 도출되었다. 1920년대에 프란시스 P. 후디나(Francis P. Houdina)가 무선으로 작동하는 자동차를 개발했는데 이 자동차는 완전 자율 주행이 아니라 뒤에 있는 차에서 앞차를 조종한다. 1950년대에 RCA연구소가 실험실 바닥의

4) 「[WSF 2016]인공지능의 미래, 삶의 희망 · 경제적 안정 · 편리 창출」, 채상우, 이데일리, 2016.06.15

패턴에 따라 움직이는 소형 자동차를 개발했고 1960년대 오하이오 주립 대학은 도로에 새겨진 전자장치에 의해 주행하는 무인자동차 개발에 도전했으며 1980년대 카네기멜론 대학에서 실험용 자율주행자동차를 개발했는데 신호등이 없는 거리에서 시속 63km의 속도를 낼 수 있었다.[5]

영화가 미래를 예측해주는 상상력으로 무장되어 있다는 것은 잘 알려진 이야기다. 실제로 '007 시리즈'에 많은 첨단 장비들이 등장하는데 이들 중 상당수가 현실화되어 우리들 주변에서 발견된다. 영화 「제5원소」에서 하늘을 나는 택시가 기본이며 「스타워즈」에서는 자동차가 바퀴 없이 도로 위를 떠다닌다. 「백투더 퓨처」에서는 하늘을 나는 스케이드 보드 '호버 보드(Hoverboard)'가 등장한다.

4차 산업혁명 시대에서는 이들 자동차는 공상의 일은 아니다. 영화 「배트맨」과 텔레비전 시리즈 「전격 Z작전(Knight Rider)」이다. 1980년대 출시된 「전격 Z작전」에서 주인공 마이클은 환상적인 자동차 '키트'를 타고 도시를 누비면서 범죄자들과 싸운다. 키트는 로봇화된 자동차의 전형으로 자동조종, 자동추적, 충돌 회피 기능을 가지고 있다. 마이클 대신 스스로 자동차를 운전해주는 것은 물론 위험 상황에서 빠져나가는 방법, 가장 좋은 길 안내, 추적하는 범죄자의 신상을 조회해주기도 한다. 특히 시계에다 명령만 내리면 키트가 곧바로 알아듣고 조처를 하는데 이런 장면들이 얼마나 많은 어린이들에게 환상을 불러주었는지 손목시계를 차고 있는 아이들이라면 누구나 한 번씩 시계에다 대고 '가자. 키트'라고 말을 걸곤 했다. 키트의 성능은 당대의 어느 SF물에 나오는 자동차의 성능보다 월등하여 엄밀한 의미에서 「배트맨」에 나오는 자동차는 키트에

[5] http://blog.naver.com/zestybox/220678047683

비해서 한참 아래 수준이다.[6)]

이들 개념은 이미 시장에 나와 언어로 자동차 시동이 가능하며 도어를 잠글 수도 있다. 더욱이 호버보드를 형상화한 아르카 보드(Arca board)가 과학의 발달로 세상에 나왔으며 물위를 떠다니는 수상 호버크래프트도 등장했다. 뒷바퀴에 장착만 하면 그 어떤 자전거도 '하이브리드 자전거'로 변신하는 '코펜하겐 휠(Copenhagen Wheel)'도 등장했다. 코펜하겐 휠은 전기모터, 리튬이온 배터리, 제어장치를 구현한 '바퀴'로 운동에너지를 전기로 변환시켜준다.

▶ **하이브리드 자전거로 변신하는 코펜하겐 휠(Copenhagen Wheel)**

---

6) 『로봇의 시대』, 도지마 와코, 사이언스북스, 2002
『로봇 공화국에서 살아나는 법』, 곽재식, 구픽, 2016
「로봇이 변화하고 있다!」, 사이언스올
「유비쿼터스 시대의 로봇, 유비봇」, 김종환, 사이언스 타임즈, 2004. 11. 5.

스티븐 스필버그 감독의 영화 「마이너리티 리포트」에서 주인공인 존 앤더튼이 누명을 쓰고 추격자들로부터 도망칠 때 추격자를 따돌리느라 운전에 신경 쓸 겨를이 없으므로 존 앤더튼 대신 자동차 스스로 도로를 질주하는 장면이 나와 관객들의 탄성을 자아냈다. 긴박감을 주기 위해 난폭 운전하는 것이 관객들로부터 좋은 평가를 받았다는 뜻이지만 엄밀한 의미에서 이런 장면은 자율주행자동차로서는 0점이다.

그런데 딥러닝 기법을 사용하든 보다 업그레이드된 기법이 도입되더라도 자율주행 자동차가 달린다는 자체가 매우 어려운 일이다. 기술적인 어려움뿐만 아니라 도로상황과 주행 중에 발생하는 다양한 변수를 예측하고 분석하여 안전과 직결된 문제인 만큼 오차를 최소화해야 하는데 이런 상황에 닥치면 인간이 보다 능력을 발휘할 수 있다고 생각한다.[7] 그러므로 이런 장면은 아무리 기술이 발전해도 현실에서 보지는 못할 것인데 실제로 그런 난폭 운전은 프로그래머들이 입력시키지 않기 때문이다. 한마디로 자율주행차에게 그런 상황이 되면 난폭 운전이 아니라 정지한다는 뜻이다.[8]

여하튼 큰 틀에서 무인자동차는 「전격 Z작전」의 자동차 '키트'를 모방하는 것으로 볼 수 있는데 폭스바겐, 포드, 닛산과 같은 세계 최대의 자동차업체들을 포함하여 구글과 바이두, 애플 같은 거대 IT 기업, 콤마닷AI(comma.ai) 같은 작은 스타트업까지 도전하고 있으며 한국의 네이버도 참여했다.

우선 자율주행자동차가 세계의 이목을 받자 〈미국도로교통안전국〉

---

7) 「AI 시대 사라질 직업 탄생할 직업」, 박지훈, 매일경제, 2016.05.02
8) 「영화속 인공지능, 현실이 된다면」, 정환용, SmartPC사랑, 2016.3월

이 「첨단 운전자 지원시스템(ADAS)」 가이드라인을 발표했다. 이 가이드라인은 총 5단계로 나누어진다.

① 1단계 : 자동긴급제동장치(AEB)나 추종주행장치(ACC) 같은 자동보조 시스템의 도움을 받아 사람이 운전하는 자동차.
② 2단계 : 1단계 기능을 바탕으로 그 위에 여러 가지 기능이 추가된 단계다. 핸들 조작을 일부 자동화할 수 있고, 고속도로에서 차선유지 등을 할 수 있지만, 아직은 운전할 때 운전자의 개입이 필요하다.
③ 3단계 : 1, 2 단계의 기능을 포함하면서도 자동화 시스템이 가능한 자동차를 의미한다. 자동적으로 운전하기 때문에 운전자가 개입할 필요가 없지만, 긴급 상황 발생할 때 브레이크나 핸들 조작은 운전자가 책임져야 한다.
④ 4단계 : 4, 5단계를 본격적인 자율주행이라 할 수 있는데 4단계는 모든 주행을 자동주행 시스템이 자율적으로 판단하여 주행한다. 4단계는 사람이 목적지 입력에 관여할 수 있고 수동 조작 옵션을 선택할 수 있다.
⑤ 5단계 : 운전자가 전혀 개입하지 않고, 오로지 자율주행시스템만으로 도로를 주행하는 자동차이다. 즉 운전대에서 완전히 손을 떼고, 액셀러레이터와 브레이크에서도 발을 올리지 않는다.

5단계가 궁극적인 자율주행시스템이라 볼 수 있는데 5단계로 진화하려면 자동차 외에도 모든 도로망의 스마트화, 클라우드 서비스 제공 인프라 조성도 병행해야 한다는 전제조건이 붙는다.[9] 이런 가이드라인을 고려할 때 전문가들은 현재의 자율주행 기술 개발 수준이 평균적으로 2단계에서 3단계로 이동 중인 상황으로 진단하고 있다.[10]

〈세계의 각축장 자율자동차 개발〉

자율주행자동차 개발에 도전하고 있는 각 사의 개발 방향과 기술은 각자 다르지만 큰 틀에서 전기자동차가 기본이다. 전기자동차는 말 그대로 전기로 작동되는 자동차다. 즉 현재 디젤, 가솔린, 액화가스로 엔진을 가동하는 내연기관 자동차가 아니라 배터리와 모터를 사용하여 구동하는 자동차를 말한다. 장난감 자동차에 건전지를 넣고 리모컨으로 움직이는 자동차도 전기차로 볼 수 있으므로 큰 틀에서 전기자동차는 장난감 자동차를 규모만 크게 만든 것이다.

전기자동차의 특징은 여러 가지인데 계기판을 스마트폰이나 태블릿을 사용할 수 있고 내연기관에서 사용하는 기어가 필요 없다. 그러므로 장난감 자동차를 원격조정장치로 움직일 때와 마찬가지로 자동차의 속도를 빠르게 할 때는 레버를 앞으로 돌리면 되고 달리고 있는 자동차의 속도를 줄이거나 멈추게 하려면 레버를 반대로 돌리면 된다. 자동차를 후진시키는 것도 기어 변속이 필요 없이 레버를 뒤로 돌리면 된다. 동일한 방식으로 레버를 끝까지 돌리면 후진을 빨리 하고 살짝만 돌리면 후진을 천천히 한다.[11]

이러한 전기자동차가 근래에 화석연료의 고갈로 주목을 받고 있는데 그것은 친환경 특성 때문이다. 전기 자동차는 화석연료를 사용하지 않으

9) 「자율주행 기술, 어디까지 왔나」, 김준래, 사이언스타임스, 2016.12.16
10) 「자율주행차, 착시현상 극복해야」, 조인혜, 사이언스타임스, 2016.07.05
11) 『스마트 테크놀로지의 미래』, 카이스트 기술경영전문대학원, 율곡출판사, 2017

므로 환경오염의 주범인 이산화탄소 및 공해물질을 배출하지 않아 친환경적이다. 또한 비용도 내연기관 자동차보다 저렴하게 운용할 수 있다. 내연기관 자동차의 핵심 부품인 엔진, 변속기, 연료공급장치, 배기장치 등이 탑재되지 않아 엔진 및 변속기에 들어가는 필터 등 소모품의 주기적인 교환이 필요 없으므로 자동차 유지비가 현저해 감소된다. 또한 비용 대비 성능이 월등하다. 전기자동차는 엔진을 사용하지 않는 대신 각각의 바퀴에 연결되어 모터가 바퀴를 자유롭게 구동하므로 운행에 필요한 것은 배터리에 각각의 모터로 전기를 전달해 주는 것뿐이므로 자동차를 구동하는데 많은 에너지가 들지 않는다. 일반적으로 내연기관의 효율은 30% 정도인데 전기모터의 효율은 90%나 된다.

근래 전기자동차가 자율자동차의 핵심으로 떠오르지만 전기자동차 자체는 생각보다 오래 전에 시작되었고 장점도 내연기관 자동차에 비해 떨어지지 않았음에도 시장석권에 실패했기 때문이다.

20세기 초만 해도 증기 자동차, 전기 자동차, 가솔린 자동차가 3파전을 벌이고 있었다. 가솔린 자동차가 승리한 결정적인 계기는 헨리 포드(Henry Ford, 1863~1947)가 대중용 자동차 시장을 창출했다는 점에서 찾을 수 있다. 세계 최초의 대중용 자동차인 모델 T는 1908년에 출시된 이후 폭발적인 인기를 누렸고, 미국 사회는 1920년대에 자동차 대중화 시대에 돌입했다.

20세기 초만 하더라도 가솔린 자동차가 다른 경쟁 상대를 능가할 것이라고 장담할 수 있는 사람은 거의 없었다. 미국의 경우를 살펴보면, 1900년에 4,192대의 자동차가 생산되었는데, 그 중에서 1,681대는 증기 자동차였고 1,575대는 전기 자동차였으며 나머지 936대만이 가솔린 자동차였다. 증기 자동차가 40.1%, 전기 자동차가 37.6%를 차지했던 반면, 가솔린 자동차는 22.3%에 불과했던 것이다. 이러한 사정은 유럽에서도 마찬가지로 3가지 자동차 중 어느 쪽이 승리할지는 예측 불가능이었다.

20세기 초까지 가장 열렬한 사랑을 받았던 것은 증기 자동차였다. 당시의 증기기관은 이전의 것과는 달리 규모도 작아졌고, 출력도 향상되었으며, 강철 부속으로 정밀하게 제작되었다. 증기 자동차는 구입비와 유지비가 매우 낮았으며, 엔진이 강력하여 어떤 도로 조건에서도 운행될 수 있었다. 특히 스탠리 증기 자동차는 1899년에 워싱턴 산의 정상에 오르는 최초의 자동차가 되었으며, 1906년에는 플로리다 자동차 경주에서 시속 205km라는 대단한 속도를 선보였다.

그러나 증기 자동차에도 몇몇 약점이 있었다. 증기 자동차는 보일러, 증기기관, 연료, 물 등으로 이루어져 있어 매우 무거운 기계였다. 또한 증기가 대기로 증발하면 다시 사용할 수 없기 때문에 30마일마다 증기 자동차에 물을 다시 공급해야 했다. 더욱 심각한 문제는 시동을 걸기 위해서 증기를 발생시키는 데 약 30분 정도의 시간이 소요된다는 점이었다. 비록 보일러가 지속적으로 개량되어 증기 발생 시간이 지속적으로 단축되긴 했지만 문제가 완전히 해결되지는 않았다.

전기 자동차는 소음과 냄새가 없었으며, 매우 안락하고 깨끗하다. 더구나 전기 자동차는 매우 간단한 구조를 가지고 있어 운전이 편리하고 유지와 정비가 쉬웠다. 이와 함께 전기가 가진 현대적 이미지 덕분에 전기 자동차는 대중의 기대 면에서 최우선 순위를 차지했다. 그러나 전기 자동차는 속도가 느렸으며, 경사가 가파른 언덕을 오를 수 없었고, 구입비와 운행비가 만만치 않았다. 가장 치명적인 약점은 축전의 문제였다. 납과

산으로 이루어진 무거운 배터리는 약 30마일마다 다시 충전되어야 했던 것이다. 이에 따라 전기 자동차는 장거리 운행에 적합하지 않았고, 주로 대도시 지역의 백화점이나 세탁소가 배달 서비스를 위해 사용하였다.

초기의 가솔린 자동차도 많은 약점을 갖고 있는데 한마디로 '불편한' 기계였다. 가솔린 자동차는 속도조절장치, 냉각장치, 밸브장치, 기화장치 등이 복잡하게 연결되어 있어 고장이 빈번히 발생했으며, 유지와 정비도 쉽지 않았다. 특히 가솔린 자동차를 가동시키려면 정교한 손동작과 근력이 필요했기 때문에 기계에 일가견이 있는 사람들이 선호했다. 긍정적인 측면에서 보면, 가솔린 자동차는 증기 자동차와 마찬가지로 대부분의 언덕을 오를 수 있었고, 증기 자동차보다 효율이 약간 떨어지긴 하지만 매우 빠른 속도로 도로를 주행할 수 있었다. 가솔린 자동차가 가진 최대의 장점은 일단 시동을 걸기만 하면 연료의 추가적인 공급 없이도 70마일을 달릴 수 있었다는 점이었다.

가솔린 자동차가 3파전에서 승리한 이유는 다소 생소롭다. 우선 당대에 록펠러가 미국 석유시장의 90% 이상을 장악하고 있었는데 가솔린 자동차의 보급은 바로 자신의 석유 판매를 촉진할 수 있는 창구였다. 그의 전방위 활약으로 증기자동차와 전기자동차는 운명을 다하는데 여기에 자동차를 대중화하게 만드는 헨리 포드가 등장한다. 포드는 모델 A, B, C, F, N, R, S, K를 설계한 후 이러한 모델들의 장점이 결집된 모델 T에 주목하였다. 그는 모델 T에 집중하는 전략을 택하면서 다음과 같이 선포하였다.

"나는 수많은 일반 대중을 위한 자동차를 생산할 것이다. 최고의 재료를 쓰고 최고의 기술자를 고용하여 현대적 공학이 고안할 수 있는 가장 소박한 디자인으로 만들 것이다. 그렇지만 가격을 저렴하게 하여 적당한 봉급을 받는 사람이면 누구나 구입해서 신이 내려주신 드넓은 공간에서 가족과 함께 즐거운 시간을 보낼 수 있게 할 것이다."

모델 T는 1908년 10월 13일에 출시되자마자 폭발적인 인기를 누렸다. 모델 T는 무게가 1,200파운드에 불과하면서도 20마력의 강력한 힘을 가진 4기통 엔진을 탑재하고 있었다. 게다가 모델 T에는 발로 조작하는 톱니바퀴식 2단 변속기가 장착되어 있어서 운전을 하는 것도 그리 어렵지 않았다. 무엇보다도 모델 T는 825달러라는 저렴한 가격으로 구입할 수 있는 장점이 있었다. 작업의 세분화와 작업 공구의 특화에 입각한 대량생산 방식 즉 컨베이어 벨트로 연결된 조립 라인을 구축하여 저렴하게 제작되었기 때문이었다. 당시에 모델 T의 가격은 400달러 정도였는데, 그것은 포드 자동차 회사에 근무하던 일반 노동자의 4달치 봉급과 비슷했다. 이제 일반 노동자들도 마음만 먹으면 어렵지 않게 자동차를 구매할 수 있게 되었고 결국 미국 사회는 1920년대에 들어와 풍요한 경제와 모델 T의 확산을 배경으로 자동차 대중화 시대에 돌입할 수 있었다.[12)]

여하튼 자율주행차는 전기자동차를 기본으로 출발하는데 이 분야에서 세계 시장을 선점하려는 경쟁은 매우 뜨겁다. 세계 정보 시장을 선도하고 있는 구글사가 무인 자동차로 사업의 다변화를 꾀했다. 많은 회사들이 제조업에서 정보업으로 사업을 선회하는데 반해 구글은 막대한 자금을 배경으로 정보업뿐만 아니라 제조업도 참여키로 한 것이다.

12) 『세상을 바꾼 발명과 혁신』, 송성수, 네이버지식백과

구글이 개발하는 무인차는 완전 전기자동차(EV)로 2인승이며 최고 속도는 시속 40km, 주행 가능 거리는 160km이다. 구글의 목표는 거창했다. 2010년 차량 스스로 운행하고 사람은 운전대 앞에 있다가 사고가 일어날 조짐이 있으면 통제에 나선다는 것이다. 그런데 2013년 이후 개발 방향을 바꾸었다. 이와 같은 변경은 인간의 속성을 정밀하게 분석했기 때문이다. 구글은 당시 일부 직원으로 하여금 출퇴근할 때 자율주행차를 제공했는데 차 안의 비디오카메라로 모니터한 결과 운전석에 앉은 사람이 심지어 잠에 드는 등 운전에 집중하지 않는 사실을 발견했다. 그만큼 자율주행자동차를 신봉한다는 뜻으로도 이해되지만 이런 상황은 인간 운전자가 눈 깜짝할 사이에 위기를 감지해 반사적으로 대응하는 것이 불가능하다는 것을 의미하므로 당초의 계획을 대폭 수정했다.[13)]

구글 자동차는 운전대는 물론 가속페달과 브레이크 페달도 없으며 출발 버튼만 누르면 스스로 굴러간다. 무인차의 핵심은 몇 미터의 오차범위 안에서 자동차의 현재 위치를 알려주는 GPS(위성위치확인 시스템) 수신 장치이며 운전자의 눈 역할은 천장에 달린 레이저 센서가 맡는다. 지붕에 탑재된 '라이더(LiDAR)'라는 센서는 레이저를 발사하여 반경 200미터 이내의 장애물 수백 개를 동시에 감지하는데 쉴 새 없이 360도로 회전하면서 1초에 160만 번이나 정보를 읽는다. 운전석 앞자리에 달린 방향 센서는 자동차의 정확한 주행방향과 움직임을 감지한다. 운전자의 두뇌에 해당하는 중앙 컴퓨터가 이러한 센서들이 수집한 정보를 바탕으로 브레이크를 밟을지, 속도를 줄여야 할지, 방향을 바꾸어야 할지 판단을 내린다. 범퍼에 장착된 레이더는 앞에 달리는 차량이나 장애물을 인식하여 속

13) 「자율주행차 향한 '엇갈린 길'」, 연합뉴스, 2016.07.06

도를 조절하게 하므로 교통사고를 예방할 수 있으며 교통체증도 현저하게 줄어든다.[14][15][16]

▶ 구글의 자율주행차

현재까지 알려진 내용에 의하면 구글의 자율주행차는 대체로 성공적으로 4단계 자율주행 수준에 올랐다는 평가를 받았다. 그동안 수많은 테스트에서 저속에서 가벼운 접촉사고를 1차례 냈으며 2019년에 본격적으로 출고할 수 있다고 발표했다.

일찍부터 무인자동차 개발에 투신한 테슬라 모터스 모델 'D'는 세계 최

14) 「자율주행 전기자동차가 몰려온다.」, 네이버포스트, 2016.10.06
15) 「자율주행 자동차」, 오원석, 네이버캐스트, 2015.06.04
16) http://terms.naver.com/entry.nhn?docId=1139392&cid=40942&categoryId=32360

초로 자율주행차량의 인공지능을 구현하는 강력한 성능의 슈퍼컴퓨터 '드라이브(DRIVE™) PX 2'를 장착하였는데 1초에 최대 24조 회에 달하는 작업을 처리할 수 있다.[17]

그런데 테슬라 자동차의 특징은 자동차가 운전자를 돕는 기능을 확대하는 것으로 운전자 자체를 대체하는 것은 아니다. 한마디로 운전자가 보통 자동차와 마찬가지로 운전석에 앉아야하며 운전대를 잡지 않지만(hands-free) 방심하지 않고 손을 항상 운전대나 근처에 둬야한다. 이게 무슨 자율주행자동차냐고 지적하는 사람들도 있지만 이것은 교통사고 '0'를 기본으로 하기 때문이다.[18] 놀랍게도 많은 사람들이 테슬라사의 주장에 동조하는데 이는 '운전하기 편한데다 피로를 느끼지 않는다'는 편리성 때문이다. 주의는 해야 하지만 과거처럼 운전대를 꽉 잡고 운전하지 않는다는 것이 큰 잇점이라는 설명이다.[19]

테슬라 자동차의 이런 정책은 자율주행자의 문제점을 직접 목격했기 때문이다. 그것은 완벽한 시스템이라도 사고가 일어날 수 있다는 지적이 계속 제기되었는데 바로 그런 사고가 발생한 것이다. 2016년 미국 플로리다 고속도로에서 오토파일럿(Autopilot) 기능을 이용하다 사고로 40세의 조슈아 브라운이라는 남성이 트레일러와 충돌하면서 사망했다. 사고 당시 하늘과 흰색 트럭이 겹치면서 자율주행 컴퓨터 즉 오토파일럿이 트레일러의 색을 인식하지 못했고, 그 결과 브레이크가 걸리지 않았다. 테슬라의 자동차 사고는 사실 운전자가 너무 자동차의 성능을 믿었기 때

17) 「알파고와 이세돌 9단, 인공지능과 자율주행」, 원성훈, 글로벌오토뉴스, 2016.03.14
18) 「"테슬라 자율주행 덕에 목숨 건져"…독일 고속도로 영상 공개돼」, 이지민, 이투데이, 2016.12.29
19) 「자율주행차 향한 '엇갈린 길'」, 연합뉴스, 2016.07.06

문이다. 한마디로 과신한 것이다.

이 문제는 매우 큰 파장을 갖고 와 철저한 검증이 뒤따랐는데 미국 도로교통안전국(NHTSA)은 테슬라 자동차의 안전결함은 발견되지 않았다고 발표했다. 특히 조사결과 브라운은 오토파일럿을 작동시켜 시속을 74마일로 설정했었다. 당국은 그가 브레이크를 밟는 등 사고를 피하려고 노력할 시간이 있었지만 대응하지 않았다고 결론 내렸다. 한마디로 테슬라 자동차가 자율주행 첫 사망사고의 책임을 벗었지만 자율주행차 개발이 만만치 않음을 보여주었다.[20]

이와 같은 문제점을 해결하기 위해서 자율주행자동차 기업들은 'V2V(Vehicle-to-vehicle)' 기술을 도입한다. 자동차와 자동차 간의 충돌 방지를 위해 상호 정보를 교환하는 기술이다. 학자들은 V2V가 자율주행 자동차들의 위치와 속도, 그리고 방향 등의 정보를 1초에 10차례 가량 주고받을 수 있게 되면, 자동차 사고로 인한 인명 피해를 80% 정도 줄일 수 있다고 전망한다.[21]

폭스바겐도 2025년을 목표로 완전 자율주행차를 개발하고 있다. 큰 틀에서 자율주행차는 인간과 자동차가 언제 어디서나 디지털 플랫폼을 통해 연결되는 것을 의미한다. 폭스바겐은 '폭스바겐 에코시스템'이라는 디지털 플랫폼 상에서 폭스바겐 유저-ID를 통해 언제 어디서든 자신들의 개인화된 정보를 폭스바겐의 어떤 차량에도 간편하게 설정할 수 있도록 한다. 폭스바겐은 3D 디지털 콕핏(The Volkswagen Digital Cockpit, 3D), 아이트래킹(Eyetracking) 및 AR(증강현실) 헤드업 디스플레이

20) 「테슬라, 자율주행 첫 사망사고 책임 벗었다」, 김윤구, 연합뉴스, 2017.02.10
21) 「자율주행차 '상용화 시대' 전망」, 김준래, 사이언스타임스, 2016.12.26

(AR Head-up Display) 등과 같은 미래의 직관적인 컨트롤 기능도 채택한다. 특히 '아이트래킹'은 터치와 제스쳐 컨트롤을 통해 자동차의 기능이 얼마나 빠르고 쉽게 운영될 수 있는지 한 눈에 볼 수 있도록 도와준다.[22)]

인터넷 기업 네이버도 자율주행차에 거액을 투자하고 있다. 네이버는 자율 주행 로봇 M1, 인공신경망 번역 파파고, 자율주행차 등의 기술 개발을 시작했는데 네이버는 다른 기업보다 파격적으로 많은 연구비를 투자하고 있다고 알려진다.[23)] 또한 현대자동차를 비롯해 메르세데스벤츠·혼다·제너럴모터스 등도 총력을 기우려 무인차를 개발하고 있다. 이들의 자율주행 기술은 구글보다 떨어지는 수준이지만, 그래도 반자동 주행 수준인 3단계 과정은 넘어섰다는 평가를 받고 있다.[24)]

▶ 현대자동차에서 개발한 자율주행차

22) 「폭스바겐이 꿈꾸는 자율주행…"인간과 車의 끊임없는 소통"」, 장은지, NEWS1, 2017.01.06
23) 「AI · 로봇 · 자율주행차에 1조 쏟아부은 네이버」, 조재희, 조선일보, 2017.04.04
24) 「자율주행 기술, 어디까지 왔나」, 김준래, 사이언스타임스, 2016.12.16

미래의 자동차로 자동차 업체들이 주목하는 것은 사람이 손으로 직접 운전하지 않고 생각만으로 조종하는 자동차이다. 이는 뇌-기계 인터페이스(BMI : brain-machine interface) 기술을 적용한 반(半)자율주행 자동차라고 할 수 있다. BMI는 손을 사용하지 않고 생각만으로 기계장치를 움직이는 기술로 2009년 1월 버락 오바마(Barack Obama) 대통령이 취임 직후 일독해야 할 보고서 목록에 포함되기도 했다.

오바마에게 보고된 『2025년 세계적 추세(Global Trends 2025)』에는 2020년 생각 신호로 조종되는 무인차량이 군사작전에 투입될 수 있다고 적었다. 가령 병사가 타지 않은 무인탱크를 사령부에 앉아서 생각만으로 운전할 수 있다는 것인데 일부 학자들은 미래 어느 날 비행기도 조종사들이 손대신 생각만으로 비행기를 조종할 수 있다고 생각한다.[25)]

자율주행차에 대해 정리하여 다시 설명한다.

4차 산업혁명을 실질적으로 이끄는 것은 정보통신기술(ICT)의 발전을 통해 가장 극적으로 등장한 휴대폰 산업이다. 휴대할 수 있는 전화에서 곧바로 인터넷에 접속할 수 있는 온라인 단말기, 마침내는 스마트폰이라는 새로운 개념의 정보통신 기기로 변화했다. 그러나 이와 병행하여 상상할 수 없는 혁명이 기다리고 있는 분야가 자동차 산업으로 자동차가 앞으로 휴대폰처럼 획기적인 변화를 맞게 된다는 뜻이다.

우버의 발은 매우 재빠르다. 우버가 스타트업 회사로 성공한 것은 기존의 차량에 관한 개념을 흔들어 놓았기 때문이다. 우버는 일반 사람들의 차량이나 공유된 차량을 승객과 연계시켜 여기에서 발생되는 요금의 일부를 취하는 수익 구조를 갖고 있는데 이것이 상상할 수 없는 성공을 갖

25) http://terms.naver.com/entry.nhn?docId=1139392&cid=40942&categoryId=32360

고 왔는데 핵심은 단순하다. 차량을 소유한다는 기존의 개념에서 공유경제로 변형시켰기 때문이다.

공유경제란 간단하게 말해 물건을 소유에서 공유의 개념으로 바꾸는 것을 뜻한다. 과소비를 줄이고 합리적인 소비를 유도할 수 있다는 공유경제 개념이 차량에도 접목되어 성공했는데 이는 차량을 소유하지 않아도 필요할 때 차량을 손쉽게 임대할 수 있기 때문이다. 스마트폰과 만나 장소와 시간에 얽매이지 않고 자동차를 활용할 수 있는 새로운 교통시스템은 그야말로 폭발적인 호응을 받았고 기존 자동차 시장에서 운용되던 카쉐어링, 렌트, 리스의 개념이 하나로 통합될 것이라는 전망도 나왔다. 이는 차량을 소유하지 않고 '좌석' 이용권만 구입해도 된다는 뜻이다. 한마디로 차량의 유통 형태도 자동차 제작사와 대리점, 소비자로 이어지는 프로세스가 아니라 제조된 완성차를 공유해주는 서비스 업체가 바로 매입하고 대여하는 형태로 변화하게 될 것으로 예상한다.

더욱 놀라운 전망은 운전이란 개념도 바뀔 수 있다는 것이다. 운전이라는 단어는 '기계나 자동차' 등을 움직일 수 있다는 것을 의미하며 조작이라는 개념도 포함한다. 그런데 4차 산업혁명시대에는 자동차를 조작한다는 내용 자체가 빠질 수 있다는 것이다. 미래에는 사람이 자동차에 탑승하여 탑승자가 되지만 운전자가 되지 않아도 된다는 것을 기본으로 한다. 사람을 울고 울리는 자동차 면허증이 필요 없는 시대가 된다는 뜻이다.[26)]

한국도 자율주행차에 대한 개발을 추진하고 있는데 한국의 경우는 다른 나라와 자율주행차에 대한 상황이 상당히 다르게 전개되어 정말로 4

26) 「다가올 미래, 우리의 삶을 180도 바꿔놓을 자동차 산업」, 최덕수, APPSTORY, 2017년 7월호

차 산업혁명시대를 슬기롭게 이겨낼지 걱정된다는 시각도 있다.

국내 자율주행차 산업이 관련 산·학·연을 중심으로 첫 발을 떼기 시작하자마자 정부가 '규제와 감시의 칼'을 빼들었기 때문이다. 도로를 달리는 자율주행 임시운행허가 차량이 20대에 달하자, 운행 데이터 기록 및 공유를 법으로 강제하겠다고 나선 것이다. 또 국토교통부 장관은 임의로 자율주행차에 대한 시정조치 및 시험운행 일시정지를 명령할 수 있는 법률 개정안도 준비했다.

이에 대해 전문가들은 운행 데이터 확보와 이를 활용한 서비스 개발, 축적된 도심운행 경험이 필수인 자율주행차 산업에 대해 정부가 지원보다 규제를 먼저 시작하겠다고 나서는 것은 산업발전을 지연시키고 결국 글로벌 기업에 신산업 주도권을 모두 내주는 족쇄가 된다고 우려를 제기했다. 전문가들은 임시운행 데이터는 정부 감시나 제재조치 수단이 아닌 기술 고도화와 도로 인프라 보완 수단으로 활용할 수 있도록 제한적 규제를 최소화 하고, 자율주행차 시험운행 정지명령 역시 적용할 수 있는 경우를 한정해야 한다고 주장했다.

이와 같이 관련 학자들이 반발하는 것은 자율주행차 규제가 결국 관련 스타트업(창업초기기업)의 진입을 막는 걸림돌이 될 것을 우려하기 때문이다. 자율주행차의 작은 사고기록을 일일이 정부에 보고해야 하고 벌금 규정을 둔 것은 스타트업의 자유로운 실험을 가로막게 된다는 것이다. 현재 자율주행차 임시운행허가를 받은 곳은 2017년 6월까지 현대차, 서울대, 한양대, 네이버랩스, 삼성전자 등 총 19곳이며 숫자는 지속적으로 늘어날 전망인데[27] 여하튼 자율주행차에 대한 규제 문제는 앞으로 큰 화두

27) 「자율주행차 막 시동 걸었는데… 정부는 초강력 '규제 브레이크'」, 김미희 파이낸셜뉴

가 될 것으로 생각한다.

(2) 복합적으로 풀어야 할 자율주행차

세계 각지에서 자율주행차 개발에 초점을 맞추고 있지만 자율주행차 운행은 자동차 개발로만 끝나는 것은 아니다. 학자들은 미래 교통 방법으로 무인차량만 통행할 수 있는 도로를 만들거나 기존의 도로를 무인차량용으로 바꾸어야 비로소 정착될 수 있다고 주장한다.

이런 주장에 발 빠르게 움직인 회사가 볼보이다. 볼보는 2014년 100m 길이의 도로를 만들었는데 도로 아래 산화철을 주성분으로 제작한 자석을 심었다. 자석이 도로 아래에서 보이지 않는 차선 역할을 하는 셈이다. 실험 결과 차량의 차선 이탈 오차가 10cm 미만이었다고 볼보는 발표했다.

이와같은 기술의 진전은 오하이오 주에서 선보인 '스마트 로드(Smart Road)'로 이어진다. 소위 영리한 도로인데 도로 전체를 정보화해 비나 눈, 교통체증과 같은 도로 상황을 실시간으로 전달하고, 정확한 상황 분석을 통해 도로를 안전하게 통제해나갈 수 있다. 전문가들은 '스마트 로드'를 통해 무인차의 속력을 높이고, 차량 간의 간격을 최소화하면서 전체적인 차량 운행대수를 늘리고 결과적으로 시간과 연료를 절약해나갈 수 있다고 주장한다.

'스마트 로드'에 대한 구상은 상당히 오래 전이지만 도날드 트럼프 대통령이 '스마트 로드'를 적극 지지하는 것도 무인자동차의 촉진에 청신호다. 경찰 관계자들은 '스마트 로드'를 통해 무인차가 전면적으로 운행될 경우 사고율을 94% 줄일 수 있다고 예상한다.[28)29)]

스, 2017.07.11

무인자동차의 중요성은 무인자동차 시대가 자동차만 변화를 갖고 오는 것이 아니라 도시의 기동성(mobility)을 높일 수 있다는 점이다. MIT의 카를로 래티 박사는 현재 도시를 운행 중인 차량들은 거의 놀고 있다고 주장했다. 전체 시간 중 차량을 운행하는 경우는 5% 정도에 불과하고 주차장 등 다른 공간에 세워놓은 채 시간과 공간을 함께 허비하고 있다는 것이다. 그러나 무인차가 보급되면 자동차를 놀리는 일은 사라질 것으로 예상했다. 직장인들을 출 · 퇴근시킨 무인차들이 주차장으로 들어가 있는 것이 아니라 또 다른 곳으로 이전해 다른 사람들을 태우고 정차 없이 차량 운행을 계속 이어갈 수 있다는 것이다. 이와 같은 무인차를 활용한 카셰어링(car sharing) 모델이 활성화되면 자동차가 필요할 때 스마트폰으로 간단하게 차량을 불러 몇 분 이내에 원하는 장소로 자신을 데려가 달라고 요청할 수 있다. 그리고 목적지에 도착한 자율주행차는 다음 사용자에게 스스로 찾아가는 것이다.[30] 이런 상황이 되면 개인차량과 공용차량 간의 경계선이 무너지고, 결과적으로 지금의 약 20%에 불과한 차량으로 현재 수준의 승객들을 모두 소화시킬 수 있다는 추정이다.[31] 특히 구글이 선정한 세계 최고 미래학자인 토마스 프레이 다빈치연구소 소장은 무인자동차의 잠재력으로 세계적으로 263개 기업이 무인자동차 산업에 사활을 걸고 있다는 것으로도 알 수 있다고 말했다. 특히 전용도로가 건

---

28) 「스마트 하이웨이 시대가 열린다」, 김준래, 사이언스타임스, 2016.12.28

29) 『로봇의 시대』, 도지마 와코, 사이언스북스, 2002
『로봇 공화국에서 살아나는 법』, 곽재식, 구픽, 2016
「로봇이 변화하고 있다!」, 사이언스올
「유비쿼터스 시대의 로봇, 유비봇」, 김종환, 사이언스 타임즈, 2004.11.5

30) 『사물인터넷이 바꾸는 세상』, 새무얼 그린가드, 한울, 2017

31) 「무인차 시대' 노는 차량 사라진다」, 이강봉, 사이언스타임스, 2016.07.12

설되면 평균 속도는 오를 것이며 현재 계산으로는 무인자동차 1대가 자동차 30대의 역할을 할 것이라고 예견했다.[32)]

또한 개인 소유차량의 감소는 심각한 도시 교통난도 해결하는 동시에 교통량이 크게 감소해 지금처럼 넓은 주차장이 필요 없어지고 그 자리에 공원이나 주택이 들어설 수 있다는 주장도 제시됐다.[33)] 이와 같은 변화는 무인 기술로 인해 도로 교차점도 차례로 사라지므로 차량을 세우는 일 없이 계속적인 운행이 가능해진다는 설명이다.

〈날아다니는 자동차〉

영화「플러버」는 로빈 윌리엄스가 주연한 영화「플러버(Flubber)」는 하늘을 나는 자동차에 관한 이야기를 코믹터치로 풀어간다. 필립 브레이너드 교수는 매사에 너무 생각에 골똘하여 넋이 나간 괴짜로 보이기도 하는데 그의 건망증은 약혼녀인 사라와 결혼식 날짜를 두 번씩이나 잡아 놓고도 번번히 잊어먹을 정도이다. 그가 이런 건망증임에도 버틸 수 있는 것은 고성능 퍼스널 로봇 '위보(Weebo)'의 도움을 받아 에너지원에 새로운 혁명을 가져다줄 물질 개발에 박차를 가하고 있기 때문이다. 그가 최종적으로 개발에 성공한 기적의 발명품은 물렁물렁한 고무처럼 끈적거리는 물질로 자동차나 볼링공, 사람의 호주머니 등 어디에나 집어넣기만 하면 엄청난 속도로 공중에 날아다니게 해준다. 이 물질에는 중력의 법칙이 적용되지 않는데 고무처럼 생긴 이 물질의 이름이 바로 '플러버'다. 영

32)「토마스 프레이, 의정부서 '4차 산업혁명과 미래직업' 강연」, 최재훈, 경인일보, 2017.09.12

33)「5년 안에 무인택시 이용 가능」, 이강봉, 사이언스타임스, 2016.09.20

화에서야 우여곡절을 겪으면서 결국 해피엔딩으로 끝나지만 영화에서는 일반 자동차인데도 하늘을 달리는 것은 물론 정지도 가능하다. 이런 물질이 개발된다면 4차 산업혁명에 의한 미래는 도로에서만 자동차가 달리는 것은 아니라 하늘도 달릴 수 있다. 영화 「제5원소」에서도 하늘을 날아다니는 택시들이 즐비한데 바로 그런 환경이 될 수 있다는 뜻이다.

이런 아이디어가 꿈이 아니라는 것은 미국의 차량공유업체 우버가 하늘을 나는 택시인 '우버 엘리베이트(UBER Elevate)'를 개발 중이라는 것으로도 알 수 있다. 우버는 좁은 공간에서 수직 이착륙이 가능한 헬리콥터형 차량 설계도를 기본으로 전기로 움직이는 비행 택시이다. 실리콘밸리에 근거를 잡은 '키티 호크(Kitty Hawk)'사도 자동차 하부에 프로펠러가 8개 달린 거대한 드론 형태의 플라잉카(flying car)를 만들고 있는 회사다. 놀랍게도 헬리콥터 모습의 플라잉카는 설계 단계가 아니라 실험을 끝냈을 정도로 개발 진도가 빠르다. 2017년 샌프란시스코 인근 한 호수 위에서 플라잉카(flying car)를 160km 비행에 성공했다. 플라잉카는 1인용 전기 비행기로 무게 100kg이며 현재 최고 시속은 40km다.

운전도 간단하여 어느 날인가 많은 사람들이 플라잉카를 자유스럽게 운행할 날이 올 것이라는 믿는 사람들이 많지만 플라잉카가 갖고 있는 문제점은 한두 가지가 아니다. 가장 큰 문제점은 날아오를 때 엄청난 소음이 생긴다. 헬리콥터를 연상하면 이해가 빠르다. 중국 드론업체 이항(EHang)과 손잡은 두바이 정부도 날아가는 오토 택시를 개발하는 등 현재 10여개 회사가 이 분야에 투입하고 있다.

플라잉카의 또 다른 문제점은 플라잉카를 위한 새로운 교통통제 시스템이 필요하다는 점이다. 학자들은 플라잉카를 위한 운영 시스템 구축이 어렵지 않을 것으로 보고 있지만 하늘에서 사고란 치명적이므로 만만한 일은 아니다.[34] 물론 플라잉카 시대가 되면 안전 문제와 각종 규제들은 궁극적으로 해결될 수 있다고 전망한다.

▶ 하늘을 나는 자동차 플라잉카

더욱 놀라운 것은 전기자동차 및 무인자동차를 개발하고 있는 테슬라사에서 초고속 기차 '하이퍼루프(Hyperloop)'도 개발하고 있다. 진공 속에서 자기장의 반발력으로 달리는 하이퍼루프는 공기 저항이 거의 없기 때문에 최대 속도가 음속(시속 1,224km)에 육박하여 여객기보다 빠르다. 서울에서 부산까지 20분 이내에 갈 수 있는 속도인데 이미 시험 모델의 저속 주행 시험에 성공했다. 하이퍼루프의 장점은 그동안 세계 주요 대도시에서 교통 체증으로 인해 버려지는 시간을 크게 줄일 수 있다는 점이다.

34) 「'날아다니는 자동차' 최초 공개」, 이강봉, 사이언스타임스, 2017.04.25

처음 자동차가 등장한 이래 거의 100여 년 동안 도로 교통 시스템은 거의 변하지 않았다. 그러나 진공 튜브가 널리 깔린 미래 사회에선 캡슐 차량만 있으면 전국 어디든 갈 수 있게 돼 항공기나 기차는 물론이고 자동차도 대체할 수 있다는 전망이다. 한마디로 하이퍼루프의 캡슐이 비행기가 되고 택시도 되므로 더 이상 자동차(car)라는 단어도 사라질지 모른다.

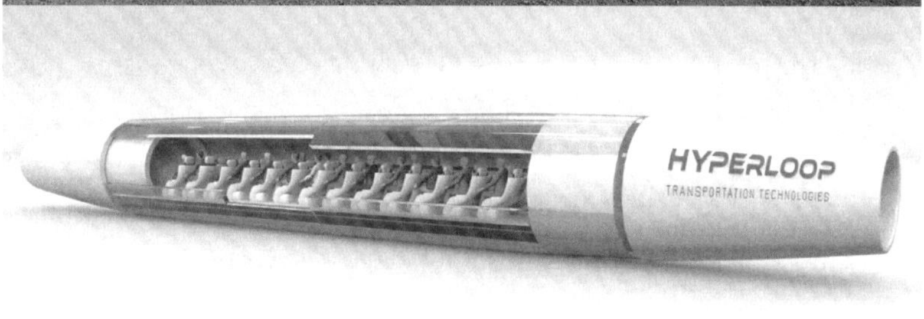

▶ 테슬라사에서 개발 중인 초고속 기차 하이퍼루프(Hyperloop)

물론 하이퍼루프 개발에서 가장 큰 장벽은 '비용'이다. 자기부상 방식으로 작동되므로 튜브에 자기장을 발생시키는 코일을 깔아야 하는데 육지에 500~600km 구간의 하이퍼루프 시스템을 설치하려면 약 60억 달러가 소요된다. 하지만 일단 인프라가 구축되면 유지비용은 상대적으로 적게 드는 게 강점이다. 아랍에미리트와 체코・슬로바키아가 이미 하이퍼루프 도입 계획을 발표한 것을 볼 때 이를 근간에 볼 수 있을 것으로 보인다.[35][36][37]

(3) 자율주행차, 신뢰와 도덕성이 관건

자율주행차에 많은 사람이 촉각을 세우는 것은 이들 기능이 개인용 고급차량에만 국한되지 않을 것으로 보기 때문이다. 이 말은 보통 사람들도 자율주행차를 구입할 수 있으므로 보편적 자동차가 될 수 있다는 뜻으로 세계 각국 자동차 회사들이 총력을 기우려 자율주행자동차를 개발하고 있는 이유다.

그런데 자율주행차가 갖고 있는 아킬레스건은 자동차의 성능여부와는 전혀 관련이 없다는 점이다. 가장 사람들을 짜증나게 하는 자동시스템 즉 GPS를 연상하면 이해가 된다. 자동차 운전자는 주변을 잠깐 살펴보기만 해도 틀린 길로 가고 있다는 걸 알 수 있는데도 내비게이션이 알려주는 잘못된 길을 무작정 따라가기 일수다. 한마디로 내비게이션만 의존하다가 절벽으로 가거나 일방통행 도로에서 역주행할 수도 있다는 지적이다.[38]

이뿐 아니다. 사람 운전자와 달리 자율주행차는 각종 센서에서 입수한 정보를 인공지능이 순식간에 처리하므로 언제나 현재 처한 상황을 객관적으로 파악한다. 그럼에도 차가 움직이는 건 물리적인 현상이기 때문에

---

35) 「하늘 나는 택시, 감정 읽는 시계… 공상이 현실로」, 박건형, 조선일보, 2017.02.09
36) 「무인차 운전, 걸림돌은 '신뢰'」, 이강봉, 사이언스타임스, 2016.12.01
37) 「비행기보다 빠른 캡슐 열차 버려진 시간 되돌려 줄 것」, 최인준, 조선일보, 2017.07.15
38) 『사물인터넷이 바꾸는 세상』, 새무얼 그린가드, 한울, 2017

돌발사고 자체를 모두 막을 수는 없다는 것이다.

즉 반대편 차선에서 갑자기 차가 중앙선을 넘어오거나 아이가 갑자기 도로로 뛰어드는 것 같은 상황이다. 더욱 골머리 아픈 상황은 자율주행차가 달리던 중 사고가 나 탑승자 1명의 목숨이 위험하게 됐는데, 이를 피하려고 핸들을 돌리면 보행자 여럿이 차에 치여 숨질 수 있는 상황이라고 가정할 때이다. 이런 극한 상황에 닥쳤을 때 자율주행차를 움직이는 인공지능(AI)이 무작정 '주인'인 탑승자 1명을 보호해야 할지 아니면 다수의 행인을 구해야 할 지 의문이다.

이런 경우 사람 운전자는 상황을 온전히 파악하지 못한 채 사실상 반사행동이라고 볼 수 있는 대응을 하지만 자율주행차는 실행가능한 차선책을 택하게 된다. 즉 피해가 불가피한 상황일 경우 피해를 최소화하는 방향으로 결정하는 것이다. 사람으로 치면 사고 직전의 상황이 슬로우모션으로 돌아가 '어떻게 사고를 마무리해야 할지' 판단할 시간이 충분히 있는 셈이다. 물론 인공지능은 각 상황에 대한 프로그램의 '행동지침'을 따르지만 이런 상황에서 어떻게 행동할지를 결정하는 건 인공지능을 만든 사람이라는 뜻이다.

이런 골머리 아픈 문제를 인터넷을 통해 1,928명을 대상으로 자율주행차의 행동지침에 대한 설문조사를 했다. 예를 들어 전방에 사람 열 명이 갑자기 나타났는데 그대로 가면 다 죽는다. 그런데 이들을 피해 핸들을 꺾으면 콘크리트 벽에 부딪쳐 탑승자가 죽는다. 이런 상황에서 사람들 다수는 공리주의에 따른 결정을 선호했다. 즉 76%가 보행자 열 명 대신 탑승자 한 명을 희생하는 쪽이 더 도덕적이라고 판단했다.

그런데 이렇게 딱 부러지게 결론을 내릴 수 없다는 데 현실적인 문제점이 제기된다. 일단은 많은 생명을 구하려는 '공리주의형' A.I.가 옳다고 답해도, 자신이 그 자율주행차에 탄다는 가정이 나오면 금세 주인만 살리는 '이기적' A.I.가 좋다며 답변이 180도로 바뀐다는 것이다. 문제는 다수의 인명을 중시하는 A.I.를 만들면 손가락질은 피할 수 있지만, 차를 구입하는 소비자들로서는 자신을 먼저 구해야 한다고 생각한다는 점이다.[39)]

특히 주행 중 돌발 상황에 대처하는 것은 인간이 인공지능에 비해 월등히 우세하다는 점이다. 한마디로 사고 상황이 될 경우 인간은 순간적으로 자신에게 최선의 방향을 선택한다. 자기의 어린아이와 함께 탑승할 경우 자신보다는 아이의 안전을 먼저 생각하면서 가장 인간적인 조처를 내리는 것이 기본이다. 한마디로 자신을 희생하려는 것이다.

실제로 이런 난처한 상황을 영화 「아이, 로봇(I, Robot)」에서 심층적으로 다뤘다. 형사 델 스프너가 교통사고로 12살의 어린아이 '사라'와 함께 물 속에 빠진다. 이들이 거의 죽음의 단계에 들어갔는데 로봇이 다가와 창문을 부순다. 델 스프너가 자신보다 어린아이인 사라를 먼저 구출하라고 말했지만 로봇은 그를 먼저 구출한다. 로봇이 델 스프너를 먼저 구출한 이유는 간단하다. 스프너의 생존율은 45%이지만 사라의 생존율은 11%에 지나지 않기 때문이다. 그를 구한 로봇은 생존가능성이 높은 사람을 먼저 구한다는 로봇의 원칙에 충실했지만 결국 델 스프너의 명령을 어긴 것이 된다. 이런 모순된 일이 일어날 수 있는 것은 인간이란 동물은 로봇이 이해할 수 없는 상황, 즉 상식으로만 움직이지 않기 때문인데 이와 역의 상황도 당연히 일어날 수 있음은 물론이다.

---

39) 「자율주행차 인명보호 딜레마…'운전자 vs 보행자' 우선순위는?」, 김태균, 연합뉴스, 2017.01.22

문제는 수많은 자동차 사고의 변수를 프로그래머가 적절하게 입력하는 것이 불가능하다는 뜻이다. 한마디로 자동차의 탑승자 서열 및 중요도를 프로그래머가 사전에 일일이 입력할 수는 없는 일이다. 그러므로 무인이든 아니든 인공지능 프로그램이 예기치 않은 상황에 적절하게 대처할 수 없는데 그것은 사전에 입력되지 않은 상황에 직면하거나 능력 밖의 상황에 내몰리면 이러한 상황을 오류로 인식하고 작동을 멈추게 마련이다. 로봇이 비상상황에 인간처럼 순발력 있게 적절히 대처할 수 있는지 독자들의 판단에 맡긴다.[40]

그럼에도 불구하고 인간이 운전하는 것보다 인공지능 프로그램을 활용한 자율주행차가 사고율이 감소한다는데 전문가들의 이견은 없다. 바로 그런 잇점 때문에 많은 곳에서 자율주행차를 개발하고 있지만 문제는 완벽할 수는 없다는 점이다.

더욱 혼미한 상황은 이런 상황에서 자율주행차의 인공지능을 설정하는 주체는 누가 되느냐이다. 자동차 업계의 자율에 맡기는가 그렇지 않으면 정부가 지침을 내려야 하는가 또는 운전자가 버튼을 눌러 선택할 수 있도록 해야 할까 등이다. 만일 정부가 권한을 갖게 한다면 수출 차량들은 각 국의 상황에 맞게 세팅을 조정해야 한다. 만만치 않은 문제를 자율주행차가 제기해 준 것이다.[41]

학자들은 이구동성으로 인간의 생명을 다루는 분야이므로 사고 위험에 대한 책임 소재 및 다양한 부분에서의 문제 해결이 선행되어야 한다고 주장한다. 가장 먼저 지적되는 사항은 자율주행차와 운전자 간 통제권 전

---

40) 『4차 산업혁명의 충격』, 클라우스 슈밥 외, 흐름출판, 2016
41) 「빅데이터 기술, 어디까지 왔나」, 강석기, 사이언스타임스, 2016.07.06

환의 시점이나 도로 교통 측면에서의 기술적 연계성의 범위를 결정하는 부분이다. 이것은 사생활 보호가 먼저이냐, 공공정보가 먼저이냐 하는 문제를 제기한다. 주행을 하기 위해서 여러 신호와 데이터를 주고받아야 하는데 이때 사생활 침해 문제가 발생할 수 있다는 설명이다. 다소 껄끄러운 문제이지만 테러나 해커의 공격에도 대비해야 한다. 자율주행차 자체가 인공지능 프로그램으로 운영되기 때문에 해커나 테러 조직에 의한 보안 문제도 발생할 수 있기 때문이다.

그러므로 전문가들은 자율주행차를 개발하기 전에 먼저 해결되어야 할 과제로 '법적, 윤리적 문제'를 꼽았다. 사고가 났을 때 어떤 대응을 할 것인가 하는 판단을 인간이 아닌 인공지능에 맡겼을 경우 인공지능의 자율적 판단을 믿을 수 있는가 부터 사고 책임은 어디에 있는가 등 여러 사회적 갈등이 생길 수 있기 때문이다. 특히 사고 발생시 법적 책임 및 자율주행 보험, 운전자와 보행자 중 우선 순위를 어디에 두는가 등의 법적 윤리적 문제 해결이 선행되어야 한다는 것이다. 운행 프로그래밍이 인간에 의해 짜여지는 것을 고려해볼 때 인간의 선입견이 개입될 수 있다는 점도 문제점으로 제기되었다. 그러므로 자율주행차와 관련된 개발자 소프트웨어를 위한 최소한의 윤리적 강령을 만드는 것이 필요하다는 주장이다.[42)43)]

42) 「자율주행차, 철학이 필요하다」, 김은영, 사이언스타임스, 2016.12.08
43) 「클라우드 컴퓨팅 혁명… '서비스' 입는 제조업」, 이성호, 조선일보, 2017.08.29

4차 산업혁명 시대의 놀라운 점은 앞으로 인터넷 쇼핑몰에서 주문한 물건을 그 자리에서 만들어 받을 수 있다는 것이다. 자전거나 그릇, 신발, 장난감, 의자 같은 상품의 설계도를 내려 받아 3차원으로 인쇄하는 것이다. 바로 '꿈의 기계' 또는 '산타클로스 머신'이라 불리는 3차원 프린터다. 산타클로스가 크리스마스에 우리가 원하는 것을 선물하듯이 3D 프린팅 기술이 앞으로 우리에게 어마어마한 선물을 제공할 것으로 생각한다.

3D 프린터의 놀라운 점은 일반 사람들이 복사기에 종이를 복사하는 것처럼 자신이 필요한 3차원 물건을 프린터로 만들어낼 수 있다는 것이다. 설계도에 따라 가루나 액체 형태로 녹아있는 원료를 일정한 틀에 맞춰 각 층별로 반복하여 쌓고 이를 단단하게 응고시키면 3차원 물건이 된다. 도면만 있으면 제품을 생산해 낼 수 있는 특성 때문에 학자들은 3D 프린터가 제1차 산업혁명 당시의 방직기, 제2차 산업혁명을 초래한 컨베이어 벨트시스템을 잇는 제3차 산업혁명시대를 이어 제4차 산업혁명시대를 주도할 것으로 예상한다.[44]

놀라운 것은 3D 프린터로 3D 프린터도 만들 수 있다는 점으로 이러한 엄청난 발명품이라면 엄청난 환가성이 있기 마련이다. 그런데 3D 프린터 즉 인류 최초의 자가복제기계'의 제작자로 불리는 영국의 에이드리언 보이어 박사(전 영국 바스대 교수)는 2007년부터 3D 프린터의 모든 소스코드를 렙랩(RepRap) 프로젝트를 통해 온라인에 공개했다. 이런 행동은

44) 『스마트 테크놀로지의 미래』, 카이스트 기술경영전문대학원, 율곡출판사, 2017

그야말로 충격적인데 이와 같은 일이 가능한 것은 3D 프린터에 관한 핵심 특허 기간이 만료되었기 때문이다. 이 내용은 뒤에서 보다 자세하게 설명하는데 이들 기술의 소스코드를 공개한 보이어 박사는 자신의 공개 이유를 다음과 같이 말했다.

"모든 사람들이 무엇이든지 만들 수 있는 능력을 갖추길 바라고 있지만 '돈으로 생산수단을 얻어낼 수 있는 부자는 더욱 부유해지고, 팔 수 있는 것은 오직 노동력뿐인 가난한 사람들은 더욱 가난해진다'라는 말에 공감합니다. 그런데 만약 당신이 생산을 위한 자가복제 수단을 얻게 된다면 아마도 당신은 그 생산기계를 또 하나 만들어 친구에게 줄 수 있습니다. 돈 때문에 생기는 전쟁 등으로 아무도 죽지 않고, 모두가 부유해질 수 있는 길입니다."

보이어 박사의 행동 즉 누군가의 특허가 만료되어 이를 공개했다고 해서 어떤 제품을 곧바로 만들 수 있는 것은 아니다. 복잡한 기술 특허일수록 한 개의 아이템으로만 특허에 엮이는 것이 아니라 많은 부수 아이템이 개제되기 때문이다. 그런데 보이어 박사가 남다른 점은 3D 관련 특허의 소스코드 자체를 렙랩 프로젝트로 100여개나 공개했다는 점이다. 한마디로 3D 프린터를 특허 우려 없이 마음껏 제작할 수 있는 길을 열어준 것이다.

소스코드를 공개한 그의 결단에 의한 세계인들의 호응은 그야말로 놀랍다. 그의 설계도를 보고 따라 만든 10만~20만 건에 이르는 수많은 '변이' 모델들이 나왔고 이 과정에서 사람들이 선호하는 모델 즉 보다 더 좋은 성능을 갖춘 3D 프린터로 진화했다.

보이어 박사의 파격적인 행동의 중요성은 3D 프린터의 사용화에 박차를 가했다는 점이다. 원래 제조업의 기본 목표는 대량생산으로 제품의 가격을 인하시키는 것인데 3D 프린터는 이와 전혀 다른 역개념으로 성장할 수 있다는 것이다. 즉 3D 프린터를 갖고 있는 개인들에 의해 웬만한 물건들이 생산되면 그동안의 '소품종' 대량생산 방식에서 다품종-소량 생산으로 바뀔 수 있으며 이것이 결국 일자리를 줄어들게 만든다는 지적도 있다.

이 문제는 상당한 논란을 갖고 왔는데 보여 박사는 개선된 기술 그 자체로 일부 일자리의 손실이 일어나겠지만 고용 손실로 진행되지 않는다고 단언해서 말한다. 50년 전과 견주어 철강 산업에서 일하는 사람들은 크게 줄었지만 컴퓨터 산업이 등장하여 수많은 사람들을 고용하고 있으므로 자신의 행동이 미래의 일자리에 치명상을 입힐 것이라는 주장에는 수긍하지 않았다.

그의 말은 제4차 산업혁명의 핵심을 지적했다고 볼 수 있다. 컴퓨터가 우리에게 많은 편리함을 주었다고 아무도 열심히 일하지 않아도 되는 시대가 된 것은 아니다. 즉 컴퓨터가 등장하였지만 일자리 자체를 사라지게 하는 것이 아니라 오히려 더 많은 일자리를 만들었다는 설명이다. 물론 보이어 박사는 새로운 기술의 등장이 궁극적으로 일자리의 감소를 의미하지는 않지만 일자리의 변화 즉 과거와 다른 일자리들을 주목해야 한다고 주장했다. 한마디로 자신이 개발한 3D의 폭발성을 예시한 것이라 볼 수 있는데 실제로 많은 전문가들은 앞으로 각 가정에 적어도 한 대씩 3D 프린터가 보급될 것으로 생각한다. 이런 상황은 많은 사람들이 상당수 작은 물건들을 구입하지 않고 필요한 물건을 직접 만들어 사용할 수 있다는 것을 뜻한다. 한마디로 머리빗을 사거나 모바일 폰을 구입하는 일은 사라

질 수 있다는 것이다.[45)]

미래를 예상하는 과학 세상이 제대로 예측되기는 어려운 일이지만 이런 화두가 나오게 만드는 3D 프린터가 어떻게 우리에게 다가왔고 또한 어떻게 미래를 바꿀 수 있는지는 매력적인 주제가 아닐 수 없다.

(1) 3D 프린터 알아보기

과거에 제조업에서 제품을 제조하는 방식은 크게 세 가지로 나뉜다. 첫째는 대량생산에서 가장 많이 사용하는 주조 방식으로 금속이나 물질을 녹여 틀에 붓고 응고시켜 제품을 만드는 것이다. 이때 틀을 주형이라 부르고 재질인 금속인 주형을 통해 생산하는 방식을 금형주조, 재질이 모래인 경우를 사형 주조라 부른다. 두 번째 방법은 공작기구를 이용해 재료를 깎아 내는 방식인 절삭 가공 방식이다. 소재를 회전시켜 깎아 내는 선반, 공구를 회전시켜 깎는 밀링 머신, 구멍을 뚫는 드릴링 머신 등을 이용해 제품을 만든다. 불규칙하고 복잡한 면을 깎거나 드릴의 홈, 기어의 이빨을 깎을 수 있는 장점이 있어 크기가 있는 자동차, 항공기 등의 부품과 정교한 가공이 필요한 부품을 제작하는 데 활용된다. 마지막은 재료를 추가하고 더하는 적층 가공 방식이다. 원료를 여러 층으로 결합시키거나 쌓아가면서 입체적인 형상을 만들어가는 방식으로 대부분 3D 프린터가 이에 해당한다.

제품을 만드는 과정에서 각각에 맞는 주형이나 공작 기구 등이 필요 없고 3D 프린터와 제품의 원료만 필요하므로 제품의 제작 기간 및 비용의 효율성을 높여준다.[46)] 그러므로 3D 프린터는 디지털카메라로 찍은 사진

45) 「스스로 만드는 시대, 부의 격차 줄어든다」, 한겨레, 2016.07.04

을 프린터로 인쇄하듯이 신발, 휴대폰 케이스, 장난감 같은 상품의 설계도를 내려 받아 3차원의 입체적인 물건을 인쇄할 수 있다.

3D 프린터 자체는 1980년대에 태어났으므로 오래된 기술은 아니다. 본래 기업에서 어떤 물건을 제품화하기 전에 시제품을 만들기 위한 용도, 소위 금형을 만들기 위해 개발되었다. 1981년 일본 나고야시립공업연구소에서 근무 중인 히데오 고마다가 3D 프린터에 관한 다음 2편의 논문을 발표했다.

'첫째는 광경화성 수지와 관련한 연구로 빛에 노출되면, 노출된 부분만 고체 상태로 굳는 성질에 관한 것이었다. 광경화성 수지는 3D 프린팅 기술의 탄생과 오늘날 3D 프린팅 기술의 바탕에 핵심이 된 가장 중요한 원료다. 두 번째는 3D모델링 기술이다. 당시 대부분 기술자들이 물체의 도면을 직접 손으로 그린 것을 토대로 절삭 가공을 통해 모형을 완성했다. 그러나 코다마 박사는 컴퓨터를 이용해 3D로 도면을 그렸고 이 두 가지 기술을 접목하여 3D 프린팅 기술의 기초를 제시했다.'

코다마 박사의 아이디어는 1984년 찰스 헐(Charles W. Hull)박사의 특허로 이어지는데 원론적으로 코다마 박사의 아이디어를 전용한 것이다. 코다마 박사는 단지 아이디어 차원의 3D 프린팅을 제기했지만 실제 상용 제품 개발로 이어지지는 못했는데 헐 박사가 코다마 박사의 아이디어를 토대로 특허를 받은 것이다. 그의 특허가 인정된 것은 자외선을 이용한 쾌속조형 시스템의 아이디어를 도출했기 때문이다. 이 특허가 오늘날 광경화 적층 방식이라 부르는 SLA(Stereolithography Apparatus) 방식이다.

---

46) 『스마트 테크놀로지의 미래』, 카이스트 기술경영전문대학원, 율곡출판사, 2017

찰스 헐이 제출한 특허가 1986년 인정되자 그는 미국 캘리포니아주에서 〈3D시스템스(3DSystems)〉를 창업했다. 한편 1988년, 미국 미네소타주의 스콧 크럼프(S. Scott Crump)가 어린 딸을 위한 개구리 장난감을 만들기 위해 원통형 고체 접착제를 녹여 물체를 붙이는 글루건(glue gun)을 사용하면서 접착 원료로 폴리에틸렌과 양초용 왁스를 혼합해 이용했다. 혼합한 고체형 원료가 글루건의 뜨거운 노즐을 통과해 액체로 변하고, 이것을 공기 중에서 굳도록 해 모형을 만드는 원리였다. 그는 글루건으로 층을 만들고, 이를 쌓아 올리면 물체를 만들 수 있을 것으로 생각했는데 이것이 오늘날 FDM(Fused Deposition Modeling, 용융 적층 모델링) 방식으로 1989년 특허를 획득했고 〈스트라타시스〉사를 창업하여 〈3D시스템스〉와 함께 3D 프린터 시장을 양분했다.[47)]

어떤 시제품을 만들고자 할 때 금형을 사용하면 생각보다 비싼 가격에 놀라곤 하는데 문제점이 생길 때마다 시제품을 만들면 돈과 시간이 많이 든다. 이것을 3차원 프린터가 해결해주려고 개발된 것인데 막상 제품화에 성공하자 파급 효과는 상상을 초래한다. 3D 프린터의 장점은 일반 기계가 동일한 물건을 여러 번 찍어내는 것에 반해 매번 색다른 디자인의 물건을 인쇄할 수 있다는 것이다. 버튼 한 번 누를 때마다 세상에 하나밖에 없는 물건이 태어나는 것이다.[48)]

3차원 프린터는 입체적으로 그려진 물건을 마치 미분하듯이 가로로 10,000개 이상 잘게 잘라 분석한 후 입체 형태를 만드는 방식에 따라 크게 한 층씩 쌓아 올리는 적층형(첨가형 또는 쾌속조형 방식)과 큰 덩어리

---

47) 『3D 프린팅』, 오원석, 커뮤티케이션북스, 2016
48) 「3D 프린터」, 이정아, 과학동아, 2012.01.19

를 깎아가는 절삭형(컴퓨터 수치제어 조각 방식)으로 구분한다.

적층형은 파우더(석고나 나일론 등의 가루)나 플라스틱 액체 또는 플라스틱 실을 종이보다 얇은 0.01~0.08mm의 층(레이어)으로 겹겹이 쌓아 입체 형상을 만들어내는 방식이다.

잉크젯프린터가 빨강, 파랑, 노랑 세 가지 잉크를 조합해 다양한 색상을 만드는 것처럼 3차원 프린터는 설계에 따라 레이어를 넓거나 좁게, 위치를 조절해 쌓아 올린다. 레이어의 두께는 약 0.01~0.08mm로 종이 한 장보다도 얇다. 쾌속조형 방식으로 인쇄한 물건은 맨눈에는 곡선처럼 보이는 부분도 현미경으로 보면 계단처럼 들쭉날쭉하다. 그래서 레이어가 얇으면 얇을수록 물건이 더 정교해지며 채색을 동시에 진행할 수 있다.

적층형도 여러 가지 방식으로 나뉜다. '선택적레이저소결조형(Selective Laser Sintering, SLS)', '광경화성물질적층조형(Stereolithography Apparatus, SLA)', '압출적층조형(Fused Deposition Modeling, FDM)'이다.

'광경화성물질적층조형(Stereolithography Apparatus, SLA)' 방식은 헐 박사가 특허를 받아 〈스트라타시스〉사에서 상업화에 성공한 것으로 액체 원료에 레이저를 분사해 만들고자 하는 형상대로 고체화시키면서 3차원의 결과물을 만들어내는 것이다.

'선택적레이저소결조형(Selective Laser Sintering, SLS)' 방식은 원료가 되는 고운 가루를 얇게 뿌린 다음, 형상을 만들 지점을 레이저로 소결시키는 방식이다. 즉, 레이저가 닿는 부분에 열이 가해져 가루가 점차 구워지면서 결합되는 것이다. 플라스틱에서 금속에 이르기까지 레이저로 소결할 수 있는 소재라면 무엇이든 SLS 방식의 3D 프린터에 활용할 수 있다는 점에서 완성되는 모형의 종류를 다양화할 수 있다. 다른 방식의 3D 프린터보다 물체를 완성하는 데 걸리는 시간이 빠르다는 점도 SLS 방식의 장점으로 평가된다. 또 다른 기술에 비해 상대적으로 정밀한 모형을 제작할 수 있다. 이와 비슷한 '파우더베드프린팅(Powder Bed and inkjet head 3D Printing, PBP)'은 원료가 되는 고운 가루를 얇게 뿌린 후, 바인더라고 불리는 접착제와 컬러잉크를 설계대로 뿌려서 쌓아 올리는 방식이다.

가장 많이 사용되는 기술은 '압출적층조형(Fused Deposition Modeling, FDM)' 방식이다. 압출기가 노즐을 통해 원료를 밀어 얇게 짜면서 이를 층층이 쌓아올리는 것을 말한다. 원료가 나오는 노즐과 원료가 쌓이는 플랫폼이 함께 움직이면서 3차원의 모양이 만들어지는데, 원료가 되는 필라멘트의 가격도 그리 비싸지 않다. 물론 성형 목적에 따라 사용되는 재료가 다르다. 일반 3D 프린터는 ABS나 PLA와 같은 플라스틱을 주로 사용하지만 푸드프린터는 초콜릿, 크림, 반죽 등을 원료로 사용하므로 다소 다른 방식을 사용한다.

그러나 완성된 모형의 품질이 상대적으로 떨어진다는 점은 FDM 방식 3D 프린터의 단점이다. 모형을 층층이 나눠 쌓아 올리기 때문에 아무리 얇게 쌓아 올린다고 해도 완성된 모형에서는 층이 두드러져 보이기 때문이다. 정밀한 모형을 제작하는 데는 한계가 있다. 또한 프린트하는 데 상대적으로 오랜 시간이 걸리며 노즐이 플라스틱을 녹인 후 베드에 도포하는 방식이라는 출력 속도가 느리다는 단점도 있다. 그럼에도 불구하고 현재 3D 프린팅 업계에서 개인용 3D 프린터로 분류할 수 있는 장비는 대부

분 FDM 기술을 활용한다.[49]

PBP와 SLS 방식은 상대적으로 빠르다는 장점이 있지만, 표면이 거칠고 탄성이 떨어진다는 단점이 있다. 이러한 이유로, 현재는 원료에 따라 설탕처럼 가루로 만드는 음식에는 PBP나 SLS 방식을 사용하고, 퓨레나 페이스트, 반죽 등의 물질이 재료일 때는 FDM 방식을 사용한다.[50]

절삭형은 커다란 덩어리를 조각하듯이 깎아내 입체 형상을 만들어내는 방식이다. 적층형에 비하여 완성품이 더 정밀하다는 장점이 있지만, 재료가 많이 소모되고 컵처럼 안쪽이 파인 모양은 제작하기 어려우며 채색 작업을 따로 해야 하는 것이 단점으로[51] 최근 보급되는 3D 프린터는 대부분 적층형 프린터(Fused Deposition Modeling, FDM)이다.

(2) 3D 프린터 사용방법

제작 단계는 모델링(modeling), 프린팅(printing), 마감(finishing)으로 이루어진다. 모델링은 3D 도면을 제작하는 단계로, 3D CAD(computer aided design)나 3D 모델링 프로그램 또는 3D 스캐너 등을 이용하여 제작한다. 프린팅은 모델링 과정에서 제작된 3D 도면을 이용하여 물체를 만드는 단계로, 적층형 또는 절삭형 등으로 작업을 진행한다. 이때 소요 시간은 제작물의 크기와 복잡도에 따라 다르다. 마감은 산출된 제작물에 대해 보완 작업을 하는 단계로, 색을 칠하거나 표면을 연마하거나 부분 제작물을 조립하는 등의 작업을 진행하는 것이다.

예를 들어 무지개 빛깔의 컵을 만들려면 먼저 보라색 레이어를 여러 겹

---

49) 『3D 프린팅』, 오원석, 커뮤티케이션북스, 2016
50) 「2016 한국이 열광할 12가지 트렌드』, KOTRA, 알키, 2015
51) http://terms.naver.com/entry.nhn?docId=1978613&cid=40942&categoryId=32374

쌓아 둥근 바닥을 완성하고 남색부터 빨간색까지 벽을 쌓아 올린다. 나일론이나 석회를 미세하게 빻은 가루를 용기에 가득 채운 뒤 그 위에 프린터 헤드가 지나가면서 접착제를 뿌리는 것이다. 가루가 엉겨 붙어 굳으면 레이어 한 층이 된다. 레이어는 가루 속에 묻히면서 표면이 가루로 얇게 덮인다. 다시 프린터 헤드는 그 위로 접착제를 뿌려 두 번째 레이어를 만든다. 설계도에 따라 이 동작을 무수히 반복하면 레이어 수만 층이 쌓여 물건이 완성된다. 인쇄가 끝나면 프린터는 가루에 묻혀 있는 완성품을 꺼내 경화제에 담갔다가 5~10분 정도 말리면 작업은 끝난다.

3차원 프린터의 장점은 다양한 재료를 사용하여 무엇이든 인쇄할 수 있다는 점이다. 실과 바늘 없이도 복잡한 패턴을 자랑하는 옷을 만들거나 여러 약품을 적절하게 섞어 알약 한 알로 압축할 수도 있다. 복잡하게 보이는 작업도 버튼 하나만 누르면 되므로 매일 세상에 하나뿐인 옷을 입고 내 입맛에 딱 맞는 과자와 기이한 모양의 컵에 담긴 모닝커피를 즐길 수 있는 미래가 결코 꿈이 아니다. 그러므로 학자들은 각 가정에 냉장고가 필수인 것처럼 가정마다 3D 프린터 한 대씩 비치하게 될 날이 멀지 않을 것으로 예상한다.[52]

액체 재료로 인쇄하는 방식도 비슷하다. 3차원 프린터에 들어가는 액체 재료는 빛을 받으면 고체로 굳어지는 광경화성 플라스틱이다. 액체 재료가 담긴 용기 위에 프린터 헤드는 설계도에 따라 빛(자외선)으로 원하는 모양을 그린다. 빛을 받으면 액체 표면이 굳어 레이어가 된다. 첫 번째 레이어는 액체 속에 살짝 잠기고 그 위로 다시 프린터 헤드가 지나가면서 두 번째 레이어를 만든다. 액체에 잠기는 과정에서 망가질 수 있기 때문

---

52) 「3D 프린터」, 이정아, 과학동아, 2012.01.19

에 레이어마다 지지대를 달아준다. 마지막에는 완성품을 액체에서 꺼내면 된다.

3차원 프린터에 들어가는 재료는 일반적인 프린터가 에폭시와 염료로 만들어진 토너나 잉크를 이용하는 것과 달리, 주로 가루(파우더)와 액체, 실의 형태다. 가루와 액체, 그리고 녹인 실은 아주 미세한 한 겹(레이어)으로 굳힌다. 그러므로 3D 프린터는 주재료가 플라스틱 소재이다. 그러나 3D 프린터 범용화에 따라 플라스틱 소재 외에도 고무, 금속, 세라믹과 같은 다양한 소재가 이용되고 있으며, 최근에는 초콜릿 등 음식재료도 사용할 수 있다.[53)]

3차원 프린터에 들어가는 실은 플라스틱을 길게 뽑아낸 것이다. 실타래처럼 둘둘 말아놨다가 한 줄을 뽑아 프린터 헤드에 달린 노즐로 내보낸다. 이때 순간적으로 강한 열(700∼800℃)을 가해 플라스틱 실을 녹인다. 프린터 헤드가 실을 녹이면서 그림을 그리면 상온에서 굳어 레이어가 된다.

(3) 3D 프린터 기술의 모든 것을 공개

3D 프린터가 1980년대에 개발되었고 많은 분야에서 획기적인 적용이 가능함에도 근래 비로소 각광을 받기 시작한 것은 3D 프린터의 특허를 확보한 〈3D시스템스〉와 〈스트라타시스〉사의 횡포 때문으로 볼 수 있다. 이들은 3D 프린터 시장을 양분하면서 엄청난 고가로 3D 프린터를 판매했다. 결국 3D 프린터는 대형 회사 즉 항공이나 자동차 산업 등에서 시제품을 만드는 용도로 제한적으로 사용될 뿐이었다.

---

53) 「3D 프린터」, 스마트과학관-사물인터넷, 국립중앙과학관

그런데 이런 규제는 아이러니하게도 특허로 인해 해제된 것이다. 미국은 특허의 권리 보장을 20년으로 규정하고 있는데 2006년 〈3D시스템스〉의 찰스 헐이 보유한 광경화 적층 방식 SLA(Stereo Lithography Apparatus) 기술의 원천특허가 만료되었고 2009년에는 〈스트라타시스〉의 스콧 크럼프가 보유한 압출 적층 방식(FDM, Fused Deposition Modeling)의 특허가 만료됐으며 2014년에는 선택적 레이저 소결(SLS, Selective Laser Sintering) 방식의 특허가 만료됐다. 오늘날 3D 프린터 업계에서 가장 많이 쓰이는 핵심 특허 세 가지가 최초 발명가와 기업의 손을 떠나 대중의 품에 안긴 것이다.

물론, 특허 만료가 곧 '기술의 무료화'로 직결되는 것은 아니다. 원천특허 외에도 이를 보조하거나 발전시킨 관련 특허가 다수 존재하는 것이 일반적이기 때문이다. 이 문제를 해결해 준 것이 보이어 박사의 오픈소스 운동 즉 렙랩 프로젝트(RepRap Project)이다. 렙랩은 '신속한 프로토타입 복제기(Replicating Rapid Prototyper)'를 줄인 말로 다시 말해 스스로 복제할 수 있는 3D 프린터라는 의미다.

2004년 보이어 교수는 3D 프린터 회사의 횡포를 어떻게 하면 막을 수 있는가를 고민했다. 당시 가장 저렴한 상용 3D 프린터의 가격이 약 40,000달러이므로 일반인들이 3D 프린터를 갖는다는 것은 거의 불가능한 일이였다. 그러므로 보이어 교수는 3D 프린터가 스스로를 복제할 수 있도록 하자는 아이디어를 도출했다.

보이어 교수는 2008년 최초의 렙랩 프로젝트 이름으로 오픈소스 3D 프린터 다윈(Darwin)을 개발하여 공개했고 2009년에는 멘델(Mendel), 2010년에는 헉슬리(Huxley)를 공개했다. 모두 FDM 방식의 3D 프린터로 관련되며 부품을 쉽게 구할 수 있는데다 3D 프린터로 제작하여도 문제가 없을 정도로 단순한 구조로 디자인된 제품들이다.

렙랩을 앞세운 오픈소스 프로젝트가 3D 프린터의 기술적 대중화를 이끌었지만 마침 이때 벌어진 메이커 운동(Maker Movement)이 대중으로 하여금 3D 프린터에 본격적으로 관심을 갖도록 불을 지폈다. 메이커 운동이란 무언가를 만드는 방법을 개발하고, 자신이 개발한 방법을 다른 이들과 자유롭게 공유하며, 이 흐름에 참여해 이를 더욱 발전시키는 모든 과정을 가리키는 말인데 메이커 운동의 허브 역할을 하는 마크 해치(Mark hatch) 박사가 이끌었다.

보이어 교수와 해치 박사는 무언가를 만드는 사람들과 만드는 행위를 3D 프린터로 출발시키는데 적합하다고 동조했다. 전통적인 의미에서의 제조는 대량생산을 가리키는 것이 일반적이었지만, 메이커 운동에서는 대량생산이 필요 없다. 대량생산을 위한 대형 제조 설비를 갖출 이유도 없었다. 3D 프린터는 보통 사람들이 가정이나, 심지어 책상에 올려두고 필요할 때 필요한 물건을 만들 수 있는 간단한 장비이기 때문이다.[54]

미국 보이어 박사의 소스코드 공개로 설계도 자체를 어느 누구도 사용할 수 있게 되자 3D 프린터를 제작하는 비용은 그야말로 추풍낙엽이 되었다. 당시 가장 저렴하다는 40,000달러에 달하던 3D 프린터의 가격이 400달러로 떨어졌고 약 20만 달러에 달하던 것도 1,000달러로 곤두박질했다.[55]

---

54) 『3D 프린팅』, 오원석, 커뮤티케이션북스, 2016
55) 「KISTI의 과학향기」, 이성규, KISTI, 2013

(4) 제조업의 혁명을 이끌 3D 프린터

인류는 그동안 채취, 농사, 수렵 등을 통해 자급자족하고 일부 필요한 물건들을 외부로부터 물물교환을 통해 받아들이는 형태로 생활해왔다. 그러나 산업혁명을 통해 현재와 같이 공장에서 분업화로 만든 필요한 물건들을 구매하는 시스템 즉 산업에서의 기계화된 생산 설비로 저렴한 가격의 물품을 생산해내는 것을 기본으로 삼았다. 한마디로 대량생산이라야 가격도 저렴해질 수 있다는 것으로 많은 사람들이 똑같은 제품을 사용하는데 이의를 제기하지 않았다.

그러나 3D 프린터로 대별되는 제4차 산업혁명은 기존 대량생산체제에서는 수용되지 않는 즉 거의 불가능한 개인들의 수요를 충족시킬 수 있게 만든다. 기존에는 생산자들이 공장에서 생산하고 유통업체들이 배달 및 판매하고 소비자들이 소비하는 3단계로 분리되었지만 인터넷의 온라인 마켓이 등장하면서 유통이라는 중간 단계를 흡수, 폐기시켰다 해도 과언이 아니다. 그런데 이 시스템도 3D 프린터의 등장으로 생산마저 디지털화되면서 소비 이전의 과정이 '도면'으로 대표되는 콘텐츠의 생산으로 축약되고 소비지점에서 직접 생산하는 것도 가능해진 것이다. 이제 멀리 있는 상점에 가서 쇼핑할 필요 없이 필요할 때 바로 3D 프린터를 켜고 만들어 쓰면 되기 때문이다.

외국에 출장가 백화점에서 본 신상품을 3D 스캐닝 프로그램을 이용하여 스마트폰으로 촬영한 후 한국으로 보내면 곧바로 3D 프린터로 뽑아낼 수 있다. 한마디로 신상품이 출시되자마다 다른 나라에서 복제할 수 있다는 것으로 유명 캐릭터 업체들이 전전긍긍하지 않을 수 없는 세상이 되었지만 이는 역으로 3D 프린터가 장소와 거리의 제약에서 벗어나 제조업의 새로운 모멘텀을 이끌 혁신의 무기가 될 수 있음을 알려준다. 일부 학자들은 3D 프린터가 보편화되면 대부분의 기업들이 '상품'을 파는 회사에서 '설계도'를 파는 회사로 변모하지 않으면 생존하지 못할 것으로 예측한다.[56)]

이런 변화는 궁극적으로 보이어 박사의 렙랩 프로젝트와 메이커 운동으로 인해 저렴한 가격의 3D 프린터의 보급으로 가능한 시대로 진입했다는 것을 의미한다.

(5) 3D 프린터의 특성

이제는 개인이 맞춤형 보청기나 의족 심지어는 인공 장기 제작에도 사용될 수 있다는 점이다. 고가의 의료기기를 자신이 직접 만들 수 있다는 말에 놀라겠지만 이는 공상의 일이 아니다. 다음과 같은 3D 프린터의 기술 속성 때문이다.

① 조립 불필요

3D 프린터에 사람들이 환호하는 것은 여러 가지 부품을 정교하게 조립해야 하는 기계를 쉽게 만들 수 있다. MIT 공대에서는 3D 프린터를 이용하여 조립이 필요 없는 로봇 제작 방법을 발표했다. 액체와 고체를 동시에 출력할 수 있는 3D 프린터를 이용한 3D 프린터를 이용하여 움직이는 부분을 포함한 로봇을 만든 후 배터리와 모터만 장착하면 된다.

3D 프린터가 얼마나 범용적으로 사용할 수 있는가는 유럽항공방위산업체(EADS)가 3D 프린터로 '에어바이크'라는 자전거를 제작 즉 인쇄했

56) 『스마트 테크놀로지의 미래』, 카이스트 기술경영전문대학원, 율곡출판사, 2017

다는 것으로도 알 수 있다. 에어바이크가 특별한 이유는 바퀴와 페달, 안장, 몸체를 따로 만들어 조립한 것이 아니라 자전거 한 대를 완성품으로 인쇄했기 때문이다. 인쇄한 직후 페달을 밟으면 바퀴가 굴러가며, 조립한 것이 아니므로 정기적인 수리를 하지 않아도 된다.

에어바이크는 나일론 가루로 레이어를 겹겹이 쌓아 인쇄했다. 강철이나 알루미늄으로 만든 기존 자전거보다 약 40%나 가볍다. 가장 매력적인 점은 3차원 설계를 수정하면 내 체형과 기호에 맞게 안장 높이와 바퀴 크기, 색깔과 디자인을 바꿀 수 있다. 세상에 하나뿐인 맞춤형 자전거를 자신이 직접 만들어 타고 다닐 수 있는데 이런 아이디어가 자전거에 한하지 않는다는 설명이다.[57]

▶ 유럽항공방위산업체(EADS)가 3D 프린터로 제작한 에어바이크라는 자전거

② 다양한 제품 제작

3D 프린터가 가장 효율적으로 적용될 수 있는 분야는 시제품 즉 금형

57) 「KISTI의 과학향기」, 유상연, KISTI, 2011

등을 제작할 때이다. 3D 프린터가 적용되는 분야는 거의 무한대라고 볼 수 있는데 3D 프린터를 제조업에 도입하면 크게 2가지 이득을 얻을 수 있다. 첫째는 설계 디자인한 것들을 유연하게 제작할 수 있으므로 맞춤형 물품 즉 다품종 소량생산이 가능하다. 둘째는 디자인 생산에 제약 사항이 없다는 점이다. 적층가공 방식이기 때문에 가상공간에서 설계한 것들을 만들어 낼 수 있다.

학자들이 3D 프린터에 큰 점수를 주는 것은 3D 프린터로 기존에 복잡했던 제작과정을 줄여 시제품은 물론 실제 완제품까지 3D 프린터로 만들 수 있었기 때문이다. 디자이너들은 CAD프로그램으로 필요한 원형을 다양하게 만들어 볼 수 있다. 또한 한 자리에서 다양한 모양을 만들어 내기 때문에, 여러 지역에서 부품을 만들어 공수해 와야 하는 부품 수급망을 획기적으로 줄일 수 있다.[58]

2011년 영국 사우스햄튼대은 3D 프린터로 인쇄한 비행기 '설사(SULSA, Southampton University Laser Sintered Aircraft)'를 최고 시속 160km의 속도로 날게 하는데 성공했다. 길이 2.1m의 날개에 무게 3kg인데 SULSA는 400W짜리 모터엔진을 얹은 이 작은 무인비행기는 날개, 액세스 해치, 그리고 나머지 비행기의 구조물을 모두 3D 프린터를 이용해 만들고 속이 텅 빈 동체 속에 전기로 작동되는 엔진과 배터리를 클립으로 얹어서 조립한 것이다. 특히 동체와 날개는 3D 프린터로 나일론 재질로 쌓아서 만들었기 때문에 연결부위에 볼트나 나사 등을 전혀 사용하지 않은 것이 특징이다. 물론 비행기 모형 전체를 한 번에 만들 수가 없어 여러 조각을 하나하나 이어야 했다.

---

58) 「3D 프린터로 자동차 만들다」, 유성민, 사이언스타임스, 2016.11.17

여객기나 군용기 등의 동체와 날개는 날개에 걸리는 하중에 견딜 수 있게 튼튼하고도 가벼운 구조로 돼 있다. 동체의 경우 보통 알루미늄 합금의 박판(薄板)으로 외형을 형성하고 그 내면(內面)에 보강재를 장치한 세미모노코크(semi-monocoque) 구조로 만든다. 타원 모양의 속이 빈 자율주행자동을 상상하면 쉽다. 특히 날개의 경우 불꽃을 내뿜는 모양의 타원형 형태로 가공할 때 비행에 가장 효율적인데 이런 항공기 동체와 날개를 가공하기가 쉽지 않다.

그런데 SULSA 날개와 동체는 3D 프린터가 아주 간단하게 만들었다. 비록 날개 길이 1.2m의 소형 항공기이긴 하지만 3D 프린터로 만든 SULSA가 비행에 성공했다는 것은 시사점이 크다. 현재의 화물기 등 일반 항공기에는 70,000여 개의 부품, 군용기에는 20만~30만여 개의 부품이 사용될 정도로 복잡하다. 그런데 보잉사는 이미 2만 개 이상의 부품을 3D 프린터로 만들고 있다고 발표했다. 이렇게 대형항공사에서 3D로 빠른 접목이 가능한 것은 자성 소재(Magnetic Material)를 이용해 공중에 띄운 후 다중 3D 프린터 헤드를 이용해 프린팅하는 방법이 개발되었기 때문이다. 이 기술은 아래부터 쌓아올리는 기존 방식과 달리 3D 프린터 헤드가 360도 어느 곳에나 위치할 수 있어 제작 속도가 빠르고 복잡한 제품 제작도 가능하다. 특히 보잉787이 탑재한 GE의 터보 팬 제트엔진은 3D 프린터로 출력한 부품을 60개 이상 내장하고 있다고 한다. 이와 같이 3D 프린터로 제작한 부품을 비행기 제작에 탑재할 수 있는 것은 3D 프리너의 주요 소재가 플라스틱, 나일론 분말일 뿐만 아니라 다양한 소재(금속, 세라믹 등)로 제작이 가능하기 때문이다.

보잉사는 군용기 및 민간항공기용으로 제작하는 부품 중 22,000여 종을 3D 프린터로 제작할 차비를 갖추었다.[59] 프랑스의 항공기 제조업체인 에어프랑스사는 2050년까지 모든 비행기 부품을 3D 프린터로 만들 것이라고 전망했다. 실제로 미국 GE는 이미 3D 프린터를 이용해 제트엔진용 티타늄 연료 주입구를 단 하나의 부품으로 복잡한 형태의 조형물을 만들 수 있다는 점이다. 3D 프린팅 기술이 없다면 연료 주입구를 만드는데 적어도 20개의 부품이 필요하다.[60]

거대한 비행기의 상당 부분을 3D 방식으로 만든다는 것은 항공기 제조를 비롯한 전 산업에 혁명을 불러일으킬 수 있다는 것을 알려준다. 이러한 급속한 3D 프린터 기술의 보급으로 에어버스(Airbus)사의 엔지니어들은 보다 3D 프린팅 기술을 업그레이드시켜 제트 항공기의 날개와 부품들도 제작하겠다고 발표했다.

3D 프린터가 각광받을 분야는 맞춤형 제작 방식의 특징을 살릴 수 있는 자동차 제조 분야이다. 이탈리아의 람보르기니 자동차 회사는 3D 프린터로 40,000달러에 달하는 슈퍼카 시제품 제조비용을 3,000달러로 줄일 수 있었다고 발표했다. 새로운 디자인에 대한 욕구가 다양하지만 비용 문제로 실현이 어려웠던 자동차 산업에 그야말로 충격이지 않을 수 없다.

독특한 자동차 생산방식으로 유명한 로컬모터스는 3D 프린터를 활용하여 자동차를 생산한다. 한국의 현대자동차, 어비 등을 비롯해 자동차 부품을 3D 프린터로 생산하는 기업들이 있지만 로컬모터스는 자동차의 거의 모든 부분을 3D 프린터로 생산한다.

로컬모터스의 모토는 고객이 원하는 디자인에 맞게 자동차를 생산한

---

59) 『스마트 테크놀로지의 미래』, 카이스트 기술경영전문대학원, 율곡출판사, 2017

60) 「3d 프린터 세상을 재창조하다」, 로프스미스, 내셔널지오그래픽, 2014년 12월

다는 것이다. 그러므로 대형 자동차 회사들과 달리 셀 생산 방식을 채택한다. 셀 생산방식은 BAAM(Big Area Additive Manufacturing)을 기반으로 해서 제작한다. 자동차를 조밀한 부품으로 나눠 개발하는 컨베이어 방식과 달리, BAAM은 자동차를 크게 나눠서 조립하는 방식으로 바디와 섀시, 대시보드, 콘솔, 후드 등을 합쳐서 출력한다.

이는 자동차의 조립과 생산을 매우 단순하게 해준다. '2015 디트로이트모터쇼'에서 로컬모터스는 '스트라티(Strati)'란 전기 자동차를 모든 사람들이 지켜보고 있는 가운데 3D 프린터로 44시간 만에 제작했다. 보통 3D 프린터를 통해 인쇄할 수 있는 크기는 30cm 이내지만, 자동차 제작용인 'BAAM'은 3m 길이의 물체를 만들 수 있다. 기존 방식으로 자동차를 생산할 시 필요로 하는 부품 수는 대체로 20,000여 개에 달하는데 셀 방식의 BAAM으로는 자동차 생산에 필요한 부품은 고작 40여개로, 무려 1/50으로 감소시킨다. 자동차 재료도 금속이 아닌 플라스틱인데 탄소섬유로 강화해 금속만큼 단단하다. 이러한 소재 사용으로 자동차 무게 200kg에 지나지 않는 초경량 자동차인데도 공식 테스트에서 시속 60~96km의 속력을 내면서 달렸다.[61] 3D 프린터로 장착된 로컬모터스는 구매자들이 온라인으로 원하는 디자인의 자동차를 주문하면, 바로 자동차 생산에 들어가는데 일주일 내로 자동차 생산이 가능하다.

3D 프린터로 활용한 자동차 제조방식은 자동차 산업의 큰 혁신을 불러올 것으로 보이는데 가장 큰 변화는 자동차 산업의 진입장벽이 낮아질 것이라는 점이다. 3D 프린터를 도입하면 대형 회사가 아닌 한 접근조차 불가능했던 자동차를 제조할 수 있다. 각 자동차 정비소에서 주문형 자동자

61) 「KISTI의 과학향기」, 이성규, KISTI, 2013

를 생산하는 것도 어려운 일이 아니다. 그만큼 새로운 일자리가 태어날 수 있다는 뜻이다.[62]

물론 현재 도로에 달리고 있는 자동차 전체를 3D 프린터로 제작한다는 것은 과장된 이야기다. 3D 프린터가 SF 영화의 단골 메뉴로 등장하는 만능복제기처럼 무엇이든 뚝딱 만들어내는 것은 아니기 때문이다. 사람들의 꿈은 3D 프린터가 자신이 원하는 어떤 구조든 그 구조로 개별 원자와 분자를 배열할 수 있는 능력을 갖추는 것이다.

학자들은 우수한 장비를 갖춘 공장의 경우 약 4분의 1 작업은 3D 프린터로 하고 나머지 작업은 다른 기계가 도맡아 하는 것이 가장 효율적이라고 제시한다. 3D 프린터는 프린트 인쇄 헤드를 장착하는 시스템 크기의 한계 때문에 제작할 수 있는 크기에 제한이 있기 때문이다. 또한 어떤 재료도 같은 프린팅 과정을 거쳐야 하므로 다양한 재료를 사용하는 데 한계가 있다. 더불어 3D 프린터의 가장 큰 단점은 작업 공정상 물건 제조에 몇 시간 또는 며칠이 걸릴 정도로 속도가 느리다는 점이다. 속도 문제는 앞으로 크게 개선될 것으로 생각되지만 여하튼 3D 프린터가 많은 장점이 있더라도 '만병통치약'은 아니라는 뜻이다.[63]

3D 프린터의 보편성은 프랑스의 앙트안 구필이 3D 프린터에 문신총(tatoo gun)을 장착해 문신을 새겨주는 기계를 만들었다는 것으로도 알 수 있다. 놀라운 것은 3D 프린터 문신시술기계는 프랑스문화부장관이 주최한 파리 디자인스쿨의 워크숍 기간 중에 출품된 것으로 프랑스 정부의 공인을 받았다는 뜻도 된다. 이 기계는 개조된 데스크톱 메이커봇 3D

---

62) 「3D 프린터로 자동차 만들다」, 유성민, 사이언스타임스, 2016.11.17

63) 『4차 산업혁명의 충격』, 클라우스 슈밥 외, 흐름출판, 2016

프린터에 문신 총(tatoo gun)을 장착한 것으로 피부 위에 그려진 펜디자인을 따라 문신을 새겨준다.[64)]

더욱 놀라운 것은 3D 프린터로 옷도 만들어 입을 수 있다. 손재주 많은 사람들이 직접 옷감을 재단하여 옷을 만들어 입기도 하지만 3D 프린터는 누구나 자신만 입고 싶은 옷을 만들어 입을 수 있다. 이를 증빙하듯 3D 프린터로 만든 옷을 주제로 한 패션쇼가 파리에서 개최되기도 했고 유명 신발브랜드인 나이키, 뉴발랑스가 신발 패션쇼를 열기도 했다. 미래학자 레이먼드 커즈와일은 3D옷이 활성화되면 완제품 옷이 무게 당 몇 원 밖에 되지 않을 것이라고 말했다. 실제로 옷의 도면만 갖고 있으면 그 자리에서 옷을 출력하여 입을 수 있는 것은 물론 간단하게 색상만 바꾸어 세계에서 유일한 옷을 입고 다닐 수 있다.[65)]

③ 다양한 크기 가능

학자들은 3D 프린터의 영향으로 영화 「맥가이버」, 「가제트」에 등장하는 장면들이 현실로 다가올 수 있다고 생각한다. 「가제트」에서 가제트 형사는 원하는 물건을 휴대하면서 위기에 대처하는데 이런 장면이 가능할 수 있게 만드는 초소형 3D 프린터도 개발되었다. 이 프린터는 780그램의 소형 박스 크기로 스마트폰 화면에 나타나는 이미지를 이용해서 직접 입체물을 만들 수 있다. 스마트폰에서 전용 앱을 실행하고 스마트폰 위에 3D 프린터를 올려놓으면 그대로 프린팅된다. 작고 가벼운데다 소음이 거의 없고 4개의 AA배터리로 동작 가능하므로 앞으로 필수 휴대품

64) 「이젠 3D 프린터로 문신시술까지」, 이재구, ZDNet Korea, 2014.04.05
65) http://samsungblueprint.tistory.com/463

즉 핸드백과 같이 보급될 수도 있다는 전망이다.

반면에 초대형 프린터도 가능하다. 일반적으로 3D 프린터는 소형이라는 개념을 뒤엎는 것으로 풍력발전소의 대형 블레이드도 신속하게 제작할 수 있다. 항공기에 소요되는 많은 대형 부품을 3D 프린터로 해결하는 시대가 멀지 않았다고 추정하는 이유다.[66]

(6) 3D 프린터의 활약

3D 프린터가 활약할 분야는 헤아릴 수 없이 많이 있다. 그 중 인간의 실생활은 물론 우주여행에도 큰 역할을 할 수 있을 것으로 기대한다.

① 의료 분야

3차원 프린터는 의료분야에서 보다 큰 역할을 할 것으로 기대한다. 2002년 미국 캘리포니아주립대 의대에서 100시간 가까이 걸리는 샴쌍둥이 분리수술을 22시간 만에 성공적으로 마쳤는데 일등공신은 바로 3D 프린터였다. 집도의였던 헨리 가와모토 교수는 샴쌍둥이가 붙어 있는 부분을 자기공명영상(MRI)으로 찍은 뒤 3차원으로 인쇄했다. 인쇄물에는 두 아기의 내장과 뼈가 마치 진짜처럼 세세히 나타나 있었다. 그는 내장과 뼈가 다치지 않도록 인쇄물을 자르는 예행연습을 한 후 진짜 수술에 들어갔다.

3D 프린터는 대형 병원에서 그야말로 효자로 활용될 수 있다. MRI나 컴퓨터 단층촬영(CT) 같은 3차원 영상장비를 구비하고 있으므로 3차원

66) 「3D 프린팅 기술의 동향과 3D 프린팅 기술에 의한 미래 산업 전망」, 신창식 외, 한국발명교육학회지, 한국발명교육학회, 제4권 제1호 2016.12.

인쇄물을 검토하여 영상으로 볼 때보다 뼈와 장기가 어떤 모양으로 얼마나 손상됐는지 이해하기 쉬워진다. 그러므로 환자의 몸을 3차원으로 찍은 뒤 3D 프린터로 인쇄한 골반 뼈 등 보형물을 만들면, 환자에게 꼭 맞게 이식할 수 있다.

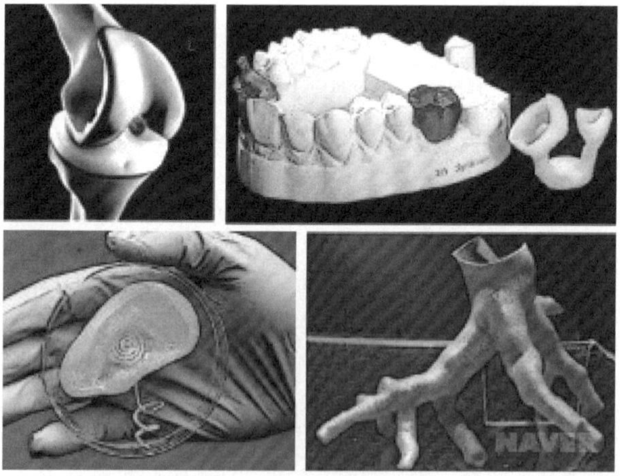

▶ 3D프린터로 만든 인공관절, 치아, 귀, 동맥

인공 치아(임플란트)나 인공관절 같은 보형물을 심으려면, 뼈에 공간을 마련하고 거기에 딱 맞는 보형물을 맞춰야 한다. 보형물이 너무 크면 다시 깎아야 하고 너무 작으면 보조물을 덧대 보완해야 한다. 사실 환자의 몸에 100% 딱 맞는 보형물을 만드는 일은 간단한 일이 아닌데 3D 프린터로 뼈 모형을 인쇄하고 뼈 사이에 있는 공간을 거푸집으로 삼으면 효율적인 보형물을 만들 수 있다. 캐나다 맥길대 제이크 바라렛 교수는 2007년 시멘트 가루에 산을 뿌려 '인공 뼈'를 인쇄하는데 성공했다. 작은 숨구멍이 숭숭 뚫려 있어 실제 뼈와 흡사하다.

더욱 놀라운 것은 혈관이 얽혀 있는 생체조직을 인쇄하는 것도 가능하다는 점이다. 이를 확대하면 언젠가 환자는 자신의 줄기세포를 층층이 쌓아올려 '살아 있는 장기'를 만들어 자신의 몸에 이식받을 수 있을 것으로 예상한다.[67] 미국 미주리대 가보 포르가츠 박사는 지름이 수백㎛(마이크로미터, 100만분의 1m)인 세포를 겹겹이 쌓아 압축하면 심장이나 간을 만들 수 있다고 발표했는데 일본 도야마 국립대 나카무라 마코토 교수가 살아있는 세포를 3차원 프린터로 쌓는 데 성공했다. 그는 장기를 수평으로 얇게 저며 층마다 세포가 어떻게 배열돼 있는지 분석한 뒤 그 정보에 맞춰 알맞은 세포를 쌓아 장기를 만들었다. 학자들은 현재 병원마다 X선 촬영이나 CT를 담당하는 방사선사가 있는 것처럼, 미래에는 '3차원 프린팅 기사'라는 직업이 생길 것으로 전망한다.

보청기 분야도 획기적인 진전이 예상된다. 과거의 보청기는 최소한 10년 이상 경력의 숙련공들이 정성 들여 깎고 다듬는 방식으로 제작했다. 그런데 3D 프린터가 등장하면서 숙련공의 손을 거치지 않아도 환자 귀 모양에 꼭 맞는 보청기를 곧바로 생산할 수 있게 된 것이다. 3D 프린트로 인해 보청기 제작 작업 속도가 빨라질 뿐만 아니라 불량률이 크게 낮아지고 고객들의 착용감 역시 예전에 비해 크게 좋아지는 것은 물론 가격이 획기적으로 내려감은 물론이다. 장기이식 수술이나 성형수술 등에도 3D 프린터는 큰 역할을 할 수 있다. 미래의 병원을 보자

'자영업자 K씨는 관상동맥질환으로 좁아진 혈관을 넓히는 스텐트 시술을 받아야 하지만 심장 근육 손상 정도가 심하고, 스텐트를 삽입해야 하는 혈관 부위가 복잡

---

67) 「3d 프린터 세상을 재창조하다」, 로프스미스, 내셔널지오그래픽, 2014년 12월

해 수술이 어려울 수 있다는 이야기를 들었다. K씨의 수술을 담당하는 의료진은 수술을 앞두고 김씨의 심장 CT를 3D 프린터에 입력해 몇 시간 만에 김씨의 심장과 똑같은 모양과 크기의 인공 심장을 만들었다. 이후 의료진은 수술에 사용할 도구를 이용해 모의 수술을 진행한 후 실제 수술도 성공적으로 마쳤다. 수술이 끝난 뒤, 의료진은 K씨의 줄기세포를 배양해 따로 보관한다. K씨에게 심장 이식이 필요한 상황이 생겼을 때 본인의 세포로 인공 심장을 즉시 만들어 이식할 수 있도록 하기 위해서다.'

다소 먼 미래의 일로보이지만 CT로 촬영한 이미지를 활용해 장기 복제품을 미리 출력하면 실제 수술 환자 장기의 어느 부분을 어떻게 절개해야 할지 미리 시뮬레이션하는데 도움이 된다. 또한 의사의 눈대중에 기대야 했던 성형 시술에서도 3D 프린터로 보형물을 제작하면 손상 전의 모양을 완벽히 재생할 수 있어 시술 후 부작용 발생을 크게 줄일 수 있다.[68]

그동안 의료계에서 3D 프린팅 기술로 보청기 · 틀니 · 의족 등 개인 맞춤형 의료 보형물을 제작하거나, 해부용 신체 제작, 수술 계획을 위해 활용하는 장기 등을 만드는 데 집중했다. 그러나 최근에는 앞의 설명처럼 사람의 줄기세포를 이용해 기존 장기와 동일한 기능을 하는 인공 장기를 만드는 바이오 3D 프린팅 기술 개발에 많은 투자를 한다. 세포를 이용한 3D 프린팅 기술이 상용화되면, 장기 이식 환자들이 기증자를 막연히 기다리지 않고 자신의 세포로 만든 장기를 바로 이식받을 수 있게 되기 때문이다.

3D 프린팅의 가장 큰 장점은 사용자 맞춤형 제품을 만들 수 있다는 점이다. 3D 프린터로 환자 맞춤형으로 만들면 효과가 좋아짐은 물론이다.

68) 「KISTI의 과학향기」, 이성규, KISTI, 2013

중앙대병원 신경외과 권정택 교수는 뇌출혈 등 수술을 할 때 뇌를 둘러싼 뼈를 어떻게 깎느냐가 수술의 성패를 결정하는 요소인데 3D 프린터로 수술 부위를 미리 만들어 가상 수술을 해보면 실제 수술 과정에서 발생할 수 있는 사고를 줄이고, 수술 성공률이 향상됨은 물론이다.

바이오 3D 프린팅 기술도 연구가 활발히 이뤄지고 있다.

미국 노스웨스턴대 의대는 젤라틴으로 만든 인공 난소에 난포 세포(난자로 자랄 수 있는 세포)를 붙여 배양하고, 이를 쥐에 이식했다. 인공 난소를 이식받은 암컷 쥐는 수컷 쥐와 교배를 통해 건강한 새끼를 출산했다. 심장도 주 연구 대상이다. 울산과학기술원은 초소형 심장을 만드는데 성공했다. 길이가 0.25mm인 인공 심장은 전기 자극을 주면 움직이고, 심장 박동 속도는 실제 심장과 동일하다.

미국 벤처기업 '오가노보'는 직접 개발한 3D 프린터를 이용해 간세포와 간성상세포, 내피세포 등으로 이뤄진 간 조직을 만들어 42일 동안 생존시키는데 성공했다. 해당 기간 동안 간 조직의 모든 기능은 정상이었다.[69]

한국도 3D의 여파가 밀려오지 않을 리 없다. 〈생산기술연구원〉은 생체 이식용 두개골을 3D 프린터로 정교하게 제작하여 성공적으로 환자에게 이식했다. 이 두개골은 티타늄 원료를 사용하여 기존에 사용되던 합금 인공 두개골의 95% 강도를 가진다.

〈농촌진흥청〉 누에고치에서 추출한 천연 소재인 실크단백질을 이용하여 부작용 없이 인체에 사용할 수 있는 부품 및 시스템 개발에 성공했다. 실크단백질로 고정판과 나사 등을 만드는데 성공한 것으로 고정판과 나사 등은 뼈 골절 시 사용하는 의료용 부품으로, 골절 부위가 다시 붙을

69) 「의료 보형물 맞추고, 자기 세포로 인공 장기 제작」, 이현정, 조선일보, 2017.09.20

때까지 뼈를 고정해주는 역할을 한다. 현재 의료 현장에서 사용되고 있는 뼈 고정판은 주로 금속이나 합성고분자로 만들므로 골절된 뼈가 완치된 뒤 이를 제거하는 2차 수술이 필요하다. 또한 합성고분자로 만든 고정판의 경우 체내에서 생분해돼서 2차 수술은 필요 없지만, 뼈를 고정해주는 힘이 약해서 뼈가 어긋나거나 벌어질 수 있으며 가격도 비싸다. 그런데 실크단백질로 만든 뼈 고정판은 압축 강도와 굽힘 강도가 합성고분자로 만든 것보다 강해서 뼈를 잡아주는 힘이 우수할 뿐 아니라, 생분해되는 특성까지 있어서 2차 제거 수술이 필요 없다. 가장 중요한 것은 환자 맞춤형으로 제작할 수 있다는 점이다.[70]

② 3D 푸드

3D 프린터의 놀라운 점은 식품 분야로의 진출이 가능하다는 점이다. 이것은 3D 프린터의 동작 방식이 케이크 위에 초콜릿 장식을 하는 것과 유사하기 때문이다. 한마디로 식품 분야에서 사용하는데 문제점이 없다는 뜻으로 밀가루와 설탕, 초콜릿으로 장미 모양이나 사람의 얼굴 모양을 한 입체 초콜릿을 만들 수 있고 쿠키, 라면과 같은 패스트푸드를 만들 수도 있다.

2011년, 영국의 엑스터 대학(Exeter University)은 초콜릿을 재료로 하는 3D 프린터를 개발했다. 컴퓨터에서 디자인된 3차원 설계에 따라, 초콜릿을 녹이고 짜내 얇은 층을 쌓아가는 방식이었다. 3D 프린팅으로 막상 먹을 수 있는 음식을 만들었지만 원료로 초콜릿만 쓸 수 있고, 프린팅 속도가 느리다는 점이 한계로 지적됐다. 하지만 3D푸드 프린터는 계

---

70) 「'누에'로 만든 3D 프린팅 소재」, 김준례, 사이언스타임스, 2016.11.01

속 업그레이드되어 이런 단점들이 개선되자 거의 어떤 음식도 만들 수 있는 단계로 발전했다.

2012년, 네덜란드 응용과학연구소(TNO)는 '스파이스 바이트(Spice bites)' 프로젝트를 진행했다. 이는 밀가루, 설탕, 지방으로 이루어진 파우더에 각각 카레, 계피, 파프리카, 생강을 첨가해 정육면체, 정사면체, 원기둥, 오각기둥 모양의 과자를 만드는 것이다. 이 프로젝트에서는 SLS 방식이 사용됐다. 레이저가 파우더에 열을 가하면 파우더 속의 설탕과 지방이 녹아 층층이 결합하는 방식이므로 조형이 끝나면 굽는 과정 없이 겉의 가루만 털어내고 먹을 수 있었다. TNO는 3D 파스타 프린터를 선보였다. 이 프린터는 FDM 방식으로 2분에 파스타 4개를 프린트했다. 특히, 다른 첨가제 없이 듀럼 세몰리나 밀가루(Durum wheat semolina)와 물만으로 일반 파스타와 똑같은 3차원 모양을 표현해냈다.

▶ 3D프린터로 만든 음식들

미국의 3D시스템즈(3D Systems)도 설탕을 정교한 모양의 사탕으로 만들어내는 프린터, 셰프젯(Chefjet)을 개발했다. 어떤 모양이라도 설계된 대로 프린트하는 것이 가능하며, 고급형의 경우 색상도 다양하게 입힐 수 있다. 가격도 저렴하여 일반형이 1,000달러, 고급형은 5,000달러 선이다.

스페인에서는 내추럴 머신(Natural Machine)사가 '푸디니(Foodini)'를 선보였다. 이는 반죽이나 페이스트를 넣어 다양한 종류의 파스타와 빵을 만들 수 있는 3D 푸드 프린터로, 보통의 3D 푸드 프린터들은 음식의 재료가 프린터 안에 장착되는 반면, 푸디니는 음식의 재료를 프린터 안의 캡슐에 채워 넣는 방식이다. 따라서 사용자가 원하는 재료나 영양을 고려해 자유롭게 반죽을 선택할 수 있다는 장점이 있는 동시에, 사용자가 반죽을 직접 만들고 프린트된 재료를 다시 조리해야 하는 단점도 존재한다. 즉, 요리 과정에서 손으로 빚기 어려운 모양을 대신 만들 순 있지만, 그 자체로 크게 일거리가 줄지 않는다는 단점이 있지만 가격이 약 1,500달러로 시장성이 높다.

3D 푸드 프린터가 업그레이드되면 음식을 보다 자유롭게 디자인할 수 있다는 장점이 생긴다. 다양한 3차원 형태의 구상 및 설계를 바탕으로 이전에는 구현하기 어려웠던 음식의 구성, 구조, 질감을 표현할 수 있게 된다. 3D 푸드 프린터를 이용한 자유로운 디자인의 대표적인 사례가 네덜란드 디자이너 끌로에 루저벨트(Chloe Rutzerveld)의 '먹을 수 있는 성장(Edible Growth)' 프로젝트다. 루저벨트는 3D 프린터를 이용해 포자와 효모, 씨앗의 혼합물을 담은 구멍 뚫린 동그란 형태의 과자를 개발했다. 약 5일 정도가 지나면, 이 과자 안에서 씨앗이 새싹을 틔우고, 이후

버섯이 자라나기 때문에 고객은 새로운 풍미와 영양을 즐기며 과자를 먹을 수 있다.

3D 푸드 프린팅은 개인의 취향과 필요에 따라 외적인 부분뿐 아니라 내용물과 영양소, 맛이 완전히 다른 개별적인 음식을 만들어낼 수 있다는 장점도 있다. 가령 특정 영양소나 물질에 취약한 병을 앓고 있는 사람이라면, 3D 푸드 프린팅을 통해 이를 정교하게 제거해내는 것도 가능하다. 특정 음식을 먹고 싶지만 그 안에 들어 있는 몇몇 재료에 대한 알레르기가 있어서 먹지 못했던 사람 역시 해당 재료만 말끔히 제거해 음식을 마음껏 먹을 수 있게 만든다.

음식을 씹거나 삼키기 어려운 노인과 환자를 위해 개별적인 영양식의 개발도 가능하다. 씹거나 삼키는 데 문제가 있는 사람들은 대개 퓨레 형식의 음식을 섭취하는데, 죽 같은 모양은 식욕을 떨어뜨리기 십상이다. 따라서 고기 같은 성분을 씹기 수월한 형태를 가진 닭다리 모양으로 프린트하거나, 당근 퓨레를 당근 모양으로 만든다면, 음식을 훨씬 친숙하게 섭취할 수 있다. 향후에는 3D 프린터를 이용해 모양뿐만 아니라 칼로리, 단백질, 비타민 오메가 3 등의 영양소를 얼마나 넣을지 정하는 것은 물론, 음식의 농도 역시 조절 가능할 것으로 기대된다.

학자들이 더욱 큰 관심을 보이는 것은 3D 푸드 프린팅 기술이 시공간을 뛰어넘어 수많은 사람들이 완벽하게 같은 질과 맛의 음식을 맛볼 수 있게 할 수 있다는 점이다. 조리법이 동일하다고 해도 어떤 사람이 어디에서 어떤 방식으로 요리했는가에 따라 음식의 질과 맛은 천차만별이 된다. 하지만 3D 푸드 프린팅 기술을 통해 시간과 공간의 제약을 뛰어넘어 언제 어디서라도 정확한 조리법, 즉 동일한 설계를 바탕으로 같은 수준의 질과 맛을 가진 음식을 만들어 여러 사람이 즐길 수 있다.

그러나 먹는 것을 기계로 만들어낸다는 것에 대한 우려가 있는 것은 사실이다. 특히 손에 들고 사용하는 물건과 달리, 몸으로 섭취해야 하는 것이 프린트된다는 것에 대한 거부감이다. 그러나 3D 푸드 프린팅 기술이 오히려 다양한 음식에 대해 개별적 차원의 접근성을 높여 재료와 음식에 대한 투명성을 키우는 계기가 될 수 있다는 주장도 있다. 슈퍼마케트와 재래 시장에서 반조리된 음식을 구입해 전자레인지로 음식을 만들어 먹는 것처럼, 조만간 프로그래밍된 조리법을 프린터에서 다운로드받고, 재료를 투입해 요리로 만드는 것이다.[71]

③ 건축 분야

사람들을 놀라게 하는 것은 딱딱하기 그지없는 건물도 3D 프린터로 만들 수 있다는 것이다. 기본적으로 3D 프린터는 평면을 의미하는 2D를 입체화시켰다고 이야기하지만 건물까지 3D 프린터로 만든다는 것은 그야말로 상상을 초래한다. 그러나 3D 프린터로 형태가 있는 것이라면 어떤 대상도 만들 수 있으므로 이상스럽게 생각할 것은 아니다.

2014년 4월 놀라운 내용이 발표되었다. 중국 상하이의 양주양신소재 주식회사가 3D 프린터 4대를 사용하여 단 하루 동안 200제곱미터의 집 10채를 건설했고 이후 수백씩 건설하고 있다는 것이다.

구조물 재료도 일반 건축물과 마찬가지인데 빨리 마르는 시멘트와 유리섬유를 사용하여 이를 조립했다. 또한 집안의 모든 가구나 필요한 물건도 프린트 가능하다. 즉 최종 목적지에 인쇄된 주택을 운반하고 조립하여

---

71) 「2016 한국이 열광할 12가지 트렌드」, KOTRA, 알키, 2015

고객에게 제공한다. 특히 내 집의 구조, 색상, 내부 인테리어를 지정하여 3D프린트사에 연락만 하면 내 집 터에 와서 프린트해주거나, 공장에서 프린트해서 자재를 운반하여 조립해주기만 하면 된다.

프린터로 건축자재를 만들어 조립한 것을 건축물이라 할 수 있느냐는 비아냥도 받았지만 사용된 '잉크' 즉 건축자재는 재활용이 가능하며, 산업폐기물이나 쓰레기로 만든 건축자재도 재활용한다. 건설비용은 한 채당 4,000달러 약 500만 원에 불과했다.[72)]

황량함과 추위를 대변하는 러시아에서도 3D 프린터로 만든 주택이 발표되었다. 러시아의 Apis Cor3D 인쇄하우스는 영하 35도의 날씨인데도 단 하루 만에 38제곱미터의 소형 주택을 건축했다고 발표했다. 이 역시 재료가 콘크리트이므로 구조적인 문제도 없다. 내장과 외장은 석고로 만들어 쉽게 도장 가능하며 폴리우레탄폼으로 단열처리하여 혹독한 시베리아 기후에 대처토록 했다. 재료를 복합수지로 만들면 혹독한 기후에 영향을 받지 않고 연중 건설할 수 있다. 3D 프린터로 만들었음에도 실내는 쾌적한 공간을 만들 수 있는데 건축비는 10,134달러에 불과했다. 일반적으로 현재의 기술로도 기존 건축비보다 70% 이상 절감할 수 있다고 평가된다.[73)74)]

하루 만에 프린트되는 집들은 약간의 엔지니어링 작업, 설비, 캐비닛, 배관, 전기공사, 난방 및 에어컨 등은 모듈화로 해결한다. 즉 덕트, 배관, 배선 채널구조는 인쇄할 수 있고, 물, 전력, 히터만 추가하면 금방 들어가서 살 수 있는 집이 된다. 또한 홍수, 화재, 흰개미 등의 공격에서 건물이 손상되었을 때 집을 새로 짓는 것이 아니라 손쉽게 프린트하여 집을

---

72) http://samsungblueprint.tistory.com/463

73) http://zerosevengames.com/220951891703

74) 「3D 프린터로 하루만에 지은 집…"175년 버틴다"」, 민형식, 2017.08.03

마련한다. 집을 다시 프린트할 수 있다면 수십 년 동안 도시를 유령화로 인해 비어있는 주택들을 제거하고 새로운 주택을 프린트해서 도시를 재건할 수도 있다.

▶ 러시아에서 3D 프린터로 만든 주택. 하루에 만든 집으로 석고로 만든 내외장

▶ 러시아에서 제작한 건축용 3D 프린터

이때 심각한 타격을 받는 분야는 보험과 부동산 시장이다. 건축물의 희소성이 대부분 사라지고 누구나 다 프린트한 집을 보험에 들 필요가 없

다. 주택을 불연성 재료로 인쇄하면 더 이상 화재보험도 들 필요가 사라진다. 한마디로 수백만 원짜리 집에 화재보험을 넣을 사람이 거의 없어진다. 보험에 대한 필요성이 제거되는 시대가 올 수 있다는 것이다.[75]

3D 프린터 기술의 발전은 싼값으로 아파트나 콘도 등 고층 건물에도 건설할 수 있다. 실제로 네덜란드 건축사들은 '방제조기'라는 뜻의 6미터짜리 카머르메이커(KamerMaker)라는 건축용 프린터를 자체개발했다. 이 프린터는 커다란 빌딩이라도 조각내어 레고처럼 조립하는 형식으로 건설할 수 있다. 3D 프린터는 궁극적으로 DIY(Do It Youself) 스타일로 원하는 형태의 건물을 자유롭게 짓게 만들 수 있다. 학자들은 현재 3년의 공사기간이 걸리는 건축물이라면 3주일로 단축시킬 수 있다고 예상한다. 이들의 장점은 건설폐기물이 사라지고 운송비가 절감되며 건물을 Demolition할 때 녹여 재활용할 수 있다는 점이다. 한마디로 건축/건설업의 판도가 바뀌는 것이다.[76]

전문가들이 3D 프린터로 만든 집이 폭발적인 인기를 끌 것으로 추정하는 것은 자신이 프린터하여 만든 집에 살다가 마음에 들지 않으면 비용이 저렴하므로 다른 구조로 또다시 손쉽게 프린트하여 완전히 새로운 집으로 이사할 수 있다는 점이다. 미래 세대의 유목생활에 가장 적합한 주택이 프린트된 주택으로 이 기술은 종래 집짓는 건설업체를 파괴하는 킬러 어플이 될 수 있다는 것이다.

네덜란드에서 '3D 프린팅 기술'로 만든 자전거 전용 콘크리트 다리가 등장했다. 길이 8미터의 이 다리는 자전거 전용 도로로 일반 차량이 다닐

---

75) http://harmsen.blog.me/220104801579
76) http://samsungblueprint.tistory.com/463

수 있는 것은 아니지만 다리 전체를 3D 프린터로 만들었다. 3D 프린터로 콘크리트 구조물을 만든 뒤 현장에서 이를 조립해 다리를 완성한 것으로 3D 프린팅 기술이 건설업에 새로운 가능성을 열어줄 뿐만 아니라 환경친화적으로 주목을 받았다. 특히 건축에 필요한 만큼만 프린트하기 때문에 사용하고 남는 원자재가 적고, 건축 쓰레기도 그만큼 줄어들게 되며, 가격이 싸고 공사 기간이 전통적 방식에 의한 건설보다 짧은 장점이 있다.[77]

▶ 네덜란드에서 3D 프린팅 기술로 만든 자전거 전용 콘크리트 다리

대형 건축물을 설계할 때 모형을 만드는 것은 매우 중요하다. 모형을 만들어보면 실제 건축할 때 발생할 수 있는 문제점들을 사전에 체크할 수 있기 때문이다. 그런데 3D 프린터는 제작하기 어려운 모형을 간단하게 해결한다. 건축 모델링 서비스 업체 중의 하나인 〈모델지움〉은 용산지구 전체 개발 지역을 3D 프린터를 사용하여 축적 모형으로 제작했다. 새롭게 개발되는 용산지구는 620m 높이의 랜드마크 타워를 비롯해 20동에 이르는 상징적인 신축 건물들로 구성되었는데 이를 간단하게 3D 프린터

77) 「네덜란드에 3D 프린팅 기술로 만든 자전거 전용 다리 등장」, 김병수, 연합뉴스, 2017.10.19

로 해결한 것이다. 3D 프린터가 모형업자들이 4차 산업혁명시대에 살아남는 방법을 간명하게 보여주었다고 볼 수 있다.[78)]

④ 우주 개발

3D 프린터의 활약은 우주로도 이어진다. 3D 프린터로 우주에서 직접 필요한 물건들을 만들 수 있기 때문이다. 현재 지구에서 우주선에 물건을 쏘아 보내는 데 1kg 당 약 5,000만 원의 비용이 들지만 3D 프린터로는 이들 물건들을 우주에서 직접 만들어 절대 경비를 줄일 수 있다. 실제로 미국의 NASA는 2014년 국제우주정거장에서 3D 프린터로 물건을 제작하는데 성공했다고 발표했다.[79)]

특히 3D 프린터는 장거리 우주여행, 화성유인탐사는 물론 화성의 지구화(텔레포밍)에도 큰 도움을 줄 것으로 전망된다. 화성까지 현재의 우주선 능력으로는 단행으로 8개월 정도 걸리지만 이를 절반으로 단축하더라도 왕복에 1년 정도가 걸린다. 문제는 그동안 맛없기로 유명한 우주식량으로 배를 채워야 한다.

이런 문제 해결에 3D 프린터가 나섰다. 장거리 우주여행에서 먹는 일은 아주 중요한데 우주선은 공간이 제한적이라서 적재량에 문제가 있고 요리할 수 있는 환경을 갖추는 것도 불가능에 가깝다. 원리는 간단하다. 우선 우주여행용 음식에 필요한 재료를 모두 가루 형태로 만들고 이를 3D푸드 프린터로 음식을 만드는 것이다. 초콜릿을 입힌 쿠키는 물론 피자도 만들 수 있다. 피자를 인쇄 방법은 매우 간단하다.

---

78) http://blog.naver.com/cream9371/100180282915
79) 『스마트 테크놀로지의 미래』, 카이스트 기술경영전문대학원, 율곡출판사, 2017

'뜨겁게 달군 쟁반 위에 도우를 인쇄한다. 쟁반이 달궈져 있어 인쇄와 동시에 도우가 구워진다. 이 위에 가루 형태로 저장해둔 토마토소스를 물과 기름을 섞어서 인쇄한다. 마지막으로 맛있는 단백질 층을 쌓아 토핑을 하면 완성된다.'

모든 재료를 가루로 만들어 합성하기 때문에 단백질 층 재료는 동물이나 우유, 식물을 포함해 어떤 것을 사용해도 문제가 없다. 3D푸드 프린터는 재료도 모두 가루 형태로 만들어 쓰기 때문에 원재료를 다양하게 바꿀 수 있다는 큰 장점이 있다. 단백질 성분으로 고기류 대신 벌레나 콩과 같이 자연에 널려 있지만 직접 먹기에 거부감이 있거나 잘 먹지 않는 수많은 동식물도 음식 재료로 사용할 수 있다는 얘기다. 해조류나 풀, 각종 씨앗, 벌레 같은 다양한 요소를 음식으로 활용한다면 지구 환경 보호에도 크게 기여할 수 있다. 3D 프린터로 달이나 화성에 기지를 세울 수도 있고, 지구에서처럼 맛있고 다양한 음식을 먹을 수도 있다는 것은 달이나 화성에서 장기간 머무는 지루한 우주여행을 보다 유쾌한 환경으로 바꿀 수 있다는 뜻이다.[80)]

(7) 3D 프린터의 악용

많은 사람들이 3D 프린터에 기대를 걸고 있지만 3D 프린터도 장점만 있는 것은 아니다. 가장 우려되는 점은 3D 프린터를 이용하여 개인 살상 무기를 생산할 수 있다는 점이다. 이는 비전문 총기 제작자가 3D 프린터를 사용해 반자동소총인 AR-15의 하부를 만드는데 성공했다. 총알을 담는 부분인 하부는 현재 각국에서 가장 강력하게 규제하고 있는 대상으로

80) 「KISTI의 과학향기」, 박응서, KISTI, 2013

여기에 총의 일련번호가 표시된다.

한 독일 해커는 엄격한 통제를 뚫고 경찰의 수갑 열쇠를 3D 프린터로 복사하기도 했다. MIT의 닐 거쉰펠드 박사의 제자 2명은 미국 교통보안청의 여행용 가방을 열 수 있는 마스터키를 만들었다. 결국 3D 프린터에 위조 행위를 추적할 수 있어야 한다는 주장이 제기되었지만 규제가 현실적으로 불가능하다는 지적이다. 한마디로 3D 프린터가 각 집에 하나씩 보급된다고 할 때 프린터에서 생산하는 것은 각자의 능력에 따라 다양할 수 있으므로 이를 규제할 수 없지만 3D 프린터를 무조건 무기 제작기구로 생각할 이유는 없을 것이다.[81]

3D 프린터가 4차 산업혁명에서 한 축이 된다면 일자리 문제가 상당한 논쟁을 야기시킨다. 우선 3D 프린터가 제조업 민주화에 기여할 수 있다는 것에는 많은 학자들이 동조한다. 자본이 제조업 시설을 독점하고, 이를 통해 얻는 잉여생산물로 자본을 증식하게 된 산업혁명 이후 처음으로 자본이 아닌 보통 사람들도 제조업의 본질에 가까이 다가갈 수 있게 되었기 때문이다. 심지어는 인터넷의 발명 이후 3D 프린터의 대중화를 또 다른 산업혁명으로 부르기도 한다. 에드 포레스트 박사는 3D 프린팅 기술이 사회에 미칠 영향으로 다음과 같은 네 가지를 꼽았다.

① 거의 모든 것을 제작할 수 있도록 돕는다.

② 노동·조립·유통 단계의 비용 절감을 가져온다

③ 네트워크화의 영향으로 크라우드소싱과 협업을 이끈다.

④ 지리경제학에까지 영향을 미친다.

---

81) 『4차 산업혁명의 충격』, 클라우스 슈밥 외, 흐름출판, 2016

네 번째 변화와 관련한 지리경제학적 관점은 3D 프린팅이 가져올 밝은 미래와 어두운 미래 모두를 포함한다. 3D 프린터를 통해 누구나 낮은 가격에 간단하고 빠르게 필요한 물건을 만들어 낼 수 있다면, 제조업의 역할이 지금보다 떨어질 것이라는 예측은 상당히 유효하다. 이는 각국 제조업 노동자들에게 상당한 파급을 가져올 수 있는데 한마디로 일자리 감소라는 어두운 문제가 자리잡게 된다는 것이다. 미국의 비즈니스 전문 온라인 잡지 〈아비트리지매거진〉은 3D 프린팅 기술에 대해 다음과 같이 논평했다.

'3D 프린팅 공정은 의심의 여지없이 저임금 일자리를 위협한다.'[82]

3D 프린터의 럭비공이 어디로 튈지 모르지만 저렴한 3D 프린터 덕분에 자신이 필요한 상당수 물건들을 자신이 직접 만들 수 있다는 것은 상쾌한 일이지 않을 수 없다. 단 저임금 일자리를 위협할 수 있다는 우려에 현명한 대안이 마련될 수 있다면 말이다.

---

82) 『3D 프린팅』, 오원석, 커뮤티케이션북스, 2016

제4차 산업혁명 시대로 들어선 미래에 주축이 될 것으로 생각되는 분야 중 하나가 드론(Dron), 즉 무인기다. '낮게 웅웅거리는 소리'를 뜻하는 '드론'은 벌이 웅웅대며 날아다니는 소리를 따라 붙여진 이름이다. 영어 사전에서는 드론을 '수벌' 또는 '윙하는 낮은 소리'라고 표기된다. 일정한 소리를 지속한다는 의미를 가진 음악용어로 설명하는 사전도 있다.[83]

드론은 기본적으로 무인으로 움직이는 사물을 말한다. 그러므로 드론은 지상, 수중, 하늘에서 움직이는 것을 총괄하기도 한다. 그러나 일반적으로 드론이라면 무인항공기 또는 무인비행체를 의미하는데 드론을 항공물체로 적용한다면 무인항공기(UAV, unmanned Aerial Vehicle/Uninhabited Aerial Vehicle) 또는 무인항공기 시스템으로 부르는데 우선 일반적으로 조종사가 탑승하지 않은 상태에서 지상에서의 원격조종 또는 사전에 입력된 프로그램에 따라 또는 비행체 스스로 주위환경을 인식하고 판단하여 자율적으로 비행하는 비행체 또는 이러한 기능의 일부나 전부를 가진 비행체계를 말한다. 여기에서 무인항공기는 단순히 지상으로부터 무선에 의해 원격으로 비행하는 무인비행체를 말하며 항공용 드론은 사전 입력된 프로그램에 따라 비행하는 무인비행체를 말한다.[84] 법적으로 무인항공기는 항공기에 조종사가 탑승하지 않고 자동 또는 원격으로 비행이 가능하며 1회용 또는 회수할 수 있어야 한다고 정의한다.[85]

83) 『하리하라의 과학 블러그(2)』, 이은희, 살림, 2005
84) 「드론(UAV) 특허에 대한 동향」, 고우진 외, 한국발명교육학회지, 한국발명교육학회, 제4권 제1호 2016.12.

비행체의 규모로 특성을 정하기도 하는데 150kg 이상은 무인항공기, 미만은 무인항공장치라고 부르며 흔히 부르는 드론은 후자에 속한다. 그러나 항공으로만 생각하면 무게 25g의 초소형부터 무게 12,000kg에 40시간 이상의 체공 성능을 지닌 대형까지 존재한다.

「아이 인 더 스카이'(Eye in the Sky)」는 드론(drone)이 어떤 것이냐를 과학적으로 이해하는데 손색이 없는 영국 전쟁영화이다. 테러리스트 암살과정을 통해 드론이 어느 정도까지 응용이 가능한지 실제적으로 보여주는 드론 종합 설명서라고도 볼 수 있다.

'영국, 미국 그리고 케냐 합동으로 케냐에서 활동하는 테러리스트를 잡기 위한 작전이 벌어진다. 영국인 2명, 미국인 1명, 그리고 알 샤바브 테러 지도자들이 케냐 수도 나이로비 외곽에서 모인다. 작전 팀은 미국이 정한 2, 4 5번 테러리스트가 한꺼번에 모인 절호의 기회로 여긴다. 3개국 연합팀은 이들을 생포 작전 계획을 세우는데 지휘는 영국, 상황에 따라 이들을 향해 발사할 헬파이어 미사일 조작은 미국 본토에 있는 미군기지 관할이다. 생포 작전에 실제 투입될 케냐 특수군은 나이로비에서 대기하고 있다.'

놀라운 것은 드론이 이들의 모든 행동을 샅샅이 감시한다는 점이다. 새의 모양을 한 드론은 저택 입구에 새처럼 앉아서 누가 드나드는지 감시를 하고, 얼굴 사진이 찍히면 인공지능으로 신원을 파악한다. 테러리스트가 이동한 집 안으로 드론이 따라 들어간다. 집 주위로 다가간 현지 공작원이 컴퓨터 게임을 하듯 조작해서 벌레만한 드론을 들여보내자 2명의 자살폭탄 테러리스트에게 자살폭탄 조끼를 입히는 장면이 잡힌다.

---

85) 『스마트 테크놀로지의 미래』, 카이스트 기술경영전문대학원, 율곡출판사, 2017

생포 작전은 사살 작전으로 급히 변경되고, 영국의 작전 사령관이 미국 장교에게 헬 파이어 미사일 발사 명령을 내리지만, 아무것도 모르는 어린 소녀가 그 집 담 옆으로 엄마가 구워준 빵을 팔러 오자 고민이 생긴다. 테러리스트를 사살하기 위해 미사일을 발사하면 소녀는 치명상을 입으므로 소녀를 살리기 위해 미사일 발사를 중단할지 또는 자살폭탄조끼를 입고 거리로 나와 수십 명 넘게 살해할 테러리스트를 암살할 것인지 결정해야 한다. 고난도 5차 방정식 같은 현대 전쟁의 와중에 해결책은 매우 복잡하지만 드론의 역할이 앞으로 상당히 깊숙하게 인간의 생활에 접목될 수 있음을 시사한다.[86)]

(1) 군용으로 개발된 드론

드론은 원래 군사용으로 개발되었다. 드론의 탄생은 매우 특이하다.

무인기는 통신 기술이 발달하면서 본격적으로 개발되기 시작하여 제1차 세계대전이 한창이던 1910년대에 이미 개발되기 시작했고 1918년 경 미국에서 '버그(Bud)'라는 이름의 무인비행체가 처음 개발된다. 그러나 드론의 본격적인 개발은 제2차 세계대전이 끝났을 때부터이다. 전쟁이 종식되자 수많은 유인항공기들이 소위 실업자가 되었는데 이들 수명이 다한 낡은 유인 항공기를 공중 표적용 무인기로 재활용하기 위해 변경시킨 것으로 소위 폐품처리용이다. 그런데 이런 폐품처리용 무인기가 적진에 투입되어 정찰 및 정보수집 임무를 수행할 수도 있다는 생각으로 용도를 변경하자 무인기의 장점은 곧바로 나타나기 시작했다. IT 및 추적 기술이 획기적으로 개선되자 원격탐지장치, 위성제어장치 등 최첨단 장비

86) 「테러범 암살하는 드론 사용설명서」, 심재율, 사이언스타임스, 2016.07.28

를 갖추고 사람이 접근하기 힘든 곳이나 위험지역 등에 투입되어 정보를 수집하거나 특수 임무에 적격이기 때문이다.

드론은 구동형태에 따라 여러 가지로 제작되는데 날개가 기체에 수평으로 붙어있는 고정익형, 날개의 회전을 이용하는 회전익형, 고정익형과 회전익형을 결합한 혼합형으로 나뉜다. 그중 혼합형은 이착륙할 때는 회전익형의 장점을 활용하고 상공에서 비행할 때는 고정익형의 장점을 활용토록 한다.[87]

드론이 가장 중요하게 활용되는 곳은 군용이다. 군사적으로는 공격용 무기를 장착하여 지상군 대신 적을 공격하는 공격기의 기능도 갖추어 본격적인 무인기로 활용되기 시작했다. 실제로 미군은 현재 수많은 군 작전에 무인항공기 드론을 투입하고 있다. 육식동물, 포식자를 뜻하는 '프레데터(Predator)'로 불리는 RQ-1 드론은 1980년대 美 국방부 펜타곤 내 국방위고등연구계획국(DARPA)이 개발한 군사용 무인 항공기다. 이런 드론들은 이라크 전쟁 등 여러 실전에 투입되어 맹활약했다. 2001년 아프가니스탄에서 미 중앙정보국(CIA)이 대전차 미사일 헬파이어 등으로 중무장한 드론(Killer Drone)이 탈레반과 알카에다를 공격하는 데 활용하면서 그 효율성을 확인받았으며 2009년 아프가니스탄에서 '칸다하르의 야수'란 별명을 얻었다.

그러나 군에서 사용되는 드론은 비밀 사항이므로 상세가 잘 알려지지 않는데 2011년 이란으로부터 모습을 드러냈다. 이란이 미국이 비밀리에 활용하던 RQ-170 드론을 전자공격으로 격추했다는 것이다. 이 발표는 당시 이란이 드론의 '역기술'을 개발하는 데 결정적인 자료가 될 수 있기

87) 『스마트 테크놀로지의 미래』, 카이스트 기술경영전문대학원, 율곡출판사, 2017

때문에 큰 주목을 받았다. RQ-170은 길이 4.5m, 폭 26m, 높이 1.84m 다. 레이더와 정찰, 정보 수집, 통신 장비 등이 탑재되어 있는 것은 물론 최첨단 스텔스 기능도 갖췄다.

Q-170은 레이더 탐지에 걸리지 않는 스텔스 기능을 갖고 있고, 같은 장소에 오래 머물면서 움직이는 것의 영상을 전송할 수 있는데다, 핵 연구용 화학물질을 감지할 수 있는 센서가 탑재되어 있다. 미국이 2009년 북한의 핵 프로그램을 감시하기 위해 한국에 보내기로 한 무인기도 RQ-170이다. 미국은 2010년 기준으로 무인기를 7,000여대 운용하고 있는 것으로 알려져 있다.

▶ Q-170은 스텔스 기능과 정찰, 정보 수집, 통신 장비 등이 탑재되어 있다.

드론이 각광받는 것은 적에게는 공포의 대상이지만 아군에게는 효자이다. 문제는 드론의 기본이 원격조종인데 완전무결하지 않으므로 오폭도 많아 많은 일반인들이 희생되었다는 점이다. 미국 CIA가 2004년부터 2014년까지 10년간 파키스탄에 드론 400대를 투입했는데 미국 비영리뉴스 제공기관인 〈탐사보도국〉은 미국의 드론 공격으로 2,000～3,000명 이상의 희생자가 생겼는데 이중 민간인이 약 400명 그리고 200명 이상이 비전투원일 가능성이 있다고 보도했다. 영국 〈NPO 탐사보도국〉은 2004년 6월부터 2012년 10월 사이에 미국이 파키스탄에 346번 드론 미사일로 공격하여 사망자수는 2,570～3,338명이라고 했다. 당시 민간인 희생자의 수는 발표하진 않았으나 전문가들은 민간인 희생자의 비율을 18～26%로 추산했다. 이러한 민간인의 희생은 예멘, 소말리아에서도 이어졌는데 민간인 희생자는 7～33.5%에 달한다. 드론이 적군과의 교전, 테러리스트 추적, 체포에 도움이 되지만 오폭으로 죄 없는 일반인들도 죽음으로 몰아넣어 드론이 '무자비한 암살자'라는 이미지가 따라다니는 것도 사실이다.[88]

한편 미국은 2006년 이후 파키스탄 지역에서 무인기로 살해한 테러요원이 1,900명에 이르며 2010년 파키스탄 지역에서 무인폭격기로 무장대원 600명을 살해했는데 민간인 사망자는 한 명도 없었다고 밝혔다.[89]

물론 이 발표를 액면 그대로 믿는 것은 아니다. 사실 군용 드론의 안전기록을 보더라도 드론의 피해는 생각보다 많이 있다. 미 공군의 발표에 의하면 2001년부터 미 공군의 대표 드론인 프레데터, 글로벌호, 리퍼가 일으킨 사건만 해도 120여 건이 넘는데 이 숫자에는 육군, 해군 혹은CIA가 가동시킨 드론은 포함되지 않았다. 더구나 실수로 민간인이나 미군, 혹은 연합군을 죽인 드론 공격도 포함되지 않았다.[90]

---

88) 『하리하라의 과학 블러그(2)』, 이은희, 살림, 2005

89) 「美 공격에 맞서는 '역기술' 개발 가능해져… 직접 분석하기보다 中 · 러 등에 機體 팔듯」, 임민혁, 조선일보, 20111210

여하튼 미국은 드론을 다방면으로 활용하는데 2014년 미군은 테러 조직 탈레반의 사령관 칼리파 오마르 만수르가 탄 차량을 공격할 때도 드론을 활용했다. 탈레반은 130명의 목숨을 앗아간 학교 테러로 미군의 추적을 받았는데 미군은 드론으로 공격하여 만수르와 수행원 3명을 사살했다. 2015년 4월 미군은 드론을 이용해 소말리아에서 극단주의 이슬람 무장단체 알샤바브의 핵심 지도자를 사살했다. 투입된 드론이 소말리아 남부 지리브 인근 케냐와의 접경 지대에서 알샤바브 고위 지도자 하산 알리 드후레가 탄 차량을 폭격한 것으로 알려진다.

군사용 드론의 가장 큰 장점은 인간 병사를 직접 투입하지 않고도 작전 지역의 사전 탐지를 통해 지형지물 탐색은 물론 위험 상황을 대비할 수 있게 해준다는 것이다. 목표물과 주변 지역 파악이 끝나면 원격 조정을 통해 드론 및 로봇 전투기로 공격해 작전을 수행함으로써 위험성은 낮추고 효율성을 높인다.[91]

한국군도 공군과 육군에 UAV를 도입하여 운용하고 있다. 무인 정찰기 '송골매'는 정찰 지역에 다다르지 않고서도 영상정보를 수집하거나 신호정보를 탐지할 수 있는 첨단기술을 갖추고 있다. 길이 4.8m, 높이 1.5m, 날개폭 6.4m를 갖고 있는데 시속 150km, 작전 고도는 3km이다. 또 다른 무인기인 '리모아이'는 터치스크린 방식의 지점 이동이 가능하며 10배 줌이 되는 13만 화소 카메라가 장착되었다. 야간 작전을 위한 적외선 카메라(IR) 장착도 가능하다.[92] 드론의 종류는 다양한데 군용을 포함하여 대체로 다음 5가지로 분류한다.

---

90) 「민간용으로 주목받는 무인항공기」, 존 호건, 내셔널지오그래픽, 2013년 3월
91) 「미래 전쟁의 주역은 '로봇과 드론'」, 조인혜, 사이언스타임스, 2017.02.28.**
92) 「육 · 해 · 공 누비는 '드론 기술'…군사용서 민간으로 확산」, 김인현, 라이프, 2015.04.29

① 정찰용 : 특정지역에 대한 실시간 감시, 정찰 및 정보 수집을 수행한다. 행동반경 및 작전운용 가능시간에 따라 근거리・단거리・장거리 무인항공기로 구분된다.

② 전투용 : 유인 전투기를 대체하여 공중 전투 및 지상 폭격 임무도 수행한다.

③ 전자전용 : 무인으로 전자전 임무를 수행하는 항공기를 뜻하며 통신감청, 전자정보수집, 방향탐지 등의 임무를 수행한다.

④ 무인전투기 : 무인전투기는 공격용 무인항공기와 달리 자폭하는 것이 아니라 유도탄 등으로 무장하고 공대지 또는 공대공 전투 임무를 수행한다.

⑤ 통신 중계용 : 통신용 저궤도 위성을 대체하는 고고도 장기체공 무인항공기로 통신 중계기의 역할을 담당한다.[93]

여러 목적의 드론이 있지만 기본적으로 촬영용 카메라, 지상의 조종자와 연결하는 통신 부품, 정확한 경로를 비행하기 위한 GPS나 자이로스코프(회전의) 등이 탑재된다. 촬영한 영상・사진을 담는 저장 장치와 각종 센서도 있는데 이들 모두 스마트폰에 들어가는 기술이다.

(2) 쿼드콥터 등장과 국방 규제 해제

드론이 제4차 산업혁명의 총화로 등장할 수 있게 된 배경에는 국방상 규제가 해제되었기 때문이다. 드론이 하늘을 난다는 것은 여러 가지 보안

93) 「드론(UAV) 특허에 대한 동향」, 고우진 외, 한국발명교육학회지, 한국발명교육학회, 제4권 제1호 2016.12.

상 문제점을 노출시킬 수 있으므로 각국에서 규제 일변도였고 허가 분야도 취미생활 정도의 사진 찍는 등 가벼운 용도로만 국한되었다.[94)]

특히 미 연방항공국(FAA)은 취미생활을 넘어서는 영리 활동에 드론을 투입하는데 대해 엄격한 규제를 시행해왔다. 부동산거래는 물론 농업 활동에 이르기까지 드론을 활용하려면 미정부의 엄격한 절차를 통해 허가를 받아야 했는데 이 규제가 풀린 것이다. 이 같은 해제는 드론의 기술 개발 때문이다. 2010년 AFP통신은 「아이폰으로 조작하는 소형 헬리콥터 등장」에서 다음과 같이 보도했다.

'AR드론은 무선 LAN을 거쳐 아이폰과 아이팟 터치로 조종할 수 있는 네 개의 프로펠러를 가진 소형 헬리콥터다. 아이폰과 아이팟 터치의 가속도 센서를 사용해서 조종한다. 무게가 겨우 300그램 정도인 AR드론에는 비디오카메라가 탑재되어 있어 조종석에서 본 장면을 스트리밍 재생할 수 있다.'

아이폰 앱을 사용하면 간단히 날리고 조작할 수 있으며 손쉽게 공중 촬영이 가능하다는 뜻이다. 그때까지 군사기술이란 이미지가 강했던 드론을 누구나 친근하게 사용할 수 있다는 뜻이다. 2015년 3월 20일 비즈니스정보사이트 〈위즈덤〉이 다음과 같이 쓰고 있다.

'고도의 드론 기술을 민간 서비스에 활용하자는 이야기는 예전부터 있었다. 그러나 군사 드론은 고정날개형이 주류로 이착륙에 넓은 공간이 필요해 민간에서 활용하기 어려웠다. 그러던 중 2007년경 등장한 쿼드콥터는 이런 상황에 큰 변화를 가져왔다. 네 개의 로터를 가진 소형 헬리콥터는 수직 이착륙할 수 있고 일반 가정

94) 「美 공격에 맞서는 '역기술' 개발 가능해져… 직접 분석하기보다 中 · 러 등에 機體 팔 듯」, 임민혁, 조선일보, 2011.12.10

의 현관 앞에서도 이착륙할 수 있다. 또한 공중에서도 정지할 수 있는 높은 조작성도 주목을 받았다.'

쿼드콥터는 네 개의 로터(회전날개)를 회전시켜 비행하는 무선조종헬리콥터이다. 당시에도 일반 헬리콥터와 마찬가지인 싱글콥터가 원격조정으로 공중촬영, 농약살포, 구조 활동 등 산업분야에서 활용되었지만 조종이 어렵고 초보자가 다루기 힘들었다. 그러나 쿼드콥터는 동시에 균형을 맞추면서 로터를 회전시켜 전후좌우, 360도는 물론 상승과 하강비행도 가능하며 높은 안정성 그리고 가장 중요한 덕목으로 조종도 어렵지 않았다.

이를 멀티콥터로 부르기도 하는데 로터는 반드시 4개로 제한되는 것은 아니다. 즉 기체 크기와 상관없이 여러 개의 프로펠러를 접목할 수 있다. 여러 개의 프로펠러를 사용하면 공중비행의 모든 작동이 가능하다.

싱글콥터 즉 헬리콥터는 메인로터(회전날개)가 양력과 추력을 만들고 작은 테일로터가 메인로터의 반회전토크를 상쇄시키면서 비행한다. 밸런스 확보와 로터 두 개의 회전수 조정 등은 상당한 고도의 테크닉이 필요하다.

반면에 멀티콥터인 드론은 전후좌우가 각각 회전방향이 다르며 프로펠러의 회전속도 역시 각각 조절할 수 있다. 여러 개의 프로펠러 회전수를 자이로 센서가 제어하면서 드론을 안정시킨다. 각 프로펠러의 회전속도를 늘리고 줄여 상하, 전후, 좌우로 방향전화을 한다. 프로펠러의 회전방향은 각각 다르며 이러한 회전 차이가 기체의 역회전을 상쇄해서 호버링(공중정지)을 가능케 한다.

특히 드론의 안정성 비행을 위해 프로펠러 회전속도 조절과 기체의 비행자세 안정화를 위해 초소형 마이크로칩 컴퓨터가 탑재되어 있다. 자이로 센서와 가속도 센서 등으로 기체의 자세 변화를 탐지해서 안정된 비행자세를 자동으로 유지하는 것이다.

특히 GPS와 컴퍼스모듈(방위자석)의 탑재로 자율주행이 보다 원활해지자 드론이 갖고 있던 모든 기술적 제한은 사라진다. GPS 탐지 유닛을 통해 GPS 위성이 보내온 전파를 수신, 현재 위치를 인식하고 동시에 컴퍼스모듈로 기체 정면이 어느 방위를 향하고 있는지를 판단한다. 이런 정보를 바탕으로 기체의 현재 위치를 추정하면서 미리 지정한 비행 루트를 따라 자율비행할 수 있다. 여기에 초음파 레이저, 카메라 영상 등을 장치하면 차늘을 나는 최신 IT기술의 집합체가 된다.[95]

쿼드콥터의 등장으로 그동안 제기되었던 문제점들이 일거에 해소되자 결국 2016년 미국은 업계의 줄기찬 요청에 굴복하여 드론의 택배활동을 허용했다 물론 미국의 경우 드론에 아직은 여러 가지 제한 조건이 있는 것은 사실이다. 드론 조종사들은 드론을 직접 볼 수 있도록 시야선(visual line of sight)을 확보해야 하며, 드론 조종에 직접 참여하지 않는 사람들의 머리 위로 드론을 날려서는 안 된다. 고도, 속도 등 운행 관련 제한 사항도 지켜야 한다. 지표면 기준 최고 속도는 시속 100마일(87노트, 시속 161km), 최고 고도는 지표면에서 400피트(122m)다. 만약 고도가 400피트 이상이면 반드시 건축 구조물로부터 400피트 이내에 있어야 한다.

이런 조건을 충족시키면 드론이 낮 시간에 25kg 미만의 물건 배달이 가능하다. 한마디로 상업용 드론 운행은 낮 시간에만 가능하다는 뜻이다.

95) 『드론의 충격』, 하중기, 비즈북스, 2016

그러나 충돌 방지용 등(燈)이 달린 드론은 일출 전 30분과 일몰 후 30분 동안 운행을 연장할 수 있다. 또한 무인기 조종사는 만 16세 이상이어야 하며, 소형 UAS(Unmanned Aerial System, '무인항공기'라는 뜻으로 드론을 지칭하는 말)를 조종할 수 있는 원격 조종사 면허를 본인이 보유하고 있거나 혹은 그런 면허를 보유한 이로부터 직접 감독을 받아야만 한다.

이 조처가 파격적인 것은 허가 없이도 상업용 드론 운행이 가능해졌다는 점이다. FAA로부터 감독자 권한을 승인받은 사람이 있으면, 기업은 물론 농업 현장, 정부 기관, 연구소 등에 이르기까지 허가 없이 드론을 운행할 수 있다. 이를 '누구든지 더 싸고(cheaper), 빠르게(faster) 드론을 운행할 수 있게 됐다'고 말한다. 이 조처로 '보안 분야', '미디어 분야', '보험 분야', '통신 분야' 등이 뒤를 이어 노동력을 대체하는 분야에도 침투가 가능하다.[96]

드론의 미래는 〈프라이스워터하우스쿠퍼스(PwC)〉 예측한 내용으로 보아도 알 수 있다. PwC는 2020년 드론을 이용해 연간 1,270억 달러 규모의 인건비를 절약할 수 있을 것이라고 발표했다. PwC는 가장 많은 인건비를 절감할 수 있는 분야로 사회 기반시설을 만드는 토목공사를 꼽았다. 토목공사 한 분야에서만 약 452억 달러의 인건비를 줄일 수 있을 것으로 예견했는데 드론이 공사 현장에서 시공 및 감리, 측량, 안전점검 등 다양하게 사용될 수 있기 때문이다.

사실 위험한 토목공사는 인간이 접근하기 어려운 부분이 많이 있다. 기존에는 해당 작업을 위해서 여러 전문가가 높은 곳에 올라 보거나 위험한 현장에 가까이 가 확인하는 것이 기본이다. 특히 교량 안전점검을 위해서

96) 「드론, 인건비 148조원 절감..건설용·농업용 각광」, 채상우, 이데일리, 2016.05.14

는 높은 철골구조물을 직접 다녀야 한다. 그러나 드론을 이용하면 공중에서 이런 일들을 빠른 시간에 효율적으로 끝낼 수 있다.

드론으로 항공기 점검도 가능하다. 항공기 기체의 손상 부위를 드론으로 신속하게 찾아내는 기술로 항공기가 점검을 받느라 운항하지 못하는 시간을 최소한으로 줄일 수 있다. 모기 채집 기능이 있는 드론도 개발되었는데 말라리아처럼 모기를 통해 전염되는 질병을 연구하고 예방법을 찾기 위한 것이다.

(3) 드론의 맹활약

학자들이 드론에 촉각을 세우는 것은 스마트폰이 산업 전반에서 '모바일 혁명'을 불러온 것처럼 드론이 미래의 IT 업계뿐 아니라 다양한 산업에서 활용될 것으로 추정하기 때문이다. 그러므로 IT 업계에서는 드론을 '날아다니는 스마트폰'이라고 부른다. 현재 IT 산업의 대표 제품인 스마트폰과 비슷한 기술이 사용되기 때문이다.

그러므로 드론은 사물인터넷, 유비쿼터스 시대에서 중요한 역할을 담당한다. 비행 센서를 통해 야외에서 사물인터넷 서비스를 제공하는 데 있어서 빼놓을 수 없는 존재이기 때문이다. 드론을 통해 야외에서 일어나는 각종 현상들을 실시간으로 감지하여 이를 사물인터넷으로 연결할 수 있기 때문이다.[97] 드론의 활용은 크게 네 가지로 나뉜다. 공공부분 활용, 상업부분 활용, 개인 활용 분야인데 이들에 포함하기 어려운 분야를 기타로 분류한다.

---

97) 『스마트 테크놀로지의 미래』, 카이스트 기술경영전문대학원, 율곡출판사, 2017

① 공공 활용

드론의 공공 분야 활용은 국경 순찰, 산림과 해안・해상 환경 감사, 기상정보 관측과 수집, 재해 구조, 범죄방지와 추적 등 광범위하다.

미국은 세관・국경경비대는 멕시코 국경 부근의 순찰에 드론을 사용한다. 중국에서는 대기오염 대책으로 드론을 활용한다. 드론이 스모그 제거에 효과 있는 화학물질을 분사하면 화학물질이 상공의 스모그 속 입자와 반응해서 대기를 정화한다.

일본은 동일본고속도로가 교량과 도로 등의 인프라 점검에 드론을 활용한다. 드론은 미리 설정해 놓은 경로를 따라 교량과 도로 상태를 공중촬영한 후 수집한 사진 데이터를 해석해 이상이 확인되면 직원이 현지로 출동하여 조사한다. 과거에 점검 작업을 할 때 많은 인원과 차량을 동원해도 하루에 300~400m 밖에 점검할 수 없었으나 드론의 도입으로 이런 제한은 사라진다. 또한 드론은 토사붕괴, 산악에서 조난자 발견 혹은 원자력발전소에서 사람이 들어가기 힘든 재난 현장 조사에서도 능력을 발휘한다.

2015년 4월 네팔에서 대지진이 일어나자 인도와 네팔은 지상으로 도달할 수 없는 지역 탐색에 드론을 투입하여 구호 활동을 벌였다. 지진 등 자연재해가 일어나면 가장 먼저 해야할 일은 현지를 시찰하고 맵핑을 하는 것이다. 드론을 사용하면 하늘에서 현장을 파악하고 그 결과를 갖고 다양한 구조 활동을 벌일 수 있다. 일본 가나자와 대학의 후지우마코토 교수가 드론 5개를 활용하여 피해 상황을 조사했고 이들의 활약에 영향을 받아 일본의 소방 관련 부서에서 드론 사용을 공식적으로 채택했다.

2015년 3월 강원도 정선에서 발생한 산불 진화에도 드론이 혁혁한 공을 세웠다. 산불은 타다 남은 불씨가 옮겨 붙어 다시 화재를 일으킬 수 있으므로 타다 남은 불씨를 완전히 끄는 것이 중요하다. 밤이 되면 유인 헬리콥터의 비행은 어렵고 소방대원만으로는 산 전체를 점검하는 것이 불가능하다. 드론으로는 이것이 가능하다. 낙동강유역환경청은 낙동강 수질관리와 녹조예방, 화학, 수질오염사고, 환경영향평가 사업장관리, 습지보호지역 관리를 위해 드론을 도입했다.

드론의 공공성은 범죄 억제력에서 큰 역할을 담당한다. 미국의 경우 자동제어로 수상한 사람을 추적하며 경찰의 데이터베이스와 연동해 얼굴사진을 판독한다. 특히 드론에 적외선 센서를 장착하면 야간탐색도 가능하며 다양한 센서 기능으로 가스와 방사선 검출 등에도 활용할 수 있다.

캐나다의 경우 국가경찰, 주경찰이 있다. 이들은 〈에리온〉의 드론을 사용하는데 사고가 일어나면 경찰이 검증할 때까지 적어도 3~4시간이 걸렸다. 그러나 드론을 사용하면 시간을 수십 분 이내로 단출할 수 있다. 또한 현장 검증할 장소가 유료 고속도로라면 그동안 차는 멈춰있어야 한다. 사람이 움직일 수 없다는 것은 비즈니스가 움직이지 않는다는 것인데 드론을 사용하면 이 움직이지 않는 시간을 단축할 수 있다는 뜻이다.[98]

〈환경보호〉

생태계 변화를 관찰하는데도 드론이 활용된다. 열감지 카메라가 장착된 이 드론은 인공지능에 의해 스스로 의미 있는 야생동물 정보를 추려서 전송하거나 아생 동물의 개체 수 변화를 분석할 수 있다. 드론은 멸종 위기에 처한 동물 종의 이주 계획을 짜거나 생태계를 교란시키는 종을 통제하는 데 큰 도움이 될 것으로 기대된다.[99][100]

98) 『드론의 충격』, 하중기, 비즈북스, 2016

환경단체에서의 드론 활용도 매우 거세다. 일부 환경단체들은 드론을 이용하여 공장형 농장과 농업비즈니스 사업자들이 환경법규를 잘 지키고 있는지 가축을 비인간적으로 다루는지를 감시하여[101] 관련 당국이나 사업체에서 가장 골머리 아픈 대상으로 지목하고 있다.

미국 서던캘리포니아대(USC) 과학자들은 인공지능 A.I.를 활용하여 야생동물을 보호하고 관리한다. 인공지능이 밀렵꾼의 예상되는 움직임을 분석한 후 그 결과에 따라 밀렵을 막는 사전 계획을 세워나가는 것이다. 이런 프로그램을 통해 국립공원을 순찰하고 있는 경비원들이 전보다 더 확실한 방식으로 밀렵꾼의 행동반경을 예측할 수 있으며, 야생동물을 보다 더 안전하게 보호할 수 있다.[102] 또한 드론으로 야생동물의 개체수 변화를 분석하고 멸종 위기에 처한 동물종의 이주 계획을 짜거나 생태계를 교란하는 종을 통제할 수 있다.[103]

드론의 효용도는 이 뿐만이 아니다. 바이오연료의 원료는 콩, 옥수수, 사탕수수를 포함해 우리가 먹는 각종 곡물에서부터 음식물 찌꺼기, 심지어 목재 폐기물에 이르기까지 그 종류가 다양하다. 바이오연료가 각광받는 것은 지구온난화, 그리고 그로 인한 환경 및 생태계의 피해에 대한 경각심이 커지면서 차세대 에너지로 부각되기 때문이다.

그런데 연료용 작물은 생산과정으로 인해 더 큰 환경적 손실을 가져온다. 마치 배꼽이 배보다 큰 경우로 작물을 재배하기 위해서는 농경지가 필요한데 이는 숲을 파괴하고 삼림을 벌채해야 한다. 학자들은 아직 지구

99) 「지구 환경보호, 인공지능에 맡긴다」, 이성규, 사이언스타임스, 2016.05.11
100) 「지구 환경보호, 인공지능에 맡긴다」, 이성규, 과학창의, 2016년6월
101) 『사물인터넷이 바꾸는 세상』, 새무얼 그린가드, 한울, 2017
102) 「인공지능이 밀렵꾼을 잡는다」, 이강봉, 사이언스타임스, 2016.04.26
103) 「지구 환경보호, 인공지능에 맡긴다」, 이성규, 과학창의, 2016년6월

상에 있는 수많은 식물 가운데 바이오연료 생산에 적합한 재료를 제대로 찾지 못했다고 말한다. 이러한 일은 마치 '건초더미에서 바늘을 찾는 것' 만큼 힘이 드는 작업인데 이 작업에 적합한 기술이 드론이다.

카네기 멜론 대학이 개발한 드론은 라이다 유니트(LIDAR unit), 영상 시각화 장치, 열과 적외선 및 초분광 탐지 카메라가 장착되어 있다. 라이다는 전방이나 후방 영역의 물체와 차량의 위치, 거리, 방향, 속도는 물론 온도와 물질 분포까지 감지할 수 있는 레이저 레이더(laser radar)다. 이 장치는 또한 식물의 크기, 줄기의 두께, 잎의 각도와 같은 특징들도 측정할 수 있다. 드론의 측정 데이터를 분석하면 경작지 현장에서 자라고 있는 식물의 생리현상에 대한 연구뿐만 아니라 가장 잘 자라는 개별 식물을 찾는데도 도움을 줄 수 있다. 또한 지금까지 잘 알려지지 않은 바이오연료 용도의 식물들도 찾을 수 있다.[104]

② 상업부분 활용

드론이 보다 많이 활용될 부분은 상업부분이다. 상업분야에 드론이 접목된다는 것은 그만큼 인간에게 접밀한다는 뜻이다. 학자들에 따라 드론을 스마트폰처럼 한 명에 한 대가 당연한 '마이 드론'시대를 말하기도 한다. 그만큼 드론 시장의 장래성을 유망하게 보고 있다는 뜻이다.

〈배달〉

드론의 허가가 떨어지자 가장 반기는 곳은 아마존이다. 그동안 아마존이 개발해온 택배용 드론을 미국 어디서든지 운행할 수 있기 때문이다.

---

104) 「드론이 바이오연료 작물 찾는다」, 김형근, 사이언스타임스, 2016.05.13

아마존의 경우 고객이 상품 구매 버튼을 누르면 준비된 드론이 배송센터에서 상품을 출하하여 배송거리가 16km 미만이면 상품중량 2.3kg까지 30분 내에 배송이 가능하다.[105]

▶ 아마존과 DHL 드론

드론 택배의 강점은 하나둘이 아니다. 우선 도심지에서 교통 체증을 피해 목적지까지 최단 시간 내 항공배달이 가능하다. 인건비 절약은 물론 강추위에서도 장거리 운행이 가능한 것은 물론 오지 등에 물건 배달도 문제없다. 특히 산악이나 섬 지역과 같은 도로망이 구축되지 않은 도서산간에 드론 택배는 없어서는 안 될 중요한 기능이 될 수 있다.

산악이 많은 알프스 산맥의 스위스도 드론 활용에 적극적이다. 스위스는 로봇과 드론을 배달에 선택적으로 활용한다. 로봇은 20kg 정도의 무게에 6개의 바퀴가 달려 있다. 10kg까지 실을 수 있고 이동 가능한 거리는 6km다. 사람이 걷는 속도와 비슷한 시속 3km 속도로 주행하지만, 최대 시속 6km까지 낼 수 있도록 설계돼 있어 급한 물건은 좀 더 빨리 배달할 수도 있다.

우편배달 로봇은 몸체에 9개의 카메라와 전방에 4개의 동작 감지 센

105) 『드론의 충격』, 하중기, 비즈북스, 2016

서, GPS(위치정보시스템) 장치 등이 장착돼 있어 사전에 입력된 목적지를 스스로 찾아갈 수 있도록 만들어졌다. 장애물과 공사 구간 등을 피해가고, 신호등 앞에서는 차가 지나갈 때까지 멈출 줄도 안다. 학습 능력도 갖춰 한 번 갔던 길에 대한 정보를 다음 배달 때 활용할 수도 있다. 카메라와 GPS 등은 도난을 예방하는 데도 도움이 된다. 로봇은 목적지에 도착하면 물건 주인의 휴대전화로 문자메시지(SMS)를 보내 물건을 찾아가도록 한다. 로봇에는 원격조종장치가 달려 있어 배달 과정에서 문제가 생기면, 우체국에서 원격으로 로봇의 진행 경로 등을 다시 조종한다.

스위스 우정국은 당일 또는 실시간 '동네 배달' 서비스엔 로봇, 오지 등에 빠른 배달을 할 때는 드론을 투입하는데 로봇과 드론을 활용하더라도 우편배달부 인원이 크게 줄지 않는다고 말한다. 우편물에 편지 등 서신만 있는 것이 아니라 의약품・식료품・생활용품 등 작은 포장 우편물도 포함되므로 엄청나게 폭주하는 우편물을 분류 등에는 사람의 역할이 빠질 수 없기 때문이다.[106)]

독일의 DHL는 2013년부터 'DHL파슬콥터' 프로젝토를 가동한다. 최고 시속 64km로 운행하는 이 드론은 원래 북해 연안에 있는 유스트섬에 약품 등 의료품을 전달하기 위해 출발했다. DHL이 자체개발한 파슬콥터는 자동비행 기능으로 사람이 무선 조종을 하지 않아도 내장 컴퓨터에 입력된 비행경로를 따라 비행했는데 현재는 각종 우편물도 배달한다.[107)]

그러나 현재 활용되는 상업용 드론은 기본적으로 배터리 수명 때문에 대체로 1시간 이상의 장거리 배송이 거의 불가능하므로 드론 배송의 서비스

106) 「알프스 소녀 하이디의 택배, 로봇 배달원이 집 앞에 척」, 장일현, 조선일보, 2016.08.26
107) 『스마트 테크놀로지의 미래』, 카이스트 기술경영전문대학원, 율곡출판사, 2017

왕복 거리는 10마일(16.1km)이 한계이다. 이 문제를 아마존은 약 14km 상공에 국제우주정거장(ISS)과 같은 비행선 물류센터를 띄워 이런 한계를 넘어서겠다고 발표했다. 소비자의 요구가 많은 물품을 확보한 비행선을 특정 지역의 상공에 띄워놓은 뒤, 지상의 관제 시스템과 연결해 상시 배송 대기체제를 갖추겠다는 것이다. 이 경우 지상에서 출발할 때보다 동력이 적게 드는 장점이 있다. 일반 항공기들은 10km 내의 고도비행이므로 충돌도 피할 수 있다.108)

그런데 드론의 기술도 발전하기 마련으로 미국 존스홉킨스대의 티모시 아무켈레 박사는 드론으로 259km 떨어진 곳에 진단용 혈액 시료를 안전하게 운반하는 데 성공했다고 발표했다. 이는 드론 택배로는 세계 최장거리 비행 기록인데 드론이 그동안의 작동시간을 3배나 늘린 3시간 동안 애리조나 사막을 가로질러 비행했다는 것을 의미한다.

드론이 본격적으로 등장하자 교통과 의료 인프라가 부족한 지역에서 의료용 택배 수단으로 곧바로 활용되기 시작했다. 수혈용 혈액 운반에서 시작한 드론 택배는 의약품과 의료용품으로 배달 품목을 확대하고 있다. 전문가들은 이런 성과를 보대로 드론이 21세기 최고의 의료 시료 운반 시스템이 될 수 있다고 말한다. 특히 사회 인프라가 부족한 아프리카에서 드론이 진가를 발휘하고 있다. 르완다의 경우 드론이 2kg의 혈액 상자를 싣고 날아가 병원 근처에서 낙하산에 매달아 떨어뜨린다. 드론은 왕복 160km 거리까지 비행할 수 있다. 의료 배달에는 수혈용 혈액에서부터 말라리아와 광견병 백신, 파상풍 치료제, 뱀독 해독제 등 냉장 보관이 필수적인 의약품은 물론 혈액 튜브 등 의료기기도 포함됐다.109)

---

108) 「아마존의 제4차 산업혁명 전개 방향 분석」, 차원용, IT뉴스, 2017.03.16

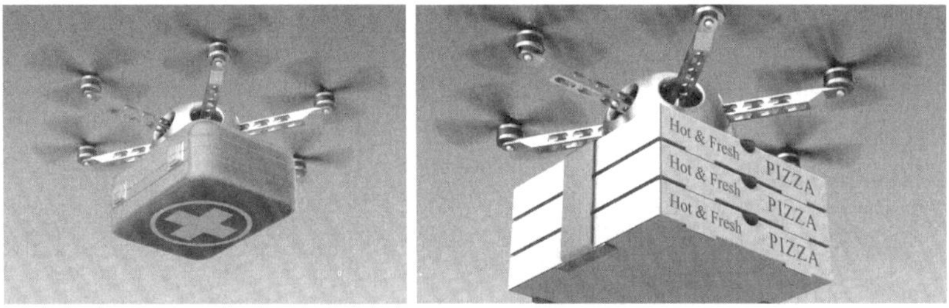

▶ 의료 시료 운반 드론과 피자를 배달하는 드론

배송 드론에서 흥미 있는 것은 식당에서의 음식물 배달이다. 싱가포르의 음식점에서 웨이터 대신 드론이 식사와 음료수를 제공한다. 이는 싱가포르에서 식당의 임금이 저임금인데다 사회적 지위가 낮아 서비스업을 경원하므로 채택한 고육지계 중 하나다. 드론에 카메라와 센서가 탑재되어 있어 사람은 물론 드론끼리 충돌하지 않도록 프로그래밍되어 사고와 말썽도 부리지 않는다. 이런 서비스는 영국 런던의 초밥 전문점에도 도입되어 드론을 서빙이 활용한다.

그뿐 아니다. 일본의 라면브랜드인 〈니신〉은 컵라면을 3분 동안 빠르게 배달한다는 '컵드론' 프로젝트를 발족시켰다. 컵라면에 물을 붓고 드론에 실어서 날려 보내면 산이나 바다 등 언제 어디서나 신속하고 빠르게 식사할 수 있다는 내용이다.

코카콜라도 이에 질세라 행복을 전달해주는 매개체로 드론을 활용한다. 싱가포르의 건설현장에는 외국인 근로자들이 많은데 이들 대부분 가족과 떨어져 먼 타향에서 외롭고 힘들게 일하는데 이들에게 '하늘로부터 행복'이라는 테마의 캠페인을 진행하고 있다. 그들은 싱가포르 시민들이

109) 「21세기 최고의 의료 시료 운반 시스템」, 이영완, 조선일보, 2017.09.28

직접 작성한 감사의 메시지와 함께 콜라를 드론에 탑재하여 35층의 고층 건설현장에 근무하는 외국인 노동자들에게 전달했다.[110]

▶ 콜라를 탑재하여 35층 고층 건설현장에 근무하는 외국인 노동자들에게 전달하는 드론

드론은 계속 업그레이드되고 있다. 드론이 사람의 손짓에 따라 움직인다. 방법은 간단하다. 드론에 탑재된 카메라가 사람의 얼굴과 손을 인식해 손짓을 따라 움직이는 '팜 콘트롤' 기술이 장착된 것이다.

가격도 파괴적 수준으로 떨어졌다. 미국 고프로의 '드론 카르마'는 액션 카메라를 장착했는데 공중에 떠서도 흔들림 없이 고화질의 동영상을 20여 분이나 촬영할 수 있다. 이 제품의 가격은 1,500달러 정도로 노트북 한 대와 비슷하다. 경성대 오승환 박사는 드론 조정이 편리해진데다 휴대하기도 편리하여 스마트폰처럼 웬만한 성인들이 모두 드론 한 대씩 갖는 시대가 조만간 올 것이라는 예측도 있다. 드론의 보급이 이처럼 활

110) 『드론의 충격』, 하중기, 비즈북스, 2016

성화될 수 있는 것은 깜깜한 길에서는 불을 밝혀주고, 등산을 하다가 조난이 됐을 땐 내비게이션으로 길을 알려주는 것과 같은 효과를 얻을 수 있기 때문이다.

물론 드론이 소형화에만 집중되는 것은 아니다. 중국 2위 전자상거래 업체인 징둥닷컴은 1톤이 넘는 화물을 실을 수 있는 중형 드론을 개발하고 있다. 1톤짜리 화물용 드론의 활용도는 매우 높은데 오지에서 재배한 과일 · 채소 등을 실어 도시로 나를 수 있다.

드론은 나르는 자동차와 궤를 같이 한다. 이용자가 드론에 탑승한 뒤 기내에 있는 태블릿에 목적지를 입력하면 자동 운항하는 1인용 택시 방식이다. 드론의 전망이 좋으므로 각국에서 이에 신경을 쓰지 않을 수 없다.

일본 정부는 드론 화물 배송을 도입하는 로드맵을 확정하여 2018년부터 산간지역에서 드론으로 화물을 배송하는 서비스를 허용하고, 2020년대에는 주요 도시에서도 드론 화물 수송을 도입한다는 것이다. 값싸고 편리한 드론 배송을 확산시켜 일본 전역의 물류 경쟁력을 한층 높이겠다는 '일본 경쟁력 강화(日本再興)' 정책의 일환이다. 중국 정부는 이달부터 드론 소유주 명 등록제를 실시한다. 드론을 체계적으로 관리하겠다는 것이다.[111]

〈농업분야〉

농업분야에서 두각을 보이는데 특히 중국, 미국 등 대규모 농작물을 경작하는데 적격이다. 대형 경작지를 위한 농약 살포를 위해 현재 농업용 헬기를 활용하는데 농업용 헬기는 조종도 어렵고 연료가 많이 소모되어 부담

111) 「[Tech &BIZ] 드론, 이젠 손짓 따라 움직인다」, 조재희, 조선일보, 2017.06.03

이 되는 것은 물론 사고가 자주 발생한다. 통계에 따르면 미국 내 옥수수 · 콩 · 목화밭에 뿌리는 농약의 양이 매년 14억 kg이 넘는데 드론은 기존 농업용 헬기의 5분의 1 정도로 저렴한 것은 물론 조종도 간단해 농민들이 직접 활용할 수도 있다. 더불어 살포자가 농약을 살포할 때 농약에서 나오는 해로운 물질을 직접적으로 마셔야 하는 문제점도 해결된다.[112][113]

농사에서 드론을 활용할 수 있는 분야는, 크게 두 가지이다. 우선 드론은 비료, 농약 살포 등 직접적으로 농사 작황에 관련되는 일을 수행할 수 있다. 두 번째는 '관리'로 드론을 활용해 실시간으로 작물들의 상태를 확인하고 이를 농부에게 알려 생산관리를 도울 수 있다.

▶ 농업지원용 드론

비행모드는 크게 세 가지로, '자동모드', '반자동모드' 그리고 '수동모드'로 조종사가 원하는 데로 설정해서 살포할 수 있다. 4,000에서 6,000

112) 「드론, 인건비 148조원 절감..건설용 · 농업용 각광」, 채상우, 이데일리, 2016.05.14
113) 「인공지능을 농업에 활용한다면」, 이강봉, 사이언스타임스, 2016.05.31

제곱미터 면적의 농지를 10분 만에 살포가 가능하고, 마이크로웨이브를 탑재해 지형을 실시간으로 센티미터 단위로 스캐닝해서 지형에 맞게 분사량을 조절해 분사한다.

손이 많이 가는 과수원의 작물상태도 관리할 수 있다. 일반 카메라 외에 적외선 카메라와 온도 카메라를 장착시킨 드론은 나무 잎사귀 양, 나무에 달린 과일 수, 나무 온도, 병충해 등을 관찰한다. 그리고 중앙서버에 정보를 전달한 후 서버는 빅데이터 기반으로 드론에서 수집한 정보들을 분석해 과수원에 맞는 최적의 환경요건을 만들어낸다.[114]

드론이 활약할 분야로 수산업도 있다. 길이 1.5km에 이르는 그물을 둘러쳐서 고등어 등을 잡는 선망어업의 경우 드론을 활용하면 조업 효율을 훨씬 높일 수 있다. 6척이 선단을 이뤄 조업하는 선망어업은 어선들이 호흡을 맞춰서 제때 그물을 둥글게 설치하는 것이 매우 중요하다. 현재는 어로장이 경험에 의존해 육안으로 다른 배들을 보면서 무전으로 이동위치와 방향 등을 지시하는데 드론으로 전체 선박의 위치와 움직임을 보면서 지시하면 그만큼 작업효율을 높여 짧은 시간에 더 많은 고기를 잡을 수 있다.

또한 현재 어선들은 물고기 떼를 찾기 위해 배에 달린 탐지기를 사용하는데 탐지범위가 좁다. 여러 대의 드론을 이용해 일정 범위 안의 사방에 소형 어군탐지기를 투하하면 훨씬 넓은 구역의 물고기 떼를 발견할 수 있다. 한마디로 어선들이 어군을 찾아서 헤매느라 소모하는 기름을 줄일 수 있다.[115]

---

114) 「드론이 농약 뿌리고 농작물 관리」, 유성민, 사이언스타임스, 2016.12.08
115) 「수산업이 드론을 만나면 어떤 변화? 첨단산업화 가능」, 연합뉴스, 2017.02.03

〈영상분야〉

상업적 분야에서 두각을 나타내는 분야는 영상산업이다. 영화산업계의 경우 고성능 HD카메라를 탑재하여 드론을 활용한다. 실제로 007시리즈 「007 스카이폴」에서 주인공 제임스 본드가 오토바이를 타고 수상한 사람을 쫓는데 그 장면은 드론으로 촬영한 것이다. 또한 「트랜스포머」 시리즈, 「아이언맨3」 등에서도 드론이 촬영에 활용됐다.

드론의 장점은 지리적 한계와 안전성 문제로 사람이 접근할 수 없는 장소를 렌즈에 담을 수 있으며 동시에 막대한 비용이 들었던 항공촬영보다 저렴하면서 스케일이 큰 촬영도 가능하기 때문이다.

〈내셔널지오그래픽〉은 아프리카에서 사자의 생태를 살피는데 드론을 활용한다. 〈CNN-TV〉는 시위현장과 태풍 재해 등을 촬영할 때 드론을 투입한다. 〈뉴욕타임스〉를 포함한 미국 거대 미디어 10개사가 버지니아공과대학과 드론 활용에 대해 제휴했다. 재해현장과 사고현장 등 위험을 동반한 촬영과 취재에 드론을 사용하는 것을 드론 저널리즘이라고 부른다. 한국의 TV에서도 드론 활용이 만만치 않다. tvN의 「꽃보다 할배」, 「삼시 세끼」 그리고 EBS의 「다큐프라임」도 드론을 활용하여 공중촬영했다.

드론은 이벤트에도 적격이다. 오스트리아 린츠에서 개최된 '아르스이렉트로니카페스티벌'에서 LED를 장착한 드론 50대가 밤하늘을 수놓으며 마치 불꽃놀이 같은 화려한 연출에 성공했다. 2013년 영국에서 개최된 '어스아워런던'에서는 할리우드 영화 「스타트랙 다크니스」 광고팀이 LED를 장착한 드론 30대를 편대 비행시켜 영화 홍보에 활용했다. 2016년 인텔은 드론 100대로 하여금 클래식 음악에 맞추어 편대비행토록 했다. 소형 드론 100대는 베토벤 교향곡 5번 '운명'에 맞춰 화려한 쇼를 연출 드론을 활용한 퍼포먼스로 『기네스북』에 공식 기재되었다.

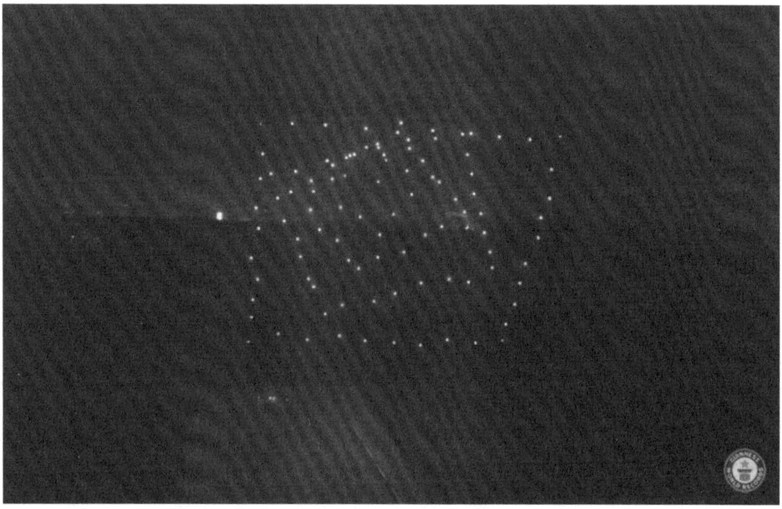

▶ 베토벤 교향곡 5번 '운명'에 맞춰 화려한 쇼를 연출한 드론 100대의 퍼포먼스

드론은 스포츠 분야에서 큰 역할을 담당한다. 우선 스포츠 중계에서 드론의 활약은 두드러진다. 2014년 소치올림픽의 스노보드와 스키 프리스타일 등 드론이 코스를 따라 활주하는 선수를 따라 비행했다.

미국의 스포츠 채널 ESPN은 2015년부터 각종 이벤트는 물론 골프, F1, 축구중계 등에 드론을 활용한다. TV중계뿐만 아니라 스포츠 현장에서도 드론을 활용한다. 한국에서도 스포츠에 드론을 활용한다. 2015년 4월 28일 삼성라이온즈와 롯데자이언츠의 프로야구 중계에 드론을 사용했다. 일본의 럭비 국가대표팀은 럭비 경기에 드론을 활용하여 큰 성과를 거두었다. 에디 존스 감독은 다음과 같이 말했다.

'(드론으로 공중촬영한) 영상은 매우 선명하다. 전원이 어디에 있는지, 볼과 떨어졌을 대 무엇을 하는지 일목요연하게 볼 수 있다.'

지금까지 주로 그라운드 옆에서 평면 촬영한 비디오카메라 영상 등을 활용했다. 그라운드에 설치한 특설 스탠드에서 찍을 때도 있으나 그라운드 전체를 내려다 볼 수 있는 것은 아니다. 프랑스가 드론을 연습 경기에 활용한다는 말을 들은 에디 존스 감독도 드론을 도입했는데 놀라운 것은 드론 도입후 일본 럭비대표팀은 연습시합에서 패배를 모르며 한국, 홍콩을 연파하고 아시아 챔피언십에서 우승했다. 드론의 활약상은 공중촬영 전문가인 타니시마 노부유키의 말로도 알 수 있다.

'지금까지 촬영을 위해 유인비행을 활용하려면 매 30분 70만 엔을 지불해야했다. 하지만 드론을 이용하면 어디에서나 날릴 수 있으며 온종일 사용해도 비용은 20~30만 엔 정도다. 멀티콥터의 적재 가능 중량도 비약적으로 높아지고 있으므로 최신 기종은 4K 카메라로 촬영도 가능하다. 드론은 비즈니스에서 매우 매력적이다.'

여행사 HIS도 드론을 활용한다. 이 회사는 소비자들에게 여정을 소개하기 위해 스리랑카의 시기리아록, 인도의 찬드 바오리 계단우물 등 세계유산을 공중 촬영하여 공개한다. 시기리아록 영상은 이 회사의 2015년 4월 동영상 재생횟수에서 당당히 1위를 차지했다.

③ 개인 활용

드론의 특징은 공공부분이나 상업용뿐만 아니라 일반인들에게도 대중적인 인기와 관심을 끌고 있다는 점이다. 드론 초창기 드론 조립과정이 만만치 않아 무선조종기 애호가들 중심으로 보급되었지만 완성된 키트가 등장하면서 일반인들도 손쉽게 활용할 수 있게 되었다. 배터리와 전기모터를 동력으로 삼는 드론은 구조도 단순하고 유지, 보수, 수리도 간단하다. 더구나 드론의 필수품인 카메라를 활용하면 영화나 TV방송에서만 볼 수 있었던 공중촬영을 스스로 할 수 있다. 더불어 드론은 사용자의 목적에 맞춰 다양한 기능을 추가할 수 있다. 사진과 동영상을 취미로 하는 카메라 애호가들에게 폭발적인 인기를 끄는 이유다.[116)]

④ 기타

하늘을 나는 드론은 기상천외한 아이디어를 제공한다. 한마디로 상공과 수중에서 다소 공상적인 아이디어가 결코 어려운 일이 아니다. 교통의 일환인 드론택시도 가능하며 수중 드론도 유망한 분야다.

〈교통〉

드론이 기본적으로 하늘을 나는 것이므로 규모가 커지면 하늘 교통으로도 손색이 없다. 한마디로 자가용 또는 택시로도 활용될 수 있는데 아랍에미리트(UAE) 두바이의 주메이라비치 레지던스에서 하늘을 나는 2인용 '나는 택시' 즉 자율운항택시(AAT) 운행에 성공했다. 독일 볼로콥터사가 개발한 드론형 AAT는 40분 충전에 약 30분을 운행할 수 있으며 평균 속도는 시속 50km다. 높이는 2m, 18개의 프로펠러가 달린 둥근 림의 지름은 7m다. 탑승객은 2명으로 운전자가 없으므로 원격 조종으로 운행

116) 『드론의 충격』, 하중기, 비즈북스, 2016

한다. 두바이 정부는 2030년까지 대중교통의 25%를 자율주행(운항) 방식으로 교체한다는 계획으로 지상에서의 자율주행차와 공중에서 치열한 경쟁을 할 것으로 생각된다.[117)]

드론이 항공 분야에만 활용되는 것은 아니다. 미 해군이 개발한 무인 전투선박도 드론이다. 정찰용인 3m 길이에 카메라가 장착된 'X-클래스'는 정찰용으로 그 모습은 '제트스키 로봇'과 비슷했다. 7m 길이로 잠수 기능과 장착된 중화기가 특징인 무인 전함, 길이 11m의 무인전함 모델은 적진 침투 및 특공대 수송, 정찰 등을 수행하며 중화기 및 어뢰가 장착되어 있다. 최대 속도는 35노트, 48시간 연속 항해가 가능해 대테러 작전 및 비정규 전투, 잠수함 수색 등 다양한 활동에 투입되고 있다.

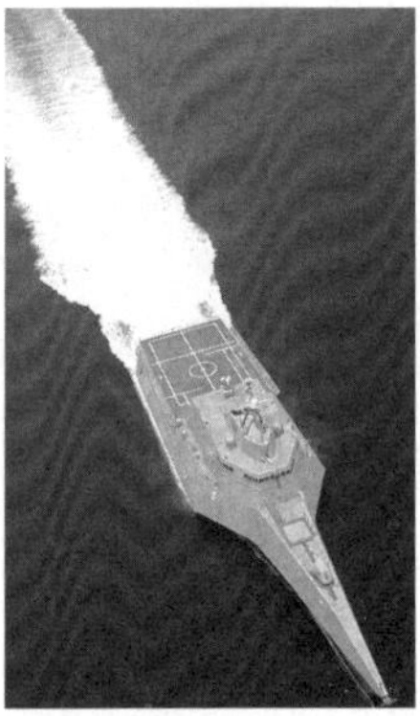

▶ **무인스텔스 연안전투함과 록히드마틴사 무인잠수정 오르카**

미국이 개발하는 '수중 드론'은 길이가 무려 132피트(약 40m)나 된다. 이 수중드론은 수천 마일 밖에서도 적의 잠수함을 탐지할 수 있는데 무인

117) 「두바이서 2인승 '나는 택시' 세계 첫 도심 시운전」, 강훈상, 연합뉴스, 2017.09.26

선의 운용 비용은 약 2,000만 달러에 불과해 수십억 달러가 드는 유인 함정에 비해 훨씬 경제적이기까지 하다.118)

▶ 수중 드론

드론과 수중 드론의 가장 큰 차이점은 드론이 무선으로 작동하는데 반해 수중 드론은 '선(tether)'에 의해 '부표(buoy)'와 연결되어 있다는 점이다. 전파는 물을 통과하기 어렵기 때문에 선을 통해 부표에 탑재된 와이파이 휴대폰이나 노트북에 데이터를 전송한다. 소비자는 수중 드론의 수중 도달 거리에 따라 선의 길이를 선택해 주문할 수 있다. 화이트 샤크는 다이버가 센서 등 장비를 착용할 경우 '선' 없이도 작동 가능하다.119)

잠수함이나 잠수정 같이 바다 속을 다니는 배들이 수면 위로 올라오는 이유는 탑승하고 있는 사람 때문인데 드론잠수정은 사람이 탑승하지 않

118) 「육·해·공 누비는 '드론 기술'…군사용서 민간으로 확산」, 김인현, 라이프, 2015.04.29
119) http://www.irobotnews.com/news/articleView.html?idxno=7392

아도 장시간을 수중에서 누빌 수 있기 때문이다. 특히 잠수정 조종 요원들은 사무실에 앉아서 원격으로 수중 격납고에서의 발진은 물론, 잠항 및 회항과 같은 모든 잠수 업무를 조종할 수 있다. 또한 태양광 배터리 충전을 위해 스스로 수면 위에 떠오르거나, 바람이 부는 것을 감지하여 돛대를 펼칠 수 있는데 드론 잠수정의 특징은 수심 200m까지 내려가 잠항할 수 있다는 점이다.[120]

수중 드론으로 바닷속 사진을 찍고 이를 기반으로 3차원(3D) 해저 지형도도 만든다. 한국의 포스텍 창의IT융합공학과 유선철 교수팀은 센티미터(cm) 수준의 정밀한 이동이 가능한 수중 드론 '싸이클롭'(Cyclops)을 3D 해저 지형도와 실사 모형 제작에 활용한다. 가로·세로·높이 각 1~1.5m 크기의 사이클롭은 위아래와 앞뒤, 좌우 등에 모두 8대의 추진기를 달아 미세한 거리도 정확하게 이동할 수 있다. 무게(약 210kg)도 부력과 같게 맞췄기 때문에 마치 무중력 상태인 우주에서 유영하는 것처럼 움직인다. 덕분에 해저 지형에 대한 근접 정밀 촬영이 가능하다. 사이클롭은 지각 움직임이나 생물 활동 영향으로 일어나는 해저환경 변화 조사, 해저터널 같은 인프라 건설, 군사 목적 등에 효과적으로 응용된다.[121]

(4) 한국의 드론

드론에 관한 한 한국은 어느 나라에 뒤지지 않는다. 한국의 건설 기술은 세계적인데 이 분야에서 드론의 활약은 눈부시다. 드론 활용 건설의 핵심은 아무것도 없는 현장에서부터 구조물이 올라가고 완성되기까지

---

120) 「핵추진 잠수함의 대안, '무인 잠수정'」, 김준래, 사이언스타임스, 2017.11.13
121) 「서비스로봇 빅4」, 박종오, 『과학동아』, 1997. 1.

모든 과정을 3차원(3D) 이미지로 만들어 이를 토대로 만든 데이터를 현장 건설에 활용하는 것이다.

드론의 효과는 사람이 할 경우 소요되는 시간 절약도 크지만 보다 중요한 것은 정밀도 향상이다. 건설 현장에 사용되는 드론은 최소 한 시간 비행이 가능한 산업용 드론이다. 드론 건설의 효과는 위험하거나 접근이 어려운 현장에서 극대화된다.[122]

한국의 KT가 매우 흥미 있는 드론을 개발했는데 드론을 활용한 재난망 서비스를 가동시키는 것이다. 휴대전화가 잘 터지지 않는 곳에서 조난자가 발생했을 때 기지국 시설을 갖춘 드론을 보내 통신망을 임시로 복구하는 것이다.[123]

울산과기원(UNIST) 손흥선 교수는 여러 대의 드론 편대 원격조종에 성공했다. LTE(4G) 통신망이 있는, 즉 스마트폰 통화가 이뤄지는 곳 어디에서나 1명이 여러 대의 드론을 원격 조종할 수 있게 된 것으로 이 기술의 성공으로 사람이 접근하기 어려운 곳에서 발생한 가스 유출 사고나 산불 감시 등의 임무를 효율적으로 수행할 수 있다. 손 교수는 현재 50대 이상의 편대비행이 가능하다고 발표했다. 1대의 드론 비행시간은 최대 30분 정도인데 20대가 함께 비행하면 임무수행 가능 시간은 총 600분으로 늘어난다.

2012년 경북 구미에서 불산가스 누출 사고가 났을 때 불산가스의 확산 경로를 몰라 1만 명이 넘는 주민이 가스를 마시고 치료를 받았다. 초동 조처가 미흡했고, 불산가스의 확산 경로를 몰랐기 때문에 피해가 컸는데 드

122) 「열흘 걸리던 공사판 측량, 드론 뜨니 이틀 만에 끝」, 장상진, 조선일보, 2017.03.14
123) 「세계는 '드론 전쟁' 중」, 채민기, 조선일보, 2016.05.20

론으로 이런 사고를 예방할 수 있다. 공역(空域)이 광범위하기 때문에 1대의 드론을 띄우더라도 가스 측정을 하기가 어려운데 편대비행이라면 이런 난제를 극복할 수 있다.[124]

드론이 한국에서 앞으로 큰 역할을 할 수 있다는 것은 영월소방서에서 열린 시연으로도 알 수 있다. 영월 시연은 영월소방서로 조난 발생 신고가 접수되자 수색용 드론(유콘시스템)이 영월군청에서부터 초속 55m로 약 2km를 날아와 조난 발생지 영상을 촬영한 뒤 상황실로 전송했다. 이어 KT(030200)의 정밀수색 드론이 같은 거리를 비행해 열화상 카메라로 조난자의 정밀한 위치를 찾아내 상황실에 보냈다. 또한 구호물품을 실은 드론(엑스드론)이 등장했다. 그물망까지 합쳐 총 10kg의 구호물품을 매단 이 드론은 조난자 바로 주변에 정확하게 물건을 떨어뜨렸다. 드론이 임무를 완수하기까지 걸린 시간은 각각 5분이 채 안될 정도로 빠르므로 촌각을 다투는 조난자 구조상황에서 큰 역할을 보일 것으로 평가되었다.

드론을 활용해 수취인에게 택배를 전달하는 상황도 성공했다. CJ대한통운의 소형 드론은 영월서부터미널을 출발해 2.6km 떨어진 영월군농업기술센터로 택배를 날랐다. 드론이 목적지에 다다르자 농업기술센터 내에 설치된 일종의 택배 보관함인 '딜리버리 포트'의 뚜껑이 열렸고, 드론은 정확히 그 지점에 택배를 투하했다. 수취인은 택배사로부터 받은 비밀번호를 입력해 물건을 꺼내 갔다.[125]

농촌진흥청은 가로 12.5m, 세로 10m 구획으로 나눠 제곱미터 단위로 벼 수확량을 조사했다. 조사 결과 비슷한 지역이더라도 벼 생산량이 최소

124) 「울산서 서울의 수십대 드론 편대 원격조종 가능」, 연합뉴스, 2016.05.23
125) 「드론, 구호 · 수색 · 택배까지 '척척'」, 연합뉴스, 2016.11.17

601g에서 최소 341g 차이가 발생했다. 비슷한 지역이더라도 토양, 수분, 일조량 등의 차이가 있으면 생산량에 차이가 발생한다. 그래서 생산량에 영향을 미치는 요인들을 정밀하게 관찰하고 관리하면 생산량을 극대화 시킬 수 있는데, 드론이야말로 이러한 관리역할로 적격이라는 평가다.

한국의 드론은 수산업 분야에도 진출했다. 국립수산과학원은 소형 드론 12대로 해파리 모니터링, 표류 부이 추적을 통한 해류 특성 조사, 양식 어장 시설현황 조사 등에 투입하고 있다. 드론은 위성에서 촬영한 영상에는 나타나지 않는 자세한 부분을 파악할 수 있고, 육지나 배에서는 볼 수 없는 넓은 면적을 관찰하는 장점이 있다. 이 때문에 유해성 적조 방제 작업의 효율성을 높이는 데 큰 도움이 된다. 또한 적조가 심한 곳에 황토를 정확하게 살포할 수 있도록 지시할 수도 있다. 드론으로 전복, 굴, 김, 미역 등의 양식장 상공에 드론을 띄우면 해조류가 얼마나 부착했고 제대로 성장하는지 쉽게 확인할 수 있어 문제가 생겼을 때 신속하게 대응할 수 있다. 특히 화상회의 시스템과 연결하면 드론이 현장에서 보내주는 실시간 영상을 보면서 신속하고 효율성 높은 대책을 마련할 수 있다.[126)]

한국은 교도소 등 교정 시설 경비 업무에 영상 전송 장비를 갖춘 드론을 활용하고 있다. 드론을 교도소에 배치해 하루 6~7차례(1회 30분) 순찰용으로 활용한다. 지금까지 교도소 등에서 교도관들이 직접 순찰하거나, 감시 카메라를 설치하는 방법으로 경비 업무를 해왔다. 그러나 건물 옥상이나 비좁은 공간 등은 교도관이 접근하기 어렵고, 카메라가 비추지 못하는 사각(死角)지대도 있어 한계를 보이자 드론을 발탁한 것이다. 수용자가 도주하거나, 교정 시설에 화재 등 이상 징후가 보이면 드론이 곧

126) 「쇼생크 탈출은 잊어라」, 김아사, 조선일보, 2017.06.05

바로 해당 영상을 교정 시설의 중앙통제실로 보내기 때문에 신속하게 대처할 수 있다는 설명이다. 물론 경비 인력을 줄이는 효과도 기대할 수 있음은 물론이다.[127)]

한국은 드론 활성화로 드론 전용 '3차원 길' 만드는 아이디어에 집중하고 있다. 도심에서 안전 비행 위해 공간정보 융합하자는 것이다. 드론의 보급이 급격히 증가하므로 무인항공기인 드론(drone)에 대해서도 비행기의 항로처럼 전용으로 다닐 수 있는 하늘 길을 만들어야 한다는 주장이다. 국토교통부(이하 국토부)는 물류운송과 재난안전, 그리고 농업지원 등 드론의 활용분야가 폭발적으로 증가함에 따라, 안전관리 및 사고예방 차원에서 드론을 위한 전용 3차원 '드론길'을 구축하자는 내용이다. 현재는 드론 비행시 2차원 지도가 활용되고 있다.[128)]

드론의 성장은 드론 관련 새로운 일자리 증가에 큰 기여한다. 국토교통부는 드론을 사용하는 업체 수가 2015년 698개에서 2016년 1,000개 정도로 추정한다. 조종 자격 취득자 역시 같은 기간 872명에서 1,300명가량으로 증가했다. 드론 조종사는 영화 · 방송 영상 촬영 분야는 물론 무인 경비나 국경 감시, 인명 구조, 소방 방재 및 화재 진압, 비료나 농약 살포, 소형 화물 배달 등 다양한 분야에서 활동할 수 있다.

12kg 이상의 드론을 조종하기 위해서는 자격증이 필요하다. 교통안전공단에서 초경량(무게 150kg 이하) 무인 비행장치 비행자격증을 발급하는데 비행 실습 20시간, 항공법규 · 항공기상 등 항공기 운항에 대한 이론 교육 20시간을 받아야 시험에 응시할 수 있다. 12kg 이하의 드론은 자

127) 「수산업이 드론을 만나면 어떤 변화? 첨단산업화 가능」, 연합뉴스, 2017.02.03
128) 「드론 전용 '3차원 길' 만들어진다」, 김준례, 사이언스타임스, 2016.08.01

격증을 취득하지 않아도 국토교통부에 사업 승인만 내면 누구나 띄울 수 있다. 상업적 목적이 아닌 경우는 승인 없이 조종할 수 있는데 단, 150m 이하로 드론을 띄울 수 있으며 제한 공역에서의 비행은 금지한다.

3D 프린팅 드론 정비도 유망 분야다. 3D 프린팅을 활용하면 사용자의 용도와 목적에 맞게 드론용 액세서리를 인쇄할 수 있는 것은 물론 드론 본체 수리도 가능하다. 3D 프린팅은 파손이 잦은 레이싱 드론 수리, 항공 촬영 장착용 카메라 장착 브래킷(카메라와 기기를 연결하는 부품) 제작에 유용하다. 제4차 산업혁명시대에 드론이 활약할 수 있는 분야는 상상할 수 없을 정도로 증가할 것으로 추정한다.[129)]

(5) 해킹에 취약한 드론

드론 산업이 폭발적인 주목을 받는 것은 그동안 공중에 대한 호기심이 있지만 현실적으로 이들에 대한 접근이 불가능했기 때문이다. 그런데 소형 드론의 등장으로 공중촬영, 농약살포, 감시 모니터링, 조사 매핑을 시작으로 재해대책, 경비, 인명 구조, 물자 배송 등 폭넓게 활용될 수 있기 때문이다. 즉 드론의 범용성이다. 높은 활용도와 자유도는 드론의 활동 영역이 공중인 것은 물론 다양한 페이로드(탑재물)를 조합할 수 있다. 카메라를 탑재하면 공중촬영기, 상품을 탑재하면 수송기로 바뀔 수 있다는 것이 장점이다.

그러나 드론의 무대가 폭발적이기는 하지만 모든 면에서 완벽하지는 않다는 점은 걸림돌이다. 드론의 악명은 1984년 생성된 일본의 신흥종교 단체인 옴진리교에서 1995년 3월 도쿄 지하철에 사린가스를 살포하는

129) 「1인 1드론 시대 열린다」, 조득진, Insight Korea, 2017년 3월

테러를 저지르기 전에 드론으로 사린과 보툴리누스균을 살포할 계획을 갖고 있었다하여 일본인들을 경악시켰다. 당시는 성능이 좋지 못해 무산되었다고 하는데 현재는 30년 전 상황과는 근본으로 다르다. 드론으로 상당히 많은 사람들을 죽일 수 있는 양의 화학무기를 탑재할 수 있고 공중에서 분사하는 것도 어렵지 않다.

2015년 4월 일본 수상관저 옥상에 장착된 용기 안에 들어있던 모래에서 미량의 방사능이 검출되면서 일본 전체가 시끄러워진 사건이 일어났다. 방사능이라면 촉각을 곤두세우는 일본인데 드론에서 방사능이 검출되었으므로 더욱 주목을 받았다. 체포된 범인은 원전을 반대한다며 드론을 사용하면 데모보다 주목을 받을 것으로 생각했다고 말했다.

드론이 추락하는 사건은 생각보다 많이 있는데 추락 사건이 이어지자 2015년 히로시마 플라워페스티벌 실행위원회는 행사장 주변에서 드론 사용을 자제해달라고 요청했을 정도다. 하늘의 4차 산업혁명을 선동는 첨단기술로 주목받는 드론이지만 한편으로는 하늘의 질서를 어지럽히는 새로운 몬스터라는 비아냥도 함께 받고 있다.

드론의 스파이 역할은 생각보다 많이 벌어진다. 「아이 인 더 스카이(Eye in the Sky)」에 나오는 장면은 스파이 드론이 핵심으로 나오는데 드론을 악용하여 침입, 밀수, 도찰 등은 어렵지 않은 분야다. 2014년 브라질 축구 월드컵에서 프랑스 대표팀은 온두라스와의 첫 경기를 대비해서 비공개 연습하는 모습이 드론으로 도촬 당했다며 연습을 중단했다. 프랑스 대표팀은 드론을 보자마자 프랑스의 전술이 새어나갔을지 모른다는 우려로 연습을 중단했다.

밀수에 드론을 사용하는 것은 레이더의 탐지를 역으로 이용할 수 있기 때문이다. 비행고도가 낮고 사이즈가 작은 드론은 레이더로 탐지할 수 없다. 미국 〈마약단속국〉은 2012년 이후 미국과 멕시코 국경 부근에서 약 130대의 드론이 마약밀수에 사용됐다고 추정한다. 2015년 2월 미국 캘리포니아 주와 국경이 맞닿은 멕시코의 티후아나 시에서 각성제로 금지되는 메스암페타민 3kg을 탑재한 드론이 추락했다. 3kg의 무게를 견디지 못하여 추락한 것으로 추정했는데 메스암페타민 3kg의 가격은 200만 달러이고 운송수단이 드론의 가력은 1,400달러에 불과하다. 앞으로 보다 큰 드론이 등장하면 마약 등의 밀수에 보다 효과적이 될 수 있다는 우려다.

교도소에 불법으로 드론이 침입한 사건도 있다. 교도소에서 가장 주의하는 것은 교도소 안으로 불법적인 물건이 반입되지 않도록 하는 것이다. 그런데 미국 조지아주 주립교도소에 드론을 리모컨으로 조종해 담배 등을 교도소 안으로 운반하던 남녀를 체포했다. 미국에서는 교도소 안에 스마트폰의 반입이 늘어나면서 재소자가 외부 수하에게 범죄를 지시하거나 재소자끼리 연락을 받으며 봉기를 유도하기도 했는데 이 중간단계에 드론이 개입한다. 많은 나라의 교도소 당국은 드론으로 도주용 로프, 불법 약물 등을 시설 안에 반입할 수 있다고 상정하기도 한다. 그러나 드론으로 대규모 탈주 등이 기획되기는 어렵지만 여하튼 드론이 악용될 소지는 많이 있다.

드론의 문제점은 드론의 규제가 풀릴 때부터 지적되었는데 각 정부에서 드론을 운용하는 것과 마찬가지로 테러리스트들이 드론 활용을 어떻게 막을 수 있느냐이다. 사실 이 문제는 심각한 문제를 일으킬 수 있다. 레바논에 본부를 둔 이슬람 무장 단체인 헤즈볼라가 이란으로부터 드론을 받았다고 발표했다. 2012년에는 C-4 폭약을 장착한 드론으로 워싱턴

DC를 공격하려던 남성이 체포되기도 했다.

단순한 대안은 보다 많은 수비용 드론을 준비하여 적의 드론이 작동되었다는 것을 즉각 파악하여 이들과 직접 부딪히거나 격추시키는 것이다. 이는 드론이 인간의 지휘를 받지 않고 스스로 작동할 정도로 발전하면 가능한 일이다

더구나 선의를 가진 숙련된 전문가가 조종한다고 해도 드론은 위험할 수 있다. 사실 군용 드론의 안전 기록을 보더라도 걱정이 전혀 사라지는 것은 아니다. 미 공군의 발표에 의하면 2001년부터 미 공군의 대표 드론인 프레데터, 글로벌호, 리퍼가 일으킨 사건만 해도 120여 건이 넘는데 이 숫자에는 육군, 해군 혹은CIA가 가동시킨 드론은 포함되지 않았다. 더구나 실수로 민간인이나 미군, 혹은 연합군을 죽인 드론 공격도 포함되지 않았다.

드론이 갑자기 어느 집 마당에 떨어지는 것도 공상의 일은 아니지만 드론이 여객기와 충돌할 경우의 상황은 그야말로 악몽이지 않을 수 없다. 물론 이에 대한 대안도 강구 중이다. '감지후 회피' 장치를 삽입하는 것으로 사진기가 급속도로 커지는 물체를 감지해 자동조종장치에 신호를 보내면 드론이 안전한 쪽으로 방향을 틀도록 만드는 것이다.

그러나 드론의 가장 큰 걱정거리는 안전 문제 외에도 사생활 보호에 있다. 성능이 좋은 드론은 구름과 잎사귀를 투과하는 것은 물론 건물 안에 있는 사람들도 알아볼 수 있다. 일부 학자들이 제시하는 최악의 시나리오는 경찰 등 공권력이 '합리적인' 이유로 습격 및 추격전을 벌일 때 드론을 사용하여 도시 안에서 움직이는 수많은 차량과 사람들을 자동으로 추적한다. 이것이 극대화되면 사람의 일상을 데이터베이스화해 미심쩍은 행

동을 감시할 수 있으며 더구나 드론을 무장시키면 상황은 심각해지지 않을 수 없다.[130]

그런데 이들보다 큰 문제는 드론이 해킹에 매우 취약한 존재라는 점이다.

스티븐 스필버그 감독의 영화「마이너리티 리포트」에서 유난히 이목을 끌던 장면은 범인을 쫓던 경찰이 건물 안으로 범인 수색을 위해 작은 비행체, 바로 '드론(Drone)'을 들여보내는 것이다.[131] 영화에서 단순간의 스냅에 지나지 않지만 실제 대테러전과 같은 군사작전 상황에서 드론이 사용되는 것은 잘 알려진 사실이다. 키아누 리브스 주연의「지구가 멈추는 날」도 드론이 활약한다.

드론이 폭발적으로 증가할 수 있는 이유는 조종의 주체와 운항 범위가 변하고 있기 때문이다. 지금까지는 드론 조종을 일일이 사람이 수행했고, 운항 영역도 눈에 보이는 범위 안이었지만, 드론 스스로 자율주행을 하면서 비가시권 영역으로 비행할 수도 있다.[132][133] 바로 이점이 드론의 문제점을 확실하게 노출시킨다.

드론의 취약점은 무선 네트워크와 연결해 있으므로 해커들이 무선 네트워크를 경로로 드론을 해킹할 수 있다는 점이다. 또한 테러리스트가 드론에 폭탄이나 바이러스 등을 장착하여 살포할 경우도 배제할 수 없기 때문이다. 드론 해킹위협은 '정보유출', '스푸핑(Spoofing)' 그리고 '재밍

---

130)「민간용으로 주목받는 무인항공기」, 존 호건, 내셔널지오그래픽, 2013년 3월

131)「육 · 해 · 공 누비는 '드론 기술'…군사용서 민간으로 확산」, 김인현, 라이프, 2015. 04.29

132)「드론 전용 '3차원 길' 만들어진다」, 김준례, 사이언스타임스, 2016.08.01

133)「지구 환경보호, 인공지능에 맡긴다」, 이성규, 과학창의, 2016년6월

(Jamming)'으로, 3가지가 있다. 이들 공격 유형은 민간용 군용 상관없이 드론에 발생할 수 있는 해킹 위협이다.

원격조정 리모컨은 현대 사회에서 거의 필수라 할 정도로 보편적인 용도로 활용된다. 자동차 리모컨 키, 주차장 문, 아파트 현관 키, 카페에서 커피나 식사를 주문하고는 무선 진동벨을 받고 순서를 기다리는 것은 물론 강변에서 무선 조정 RC카와 드론을 조정하는 것도 모두 와이파이, GPS, 휴대폰 전송 신호 등 인간의 눈에 보이지 않는 무선 신호를 통해 움직이고 작동한다.

그런데 이러한 무선기기들이 생각보다 손쉽게 해킹할 수 있다는데 문제의 심각성이 있다. 사이버보안 전문가들은 드론은 일반 PC와 서버를 비교할 때 오히려 해킹으로 제어하거나 방해, 조작하는 것이 어렵지 않다고 주장한다. 대중화된 무선기기들이 위험하다는 것이다. 드론은 물론 자동차와 현관키 등도 보안에 취약한데 주파수대를 알아낸 후 해킹하면 언제든지 차를 탈취하거나 아파트 문을 열 수 있다.[134)]

사실 드론 정보유출 사건으로 RQ-140 기밀영상정보 해킹이 유명하다. 당시 2008년에 이라크의 무장단체들은 러시아 해킹 사이트로부터 25달러에 해킹 프로그램을 구입했었다. 그리고 미국 정찰용 드론인 RQ-170 모델형 프레데터를 해킹한 후, 프레데터가 촬영하고 있는 비디오 영상정보들을 그대로 해킹해 유출시킨 것이다.

이로 인해 미국의 이라크 비밀작전들이 테러리스트에 의해 노출돼 미국은 큰 타격을 입었다. 당시 작전을 수행하던 프레데터는 이라크에서 중요한 작전을 수행하는 군용드론이었다. 군용드론은 일반드론보다 보안

134) 「자동차 리모컨 키, 순식간에 해킹」, 김은영, 사이언스타임스, 2016.08.29

과 성능이 매우 뛰어남에도 불구하고 간단한 해킹에 쉽게 무너져 버린 것이다.

드론 해킹위협은 여기서 끝이 아니다. 또 다른 방식인 스푸핑인 공격은 정보유출 보다 더 치명적인 해킹공격이다. 2011년 12월 미국의 록히드마틴과 이스라엘이 공동으로 제작한 무인 스텔스 RQ-170이 이란을 영내를 정찰하다가 포획당한 사건이 발생했다. 이란은 사이버공격으로 해킹시도한 후 드론을 탈취했다고 보도했는데 스푸핑을 사용했다. 스푸핑은 드론에게 잘못된 착륙지점의 GPS 신호를 보내어 드론이 해커가 의도한 곳에 착륙하게 해 납치해가는 방법이다.

마지막으로 드론을 작동불능 상태로 만드는 해킹이다. 이를 재밍으로 부르는데 드론에 GPS보다 강력한 신호를 보내 드론을 마비시키는 공격이다. 드론이 인공위성으로부터 GPS 신호를 받으므로 해커가 GPS에 매우 강력한 신호를 보내어 통신에 혼란을 일으키는 원리이다. 물론 해커들이 마음만 먹으면 민간용 드론에도 쉽게 재밍 공격을 가할 수 있다. 사실 군용드론이 해킹에 많이 취약하다면, 일반 드론의 보안은 말할 필요도 없다.

아마존이 드론을 활용해 무인배송서비스를 진행라고 있는데 여기에도 해킹이 큰 문제점으로 제시되었다. 스푸핑 공격으로 해커는 드론을 마음대로 조종해 드론의 택배물을 가로채어 갈 수 있기 때문이다. 이 문제는 보안을 해결하지 않는다면 안전한 드론 서비스를 제공할 수 없다는 결론을 유도한다. 이러한 원인은 GPS 사용에 있다. 놀랍게도 GPS신호는 암호화 돼 있지 않기 때문이다. 물론 창이 있으면 방패가 있는법, 안전한 드론 서비스를 위해서 해킹공격 대비가 필요하다면 인간들이 이에 대한 대

책을 마련하는 것은 어렵지 않다고 생각한다.[135)136)]

다만 창이 있으면 방패가 있는 법. 인식시스템이 개인의 프라이버시를 불법으로 침해하는 경우 이를 인식할 수 있는 소형장비를 휴대하면 된다. 그러므로 과학의 남용으로 우리의 프라이버시는 점점 설 땅을 잃어버리게 될 것이라는 우려는 이들을 어떻게 조화시켜 인간에 유용하게 만들 수 있는가라는 인간의 노력 여하에 달렸다고 볼 수 있다.[137)]

드론의 가치는 인간의 능력을 살릴 수 있다는 점이다. 새콤의 코마츠자키 소장은 다음과 같이 말한다.

'인간의 노동력을 쓸데없이 낭비하지 않는 것도 드론을 채용하는 큰 이유중 하나다. 이것은 로봇과 과학시술개발 전체에 해당하는 것으로 드론만의 일은 아니다. (중략) 산업용 로봇의 실용화는 언제나 인건비 절감과 경영 효율화 문제에 국한되지만 인간에게 결코 부정적인 점만 있는 것은 아니다.'

이 말은 첨단 기자재 개발에는 반드시 두 가지 문제를 해결해야 한다는 점이다. 첫짼 S 안정성 문제이고 둘째는 인간과의 공생여부다. 세계적인 기업으로 성장한 보안업체 〈세콤〉의 경우 일본만 하더라도 6,000만~7,000만 개의 센서가 일본 각지 경비대상 건물에 설치되어 있는데 하나의 건물에 5명의 인원이 동원되더라도 합계 1,000만 명 이상의 인원이 필요하다. 일본 총인구 열 명 중 한 명이 경비인원으로 일해야 한다는 뜻인데 이 힘을 덜어주는 것이 바로 인공지능을 장착한 로봇 등이다. 드론

135) 「드론은 해킹에 얼마나 취약할까?」, 유성민, 사이언스타임스, 2016.12.20
136) 「1안 1드론 시대 열린다」, 조득진, Insight Korea, 2017년 3월
137) 「생각만으로 전등을 끈다?」, 박방주, 중앙일보, 2005.9.16
『2030년, 미래 한국에서는 어떤 일이』, 이종호, 김영사, 2006

이 이 범주에 적합한 것은 의문의 여지가 없다.

그러나 드론의 하드웨어만 강조할 일은 아니다. 엄밀한 의미에서 드론의 활용도는 소프트웨어 즉 프로그래머에 달려있다고 볼 수 있다. 드론 보급의 관건은 하드웨어 뿐만 아니라 소프트웨어의 활성화에 있다는 뜻으로 독자들은 이 지적에 주목하기 바란다. 소프트웨어가 활성화되면 엔터테인먼트, 스포츠, 테마파크, 무대예술, 부동산, 광고, 보도 복지 등 드론의 비지니스 영역은 무한대로 넓어진다. 드론이 차세대 거대 컴퓨터 관련 플랫폼이 될 것이라는 주장도 여기에 기인한다.[138]

인간에게 이롭고 아니고를 떠나 인간의 통제를 벗어나 확산되는 발명품은 인간에게 끊임없는 공포의 대상이 돼왔다. 핵무기를 거론하지 않아도 100년 동안 자동차가 우리의 생활을 얼마나 변화시켰는지 생각해보면 대부분 자동차가 사람을 더욱 윤택하게 만들었다고 생각할지 모른다. 드론도 적어도 100년 후를 예상하여 대안을 마련해야 한다는 뜻이다. 드론의 부정적인 점만 생각하는 것이 아니라 드론으로 길 잃은 아이도 찾아낼 수도 있다는 점도 고려할 수 있다는 뜻이다. 드론의 피해는 문제점이 무엇인가를 파악하면 생각보다 쉽게 대안을 찾을 수 있다는 뜻과 다름없다.[139]

---

138) 『드론의 충격』, 하중기, 비즈북스, 2016
139) 「민간용으로 주목받는 무인항공기」, 존 호건, 내셔널지오그래픽, 2013년 3월

7 웨어러블 디바이스

인간과 관련되는 모든 분야가 4차 산업혁명 즉 사물인터넷 또는 유비쿼터스 세상의 대상이 되는데 가장 놀라운 변신은 인간도 빠지지 않는다는 점이다. 바로 4차 산업혁명에 부응하는 미래의 의복인 웨어러블(wearable) 디바이스를 입는 것이다.

반도체의 등장으로 여러 가지 전자기기가 소형화가 되었으므로 그 연장선상에서 '가지고 다니는 것'이 아니라 문자 그대로 '몸에 지니는 컴퓨터' 즉 디바이스가 인간과 합체되는 것이다. 이런 입는 컴퓨터가 실현되면 지금까지 어느 지정한 장소 즉 컴퓨터가 작동될 수 있는 최소한의 장비가 비치된 장소를 벗어나도 모든 전자장비의 이기를 이용할 수 있다. 그러므로 웨어러블 디바이스는 형태와 착용 상태에 따라 분류가 가능하다. 가장 단순한 형태인 액서서리형에서 시작하여 직물・의류 일체형, 신체부착형, 그리고 생체이식형으로 전개가 가능하다.[140)]

1979년 소니가 출시한 워크맨은 그야말로 폭발적인 인기를 끌었다. 당시까지 걸어 다니면서 음악을 듣는다는 것은 상상할 수 없는 일이기 때문이다. 또한 1983년 세계 최초의 휴대폰 모토로라 '다이나택 8,000'이 나오기 전까지 휴대할 수 있는 전화는 존재하지 않았다.

워크맨 이후 본격적으로 등장한 휴대용 기기의 역사는 얼마 되지 않지만 기술 발전에 힘입어 지구인 거의 대부분 '손 안의 컴퓨터'라고 불리는 MP3, 디지털 카메라, GPS 등 다양한 휴대 기기의 기능을 다 갖고 있는

140) 『스마트 테크놀로지의 미래』, 카이스트 기술경영전문대학원, 율곡출판사, 2017

스마트폰을 매일 들고 다닌다. 하지만 몸에 착용하거나 부착하여 사용하는 웨어러블 디바이스의 등장은 차원을 달리한다.

손에 들고 다니는 것도 모자라 몸에 착용하는 형태인 웨어러블 디바이스는 기본적으로 입을 수 있는 티셔츠와 바지부터 시작해 안경, 팔찌, 시계와 같은 액세서리, 그리고 신발에 이르기까지 웨어러블 디바이스의 형태는 다양하다.

휴대전화가 삽입된 옷깃을 올려 전화를 걸고 옷소매 단추를 돌려 라디오 소리를 조절한다. MP3가 내장된 재킷은 주인의 음성만으로도 작동하며 안경에 달린 카메라로 필요한 정보를 촬영하며 손목에 착용한 시계로 빔을 쏘아 아무 곳에나 비추면 반사된 키보드를 맘대로 조절해서 필기구 없이도 언제 어디서나 쉽고 편하게 기록할 수 있다. 한마디로 인간이 이동하는 전자기기 개념으로 활용된다는 뜻이다.

웨어러블 디바이스 디자인의 핵심은 도구가 인체의 연장이라는 개념에 있다고 볼 수 있다. 아이폰 발표 당시 스티브 잡스가 터치 인터페이스를 발표하면서 손가락은 태어날 때부터 가지고 있는 세상에서 가장 훌륭한 포인팅 디바이스라고 말한 것과 같은 맥락이다.

컴퓨터에서 스마트폰, 스마트폰에서 스마트 워치. 디바이스는 점점 작아졌지만, 기능은 더욱 많아지고 복잡해져 웨어로블 기기가 인간들의 사물을 바라보는 관점마저 바꾸어준다는 것이 바로 4차 산업혁명의 핵심이다.[141] 이들 새로운 기기 등장에 알맞은 세상을 만드는 일자리는 과거의 산업혁명에서는 전혀 예상치 못하던 분야로 이런 변화의 중요성은 일자리가 주어지는 것이 아니라 얼마든지 새로운 개념으로 만들어갈 수 있다

141) 「웨어러블 디바이스」, 김영우, 한국디자인진흥원, 2015.07.16

는 것이다.

(1) 입는 컴퓨터

입는 컴퓨터의 개념은 간단하다. 각각의 독립적 기능을 수행할 수 있는 구성단위인 모듈별로 컴퓨터를 분해해 마치 안경이나 의복을 착용하는 것처럼 신체에 편하게 부착해 첨단기술을 활용하는 것이다. 얼굴에는 벨트전지, 머리에 HMD(Head Mounted Display, 머리에 쓰면 화면을 볼 수 있는 디스플레이), 손목에 터치패드 또는 키보드, 어깨에 무선통신 모듈 등 온 몸이 컴퓨팅 시스템으로 무장된다. 초소형 컴퓨터는 컴퓨터의 본체인 CPU 또는 PDA(Personal Digital Assistant, 휴대용 정보단말기)와 같은 휴대형 컴퓨터로 MP3 플레이어에 CPU역할을 하는 칩을 내장한 후 입을 수 있게 만들면 입는 컴퓨터가 된다. 데스크 컴퓨터에서 이동형 컴퓨터를 거쳐 인간의 몸에 완전히 부착시키는 것이다.

그러므로 웨어러블 디바이스는 이제까지의 상자 안에 CPU(중앙연산처리장치), 배터리, 입출력 장치 등을 채우는 것이 아니라 이들을 사람이 입는 옷에 균형 있게 배치하는 것이다. 이런 입는 컴퓨터가 등장하면 이제까지 입는다는 옷의 개념에서 정보화된 하나의 기능적인 옷으로 변한다. 독립적인 패션이 자리 잡아 새로운 의(衣) 세계를 창조할 것으로 믿는다.

웨어러블 디바이스에서 처음 출시된 것은 대부분 손목에 차는 형태다. 「전격Z작전」 시리즈에서 주인공이 손목시계에 대고 자주 다음과 같이 말했다. "키트! 빨리와!" 키트는 지금으로 치면 자율주행차로 손목시계에 음성으로 명령을 하면 키트가 주인공이 어디에 있든 찾아가 악의 무리를 소탕하도록 주인공을 돕는다.

이런 스마트워치는 보다 업그레이드되어 손목에 차기만하면 운동량과 수면 시간, 수면의 질 등을 체크하고 기록하며 체계적으로 필요한 운동량을 관리해주는 기능을 하면서 모바일 헬스케어 시장을 주도해왔다. 특히 애플리케이션과 연동해 하루 24시간 기록되는 데이터를 바탕으로 생활 습관과 운동량을 분석하고, 효율적으로 건강 목표를 제시하고 관리한다. 또한 단순히 심박 등을 측정하는 수준을 넘어, 몸의 인지 · 신체 기능과 정서 상태를 정밀하게 측정해 의사처럼 진단을 내려준다. 이러한 '모바일 닥터'는 통화 음성이나 오타가 난 횟수를 기반으로 인지 · 신체 기능과 정서 상태 등을 분석해 뇌 질환이나 우울증까지 조기에 발견하여 '인간 주치의'들이 맞춤형 치료를 하는 데 도움을 준다.[142]

헬스 케어로 관심을 받기 시작한 웨어러블 디바이스는 계속해서 그 영역을 확장한다. 최대 관심사는 두 손을 자유롭게 사용할 수 있게 하면서 스마트폰의 기능을 돕는 것으로 스마트 워치가 그 일환으로 시간을 알려주는 기존 시계의 기능에 휴대폰의 성능을 합하여 알림이나 메일, 메시지를 실시간으로 확인할 수 있는 기능을 더했다. 아이디어는 간단하다. 휴대폰을 꺼내지 않고 모든 걸 손목에서 볼 수 있게 하자는 것이다. 디자이너 에릭 미기코브스키(Eric Migicovsky)는 사람들이 하루 평균 휴대폰을 120번 꺼내 본다는 조사 결과를 토대로 페블의 프로토타입을 완성했다. 흑백이었던 디스플레이는 컬러 E잉크를 탑재하며 컬러로 바뀌었고, 배터리는 한번 충전하면 7일 이상 사용할 수 있도록 개선됐다.

그런데 당초 폭풍적인 반응을 얻을 것으로 기대한 스마트 워치는 생각만큼 시장을 확대하지 못했다. 이유는 스마트워치가 생각보다 그리 유용

142) 「"요즘 건강 어때?" 물으면 시계 보는 세상 온다」, 손장우, 조선일보, 2016.05.19

하지 않다고 생각하기 때문이다. 스마트워치는 액정크기가 작아 스마트폰 같이 다양한 서비스를 구현하기 어려우므로 헬스케어 기능에 집중했는데 구글이 이런 개념을 업그레이드했다. 스마트워치에 음성기반 AI 비서를 탑재하면 보다 사용성을 높일 수 있다는 것이다. 한마디로 화면의 크기가 작은 스마트워치를 음성으로 제어하면 그 편의성이 보다 높아질 수 있다는 것이다. 스마트워치가 작지만 무선으로 가전을 제어하고, 음식 등도 주문하면 크기가 크게 문제되지 않는다는 것이다. 특히 스마트폰과 블루투스(bluetooth)로 연결하거나, 와이파이에 연결하는 세상을 예상한 것이다.[143)]

블루투스는 휴대폰과 휴대폰 또는 휴대폰과 PC 간에 사진이나 벨소리 등 파일을 전송하는 무선전송기술을 말한다. 블루투스라는 명칭은 10세기 덴마크와 노르웨이를 통일한 바이킹 헤럴드 블루투스(Harald Bluetooth; 910~985)의 이름에서 따왔는데 그는 블루베리를 즐겨 먹어 치아가 항상 푸른빛을 띠고 있어 '푸른 이빨'로 불렸다고 한다. PC와 휴대폰 및 각종 디지털기기 등을 하나의 무선통신 규격으로 통일한다는 상징적 의미를 갖고 있다.

1998년 세계적인 통신기기 제조회사인 스웨덴의 에릭슨은 휴대폰과 그 주변장치를 연결하는 무선 솔루션을 고안해 에릭슨을 주축으로 노키아, IBM, 도시바, 인텔 등의 대표적인 첨단 IT 기술회사로 구성된 블루투스 SIG(Special Interest Group)가 발족했다.

블루투스의 무선헤드셋으로 전화통화뿐 아니라 mp3 음악 감상도 가능하며 휴대폰과 휴대폰 또는 휴대폰과 PC간에 사진이나 벨소리 등 파일

143) 「인간에 도전 인공지능의 끝없는 진화」, 이설영, 파이낸셜뉴스, 2016.12.30

도 전송할 수 있다. 블루투스가 주목받는 것은 저렴한 가격에 저전력(100mW)으로 사용할 수 있다는 점이 장점이다. 또한 주파수 대역을 나누기 때문에 데이터 전송을 여러 주파수에 걸쳐서 분할해 보낼 수 있는데 이는 무선 전송에 따른 보안 위협에서도 상대적으로 안전하다는 것을 뜻한다.

블루투스의 또 다른 장점은 블루투스 신호가 벽이나 가방 등을 통과해서 전송될 수 있으므로 배선이나 연결 상황을 육안으로 확인할 필요가 없고 장애물이 있어도 신호를 주고받을 수 있으며 주파수가 전 방향으로 신호가 전송되므로 각 장치를 연결하기 위해 일정한 각도를 유지할 필요가 없다는 점이다. 더불어 블루투스를 이용한 무선 네트워크는 언제 어디서나 모든 정보기기 간의 자유로운 데이터 교환이 이뤄질 수 있다는 점이다. 한마디로 현재 지구인들이 누리는 무선 통신의 이기는 블루투스로 인해 현실화되었다고 볼수 있다.[144)]

여하튼 구글이 공격적으로 스마트워치 시장에 진출하자 애플, 삼성, LG, 모토로라 등의 기업들도 스마트워치 시장에 뛰어들었다. 구글은 웨어러블 디바이스를 위해 개발한 안드로이드 웨어를 공개했고 애플도 '애플 워치'를 발표했다. 스마트 워치로 대표되는 웨어러블 디바이스의 영역이 IT를 넘어 패션까지 넓어지자 스위스 철도 시계, 헬베티카 시계 등으로 스위스 시계 산업의 대명사가 된 몬데인(Mondaine)이 뛰어들었다. 헬베티카 워치의 디자인 아이덴티티를 유지하면서 움직임 등을 추적하는 트래커와 센서를 장착해 스마트폰이나 태블릿 PC 등과 소통하는 모션 X(motion X) 기술을 차용한 '헬베티카 No 1 스마트'를 선보였다.

144) http://terms.naver.com/entry.nhn?docId=1221268&cid=40942&categoryId=32848

목걸이, 신발, 벨트 등 다양한 액세서리도 웨어러블 디바이스로 응용 가능하다. 인텔이 개발한 스마트 팔찌 '미카'는 디스플레이 화면을 탑재해 메시지 확인, 알림 등의 기능을 지원하는 새로운 팔찌 형태의 웨어러블 기기다. 직접 소유자가 말하지 않으면 IT 기기라는 것을 눈치채지 못할만큼 디자인된 것으로 앞으로 수많은 액세서리가 스마트 웨어러블 기기로 변모할 것으로 추산한다.[145]

마이크로소프트는 기존의 시각 개념을 뛰어넘는 제품을 개발했다. 무선 홀로그래픽 컴퓨터 '홀로렌즈(HoloLens)'를 착용하면 눈앞에 현실 세계와 겹쳐진 가상 세계에서 다양한 프로그램을 조작할 수 있다. 홀로렌즈는 실제 공간에 홀로그램을 입혀 목소리나 동작으로 상호작용할 수 있는 가상현실을 만들어낸다. 허공에 뜬 스크린을 손으로 확대하거나 3D 프로그램으로 만든 결과물을 3D 입체 영상으로 미리 볼 수 있는 식이다.[146]

(2) 의료 및 스포츠

웨어러블 디바이스는 의학 분야에서 기적을 만들 수 있다. 뇌출혈이 생기면 골든타임은 4시간뿐이나. 시간 내에 치료를 하지 못하면 생명이 위험한데 환자에게 센서가 부착되어 있으면 의사는 원격으로 환자의 상태를 파악할 수 있으며 이를 통해 즉각적인 상담이나 환자에 대한 원거리 진료가 가능하다. 곧바로 병원의 응급실과 연계하여 긴박하게 진행되는 원격 의료로 치료받을 수 있다. 또한 웨어러블 디바이스는 영유아 관리에서 부터 시작해 당뇨병, 파킨스병까지 예방할 수 있다. 아기의 다리에 간

---

145) 『스마트 테크놀로지의 미래』, 카이스트 기술경영전문대학원, 율곡출판사, 2017
146) 「웨어러블 디바이스」, 김영우, 한국디자인진흥원, 2015.07.16

단하게 채워 아기의 움직임과 체온, 심박수 등 모든 신호를 전달해주어 건강을 사전에 체크할 수 있다. 손바닥에 얹으면 노화를 측정하는 기준인 '항산화'의 정도를 알려주는 디바이스, 기본 헬스케어 기능에 충실한 제품 외에도 허리벨트나 옷에 부착하는 등 패션용품과 결합된다.

존 로저스(John Rogers)가 개발한 '바이오스탬프(Biostamp)'는 신축성을 갖춘 반투명 회로를 일회용 밴드처럼 간편하게 몸에 붙이기만하면 두뇌, 심장 박동, 근육 활동, 체온을 체크할 수 있다. 반도체 업체 퀄컴은 TV시리즈 스타트렉에 나오는 의료기기 '트라이 코더'를 개발했다. 트라이 코더는 피를 뽑거나 촬영하지 않아도 몸에 대기만 하면 질병을 진단해준다. 트라이 코더는 빈혈 · 당뇨 · 폐렴 등 13가지 질병을 진단할 수 있는 것으로 알려졌다.[147)]

신체부착형 웨어러블 디바이스도 급성장하고 있다. 초기에는 인간의 피부와 같이 감각을 느낄 수 있는 인공 피부를 로봇에 적용하기 위해 개발되었는데 이후 전자 피부, 스마트피부 등과 같이 피부에 탈부착할 수 있는 장치로 연구가 진행되었다. 헬스케어 및 의료 서비스 부분에서 집중적인 보급이 예상되는데 이는 인간의 신체변화를 추적・관리하는데 신체에 부착하여 생체신호를 지속적으로 측정하는 것이 가능하기 때문이다. 물론 이러한 신체부착형 디바이스는 일상생활에 불편함이 없어야 하므로 인체에 무해한 소재와 접착제 개발 등이 전제되어야 한다. 또한 가볍고 소형으로 만들어야 하므로 상대적으로 작은 배터리 용량을 가져야 한다. 이 부분은 이미 대안이 준비되어 있는데 현재 인간의 체온 36도와 외부 기온의 차이 즉 외기온이 20도의 온도 차이로 약 40mW의 전력을

147) 「하늘 나는 택시, 감정 읽는 시계… 공상이 현실로」, 박건형, 조선일보, 2017.02.09

만들 수 있다. 한마디로 몸에 부착하고 활동하면서 스스로 자가 충전되는 것이다.[148]

이와 같이 헬스케어 서비스가 많이 등장하는 것은 미래사회는 몸을 스스로 관리해야 하는 시대이기 때문이다. 한마디로 균형 있는 삶을 추구하는 미래는 데이터를 갖고 자신의 몸을 진단하는 시대가 된다는 뜻이다. 주머니 속 혹은 피부 위에 붙여진 헬스 케어 즉 웨어러블 디바이스가 제4차 산업혁명이 핵이 되는 것은 자연스런 일이다.[149][150]

스포츠분야에서 웨어러블 디바이스의 진출은 폭발적이다. 값비싼 운동선수들의 신체 상태와 변화를 데이터로 전송하여 분석하는 것이다. 종목별로 특화된 응용서비스를 개발하는 것으로 나이키는 3D 프린터를 이용하여 선수 개개인에 맞춘 운동화와 보호대는 물론 센서가 부착된 신발과 의류를 제공한다. 아디다스 역시 가슴 부분에 전기전도성 섬유로 구성된 심전도 전극으로 움직임, 체온, 호흡 등을 측정할 수 있는 스포츠브라와 같은 제품을 생산하고 있다.

구글이 리바이스와 공동으로 개발한 자카드는 스마트실을 의류에 삽입한다. 자카드를 칙용한 사람의 육체적인 움직임과 신체적인 변화를 아주 미세한 수준으로 측정하여 서버로 전송한다. 특히 소매와 같은 트정 부위에 미리 저장된 인터페이스를 통해 자신의 스마트폰이나 원거리의 컴퓨터도 조정할 수 있다.[151]

이 분야에 관한 한 한국은 아직 상당 부분 뒤쳐져 있는데 이것은 아직

148) 『스마트 테크놀로지의 미래』, 카이스트 기술경영전문대학원, 율곡출판사, 2017
149) 「엄마 꿀잠 자게 하는 사물인터넷」, 김은영, 사이언스타임스, 2016.10.14
150) 「빅데이타 테크놀로지 시대 온다」, 김은영, 사이언스타임스, 2016.03.10
151) 『스마트 테크놀로지의 미래』, 카이스트 기술경영전문대학원, 율곡출판사, 2017

원격 진료에 제한이 있기 때문이다. 거리가 떨어져 있는 의사간 의료지식을 자문하는 형식의 원격진료는 가능하나 진단, 처방을 포함한 원격진료는 허용되지 않기 때문이다. 물론 원격 진료에 약간의 허용은 있는데 원격진료를 받을 수 있는 환자는 혈압, 혈당 수치가 안정적인 고혈압, 당뇨 등의 만성질환자인 경우 가능하다. 또한 상당 기간 진료를 받아야 하는 정신질환자, 거동이 불편한 노인이나 장애인, 병원과 거리가 떨어진 곳에 거주해 의료접근성이 취약한 주민, 군인, 해양선원, 교도소 수감자 등으로 제한되지만 본격적인 원격 진료는 불가능한 상황이다. 물론 외국과의 협약에 의한 원격진료는 문제가 없어 한국의 선진의학기술을 외국에 전수하는데 큰 역할을 하고 있다.[152]

(3) 웨어러블 디바이스의 명암

웨어러블 디바이스 분야에서 앞서가고 있는 구글은 '프로젝트 글래스(Project Glass)' 즉 '구글 안경'을 선보였다. 이들의 착안점은 스마트폰을 들고 다니지 않아도 편리하게 네트워크를 이용할 수 있다는 점이다. 눈앞에서 길안내를 받고 날씨를 확인하고 소셜네트워크서비스(SNS)에 접속할 수 있는 방법을 구글 안경으로 투사한 차세대 모바일기기가 해결하는 기능을 장착했다.

엄마가 해산이 다가와 시장에 다니기 어려울 경우 아빠가 직접 물건을 산다고 가정하자. 어떤 야채가 더 신선한지, 어떤 생선이 더 좋은지 판단하기가 막막하다. 이럴 때 안경을 끼고 시장에 나가면 고민할 필요가 없다. 남편이 시장 모습을 촬영해 실시간으로 엄마에게 보내고 엄마는 집에

---

152) 「의사 환자 원격진료 허용」, 한예지, 티브데일리, 2013.10.29

서 HMD를 통해 원하는 물건을 골라 아빠에게 알려주면 골치 아픈 장보기는 간단하게 해결된다. 물론 자신이 좋아하는 장난감을 집에서 보면서 아빠에게 사달라고 할 수도 있다.

눈에 걸친 안경알에 디스플레이를 탑재해 사용자가 필요한 앱을 이용할 수 있다. 안경은 안경다리에 탑재된 터치패드로 조작하며 안경에 비치는 화면은 한 장씩 구성되는데 이를 '타임라인 카드'라고 부른다. 카드처럼 한 장씩 넘겨보라는 뜻이다. 화면과 길을 번갈아 보며 목적지를 찾을 필요가 없고, 어색하게 스마트폰 화면을 눈앞에 두고 영상통화를 이용하지 않아도 된다. 안경만 쓰면 마치 눈앞 도로에 화살표가 그려진 것처럼 내비게이션을 활용할 수 있고, 멀리 있는 친구도 바로 앞에서 마주 보는 것처럼 통화할 수 있다. 손톱만한 안경알이 너무 작아 불편하지는 않을까 생각하겠지만 구글 안경의 화면은 사람 눈앞 2.4m 앞에 25인치 모니터를 달아 둔 것과 같은 효과를 낸다고 설명한다. 단다. 시야를 방해하지도 않고 너무 작아 보기 어려운 수준도 아니라는 얘기다. 한마디로 구글 안경은 지금 스마트폰에 들어가 있는 첨단 기술의 총체라 볼 수 있다.

음성인식 기술도 장착한다. 여기에 사용되는 음성인식 기능은 애플의 지능형 음성인식 기능 '시리'와 구글의 스마트폰 등에서 널리 쓰이고 있다. 와이파이 네트워크 연결이나 이동통신업체의 셀룰러 네트워크, 블루투스 연결, 사진 · 동영상 촬영 기능은 기본이다. 더욱 흥미 있는 것은 구글 안경이 인터넷에 연결돼 있지 않아도 앱을 쓸 수 있도록 오프라인 모드를 지원하는 기능과 구글 안경에 탑재된 카메라나 하드웨어에 접근할 수 있다. 전 세계에서 가장 많이 쓰이는 운영체제(OS)의 앱 개발이 구글 안경 앱 생태계에 포함된다는 전략이다.

구글만 스마트 안경 시장에 뛰어든 것은 아니다. 스포츠용품 전문업체 오클리는 오클리의 '에어웨이브(Airwave)' 시리즈가 출시했는데 에어웨이브는 겨울 스포츠를 즐기는 스키, 스노보드 마니아를 위한 스마트 고글이다. 에어웨이브 고글에도 와이파이와 GPS, 블루투스 기능 등이 들어가 있다. 정보 전달을 담당하는 디지털 화면은 고글 안쪽에 배치돼 있는데 화면 크기는 약 1.5m 앞에 14인치 크기의 모니터를 둔 것과 같은 효과를 나타낸다. 블루투스로 스마트폰에 담긴 음악을 들을 수 있고, 고글을 쓴 스노보더의 위치와 바깥의 온도, 점프한 높이와 체공시간까지 측정해준다. 스노보드를 타고 이동한 거리를 누적해 알려주는 기능은 기본이다. 스마트폰과 연동할 수 있는데 스키를 타면서 중간 전화를 받을 수는 없지만 에어웨이브가 전화를 대신 받아준다. 문자메시지도 대신 받아주고 미리 등록한 친구의 위치도 찾아준다.

겨울 스포츠 뿐만 아니라 수영객을 위한 '인스타빗(Instabeat)'도 개발됐다. 인스타빗은 평범한 수영용 안경에 연결해 쓰는 부착형 기기로 안경 한쪽 끈에 연결하면 된다. 인스타빗은 착용한 사람의 관자놀이를 통해 심박수를 측정하는 기능도 갖고 있어 운동량을 파악할 수 있다.

입는 컴퓨터가 본격적으로 시행되면 장점과 더불어 단점도 생긴다. 옷에서부터 온갖 가전제품들에 부착되어 있는 통합커뮤티케이션(UC)들은 엄밀한 의미에서 인간들의 일거수일투족을 끊임없이 감시하고 제어한다고 볼 수 있다. UC 때문에 스트레스가 생겨 못 견디겠다는 사람들도 당연히 생긴다. 특히 스마트 안경이 사생활을 침해한다는 지적이 매우 거세다. 구글 안경 측에 캐나다와 스위스, 이스라엘, 호주, 멕시코 등 유럽과 남미 등 세계 여러 나라의 정보보호 당국이 구글 안경의 사생활 침해 문제에 질문서를 보냈다. 문제가 불거진 이유는 구글 안경에는 카메라가 달려 있어 사진은 물론, 동영상도 찍을 수 있다. 촬영한 사진은 즉시 트위터나 페이스북 등 소셜네트워크 서비스로 올릴 수 있다. 무엇보다 안경형 제품이라는 점에서 자신이 사진에 찍히고 있다는 사실을 인지하지 못할 것이라는 우려가 깊다는 뜻이다. 스마트폰이나 카메라와 달리 사진을 찍기 위한 특별한 동작과 기기가 필요한 것이 아니기 때문이다.[153)]

그러나 편리함이 먼저냐 인간성이 우선이냐로 약간의 충돌은 예상되지만 보다 편리함을 바라는 인간들의 소망은 결코 사라지지 않기 때문에 4차 산업혁명의 축이 될 것으로 예상되는 입는 컴퓨터를 마냥 불평만 할 수는 없다는 주장도 있다. 여하튼 이 문제는 어떤 방법이든 타협점이 찾아질 것으로 생각한다[154)]

보다 업그레이드된 웨어러블 컴퓨터도 활성화될 것으로 예상한다. 인간의 몸에 전자기기를 심는 것이다. 몸 안에 직접 삽입하므로 간편하다. 인체의 몸을 직접 활용하려면 항상 거부반응이라는 부작용이 생기는데 학자들은 이들 기기를 생체분해성 소재로 제작하여 이른바 스스로 소멸토록 하면 문제점이 사라진다고 예상한다. 한마디로 인체에 삽입하는 심장박동기를 비롯한 의료기기들을 이런 트랜션트 전자기기(체내에 일시적으로 존재했다 분해되는 신개념 전자 기기)로 대체가 가능하다는 것이다.[155)]

---

153) 「스마트안경)」, 오원석, 네이버캐스트, 2013.12.12
154) 『미래과학, 꿈이 이루어지다』, 이종호, 과학사랑, 2008
155) 「반도체 없는 폰, 몸에 심는 컴퓨터 시대 온다」, 박근태, 한국경제, 2016.03.28

학자들은 인터넷이 활성화되는데 여러 가지 복합적인 요인이 개제되었지만 그 중에서도 가장 큰 기여한 요인으로는 게임과 사이버섹스를 꼽는다. 두 장르 모두 사이버스페이스(Cyberspace)와 가상현실(Virtual Reality)을 기반으로 하는데 인간의 속성상 이들 모두 인간의 기본 본성과 긴밀하게 연계되기 때문이다.

그러므로 제4차 산업혁명 시대에 인공지능이 어디까지 확장될지는 두 분야가 어떻게 발전하느냐에 따랐다고도 말해진다. 한마디로 사이버스페이스가 4차 산업혁명의 견인차로 인정될 수 있다는 설명인데 이들이 이렇게 주목받는 것은 과학기술이 하루가 달리 발전하고 있는 것에 비례하여 가상현실 세계도 발전하고 있기 때문이다.

제4차 산업시대의 한 축을 이룰 것으로 예상되는 가상현실에서 가장 앞서가는 분야는 게임이다. 미래의 게임은 제4차 산업시대에는 21세기 초와는 완전히 달라진다. 가상현실 오락 시스템은 체험 시뮬레이션과 유사하다. 가상공간을 이용한 야구 시합을 한다고 하자. 유저는 가상공간으로 들어가 자신이 원하는 팀을 선정하고 그동안 자신의 야구게임 정보를 입력하면 자신에게 알맞은 포지션과 타순이 알려진다. 포수로 지정되면 야구장과 같은 공간에 자기 팀 9명이 선수로 들어가 상대방의 타자와 맞선다. 일일이 투수에게 사인을 주면서 현장과 다름없이 야구를 할 수 있다. 공격으로 바뀌면 자기 타석에서 상태 팀 투수의 공을 때리기 위해 노력한다. 가상공간에서 두각을 나타내는 선수는 현실에서의 야구 선수와 맞먹는 인기를 누릴 수도 있다. 한마디로 컴퓨터는 사이버스페이스가 활약하는 인터테인먼트의 거대한 시장이나 마찬가지다.

(1) 가상현실

컴퓨터나 SF영화에서 자주 사용되는 단어 중에 하나가 '사이버스페이스(Cyberspace)'와 '가상현실(Virtual Reality)'이다. 여기에서 사이버는 사이버스페이스 즉 컴퓨터 네트워크에 의하여 형성되는 공간을 말한다.

사이버스페이스란 말은 윌리엄 깁슨(William Gibson)이 1984년에 쓴 『뉴로맨서 Newromancer』에 처음 등장한다. 그의 소설에서 사이버스페이스란 컴퓨터로 인해 생성된 또 다른 공간을 말한다. 이후 사이버스페이스라는 단어는 컴퓨터의 비약적인 보급으로 많은 사람들에게 인기를 끌어 이제는 일반적인 단어가 되었다. 오늘날 사이버스페이스는 끊임없이 접속되고 있는 컴퓨터 시스템, 특히 인터넷으로 연결된 수많은 컴퓨터 시스템에 의해 구현되는 세계를 가리키는 용어로 사용된다.

가상현실의 개념은 사이버스페이스와 약간 다르다. 가상현실은 1930년대로 거슬러 올라갈 정도로 매우 오래된 개념이다. 이는 비행기가 등장하자 비행 시뮬레이터로 출발하여 2차 세계대전이 발발하자 많은 조종사를 길러야 했는데 학자들은 비행 시뮬레이터로 50만 명에 달하는 조종사들이 교육받았다고 추정한다. 그 이후 영역을 더 넓혀 여러 군사 훈련용으로도 활용되기 시작했다.[156] 현실 세계에서 사이버스페이스와 가상현실을 동일한 개념으로 설명하기도 하므로 이곳에서는 주로 두 개념을 통

156) 「[최기성의 허브車] 자동차와 포르노, 전쟁과 은밀한 거래」, 최기성, 매일경제, 2017.01.25

합하여 '가상현실'이란 용어를 사용한다.

'가상현실'이란 상반되는 두 단어로 이루어진 이 말은 언뜻 보면 모순적인 말이다. 가상이란 현실에서의 힘, 그 자체로서 현실의 필수적인 조건이 될 수 있는 힘을 의미한다. 하지만 현실은 그 자체로서 의미가 있다. 그런데 실제로 우리가 지각하는 대상의 현실과 가상만 놓고 본다면 이 구분은 매우 모호하다. 우리가 지각하는 것과 실제로 존재하는 것, 그리고 우리 내부로부터 이끌어져 나온 것과 우리 밖에 존재하는 것 사이에 이원론이 존재한다. 우리의 감각에 작용하는 현상은 언제나 현실 즉 물리적인 현상이다.

반면에 우리의 뇌 속에서 인식되는 것은 실제로 존재하는 것일 수도 있고 존재하지 않는 것일 수도 있다. 만약에 그것이 실제로 존재하는 것이면 그 대상은 현실이다. 그러나 몇 킬로미터 떨어진 곳에 오아시스가 있다고 믿게 만드는 신기루 현상 등은 가상이라 할 수 있다. 이를 사이버스페이스로 한정시킨다면 이반 서덜랜드는 1960년대에 가상현실을 다음과 같이 규정했다.

'최종적인 디스플레이는 물론 공간이 될 것이며, 그 공간에 있는 모든 물체를 컴퓨터가 통제할 수 있을 것이다. 그 공간에 디스플레이 되는 의자는 충분히 앉을 만하며 수갑은 채울 수 있는 것이며 총알은 치명적일 것이다.'

1990년대에 토마스 퍼니스는 가상현실을 다음과 같이 정의했다.

'가상환경 테크노놀로지는 인간이 참여할 수 있는 3차원 세계를 컴퓨터가 만들 수 있게 해주는 수단을 제공한다. 이 세계는 가상으로 감각에 투영된 것이기는 하지만 보고 듣고 만질 수 있는 3차원의 물체로 구성된다.'

이를 풀어서 설명한다면 가상현실이란 인간의 감각기관을 속여서 인공적으로 만든 세계를 경험하고 상호 대화를 통해 정보를 주고받는 것을 의미한다. 그리고 이를 체험하는 이들은 실존하지 않는 물체들을 보고 듣고 만지고 조작하는 도중 이것이 실제로 존재한다고 믿고 사실은 아무것도 없는 공간 속을 돌아다닌다.

기계적인 면에서 볼 때 가상현실이란 종합적인 컴퓨터 그래픽에 의한 가상환경 창조를 도와주는 일련의 비디오 컴퓨터 시스템을 뜻한다. 이는 인간에 의해 부분적으로 제어되는 환경 시뮬레이션의 특징을 지닌 인터페이스의 한 형태로 볼 수 있다.

가상현실은 두 가지로 나눈다. '몰입형 가상현실(Immersive Virtual Reality)'과 '데스크탑 가상현실(Virtual Reality)'이다. 여기에 '제3자 가상현실(Third Person VR)'이 있는데 이 시스템은 비디오 화면과 비디오 카메라가 설치된 방에 사용자가 들어가 자신의 모습을 촬영하여 이미 계획된 합성방법으로 화면에 재현시키는 기술이다. 사용자의 입장에서 보면 상대적으로 저렴하게 가상현실에 접근할 수 있고 사용방법이 간단하지만 아직 보완해야 할 부분이 많아 여기에서는 앞의 두 가지만 설명한다.

① 몰입형 가상현실

몰입형 가상현실은 몰입감을 높이기 위해 특수한 장비를 사용하는데 컴퓨터와 3D 이미지와 센서를 통해 말 그대로 '현실과 같은 세계'를 만드는 것이다. 즉 사용자의 실제 세계의 감각적 자극을 폐쇄하는 대신 컴퓨터를 통해 가상화된 환경이 새롭게 조성되는 것으로 실제 세계처럼 보이고 느껴지는 모의 환경에 사람을 위치시키는 것이다.[157)]

주로 전면에 스크린을 놓고 HMD(Head Mounted Display)와 데이터 장갑(컴퓨터 센서에 의해 촉감을 느낄 수 있는 장갑)과 같은 장비를 통해 사용자의 감각 능력을 완전히 폐쇄하는 원리에 토대를 두고 있다.[158] HMD는 이미지를 시각화하는 장치로 인체안경의 원리를 이용한다. 이것을 응용한 HMD는 한 쌍의 CRT(Cathode Ray Tube)나 LCD(Liquid Crystal Display)에 왼쪽 눈과 오른쪽 눈에 따로 와 닿는 두 평면 이미지를 만들어준다. 그리고 사용자의 움직임에 따라서 영상이 움직이므로 사용자는 평면이 아닌 3차원의 환경에 둘러싸여 있다는 느낌을 받는다.

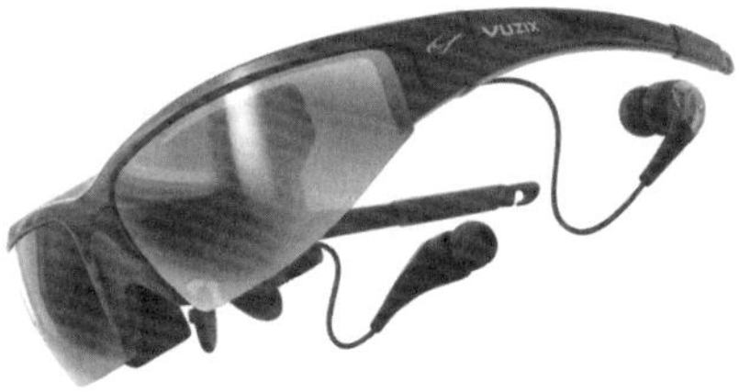

▶ 최신 제품의 HMD

HMD는 이미지를 불러올 뿐 아니라 컴퓨터의 입력장치 역할도 하는데 변환장치가 장착된 HMD는 그것을 쓴 사람의 머리 방향과 위치에 관한 데이터를 컴퓨터에 전달해 준다. 그리고 그 정보에 따라 컴퓨터는 입체시각 이미지를 계산하고 이에 따라 가상현실은 사용자의 움직임에 맞추어 역동적으로 변화될 수 있다.

촉각을 제어하기 위해서 데이터 장갑을 이용하는데 여기에는 입력장

157) 『CYBER SEX』, 권수미, 과학기술, 2003
158) 『포르노 영화, 역사를 만나다』, 연동원, 연경미디어, 2006

치 역할을 하는 탐지기들이 촘촘히 부착되어 있다. 이들은 손의 위치와 방향, 그리고 손가락의 분절된 움직임을 컴퓨터에 전달한다. 데이터 장갑은 HMD와 동일한 탐지기를 사용하며 손가락을 따라 지나면서 모든 관절의 움직임을 측정한다. 몸 전체의 움직임을 검출하는 특수 의복이 첨가되는데 원리는 데이터 장갑과 유사하다. 특수 의복은 인간의 몸통, 팔, 무릎, 발을 포함한 사방 10피트, 14피트 범위 내에서 움직이는 인체의 움직임을 68개의 연결 고리를 이용해 추적할 수 있다. 이 옷은 특히 운동에 대한 감각 익히기, 인간 동작의 관찰, 위험한 상황에 대처하는 모의 훈련 등에 유용하게 사용되어 컴퓨터 게임을 개발하는데 큰 역할을 한다.

이들이 준비된 후에 청각을 해결하는 장비도 필요하다. 소리를 듣지 못한다면 가상현실은 그야말로 의미가 없는 장치에 지나지 않는다. 인간은 외부에서 받아들이는 정보의 70% 정도를 시각에 의존하며 청각으로 15%나 의존하기 때문이다. 가상현실 속의 각종 소리들은 사용자의 귀의 방향에 따라 변화를 주고 3차원의 가상공간 내의 특정 위치와 거리에 음원을 배치하여 음향의 가상공간을 체험해 준다. 음향을 가상현실에서 합성하는 것은 근본적으로 이미지의 합성과 별로 다르지 않다. 차이점이 있다면 이미지가 공간의 구애를 받는 반면 음향은 시간의 구애를 받는다는 점이다.

시각이나 청각을 재현하는 과정은 상당히 복잡하게 보이지만 우리가 가상현실에서 실제로 경험하는 것은 그것들의 표면적인 조합 즉 하나의 '콜라주(collage)'와도 같다. 가상현실에서 우리 눈과 귀에 보이고 들리는 현상들은 우리가 지각하는 순간에 바로 거기에서 뇌로 연결되는 형태의 독립적인 원인과 표출현상은 아니다. 이미지는 픽셀로, 음향은 표본으로 분해되는 과정을 거쳐 그것들의 후천적으로 조합돼 각각 이미지, 음향, 감촉들로 나타나는 것이다. 시각·촉각·청각 다음으로 후각도 실재감을 창출하기 위해 중요한 역학을 한다. 미각이나 후각 등 인체의 화학적 감각들은 특히 생생한 기억을 만들어 내므로 위험한 상황이나 감정 경험들 그리고 특히 성적 자극을 불러일으키는 데 유용하므로 게임에 이를 접목하여 보다 현실감을 느끼도록 한다.

② 데스크탑 가상현실

데스크탑을 이용한 가상현실은 PC용 가상현실 저작도구로 만든 3차원 입체 그래픽과 간단한 고글로써 구현이 가능해, 가격이 저렴하다는 장점이 있다. 다소 몰입감이 적다는 점은 있지만 데스크탑 가상현실은 3차원 영상을 표현해주는 VRML(Virtual Reality Modeling Language)로 구현되어 모든 형태의 그래픽과 영상을 3차원으로 표현, 처리할 수 있다. VRML은 일반적인 웹페이지 작성언어인 HTML(Hypertext Markup Language)이 2차원을 표현하면서 인터넷의 대중화에 크게 기여했지만 현실생활을 표현하기에는 다소 부족하여 개발된 것으로 현실생활을 보다 생생히 표현할 수 있는 3D기술이다. 많은 사람들이 쇼핑몰이나 전시관, 모델하우스 등을 방문할 때 실감나는 영상을 제공하는 기술이 바로 VRML이다.

가상현실은 자연을 그대로 옮겨 올 수도 있다. 인간이 아닌 동물이 느끼고 행동하는 것과 비슷한 인터페이스를 만들어 내어 마치 밀림에 들어가 있는 동물이 된 것과 같은 착각을 갖게 한다. 예를 들어 박쥐의 소리와 똑같은 음향을 만들어 내고 그들이 보는 것들을 우리 눈으로 보며 거기에

연결된 동작탐지기를 이용해 우리의 팔을 움직여 날고 있는 감을 느끼게 한다.[159)]

(2) 한계가 없는 가상현실 세계

인터넷으로 책을 사고 시장을 보고 인터넷 뱅킹으로 은행 업무를 본다. 또 친구와 대화를 나누고 마음에 맞는 사람끼리 온라인 동호회를 만들어 게임이나 영화를 보며 취미생활을 즐길 수도 있다는 것은 이제 구문이나 마찬가지다. 특히 현실 문제를 실시간으로 접하면서 온라인 시위나 정치적 활동에 참여하기도 한다. 사이버 세상이 현실과는 다른 점이 있는데도 불구하고 현실과 같은 세상에 우리 자신이 몸담고 살게 되었다는 것을 의미하는데 이런 특징은 인간들에게 여러 모로 도움을 줄 수 있다.[160)]

필자가 유학시절을 보낸 스페인과 프랑스의 국경인 피레네 산맥 속의 프랑스 뻬르피냥시는 인구 10만에 불과한 작은 도시로 주변에는 케이빙 발상지라고 할 정도로 동굴이 많다. 한 번은 고등학교 동창생과 그의 회사 간부들이 세계에서 가장 작은 나라로 알려진 안도라를 가는데 동행했다. 안도라까지의 길목에는 수많은 동굴이 있다면서 그중 이름 있는 동굴을 보자고 하자 모두 쾌히 승낙했다. 현장에 도착하여 표를 산 후 수직 엘리베이터를 타려고 하자 친구 회사의 상사 중 한 사람이 갑자기 자기는 들어가지 않겠다는 것이었다. 엘리베이터 공포증 때문이었다.

한때 세계 권투황제라고 불리던 무하마드 알리는 고소공포증 때문에 1960년의 로마 올림픽에 참가하지 못할 뻔했다. 그가 로마행 비행기를

159) 『CYBER SEX』, 권수미, 과학기술, 2003
160) 『과학, 우리 세대의 교양』, 유네스코한국위원회, 세종서적, 2004

탈 수 없다고 버텼던 것이다. 하지만 감독과 코치가 올림픽의 중요성과 비행기의 안정성을 설득하여 무하마드 알리는 결국 올림픽에 참가했고 금메달을 따 복싱인생의 앞날이 훤하게 열리게 되었다.

'나비와 같이 날아 벌과 같이 쏜다.'는 말을 남기며 사각의 링을 주름잡던 무하마드 알리가 고공 공포증이 있다는 것이 얼핏 이해되지 않았다. 하지만 실은 현대인의 약 10%가 비행공포증에 시달리고 있다. 이에 비추어 문제의 회사 간부가 엘리베이터 공포증을 갖고 있다는 것도 그리 이상할 것은 없다. 고공공포증 환자들은 비행기를 타거나 폐쇄공간에 들어간다는 생각만으로도 심장 박동이 빨라지고 숨이 턱에 차며 식은땀을 흘린다.

여하튼 그를 제외하고 모두들 동굴에 들어가 지하 동굴의 아름다움을 만끽하고 나왔다. 동굴에 들어가지 않은 회사 간부는 서울에서도 엘리베이터를 타지 않고 계단도 걸어서 오르내리니까 건강에도 좋다고 추천하기까지 했다.

세월이 한참 흐른 후 그의 안부를 물어보았더니 그가 고공공포증을 말끔히 고쳤다는 대답을 들었다. 공포증 환자들에게 복음과 같은 치료법이 개발되었는데 그것은 가상현실을 통한 컴퓨터게임 기법을 도입하는 것이다. 방법은 간단하다. 비행공포증 환자를 데리고 비행기가 아닌 기계 속으로 들어간다. 환자는 사이버 헬멧을 쓰고 3차원 영상으로 비행기 내부 모습을 보게 된다. 진짜 기내에서와 마찬가지로 주위를 둘러볼 수도 있고 비행하는 동안 창밖을 내다볼 수도 있다. 눈동자나 얼굴의 방향에 따라 화면도 변한다. 공포증환자는 가상 비행기 안에서 컴퓨터를 이용해 실제 비행기를 탈 때 일어날 수 있는 모든 경우와 대면하게 된다. 이륙과 착륙, 천둥벼락 등과 같은 상황에 직면했을 때의 폭음과 충격과 흔들림 등 온갖 상황을 경험한다.

가상현실 치료법의 가장 큰 장점은 시간과 비용절감 외에도 환자 개인의 특성에 따라 적절하게 환경을 바꾸어 조정할 수 있다는 것이다. 이를테면 이륙에 공포를 느끼는 사람은 이륙을 보다 자주 반복하여 경험하도록 하고, 난기류에 공포를 느끼는 환자에게는 난기류에 빠졌을 때의 상황을 더 반복하여 공포심을 극복케 한다.

공포는 비행공포증 뿐만이 아니다. 고소공포증도 비행공포증과 마찬가지로 가상현실 요법을 통하여 치료하고 있다. 머리에 쓴 헬멧을 통하여 가상공간에서 철골 구조물 옆을 리프트를 타고 올라가는 느낌을 경험한다. 1회에 30분씩 일주일에 3번 정도 가상환경에서 집중적으로 단련을 받은 후 직접 현장을 체험케 하여 공포증을 사라지게 하는 것이다. 이러한 가상현실을 이용한 첨단치료 기법은 국내에도 도입되어 여러 병원에서 활용하고 있을 정도로 재빠르게 확산되고 있다. 엘리베이터 공포증을 갖고 있던 친구의 상사도 바로 이런 가상현실 치료를 받았다는 이야기였다.

이와 같이 이미 많은 분야에서 성공적으로 접목되고 있는 가상공간은 과거에 가능하지 않았던 속도와 질적 수준으로 학습할 수 있게 만든다. 뜨거운 물 주전자에 덴 사람들은 뜨거운 물 주전자는 조심해야 한다는 것을 잘 알고 있다. 경험했기 때문이다. 그러나 가상현실 세계에서는 뜨겁다는 것을 이해하기 위해 고통을 겪을 필요가 없다. 가상현실에서는 아무런 해를 입지 않고도 불이 타는 것, 열기, 통증까지 경험할 수 있다.

전기용품을 부주의하게 다루었기 때문에 낭패 본 사람이 많을 것이다. 가상현실에서 가상 전기소켓을 만지면 충격을 받지만 죽지는 않는다. 가상현실의 경험으로 전기기계의 위험성을 보다 정확하게 이해한다면 실생활에서의 피해는 극적으로 줄일 수 있다. 잘 구성된 가상현실 프로그램과 홀로그래픽 등이 접목된 교실은 현재와 근본적으로 달라질 것임은 설명하지 않아도 잘 이해할 것이다.161)

〈엔터테인먼트〉

사이버스페이스가 마음껏 활약할 수 있는 곳이 각종 사이버 체험관이다. 협소한 장소임에도 큰 지장 없이 VR 기기를 쓰고 마음껏 가상현실을 만끽할 수 있기 때문이다. 자신의 두 팔이 로봇팔로 바뀌어 팔로 조종기 버튼을 누르면 가상공간에서 손가락을 쥐었다 폈다 하며 물건을 집을 수 있다. 임무는 달 기지의 로봇을 조종해 지구로 날아오는 운석의 궤도를 수정하는 것도 가능하다.

진공 튜브 안에서 시속 1,300km로 달리는 하이퍼루프를 가상 체험할 수도 있도 있다. 하이퍼루프를 타고 우주관제센터에 도착하여 홀로렌즈 안경을 착용하고, 달에서 사고를 당한 조난객을 구조하는 장면을 지켜본다. 이어 미래의 응급센터에선 의사가 마네킹 환자 신체를 스캐닝해 골절 부위를 찾아내고 로봇 팔로 인공 뼈를 깎아 골절 부위를 메우는 모습도 볼 수 있다. 해저 도시와 우주 셔틀 등 첨단 기술을 체험하는 것도 가능하다.162)

가상현실 테마파크도 엔터테인먼트의 흥미로운 한 분야이다.

학자들은 산업용 로봇과 가상현실이 결합된 테마파크가 유망 비지니스 모델이 될 것으로 전망한다. 가상현실(VR)과 실사와 결합한 각종 컨

161) 「IT 이을 新성장동력… 대기업들까지 뛰어들어」, 조형래, 조선일보, 2011.06.02
162) 「하이퍼루프 타고 우주로… 홀로그램 회의」, 신동흔, 조선일보, 2017.09.29.

텐츠물, 360도 VR화면과 결합한 라이브 쇼 등의 방송 컨텐츠도 가상현실과 접목한다.

거대한 로봇 팔(robotic arms)이 사람들을 집어 올리자 사람들이 비명을 지른다. 사람들의 눈은 VR HMD(Head Mounted Display)에 쏠려있지만 롤로코스터 밖은 현실이 아니다. 360도로 회전하는 로봇 팔 위에서 대면하는 가상현실 세계이다. 학자들은 가상 · 증강 현실(VR · AR) 시장은 차세대 최고 먹거리 사업 분야 중 하나로 평가한다.

거대한 산업용 로봇 팔과 가상현실의 융합은 미국 올랜도 유니버셜 스튜디오 계열의 테마파크에 있는 로보틱스 롤러코스터로 성공의 길을 열었다. 세계적인 베스트셀러 해리포터를 모티브로 한 이 놀이기구는 거대한 로봇 팔이 사람들을 태우고 가상의 현실로 모험을 떠난다. '해리포터와 금지된 여행(Harry Potter and the Forbidden Journey)'이라고 불리는 이 놀이기구는 조앤 롤랭의 세계적인 베스트셀러 해리포터 속 마법 세계를 현실로 옮겨 놓은 듯 초고해상도의 가상현실로 환상적인 경험을 선사한다.

▶ 해리포터와 금지된 여행이라 불리는 놀이기구

화면 그래픽에서만 존재하던 가상 여자 친구를 실사 인물로 변화시켜 스크린 속 여자 친구를 실사 공간에서 만나 데이트를 할 수 있다는 설정도 가능하다. 미소녀(혹은 미소년) 연애 시뮬레이션 게임 컨텐츠는 일본에서 폭발적인 인기를 끌고 있을 정도로 가상세계는 이제 세계인의 현실 공간에 들어왔다 볼 수 있다.[163)]

(3) 가상현실로 교육

학자들이 제4차 산업혁명의 여파를 가장 크게 받을 분야로 미래의 교육을 꼽는다. 이와 같은 예상은 가상현실 즉 시뮬레이션 학습프로그램이 활성화되는 것을 기본으로 생각하기 때문이다.

이런 시대가 되면 미래의 학교 학생들은 일주일에 하루나 이틀만 학교에 간다. 학교 수업은 대체로 집안에 설치된 학습방에서 받는다. 학습방에는 크기조절이 가능한 스크린과 터치스크린 전자장갑(커뮤니케이션 도구들 : 음성인식기, 문자인식기), 녹음 · 녹화기능 등과 같은 도구들이 구비되어 있다. 집에서 공부할 수 있는 원격교육이 가능한 것은 실제 환경과 거의 차이가 없는 체험시뮬레이션 학습프로그램이 개발되어 사용되기 때문이다. 물론 모든 장비는 정부에서 무료로 지급한다.

언제, 어디서나, 누구든지 쉽고 편리한 방식으로 지식과 정보에 접할 수 있다는 것은 오프라인과 온라인을 넘나드는 교육환경으로 변모한다는 것을 의미한다. 그러므로 학교에 가고, 안 가고를 떠나서 언제, 어디서나 학교의 교육을 제공받을 수 있다. 정부의 각 기관에서 다양한 교육 콘텐츠를 무상으로 제공하고 있기 때문에 배우려고 맘만 먹으면 언제든 무엇이든 배울 수 있다. 이런 교육에 남녀노소는 물론 연령에 한도가 없으므로 누구나 원하기만 하면 다양한 교육 기회를 얻을 수 있다. 가상현실 교육의 특징을 감정이입의 '자유'와 지속가능한 '평등' 두 단어로 정리된

163) 「한국형 VR, 테마파크에 답 있네」, 김은영, 사이언스타임스, 2016.10.30

다. 학생들에게 가장 큰 문제점으로 지적되는 따돌림도 생기지 않는다.

이집트 고대 문명을 배우는 과정을 보자. 먼저 스크린을 통해 선생님과 학생들은 인사를 하고 학습내용이 간략하게 소개된다. 학생들은 VRH(Virtual Reality Headset)을 쓴 후 프로그램이 실행되도록 준비한다.

프로그램이 시작되면서 이집트의 고대문명에 대한 여행이 시작한다. 학생들은 지금 선생님과 이집트의 피라미드 앞에 서있다. 선생님이 들려주는 설명에 귀 기울이며 학생들은 유물들을 관찰한다. 피라미드를 만들 때 사용된 딱딱하고 거대한 돌들을 만져보며 돌의 질감도 느낄 수 있다. 여러 가지 유물과 유적들을 둘러본 후 선생님의 지시에 따라 이집트의 옛 수도 테베의 카르낙 신전으로 순식간에 이동한다. 그곳은 지금 나일강의 범람으로 인한 이페트(IPET) 축제가 열리고 있다. 학생들은 고대 이집트인들의 축제와 의복, 음식, 주거 환경 등을 생생하게 살펴보면서 자신이 고대이집트인이 된 것 같은 착각을 느낀다.

인공지능 로봇을 네트워크로 연결해 가상공간에서 현실 세계를 체험할 수 있도록 프로그램도 개발되었다. 인간이 빠른 교통기관 즉 자동차, 비행기로부터 많은 것을 배운 것은 사실이다. 이 말은 자동차나 비행기 자체를 통해서가 아니라 우리가 전에 가보지 못한 곳을 이들 교통기관이 아니었다면 엄두도 내지 못했을 것이라는 뜻이다. 예를 들어 다리가 불편한 사람은 자기 대신에 로봇으로 하여금 백두산에 올라가게 한 후 그 로봇을 통해 눈앞에 펼쳐진 풍경을 조망하거나 나뭇잎 등을 밟아볼 수 있다. 마치 자신이 백두산에 올라가 있는 것과 같은 느낌을 받도록 하는 것이다.[164)]

---

164) 「강한 AI' 신호탄 '알파고'…인류 손에 쥐어진 '득'과 '독'테마파크에 답 있네, 이진욱,

세계의 오지 중에 오지라도 방문할 수 있는데 이들 지식은 과거의 인간들이 가지지 못했던 통찰력을 갖게 만들었다. 높은 곳에서 무언가를 보면 자신이 평소에 보던 것과 다르다는 것을 알게 된다. 나무만 보고 숲은 보지 못한다는 이유이다. 이는 교육에 이런 개념을 접목하여 교육을 획기적으로 바꿀 수 있다는 것을 의미한다. 가상현실 세계에서 달로 소풍가는 것도 어려운 일이 아니다. 우주선을 타고 달을 갔다가 대기권을 탈출하는 기분도 느낄 수 있다. 미국 자유여신상, 프랑스 파리, 남극은 물론 심해 바다로 탐험도 문제없다. 안방은 물론 교실에서 해외유학을 체험할 수 있다.

'체감형 학습시스템'은 IT 기술과 타 산업이 결합해 성공한 대표적인 융합 시스템 중 하나이다. 이 시스템을 통해 학생들은 특별히 교사가 없더라도 불편 없이 자유롭게 공부를 할 수 있다. 예를 들어 영어 체감형 학습시스템을 사용할 경우 학생들은 고품질의 3D 학습콘텐츠 장치를 스스로 조정하면서, 마치 외국인과 말을 주고받듯이 여러 가지 표현들을 재현할 수 있다. 안방에서 직접 외국 대학과 연계하여 현지에서 공부하는 것처럼 학습할 수 있으며 학생들이 직접 참여할 수 있는 연극참여형 학습도 가능하다.

과학시간도 가상현실 세계로 이끌어 보다 이해력을 돕는다. 과학 선생이 센서를 설치하고 조 별로 측정데이터를 관찰하라고 하자 학생들이 저마다 주어진 사물인터넷(IoT)정보를 이용해 정보를 수집하여 선생의 실험을 가상실습으로 수행한다. 가상실습은 과학 전 분야 교과목에 적용되므로 수학·과학 ICT 및 스마트 과학실험실 수업이 가능하다.

과학 가상현실 학습시스템을 이용할 경우 '기온과 바람' 콘텐츠는 하루

노컷뉴스, 2016.03.10

또는 일주일 동안의 기온 변화, 모래와 물의 기열실험, 따뜻한 공기와 찬 공기의 움직임 등을 학습할 수 있다. '전기회로' 콘텐츠는 직렬과 병렬 회로의 장단점, 전기회로도의 작동 원리 등을 혼자서 학습할 수도 있다.

이들 시스템은 지금까지 주입식, 또는 일방적으로 진행돼온 기존의 e-러닝 학습방법을 개선한 것이다. 3D 학습 콘텐츠를 현실 장면화해 학생들로 하여금 학습에 몰입할 수 있도록 분위기를 조성하는 증강현실 기술과 손가락에 착용할 수 있는 골무 같은 특정 도구를 이용, 학습 콘텐츠를 선택, 이동, 축소, 확대, 회전할 수 있는 사용자 인터랙션 기술 등을 기존의 e-러닝 기술과 연계해 만든 융합기술 제품이라고 할 수 있다.[165]

그러므로 그동안 좁고 노후화된 과학실에서의 수업과는 차원이 달라진다. 개구리 해부를 한다고 과학실 바닥을 피투성이로 만들던 과거의 실험실습은 사라진다. 사실 동물 해부실험은 과학 윤리적 문제까지 제기되었는데 가상 컨텐츠로는 직접 해부하는 것과 같은 경험을 얻을 수 있으며 한 번이 아니라 숙지될 때까지 여러 번 계속 진행할 수 있다.

시험도 집에서 본다. 모든 학생들이 교실로 들어가 선생님이 제출한 시험을 본다. 옆에 앉은 학생의 답안지를 볼 수도 없고 엄마와 아빠가 도와줄 수도 없으므로 커닝은 생각할 수도 없다. 시험 시간이 지나면 자동적으로 프로그램이 종료되므로 답을 제대로 쓰지 못하면 빵점 맞기 십상이다. 더불어 문서 마이닝 시스템은 숙제 때문에 고생하는 학생들에게 더 없이 좋은 기회가 될 것으로 보이지만 선생님은 걱정할 필요가 없다. 과제물을 받은 후 DB의 자료를 검토해보면 어디에서 숙제를 카피했는지 곧바로 알 수 있기 때문이다.[166]

165) 「안방서 해외 유학 체험도 가능」, 이강봉, 사이언스타임스, 2009.03.05

가상현실 교육에서 선생의 역할은 더욱 중요해진다. 교사에게도 '아이디어'가 중요한데 여기에서 아이디어란 IDEA는 'Interesting(흥미와 집중)', 'Development(개발과 혁신)', 'Engagement(참여와 실천)', 'Association(창의와 융합)'를 실천하는 과학교사상을 의미한다.

한마디로 시대가 달라지고 아이들이 달라지는 상황에서 일선 교사들도 갈수록 변화하는 미래형 아이들에게 맞추는 교육을 준비해야 한다. 교사들도 첨단 학습기기와 방법을 통한 서로 소통할 수 있는 쌍방향 수업 프로그램과 그에 맞는 교육이 필요하기 때문이다. 사실 미래 인재는 한 가지만 잘하는 사람이 아닌 여러 가지를 응용하고 창조해낼 수 있는 융합 인재를 의미한다. 기존의 지시형 전달형의 업무와 연수에 벗어나 학생들에게만 집중할 수 있도록 교사 역량강화 프로그램이 도입된다. 아이들과 함께 호흡하며 수업할 수 있도록 유형별 맞춤 교육도 기본이다.[167)]

가상현실로 학교에서 체육수업도 받을 수 있다. 서울시 성동구 옥수초등학교는 한국전자통신연구원(ETRI)과 VR 융합교육 콘텐츠 개발의 일환으로 'VR 스포츠실'을 설치해 가상현실 기술을 활용해 실내에서 코너킥과 프리킥 등 축구와 공 던지기 등을 연습할 수 있다. VR 스포츠실은 가상현실기술과 특수 센서를 이용, 실내 스크린 상의 가상 목표물을 향해 학생들이 공을 차거나 던지는 등의 활동을 할 수 있는 플랫폼으로 스크린 골프와 같은 개념이다. 우천후 등 외부환경에 구애받지 않고 자유로운 실내체육 활동을 할 수 있어서 학교 교육에 다양하게 활용될 수 있다.[168)]

---

166) 「증강현실 기술과 국내 증강현실의 출원률 비교 분석연구」, 양승훈 외, 한국발명교육학회지, 한국발명교육학회, 제4권 제1호 2016.12.

167) 「가상현실-IoT, 첨단과학교실 온다」, 김은영, 사이언스타임스, 2016.03.04

168) 「가상현실로 실내에서도 체육수업」, 연합뉴스, 2016.10.13

▶ 서울 옥수초등학교의 가상현실 스포츠실 모습

흥미로운 것은 건강 및 여러 가지 이유로 학교에 갈 수 없는 경우에도 다른 학생들과 함께 교육받는 것이 가능하다. 미국 뉴욕 델라웨어 카운티에 사는 중학생 옥스티는 2014년 여름 극심한 두통을 호소하였고 뇌동맥류라는 진단을 받았다. 수술과 장기 입원이 불가피하므로 옥스티가 학교를 장기 결석하는 것이 피할 수 없게 되자 학교는 방법론을 찾았다. '브이고(VGo)'라는 텔레프레즌스 로봇를 통해 수업에 참여토록 한 것이다.

옥스티는 브이고 사용법을 간단하게 익힌 후 몸은 병원에 있지만 학교 수업에 참여하고 선생님께 질문하고 친구들과 수다를 떨 수 있었다. 한마디로 교실에 들어가지 않았음에도 출석이 인정된 것이다. 한마디로 내 아바타 역할을 할 수 있는 또 하나의 나, 바로 텔레프레즌스 로봇이다.

텔레프레즌스 로봇의 형태나 원리는 비교적 단순하다. 모니터 화면에는 이용자의 얼굴이 나타나고 스피커와 마이크가 있어 대화를 하고 들을 수 있다. 바퀴가 달려있어 주변 원하는 곳 어디든 갈 수 있으며 마치 고개를 돌리듯 모니터를 돌려 상대방과 눈을 맞추고 어떤 장면을 응시할 수 있다. 스탠딩 파티의 모임은 물론 각종 커뮤니티 회의에도 참석할 수 있다. 뉴질랜드의 한 회계법인은 직원을 대신해 회의와 교육에 참석하는 로봇을 고용했다. 원격으로 조종하면서 화면에 자신을 드러내고 교육이나 세미나, 워크숍 등에 참여한다.

모든 일이 그렇지만 가상현실이 다양한 분야에서 사용되는데 부작용도 있는 것은 사실이다. 대럴 웨스트(Darrell M. West) 박사는 연극 「더 네더(The Nether)」를 예로 들었다. 극본의 소재는 성범죄인데 '파파(Papa)'란 인물이 가상현실 기술을 활용해 어린아이를 강간 살인하는 끔찍한 장면을 연출하고 성도착자들에게 공급한다는 내용이다. 형사가 이런 사실을 알고 범죄를 추적해나간다는 내용인데 작가는 연극을 통해 가상현실의 윤리 문제를 지적하고 있다. 아무리 인간 상상 속의 가상현실이라고 하더라도 도가 지나칠 경우 심각한 윤리적인 문제를 도출할 수 있다는 것이다. 소설 『프랑켄슈타인』에서처럼 기술을 잘못 사용할 경우 인류의 삶의 가치를 해치는 결과를 가져온다는 내용이다.

이런 교육에 대한 우려감은 가상현실이 극대화되면 현실과 가상의 세계가 혼돈될 수 있기 때문이다. 미래학자 레이 커즈와일 박사는 '신경계 내의 가상현실이 해상도와 신뢰도 면에서 실제 세계와 다를 바 없게 되면 우리의 경험은 점차 가상으로 옮겨갈 것'이라고 전망했다.

학자들은 시간과 공간을 자각하기 어려운 가상현실 세계가 대중화될 경우 역기능이 반드시 존재할 수 있다고 것이다. 이런 문제점의 대안으로 가상현실 화면이 보여주는 화려함과 몰입도에만 관심을 갖는 것이 아니라 가상현실의 철학적인 고찰도 필요하다는 지적이다. 한마디로 가상현실(VR)이 미래의 교육에서 꼭 필요하고 충분히 좋은 효과를 내기 위해서라도 이를 사용하는 것은 인간이라는 점을 사전에 인지하고 교육에 임해야 한다는 것이다.[169]

또한 '게임(game)'이란 명목 하에 또 다른 부작용이 발생할 수 있다고 경고한다. 전쟁 상황을 더 생생하게 체험할 경우 '람보(Rambo)'와 같은 또 다른 전쟁 피해자가 등장하고, 사회에 적응하지 못하는 상황에서 사회적 물의를 일으킬 가능성이 있다고 지적했다. 문제는 어떤 사람이 악한 의도를 가지고 연극 「더 네더」에서처럼 악랄한 행위를 했을 때 어느 정도 수준에서 규제가 가능하냐는 것이다. 그런데 이 질문에 대한 학자들의 생각은 부정적이다. 가상현실이 사람 뇌를 기반으로 하는 극도의 개인적인 영역에 속하는 만큼 사회적 합의를 이끌어내기가 쉽지 않다는 것이다.[170]

가상현실 신제품이 속속 출현하면서 윤리 논쟁 역시 더 가열되고 있는 양상으로 이 문제는 앞으로 계속 논쟁의 대상이 될 것으로 추정한다.

(4) 가상증강현실

가상현실이지만 가상현실이 아닌 세상처럼 만드는 것이 학자들이 꿈인데 이 분야는 앞으로 무한의 공간으로 변모할 분야다. 현실 공간이 가상 세계에 반영되는 것으로 가상・증강현실(VR・AR)로도 변화한다. 나

169) 「알파고가 웅수타진-사석작전 알까?, 이세돌이 큰소리 치는 5가지 근거」, 김은영, 사이언스타임스, 2016.07.11

170) 「가상현실을 범죄에 사용한다면」, 이강봉, 사이언스타임스, 2016.04.19

의 현실 공간에 가공의 실물이 존재하고 그것을 만지고 새로운 실물로 창조할 수 있는 시대가 다가오는 것이다.

증강현실은 가상현실의 한 분야이지만 이들은 상당 부분이 다르다. 가상현실은 현실에서 존재하지 않는 환경을 디스플레이나 렌더링을 통해 사용자가 체험할 수 있다. 반면에 증강현실은 사용자가 현재 보고 있는 환경에 가상의 정보를 겹치게 함으로써 현실 환경에 필요한 정보를 추가로 제공해준다. 이처럼 현실과 가상세계를 하나로 합쳐 보여주기 때문에 혼합현실(Mixed Reality)이라고도 한다.

증강현실은 현실세계에 가상 세계의 정보를 투영하여 혼합된 영상을 구현한다. 예를 들어 카메라를 통해 사람이나 건물, 또는 어떤 물체를 보면서 그 위에 해당 정보를 투영하여 볼 수 있는 것이다.

「마이너리티 리포트」에서 주인공 톰 크루즈가 한 쇼핑센터를 걸어갈 때 홀로그래피 광고 간판과 아바타들이 그에게 마케팅 메시지를 던지고 그의 이름을 부르면서 그가 특별히 좋아할 상품과 서비스를 제안하는데 바로 이 장면은 가상증강현실을 접목한 것이다. 1세대 디지털 혁명의 가상현실은 컴퓨터 내에 또 다른 가상 세계를 구현하지만 2세대 디지털 혁명은 증강현실을 통해 현실세계에서 가상세계를 동시에 즐길 수 있는 것이다.[171]

증강현실은 크게 웹 기반 증강현실(Web based AR), 키오스크 기반 증강현실(Kiosk based AR), 모바일 증강현실(Mobile AR)로 이루어진다. 웹 기반 증강현실은 PC를 기반으로 사용하기 때문에 쉽게 구현이 가능하고 눈과 쉽게 연동이 가능하다는 장점이 있다. 키오스크 기반 증강현

171) 『클라우드 컴퓨팅』, 크리스토퍼 버넷, 미래의창, 2011

실은 웹 기반 증강현실과 유사하지만 증강현실을 사용하기 위해 별도의 하드웨어(키오스크)를 사용하여 강력하고 전문화된 기능을 가지며 모바일 증강현실은 스마트폰과 같은 기기를 대상으로 하며, 웹 등을 활용한 위치 기반 서비스를 활용할 수 있다.[172)]

가상·증강현실(VR · AR)의 영역의 가장 큰 변화로 페이스북을 꼽는다. 페이스북은 이미 '소셜 VR' 시대를 선언한 후 3D 게임이 아닌 일상생활에서 타인과 경험을 공유하고 싶은 소셜 영역에 가상 · 증강현실(VR · AR) 기술을 도입했다.

나의 아바타가 바다 속에서 화성으로 다시 사무실에서 거실로 '이동'한다. 손가락 터치만으로 가능한 '순간 이동'이다. 함께 대화하고 놀라고 즐거움을 나눌 수 있는데 이때의 장점은 VR기기를 착용하지 않아도 바깥의 타인과 가상현실을 함께 느낄 수 있다는 점이다. 한마디로 페이스북의 소셜 VR을 통해 '함께 무엇이든 할 수 있다'고 뜻이다.

360도 VR 기능은 소셜 VR의 중요한 기능이다. 내가 움직이면 다른 사물도 따라서 움직인다. 360도 비디오 안에 나의 아바타가 들어가 직접 동영상을 찍고 '셀프카메라'로 친구들과 대화한다. 이른바 '셀피(selfie, 자가촬영사진)' VR이다. 페이스북은 가상현실 기술을 일상생활에서도 얼마든지 활용 가능하다는 것을 보여주는 실예라 볼 수 있다.

또한 VR기기를 이용해 인터넷 브라우징을 할 수 있는 오큘러스용 인터넷 브라우저 '카멜(carmel)'도 개발되었다. 이는 대부분 가상현실 기기들이 게임용으로 활용되던 시점을 일상적인 영역으로 전환시켰다는 점

172) 「증강현실 기술과 국내 증강현실의 출원률 비교 분석연구」, 양승훈 외, 한국발명교육학회지, 한국발명교육학회, 제4권 제1호 2016.12.

에서 큰 중요성을 가진다. 그런데 가상현실과 증강현실이 분리되면 여러 가지 문제점이 생긴다. 가상현실 안경만 쓰고 돌아다니다가는 현실의 장애물에 부딪치게 되게 마련이다. 현실 공간을 반영하는 증강현실이 가상현실 기술과 결합되어 두 가지 기술이 함께 융합되어야 제대로 된 응용 결과를 낼 수 있다는 뜻이다.

학자들은 가상과 증강현실이 4차 산업혁명의 기반인 사물인터넷, 유비쿼터스의 기본을 구성할 것으로 추정한다. 가상과 증강현실은 보이지 않는 것을 보여주는 기술이기 때문에 우주여행이나 문화유산을 발굴하는 데에도 크게 활용될 수 있다.[173]

만화 속으로 가상현실(VR)을 담으면 인간의 상상력을 극대화시켜준다. 360도 전 방위를 보여주며 거리감을 확실하게 느끼게 해주는 가상현실은 만화 속 세상에서의 상상력을 극대화시켜준다. 가상현실과 만화와의 만남은 결코 우연이 아니다. 기존 실사 영화로는 체험할 수 없었던 상상력이 그림을 통해 발현되고 가상현실(VR) 기술을 통해 현실과 상상의 경계를 허물 수 있기 때문이다. 아이언맨, 스파이더맨 등 마블코믹스에서 나오는 수많은 히어로들이 영화로 나오고 있지만 실상 만화로 보고 머리 속에서 상상하던 이미지와 실사 이미지와는 다른 경우가 많다. 우리 머리 속 상상력을 실사 영화가 따라가기 어렵기 때문이다.

특히 상상력은 '자금'과 직결되는데 상상력의 스케일을 높이려 할 때마다 막대한 돈이 소요된다. 그러나 자금은 항상 현실적인 문제를 일으키므로 적은 제작 비용으로 상상력의 한계를 넘을 수 있는 도구가 필요한데 이것의 대안이 바로 가상현실(VR)이다.

---

173) 「나의 SNS로 들어온 가상현실」, 김은영, 사이언스타임스, 2016.11.02

만화 속에서 VR기기를 쓰면 더 이상 1인칭 시점이 아니다. 고객이 어떤 스토리에서 부터 이야기를 듣느냐에 따라 주인공의 시점이 달라지면서 스토리텔링이 달라지는 묘미도 있다.[174)]

빅데이터, 인공지능의 능력이 알려지고 가상현실(Virtual reality)이 전 방위로 부상하자 게임 속의 내용이 긍정으로만 흐르지 않을 수 있다는 예상치 못한 문제도 제기된다.

가상현실 게임에 참여한 게이머들은 실제 현실과 같은 상황에서 놀라운 체험을 하고 있다고 말한다. '더 워크' 게임에서 게이머들은 고층건물 위에 떠 있는 상황에서 외줄을 타기 위해서는 용기가 필요한데 첫발을 띤다는 것이 얼마나 어려운 것인지 설명하고 있다.

자신이 하고 있는 것이 게임에 불과함에도 가상현실 속에 들어갔을 때 큰 두려움을 느낀다는 것이다. 실제로 100층이 넘는 고층건물 위를 외줄을 타고 걸어가고 있는 것처럼 다리가 후들후들 떨리면서 진땀을 흘리고, 심지어는 다리가 마비되는 현상까지 발생한다는 설명이다.

일반적으로 가상현실 디바이스들은 머리에 '헤드마운트 디스플레이(HMD)'를 쓰고 체험하는 단순한 방식이 대부분이다. 그러나 이와 같은 시각과 청각만으로는 충분한 가상현실을 느끼는 데는 한계가 있다. 이를 업그레이드할 수 있는 방법이 바로 옷처럼 입을 수 있는 '가상현실용 수트(suit)' 시스템이다.

첨단기술 전문 매체인 기즈맥(Gizmag)에 의해 개발되고 있는 이 시스템은 외골격을 통해 몸을 공중에 띄운 상태에서, 착용한 수트가 제공하는 가상현실을 통해 걷거나 뛰는 등의 다양한 행동을 할 수 있다. 산을 오르

174) 「가상현실(VR)과 만화가 만나다」, 김은영, 사이언스타임스, 2016.11.17

거나 운동장을 달리는 등의 상황을 실감나게 재현할 수 있다. 재난 상황을 체험하도록 하여 실제로 재난이 발생했을 때 이에 적절하게 대처하는 방법을 배울 수도 있으며 극한의 스포츠를 즐기고는 싶지만 사고를 걱정하는 사람들에게 간접 체험의 기회를 제공한다.

영국의 테슬라스튜디오(Teslastudio)가 개발 중인 제품의 이름은 테슬라수트(Teslasuit)인데 이 수트는 의복 전체에 고르게 부착되어 있는 '신경근육 전기 자극(neuro-muscular electrical stimulation)' 시스템을 통해 착용자에게 다양한 촉감을 전달해주는 것이 특징이다. 따라서 수트를 입은 착용자들은 촉각 시스템을 통해 바람이나 물, 또는 뜨거움이나 통증 등의 다양한 감각을 가상현실 속에서 느낄 수 있다. 신경근육을 자극하는 전기 시스템으로는 복근 단련을 위한 훈련용 벨트에 사용하는 전기근육자극(EMS)이나, 진통을 완화해주는 전기 치료 등에 쓰이는 경피신경자극(TENS) 같은 방법이 적용됐다.

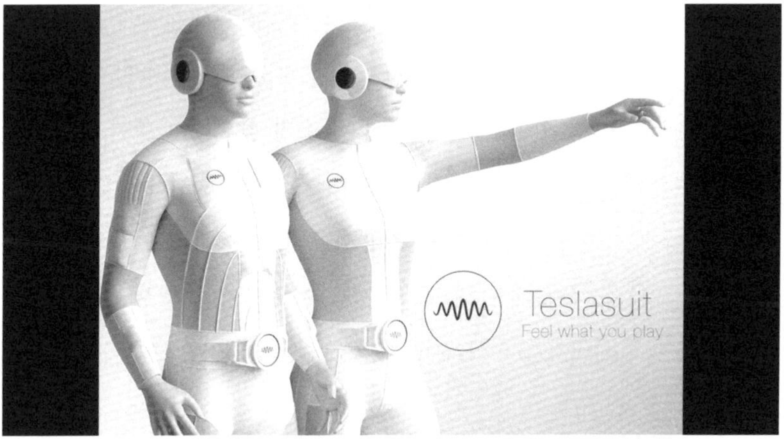

▶ 영국 테슬라스튜디오(Teslastudio)가 개발 중인 테슬라수트

특히 가상현실 상황에서 동작의 자유로움을 제공하기 위해 테슬라수트는 와이어나 혹은 모터를 사용하지 않으며 오직 전기적인 방법으로만 감각을 재현한다. 더불어 전력과 통신이 모두 무선으로 제공되기 때문에 착용자는 주어진 공간 안에서 어떤 동작이든지 자유롭게 표현할 수 있다.[175]

증강현실이 게임 등 엔터테인먼트 분야에만 국한되는 것은 아니다. 병원에서 수술할 때 인체 내의 복잡한 조직 구조를 증강현실을 통해 확인하면 수술의 위험성을 낮추고 의료진 간의 협업을 통해 수술 성공률을 제고할 수 있다. 이것은 이제까지는 3차원인 인체구조를 2차원으로 인식했지만 증강현실로는 3차원으로 환부를 볼 수 있다. 또한 병원에서 각 전공 간에 협업할 때 효율적인 데이터 전송이 다소 불편한 것이 사실인데 증강현실이 도입되면 환자가 식별되는 순간 의료진에게 실시간으로 환자의 진단·경과 등의 의료 정보가 전달될 수 있다.[176]

학자들은 증강현실 세계가 보다 구체적으로 현실화되기 위해서는 클라우드 컴퓨팅이 기본이라고 설명한다. 적어도 현실세계에 투사할 막대한 정보들을 저장할 데이터센터가 필요하기 때문이다. 비주얼 검색 서비스를 위해서는 다량의 이미지를 저장할 장소가 필요하고 또한 인공지능 기술을 이용해 이 이미지들을 지속적으로 업그레이드해야 한다.

학자들은 증강현실이 클라우드 컴퓨터 시장의 선두주자가 될 것으로 예측한다. 이는 간단하게 말해 많은 사람들이 증강현실을 통해 특정회사의 신제품이나 서비스를 원할 것으로 추정하기 때문이다. 학자들은 이 분

---

175) 「몸 전체로 느끼는 '가상현실 옷' 등장」, 김준례, 사이언스타임스, 2016.05.20
176) 『스마트 테크놀로지의 미래』, 카이스트 기술경영전문대학원, 율곡출판사, 2017

야에 그야말로 많은 소프트웨어 프로그래머가 필요하다고 말한다.

영국의 〈오그먼트리얼리티〉사는 증강현실에서 독창적인 아이디어를 제공하고 있다. 이곳은 여러 가지 흥미로운 어플리케이션을 제공하고 있는데 그중 하나가 바로 레이아 지역검색이다. 이 검색 사이트를 이용하면 지역 내 원하는 식당이나 집 수리공을 찾을 수 있다. 더불어 가상 3D 물체를 투영시킬 수 있는데 예를 들어 비틀즈가 걸어가는 모습을 3D로 투영시켜 그들과 함께 사진을 찍을 수 있다. 4차 산업혁명 시대에 살아가야 하는 지구인들은 증강현실의 무한한 잠재력을 결코 그냥 지나쳐서는 안 될 것이다.[177)]

(5) 온라인 게임

1960년을 전후해 등장한 컴퓨터 게임(computer game)은 1980년대 초반에 이르러 하나의 대중적인 문화 형식으로 자리 잡은 이후 급속한 발전을 거듭하여 현재에는 가장 강력한 멀티미디어 문화 형식의 하나로 등장하여 영화, 텔레비전, 음반 등 기존의 미디어들과 경쟁하고 있다.

그런데 현재 인터넷의 폭발적인 활성화에는 온라인게임의 역할이 크다. 한국의 인터넷게임이 세계를 석권하고 있어 더욱 많은 관심을 갖고 있는데 온라인게임이란 멀티플레이가 가능하도록 고안된 멀티미디어형 게임으로 정의된다. 온라인 게임에서는 일반 컴퓨터 게임과 달리 게이머-텍스트 상호작용과 게이머-게이머 상호작용, 두 가지가 이루어진다.

온라인 게임은 이러한 컴퓨터 게임이 인터넷이나 LAN과 같은 컴퓨터 통신망에서 작동할 수 있도록 구현된 것이라고 정의될 수 있다. 그렇다면

---

177) 『클라우드 컴퓨팅』, 크리스토퍼 버넷, 미래의창, 2011

어떤 통신망으로 컴퓨터 게임을 온라인으로 구현해 줄 수 있는가 인데 이에는 크게 서버 접속 방식과 사용자 직접 접속 방식으로 나뉜다. 전자는 배틀넷과 같은 특정 서버에 접속하여 게임하는 것을 말한다. 후자는 인트라넷이 구축된 컴퓨터 환경에서 특정 서버에 접속하지 않고 IPX 프로토콜을 이용하여 접속하는 방식, 모뎀을 이용한 PC간 직접 접속 방식, 그리고 시리얼 또는 패럴렐 케이블을 이용한 PC간 직접 접속 방식이 있다.

그러나 온라인 게임을 좁게 정의하면, 인터넷을 통해 멀티플레이가 가능하도록 고안된 멀티미디어형 게임으로 설명된다. 컴퓨터 게임은 다양한 기준에 의해 분류되는데, 온라인 게임도 그 분류에서는 컴퓨터 게임 일반과 크게 다르지 않다.

온라인 게임도 컴퓨터 게임 일반에서와 마찬가지로 게임 형식에 따라 분류하는 것이 일반적이다. 흔히 게임 장르가 부르는데, 일반적으로 컴퓨터 게임은 아케이드, 어드벤처, 시뮬레이션, 역할 수행 등 네 가지로 나뉜다. 어드벤처 게임은 엄밀한 의미에서 게이머 간의 상호작용이 거의 없으므로 전형적인 온라인 게임에 포함시키지 않는 경우도 있다. 그러므로 온라인 게임의 장르는 크게 아케이드, 시뮬레이션, 역할 수행 등으로 구분된다.

아케이드 게임은 전자오락실에서 흔히 보는 가장 고전적인 형태의 게임으로서, 그래픽 화면에 나오는 물체를 조정하여 점수를 따는 방식으로 진행된다. 온라인 아케이드 게임으로는 대전 액션 게임이 대표적으로 전통적인 슈팅 게임과 액션 게임이 결합된 것으로서, 〈스타크래프트〉와 같은 전략 시뮬레이션 게임보다 더 감각적인 플레이를 할 수 있다.

스포츠 게임도 온라인 게임으로 인기있는 형식이다. 스포츠 게임의 가장 큰 매력은 스포츠에 관심이 있는 사람이라면 누구라도 쉽고 재미있게 즐길 수 있는 대중성으로 마치 자신이 실제 다른 선수들과 뛰고 있다고 느끼는 대리만족을 얻을 수 있다. 프로축구인 'FIFA' 시리즈, 프로농구 'NBA Live' 등이 대표적이다. 보드 게임도 인기 있는 온라인 아케이드 게임 중 하나다. 화면에 하나의 판을 놓고 거기서 발생하는 일들을 게이머가 풀어 나가는 형태로서, '바둑', '체스', '포커'등이 대표적이다.

시뮬레이션 게임은 실제 인간이 처하기 힘든 상황 혹은 비용이 많이 드는 상황을 미리 예측하기 위해 모든 환경을 컴퓨터가 조작할 수 있도록 만든 게임으로서, 전통적으로 비행시뮬레이션, 전략시뮬레이션, 육성시뮬레이션 등으로 나뉜다. 대표적인 온라인 시뮬레이션 게임인 블리자드(Blizzard)사의 '스타크래프트(Starcraft)'이다.

▶ 대표적인 온라인 시뮬레이션 게임 스타크래프트(Starcraft)

역할수행게임(Role-Playing Game, RPG)은 게이머가 주어진 하나의 역할을 맡아 임무나 목적을 달성해 나가는 형식으로, 자신에게 주어진 역할에 따라 다양한 방식으로 게임에 참여하게 된다. 이 게임의 특징은 다음과 같이 설명된다.

① 게이머의 자유도가 높다. 어드벤처 게임처럼 자신이 처한 상황을 반드시 해결할 필요도 없고 아케이드 게임처럼 상대를 꼭 이겨야 할 필요도 없다. 단지 주어진 공간에서 자신이 맞은 역할만 수행하면 된다.
② 게이머의 성장도를 나타내는 수치화가 존재한다. 플레이어 자신과 그의 동료들은 전투를 경험하거나 특정한 이벤트를 해결하면서 일정량의 경험치를 얻게 되며 이 경험치가 쌓이면서 레벨이 올라가게 된다.
③ 특정한 목적이 달성되면 게임이 끝나는 전략시뮬레이션 게임과 달리, 시작도 없고 끝도 없다. 게임이 끝나는 시점은 바로 게이머가 접속을 끊는 순간이다. 이 게임이 현 온라인게임의 대표라 볼 수 있는데 블리자드사의 '디아블로', 한국 엔시소프트(NCsoft)사의 '리니지 : 혈맹' 등이 이에 속한다.[178]

전자오락실이 1980년대 중반 전자오락의 인기에 힘입어 컴퓨터 게임의 장을 대표하는 공간이었는데 곧바로 게임방 또는 인터넷방이 등장하여 온라인게임을 주도했다. 특히 한국은 세계 최고 수준에 이르는 초고속 인터넷 및 휴대폰 보급에 힘입어 온라인게임과 모바일게임을 포함한 게임 산업의 규모는 영화 및 음악시장을 합친 것보다 2배 이상 크며, 그 규

178) 『인터넷』, 이재현, 커뮤니케이션북스, 2015

모는 갈수록 더 커지는 추세이다. 온라인게임리그가 인기를 끌고, 온라인게임을 전문적으로 중계하는 유선방송도 있으며 해외진출도 활발하여 중국과 대만, 일본, 동남아시아를 비롯하여 미국 · 유럽 등으로 게임을 수출하는 등 온라인게임의 세계 최강국으로 평가된다.[179)]

한국이 온라인 게임분야에서 세계를 석권할 수 있었던 것은 게임방의 폭발적인 증가에도 큰 이유 중 하나다. 게임방은 컴퓨터 게임에 대한 기성세대의 시선을 피해 자신들만의 공간을 만들려는 의도도 가미되어 활성화되면서 현재는 대중적인 공간으로 자리 잡았다. 이것은 게임방이 자신들과 같은 관심을 가진 다른 게이머들과의 접촉 기회를 제공하는 공간으로도 활용되기 때문이다. 특히 많은 수의 길드나 혈맹, 그리고 게임 마니아들이 게임 관련 정보를 교환하기 위해, 그리고 게임의 전략과 전술을 연마하기 위해 이러한 게임방을 자신들의 기지 내지 거점으로 삼는다.[180)]

1990년대 말 한국에서 온라인 게임이 세계인들을 상대로 폭발적인 호응을 얻자 세계 엔터테인먼트 분야에서 디즈니사와 쌍벽을 이루고 있는 마블코믹사의 코헨 회장이 한국을 방문했을 때다. 필자는 당시 보건복지부가 주관하는 〈한국컴퓨터게임산업중앙회점검위원회〉 위원장을 역임했으므로 그와 함께 한국의 온라인게임 회사 여러 곳을 방문했는데 마블사의 회장인 그에게 갑자기 한국을 방문한 이유를 질문했더니 다음과 같이 말했다.

"인터넷의 보급으로 앞으로 엔터테인먼트 시장이 어떻게 변할지 모릅니다. 「스파이더맨」 등 수많은 히트작을 만든 우리 마블사도 새로운 시장을 모르면 낭패 볼

179) http://terms.naver.com/entry.nhn?docId=1221155&cid=40942&categoryId=32844
180) 『인터넷』, 이재현, 커뮤니케이션북스, 2015

지 모릅니다. 그러므로 한국에서 개발한 온라인게임이 세계를 상대로 폭발적인 호응을 얻는 이유를 알고 가능하다면 파트너를 찾고자 방문했습니다."

당시 한국의 온라인게임이 세계를 상대로 큰 호응을 받고 있다 해도 세계 최대 엔터테인먼트 회장의 이 이야기는 매우 충격적이었다. 그런데 그가 필자에게 질문했다. 한국에서 온라인게임과 같은 새로운 시장이 탄생할 수 있는 근거가 무엇이냐는 것이다. 그에게 질문한 진의를 보다 정확하게 말해달라고 하니까 한국이 세계적으로 게임분야에 규제가 많아 악명이 높은 나라인데 온라인은 어떻게 한국의 규제를 벗어날 수 있느냐고 다시 바꾸어 질문했다. 그의 질문에 대한 답변이 단순하고 간단한 것은 아니지만 다음과 같이 대답했다.

"온라인 게임이 워낙 새로운 분야이므로 한국 정부에서 규제할 방법을 모르고 있었지요. 그런데 온라인게임이 폭발적으로 인기를 끌면서 짧은 시간에 세계 시장 확보에 성공하였으므로 규제할 방법이 없었습니다."

4차 산업혁명의 붐을 한국의 온라인 게임이 이미 보여주었음을 알 수 있다. 한마디로 당대 한국의 인터넷 게임 세계화는 누구보다 빠른 아이디어 산물이었다. 그런 기회가 당대에만 있는 것이 아니라 미래에도 있다는 것이 제4차 산업혁명의 핵심임은 물론이다.

9 사이버섹스

인터넷이 현재와 같이 폭발적인 보급에 성공한 또 다른 요인으로 제시되는 것이 사이버섹스이다. 한마디로 인터넷 상에서 섹스 사이트가 활성화되지 않았다면 인터넷 자체가 시들해졌을 것으로 추정한다.

신기술 보급 속도, 즉 시장에 처음 나와서 1,000만 명의 대중에게 보급되기까지 걸리는 기술보급 시간을 보면 인터넷이 예사롭지 않은 괴물이라는 것을 알 수 있다. 강준만 박사는 마이클 해머의 계산을 예로 들었다.

휴대용 무선호출기는 41년, 팩시밀리는 22년, VCR은 9년, CD 플레이어는 7년, PC는 6년이 걸렸는데 웹 브라우저는 10개월이 걸렸다. 조나단 아론슨도 기술발전 속도를 조사했는데 미국 시장의 25퍼센트에 침투하기까지 걸린 연수를 보면 1873년에 발명된 전기는 46년, 1876년에 발명된 전화는 35년, 1906년에 발명된 라디오는 22년, 1925년에 발명된 텔레비전은 26년, 1975년에 발명된 PC는 15년, 1983년에 발명된 이동전화는 13년이 걸렸는데 1991년에 발명된 인터넷은 7년 밖에 걸리지 않았다.

새로운 미디어가 나올 때마다 섹스는 폭발적인 이용도를 보였다. 홍성욱은 인쇄술이 발명되자 음란서적이 쏟아져 나왔고, 사진기가 나오기 무섭게 음화가 등장했으며 영사기와 전화가 나오자마자 성인영화와 폰섹스가 나왔으며, 초기 비디오 시장의 70퍼센트가 성인비디오였다는 사실은 새로운 미디어의 등장과 포르노그라피의 범람이 불가분의 관계가 있다고 지적했다.

프랑스의 경우 지금도 인터넷보다는 1983년에 프랑스가 개발한 정보통신단말기인 미니텔(한국에서 도입하려다 실패했음)이 큰 성공을 거둔 것도 성인용 사이트 덕분이었다. 독일에서도 섹스가 인터넷의 보급에 큰 기여를 했다. 플로리안 뢰처에 따르면 '어떤 의미로는 유흥산업의 촉매제로서 섹스, 도박 산업 등에 전자 시장의 문을 활짝 열어 놓았다. 밤에 이용되는 정보 조회의 절반이 섹스에 관련된 내용이다.'고 말했다.[181]

인터넷을 사용하는 사이버섹스가 이와 같이 커다란 반향을 받을 수 있는 것은 바로 곁에 있는 배우자나 연인과 직접 피부를 접촉하며 나누는 실제 섹스만이 아니라 얼마든지 내가 원하는 이상적인 대상과 언제 어디서나 교감을 느끼고 또 각종 질병의 두려움까지 없는 사이버 섹스 시대를 열 수 있기 때문이다. 초라한 조그마한 방에 있으면서도 얼마든지 세계적인 할리우드 배우 샤론 스톤, 카메론 디아즈, 모니카 벨루치, 소피 마르소, 제니퍼 로랑스, 브래드 피트, 조지 클루니 등을 초대(?)해 가상이나마 화려한 섹스의 쾌감을 만끽할 수 있다.

특히 사이버섹스는 불가피하게 떨어져야 할 부부나 연인에게 상당히 긍정적인 효과를 발휘한다. 누구나 마음만 먹으면 일하는 중 잠시 시간을 내 멀리 떨어져 있는 부부나 애인과 연결, 아무도 없는 자기 사무실에서 은밀하게 성행위를 즐길 수 있다. 즉, 인터넷으로 시각-청각-촉각의 지각능력을 갖춘 원격시스템이 연결되면 인류의 성생활 방식은 획기적으로 바뀔 가능성이 높다.

사이버섹스를 찬동하는 사람이 가장 크게 주목하는 것은 실제의 성생활에도 도움을 준다는 것이다. 이미 가상현실기법이 남성의 발기불능증 치료에 탁월한 효력을 발휘한다는 것이 확인되었다. 이탈리아의 제노바

181) 『한국인을 위한 교양 사전』, 강준만, 인물과 사상, 2004

대학 과학자들은 22~75세의 남성 임포환자 50명을 대상으로 25주에 걸쳐 가상현실 치료를 한 결과 84%의 완치율을 보였다고 발표했다.

익명성이 보장되는 사이버 공간에서는 사이버 섹스가 성행위의 주류로 자리 잡을 가능성이 크다. 또 임신할 가능성이나 성병에 걸릴 위험도 없고, 잡다한 전화나 사람들 사이에서 어색한 만남을 가질 필요도 없다. 상대의 마음을 아프게 하지 않아도 된다. 언제 어디서나 섹스를 즐길 수 있으며 원하는 상대를 마음대로 선정할 수도 있어 이들 섹스가 현대인의 생활 습성과도 맞는다는 설명도 있다.[182][183]

사이버섹스의 장점은 가장 안전한 섹스라는 점이다. 실제 성행위가 일어나지 않더라도 유사한 자극을 받을 수 있다. 가상현실이 다른 미디어와 구분되는 것은 사용자의 육체가 환영 속에 직접 들어가고 그 환영이 일찍이 경험해 보지 못했던 모든 방향으로 무한정 뻗어나갈 수 있는 공간을 만들어주는데 있다. 가상현실 기술의 발전에 따라 사이버섹스가 현재보다 훨씬 감각적으로 변한다고 하더라도 그것을 경험하는 것은 잠시 환상에 빠진다는 점이다. 사이버섹스를 위한 장비는 오로지 가상의 행동에 대한 실제의 자극을 전달하도록 프로그램된 것에 지나지 않는다. 즉 사이버섹스의 안전성을 감안할 때 앞에서 지적된 문제점은 그다지 우려할 정도가 아니라는 설명이다.

그러므로 사이버섹스에 긍정적인 사람들은 미래의 섹스는 현재와는 다소 다르다는 생각에서 출발한다. 가상현실이 실제로부터의 도피라고 이야기하는 것도 부적합하다고 말한다. 그것이 오히려 대안적 실재를 제

182) 『하이테크 시대의 SF 영화』, 김진우, 한나래, 1995
183) 『영화속의 바이오테크놀로지』, 박태현, 생각의나무, 2009

공해 주기 때문이다.

온라인 세계에 처음 발을 들여놓은 사람들을 가장 먼저 끌어들이는 메뉴가 채팅류이다. 매일 새로운 사람을 만나고 매일 새로운 사람이 될 수 있다는 것은 사이버스페이스의 가장 큰 장점 중의 하나이다. 존 페리 발로는 인터넷을 인간이 불을 발견한 이후 가장 위대한 성취라고 말한다. 그가 볼 때 인터넷으로 연계되는 가상의 관계와 공간이야말로 완전한 표현의 자유와 평등을 실현할 수 있는 인류의 마지막 신개척지로 인식하기 때문이다.

또 하나의 장점은 사이버섹스에서 주체적인 섹스가 가능하다는 점으로 가상현실에 들어가는 사람은 누구나 주인공이며 중심이 된다. 그는 가상현실에서 유일한 실재로 프로그램 자체가 제공하는 정점의 위치에 선다. 그러므로 참가자는 주위의 환경과 분위기를 자신의 취향대로 선택할 수 있으며 사이버스페이스에서 나오는 순간 현실로 곧바로 돌아올 수 있다는 점이다.[184]

3D를 활용하는 실감형(VR, Virtual Reality) 콘텐츠는 매우 놀라운 사이버섹스 시대를 예견하고 있다. VR 시뮬레이터 헤드셋으로 3D 환경에서 사용할 수 있는 포르노인데 사용 방법은 대규모 다중사용자온라인롤플레잉게임(MMPORPG, Massive Multiplayer Online Role Playing Game)과 비슷하다.

사용자는 자신이 원하는 타입의 상대방을 고를 수 있다. 즉, 피부색, 키, 가슴 크기, 엉덩이 크기, 근육, 몸무게 등을 선택할 수 있다. 또 장소도 고를 수 있어 바닷가, 산, 침대, 자동차, 호텔 등 다양한 상황에서 섹스

184) 「사이버섹스시대 개막」, 조완제, 주간경향, 2004.06.25

를 하는 착각에 빠지게 할 수 있다. 직접 손으로 상대방을 애무하는 느낌뿐만 아니라 상대방으로부터 오럴섹스 등을 받을 수도 있다. 더구나 게임 속 포르노는 단지 포르노를 위해서 게임을 하는 것이 아니라 게임을 하는 도중에 하나의 일과처럼 성행위를 할 수 있게 만들 수도 있다. 나아가 상대방으로부터 오럴섹스 등을 받을 수도 있다.

이러한 3D 포르노게임은 '사람과 사람'의 성행위가 아닌 '사람과 가상현실'의 성행위를 일반화한다. 여성과 남성이 만나서 서로 교감을 쌓고 성행위를 하는 것이 아니라 자신들의 성적 욕구만을 교감 없이 충족시키는 시대가 되는 것이다.[185]

그러나 사이버 섹스가 인간들의 '최고의 환각제'가 될 것이라고 걱정하는 사람들이 있는 것은 사실이다. 사이버 섹스가 사랑의 감정을 공유하거나 생명 탄생을 위한 것이 아니라 쾌락과 유희만을 위한 놀이의 형태로 변질될 수 있기 때문이다.[186] 좀 더 상상력을 동원하면 다소 변태스런 이야기지만 60세의 남자가 30세의 여성이 되어 가상 섹스를 즐기고 원하는 만큼 많은 사람들과 집단 섹스도 가능하다. 나이 많은 사람이 10대라고 하여 원조교제 또는 변태 성행위를 할 가능성도 있다.[187]

젊은 남자가 여자로 가장하거나 나이 많은 사람이 10대라고 하여 원조교제 또는 변태 성행위를 할 가능성도 있다. 매춘 행위도 문제다. 임신의 염려가 없고 에이즈나 매독 같은 성병 감염을 걱정하지 않아도 되는 대신 신종 사이버 매춘이 극성을 부릴 우려가 크다. 전혀 예기치 못한 새로운 형태의 사회 문제가 야기될 수도 있다. 예컨대 배우자가 사이버 섹스 대

185) 『포르노그래피』, 홍성철, 커뮤니케이션북스, 2015
186) 『물리학자는 영화에서 과학을 본다』, 정재승, 동아시아, 2002
187) 『미래』, 수전 그린필드, 지호, 2005

상을 간통으로 소송을 제기한다면 어떻게 될까.[188)]

가상현실에 대한 가장 큰 문제는 사이버섹스가 인간의 윤리와 도덕에 어떤 영향을 미칠지 문제다. 가상현실과 관련한 윤리적 문제는 현실세계에서는 중요한 일들이 가상 세계에서는 왜곡되어 하찮게 여겨지기 십상이라는 점이다. 즉 가상현실이 인간의 도덕적 잣대를 흐리게 한다. 가장 우려하는 것은 비도덕적인 행위들도 가상세계에선 심각한 결과를 초래하지 않으므로 기존의 도덕성은 가상세계에서 허물어져 버린다는 점이다.

심리적 사회적 문제도 간단하지 않다. 가장 학자들이 우려하는 것은 기계가 만들어낸 가상현실 속에 들어가 진짜 세계와의 접촉을 꺼리게 될 확률이 적지 않다는 것이다. 가상현실 속에 갇혀버리는 신종 정신분열증이 생길수도 있다. 가상현실의 문제는 시작과 끝이 명확치 않다는 점이다. 고글 바깥의 현실 세계로 돌아오도록 사용자를 설득할 만한 장치가 없다는 것도 문제다. 맥길대학의 카트라이트 교수는 다음과 같이 지적했다.

'누군가 환상 속에서 살인을 저지르거나 또 성적 취향이 폭력적이거나 변태라면 어떻게 할까. 현실이 아니어서 다행인가?'

물론 사이버섹스 역시 프로그램 자체가 갖는 제약을 벗어날 수는 없다. 아무리 현실감이 있는 그래픽과 촉감을 제공해 주더라도 현실이 아니라 가상공간이기 때문이다. 나이 많은 사람들이 사이버섹스로 잃어버린 능력을 되찾게 된다면 이를 뿌리치기 힘든 유혹임은 틀림없다.[189)]

---

188) 「사이버섹스시대 개막」, 조완제, 주간경향, 2004.06.25
189) 『CYBER SEX』, 권수미, 과학기술, 2003

여하튼 섹스의 속성을 감안하면 일부 학자들은 가까운 미래, 포르노의 개념이 바뀌어야하며 포르노에 대한 관련 법규도 변화되어야 한다고 주장한다. 18~19세기에는 '포르노'하면 문학작품 등의 활자 매체를 떠올렸지만, 20세기에는 사진과 동영상의 발달로 보는 이미지로 바뀌었고 20세기 후반부터 '포르노'하면 성인 전용 영화관에서 사용되는 영화, 가정용 비디오 영화, 인터넷을 활용한 동영상이라는 개념이 강하다.[190]

많은 우려에도 불구하고 가상현실 테크놀러지는 인류 발전에 기여할 엄청난 잠재력을 가지고 있음은 틀림없다. 중독이라든가 여러 가지 사회 윤리적 문제들에 대한 기우가 있지만 이 역시 과거에 당면했던 신기술에 대한 반대와 마찬가지로 인류의 미래를 개척한 방식의 하나로 간주될 수 있다는 것이다. 섹스 자체가 인간이 갖고 있는 본능 중에 하나임을 잊어서는 안 된다는 설명이다.

190) 『포르노그래피』, 홍성철, 커뮤니케이션북스, 2015

4차 산업혁명과 일자리

4 각광받는 제조업

〈한국과학창의재단〉의 최연구 박사는 인공지능이 인간 생활로 들어오게 된 이유를 명쾌하게 설명했다.

'인공지능은 더 똑똑해지려는 인간의 욕망이 빚어낸 산물이다.'

짧은 말이지만 무슨 뜻인지 곧바로 이해할 것이다. 사실 인간의 특성은 자신의 부족함을 느끼고 없는 것을 가지고자 하는 모험심이 강한 존재로 인간의 한계로부터 시작된 필요가 욕망을 낳고 욕망이 발명과 창조를 낳았다고 말했다. 이 말은 인공지능의 출현이 현 단계에서 인간에게 필수부가결한 요소였다는 뜻이다.

그동안 인간은 욕망을 극복하기 위해 과학기술을 수단으로 사용했다. 과학기술을 통해 문명의 이기를 만들었고 자연과 더 넓은 세상에 다가가기 위해 미디어를 만들었는데 최박사는 인공지능 알파고가 바둑의 묘수를 찾기 위해 만든 미디어로 인간 두뇌와 생각이 연장될 수 있는 도구라는 설명이다. 인간은 기계에 비해 제한적이므로 인공지능과 같은 도구를 만들었는데 이것이 학습 도구가 될 수 있다는 뜻이다.[1)]

'제4차 산업혁명'의 기본은 인공지능(A.I.), 유전자 공학 등 신기술이 인간 물질 문명세계의 약진을 가져온다는 것을 의미한다. 제조업은 혁신적인 산업 분야로 재탄생되며 무인자동차가 인간 대신 운전을 하고 사물인터넷으로 주변의 모든 사물들이 서로 통신을 하여 초연결 초현실 사회가 만들어진다.

이러한 4차 산업혁명은 이전의 정보 혁명과는 전혀 다르다. 클라우스 슈밥(Klaus Schwab) 박사는 4차 산업혁명은 인류가 하는 일을 바꾸는 것이 아니라 우리 인류 자체를 바꿀 수 있다고 단언했다. 3차 산업혁명과 4차 산업혁명이 근본적으로 같은 맥락에서 움직이지만 차이점을 지구인들에게 확실하게 각인시켜 준 촉매가 바로 알파고의 등장이다.

그러나 알파고는 전주곡에 불과하고 인공지능을 도입한 수많은 프로그램들은 인간보다 나은 퀴즈 실력, 의학 지식, 법률지식으로 무장하고 그림을 그리고 피아노를 치고 소설도 쓰는 등 인간의 창조적 영역까지 뛰어들었다. 더 놀라운 것은 로봇의 몸에 인공지능을 탑재하면서 인간의 물리적 힘과 지식을 훌쩍 뛰어넘는 새로운 '종'의 탄생을 예고하고 있을 정도다.

아이러니한 일이지만 4차 산업혁명의 바닥기술들은 과거 사양산업이라 꺼려했던 제조업 분야에 혁신을 불러오고 있다. 각국이 해마다 치솟는 부동산과 임대료, 높은 임금, 3D업종에 대한 인력난 등으로 하락세를 걷던 산업분야가 바로 제조업인데 이를 극적으로 축소시킬 수 있기 때문이

---

1) 「4차 산업혁명 핵심은 인공지능」, 김지혜, 사이언스타임스, 2016.06.14

다. 로봇은 인간이 하기 어려운 고강도 업무에 투입되고 원격으로 다른 지역의 공장과 센터를 관리할 수 있다. 빅데이터를 통한 업무 구조 혁신은 물론 인공지능 프로그램, 사물인터넷으로 공장을 혁신적으로 변화시킬 수 있다.

시대를 막론하고 제조업이 경쟁력을 갖기 위한 핵심 과제는 세 가지이다.

① 정품 : 하자 없이 품질이 좋은 제품
② 정량 : 낭비 없이 원하는 수량을 정확히 제공
③ 정시 : 원하는 시간과 장소에 정확히 제시

여기에 저렴하다는 점이 포함된다. 이는 어떤 기술이 도입되더라도 변치 않을 제조업의 핵심 가치다. 그런데 그동안 어느 누구도 생각지 않은 현상이 도출되었는데 이런 핵심 과제를 수행하는데 4차 산업혁명이 유도하는 공장의 스마트화가 적격으로 등장한 것이다.

이런 스마트화가 기업의 의지로만 성취될 수 있는 것은 아니다. 공장의 스마트화는 필수적으로 이에 수반하는 기술이 접목되었기 때문이다. 전문가들에 따라 의견이 다소 다르기는 하지만 크게 사이버물리 시스템, 인공지능, 그리고 센서와 3D 프린팅 등 스마트 팩토리 구현을 용이하게 하는 하드웨어 기술이 개발되었기 때문으로 설명한다.

① 사이버물리 시스템(Cyber Phisical System)

사이버물리 시스템은 모든 사물이 사물인터넷 기반으로 연결되어 물리세계의 부품·소재, 완제품, 설비 등의 정보가 실시간으로 컴퓨팅 시스템으로 전송되고 이 정보가 시뮬레이션 과정을 거쳐 다시 물리세계에 적용돼 생산의 최적화를 추구하는 기술을 말한다. 자동으로 측정된 현실 데이터를 가상 세계에 입력하여 시뮬레이션을 거치는 현실과 가상세계의 융합과정이라 정의할 수 있다.

기존에도 컴퓨터 시뮬레이션을 이용하여 생산 공정의 효율화를 꾀했다. 그러나 시뮬레이션을 위해 실제 물리 데이터를 수동으로 측정하거나 가정된 값을 입력해야 하므로 정확도는 물론 효율의 문제가 꾸준히 제기됐다. 그러나 사물인터넷 상황에서 모든 사물에 센서가 연결되면서 물리세계에 등장하자 그동안 제기되었던 불편함이 제거된 것이다.

② 인공지능 시스템

사이버물리시스템을 통해 자동으로 측정되는 데이터가 실시간으로 분석되고 공장 운영 최적화에 즉각적으로 활용되기 위해서는 인공지능이 필수적이다. 인공지능은 환경을 감지하고 스스로 행동함으로서 자신의 목표를 달성할 수 있는 자동화된 시스템을 구성하기 때문이다.

③ 하드웨어 기술의 발전

ICT 기술의 획기적인 발전으로 인한 하드웨어의 보편화와 저가격화 또한 스마트 공장 시대를 여는 핵심요소이다. 여기에는 실시간으로 데이터를 자동 측정하는 센서와 네트워크 인프라의 기술발전, 컴퓨팅 하드웨어의 고성능과 저가화, 그리고 인공지능을 통해 최적화된 분석 결과를 실제 제조·가공 공정에 적용하는 액추에이터 기술 발달과 새로운 제조 방식인 3D 프린팅의 등장과 보편화이다.

이들은 스마트 팩토리를 위해 탄생한 것이 아니라 ICT과정에서 자연스럽게 업계에 접목된 것이라 볼 수 있다. 즉 이들 기술들이 개별로 작용되는 것이 아니라 복합되자 제조업체에서 그 효과를 알고 도입했다는 뜻이다.[2)]

일본의 알프스전기는 스위치와 커넥터를 제조하고 있는데 소형화를 기본으로 하므로 각 공정에서 엄격하게 치수와 강도를 관리한다. 그런데 이들은 단위 공장이 아니라 국내외 전 공장을 연결하여 생산정보를 실시간으로 공유하며 품질의 편차를 관리한다. 뿐만 아니라 이 회사의 각 공장 간에는 생산성 향상을 위해 데이터를 피드백하여 전 공정에 즉각적으로 반영한다.

일본의 식품회사 큐피는 원료인 달걀에서 마요네즈를 제조하여 용기에 충진, 포장하는 일련의 공장에서 빅데이터를 활용한다. 큐피가 새롭게 제조라인에 도입한 것은 데이터수집용 PLC(Programmable Logic Controller)이다. 제조라인 내 각 장치에 부착된 RFID에서 얻은 데이터를 PLC에 집약한 뒤 다른 컴퓨터에 전송・분석하여 생산라인의 상황을 자동으로 진단한다. 이를 통해 라인의 이상이나 설비의 고장을 사전에 예측하여 이상 발생 시 정보로 알리거나 기계를 정지시켜 불량발생과 확대를 방지한다. 현재 이런 시스템을 운용하지 않는 대형 제조회사는 거의 없다고 볼 수 있다.

생산 환경에서 빅데이터의 활용은 4단계로 나누어진다.

1단계는 기계나 기기의 관리 및 제어에 활용하는 것이다. 비용절감, 재고감축, 품질향상 등 공장의 효율화와 관련된 활용법으로 선진국 공장에

---

2) 『스마트 테크놀로지의 미래』, 카이스트 기술경영전문대학원, 율곡출판사, 2017

서는 거의 대부분 활용한다.

2단계는 생산설비에 탑재된 센서 기기를 활용하면서 자동화, 자동제어 등 생산활동의 효율화를 도모한다. 3단계는 빅데이터 시스템을 이용하여 생산기기나 시스템의 이상 발생을 사전에 방지하는 등 미래예측 활동이다. 4단계는 고도로 발전된 활용법으로 생산기기와 설비들이 자율적으로 연계되어 공장의 무인화가 실현되는 상태다. 물론 3, 4단계에서 생산중인 제품과 생산기기가 정보와 지시를 실시간으로 교류하면서 최적의 생산 프로세스를 구축한 상태라 볼 수 있다. 이것은 건물과 설비를 포함한 공장을 통째로 패키지화한 것이다. 이 단계가 되면 전기, 인터넷 등 인프라가 정비된 장소라면 생산지가 어디라 되어도 상관없다. 극단적으로 말하면 거의 무인 상태로 가동되는 공장을 해외에 두고 본사에서 원격관리할 수 있다.

이를 원용하면 GE의 성공으로 이어진다. GE는 산업기계를 네트워크와 연결시켜 수집되는 빅데이터를 분석한 뒤 고객 서비스에 활용한다. 한마디로 고객과 생산자가 네트워크로 한 몸이 되는데 대형 중장비 회사들에게 네트워크는 제조뿐만 아니라 판매 후에도 수익을 계속적으로 얻을 수 있게 만든다. 대형 제조업체들이 4차 산업혁명 시대에도 계속 승승장구 할 수 있다고 추정하는 이유다.[3)]

〈스마트산업에서도 인간은 필수적〉

4차 산업혁명이 인공지능과 결부되어 얼마나 급속도로 거대 회사로 변모할 수 있는가는 20여 년 전 온라인 서점으로 출발한 아마존을 보면 알

3) 『제4차 산업혁명』, 요시카와 료조, KMAC, 2016

수 있다. 미국 시애틀시 인근인 듀폰시에는 북미 최대 규모의 물류 창고가 있는데 규모는 축구장 46개 크기로 약 12만 평에 달한다. 이곳에 미국 최대 전자상거래업체인 아마존의 핵심 경쟁력이 모두 집약돼 있는데 가장 먼저 눈에 띄는 것은 1,000여대에 달하는 '아마존로봇(AR)'이다. 이 로봇은 2,000만 종의 물품이 쌓인 복잡한 창고에서 주문받은 상품을 정확하게 찾아내 컨베이어 벨트 위에 올려놓는 작업을 한다. 창고 안에 이어진 컨베이어 벨트의 길이는 무려 9km에 달하고 롤러코스터처럼 복잡한 경로로 움직이는데 이들이 하나의 오차 없이 일사불란하게 작업할 수 있는 것은 로봇들이 아마존 서버 즉 대형 컴퓨터에 있는 인공지능의 명령에 따라 움직이기 때문이다.

놀라운 것은 로봇의 작업 속도다. 이곳에서 출고되는 상품은 초당 50건, 하루 300만 개에 이른다. 고객이 아마존 쇼핑몰에서 상품을 결제하는 순간부터 이 창고에서 트럭에 물품이 실려 배송 준비가 끝나기까지 30분이면 충분하다. 일반적인 유통 대기업의 4분의 1 수준으로 아마존로봇 한 대가 사람 4명분의 일을 할 수 있다는 뜻이다. 그래도 직원이 1,000여 명이나 되는데 이들의 업무는 포장 직전에 물품을 확인하는 것뿐이다. 아마존측은 이러한 첨단 물류창고도 근간 그 역할이 축소될 것으로 예상한다. 아마존은 물품을 싣고 떠다니는 거대한 열기구형 공중 창고 '항공수송센터'를 개발하고 있다. 고객의 주문이 들어오면 가까운 공중 창고에서 드론(무인기)이 상품을 집까지 배송한다는 것이다.

온라인 서점으로 출발한 아마존은 온라인 유통, 클라우드컴퓨팅(서버 임대 서비스)에 이어 오프라인 식료품 판매에 뛰어들면서 거대한 제국으로 성장하고 있다. 아마존은 전 세계 5억 명의 고객들에게서 모은 방대한 데이터를 AI(인공지능)로 분석해 경쟁자의 기를 빼내는데 이는 아마존의 등장으로 퇴출된 회사들이 많다는 것을 의미한다. 심지어는 오프라인 유통 시장에서 '아마존 포비아(공포증)'라는 신조어까지 등장했을 정도다. 김창경 한양대 교수는 4차 산업 시대에는 선도 기업의 독점력이 지난 20년간의 IT(정보기술) 시대 때보다 훨씬 강화되어 제조업과 서비스업, 온·오프라인 간의 경계도 완전히 무너질 것으로 예측했다.[4)]

그러나 여기에서 주목되는 점은 아마존 등의 엄청난 성장이 인공지능 로봇 등을 대량으로 활용하기 때문이 아니라 이들을 대량으로 활용할 수 있는 인원이 있었기 때문이다. 한마디로 기계와 IT 모두 아우르는 인재들을 확보했다는 뜻으로 이것은 제조업을 비롯하여 모든 신세대 공장에서는 4차 산업혁명의 바닥기술이 되는 사물 인터넷(IoT), 클라우드 컴퓨팅(cloud computing) 등을 적용하는 스마트 공장(smart factory)에 필요로 하는 사람들을 우선적으로 확보해야 한다는 철칙을 알려준다. 산업현장에서 전체적인 흐름을 아는 인재 즉 기계를 다루는 엔지니어적 분야와 기술을 다루는 IT 분야 모두를 숙지하는 인재사람들이 필요하다는 것이다. 물론 공장의 디지털화에서 가장 중요한 분야는 데이터의 활용성이다. 또한 불량률을 줄이고 데이터 품질을 높이기 위해서는 지속적으로 품질을 검사하는 프로세스도 중요하다. 이들 모두 새로운 직업군을 태어나게 하므로 4차 산업혁명시대에서 살아남기 위해서는 현재와 같은 사고로는 도태될 수밖에 없다는 뜻이다.[5)]

---

4) 「[4차 산업혁명… 이미 현실이 된 미래] [1] 아마존 창고, AI·로봇이 초당 50건씩 배송처리」, 박건형, 조선일보, 2017.07.24

5) 「4차산업혁명이 제조업 살린다」, 김은영, 사이언스타임스, 2016.11.10

인공지능의 발전은 각종 재해와 산업화에서 인간을 자유롭게 해준다. 고령화 사회에서는 가장 인간에게 가까운 친구가 되어 줄 수 있으며 의료 분야에서 획기적인 편의성을 가져다 줄 수 있다. 가장 흥미로운 일은 IT 기술과 유전자 공학 등 과학기술의 융합으로 앞으로 인간의 수명이 지금보다 더 길어질 것은 물론 일부 학자들이 고대하는 불사조가 태어날 것으로 추정하는 것도 즐거운 일이다.

일부 학자들은 앞으로 쿠데타라는 돌발 상황은 일어나지 못한다고 단언해 말한다. 쿠데타를 일으키려면 무력 즉 군대가 이동하고 적어도 방송국 등을 전격적으로 접수해야 하는데 모든 곳이 체크되는 상황에서 불분명한 군사력의 대형 동원이 불가능하다는 설명이다. 쿠데타를 일으키기 위해 전격적인 작전이 필요한데 이들을 장악할 방편이 없다는 말은 그만큼 사회가 정보사회로 변환한다는 것을 뜻한다.

빛과 그림자, 모든 것에는 양면이 존재하듯 4차 산업혁명이 가져다줄 수많은 혜택과 풍요 뒤 존재하는 '위협'도 만만치 않은 것은 사실이다. 인간의 지적 능력을 뛰어넘는 인공 지능 로봇 등이 오히려 인간을 감시하고 해칠 수도 있음은 틀림없다. 그러나 많은 과학자들은 '기계가 인간을 이길 수 있다'는 점에 두려워할 필요가 없다고 조언한다. 앞으로 다가오는 미래는 인공지능 등의 신기술이 인간에게 해악만 끼치는 것이 아니므로 함께 상생해서 풍요로운 삶을 만들 수 있다는데 중요성이 있다는 뜻이다. 큰 틀에서 일자리를 염려할 필요가 없다는 뜻과 다름없다.

5 사라지는 일자리

인공지능으로 무장한 컴퓨터 프로그램인 알파고가 바둑 세계 최강이라는 이세돌에 승리하자 곧바로 수많은 지구인들이 우려감을 표명했다. 인공지능 기술로 컴퓨터가 사람 말을 제대로 알아듣게 되면 현재 인간들이 누리던 문명의 이기가 인공지능으로 대체되면서 인간 존재 자체가 위협받을 수 있다는 우려다.

그런데 4차 산업혁명은 3차 산업혁명, 즉 디지털 정보통신 산업의 연장선에 있다고 설명된다. 4차 산업혁명을 3차 산업혁명을 기반으로 한 디지털과 바이오산업, 물리학 등의 경계를 허물고 한데 융합하는 기술혁명이라는 뜻이다. 한마디로 4차 산업혁명의 인프라는 초연결(hyper connection)로 4차 산업혁명의 핵심 키워드인 융합과 연결을 가능하게 하는 기초 기둥으로 인식한다. 정보통신기술의 발달로 전 세계적인 소통이 가능해지고 개별적으로 발달한 각종 기술의 원활한 융합을 가능케 하므로 이 연결과 융합이 지금까지 전혀 예상치 못한 새로운 세상을 만든다는 것이다.[6)]

그러므로 1차, 2차, 3차 산업혁명 시대의 마인드로는 도태될 지도 모른다. 한마디로 대안을 강구해야 한다는 뜻으로 일자리의 축소에 대한 현명한 대비책이다. 인간의 역사를 살펴보면 기술이 발전하면서 생산성을 높이고 경제 생산을 증가시켜 왔는데 산업혁명 때 그런 변화가 특히 두드러졌다. 생산성이 높아진다는 것은 간단히 말해 동일한 일을 수행하는데 필요한 사람의 수가 줄어든다는 뜻이다. 하지만 그렇게 부가 증대되면서

6) 「AI가 쓴 소설 읽고 감동 먹었다?」, 이원섭, Insight Korea, 2017년 4월

약간의 시간차는 있을지 결국에는 새로운 일자리가 창출되는 결과로 이어지기도 했다.

문제는 새로 생긴 직업들은 대부분 사라진 직업들과 완전히 다른데 일자리를 잃은 사람들은 대체로 새로운 직업에 필요한 기술을 갖추지 못하다는 점이다. 변화가 느리다면 노동 시장에 적절히 적응할 수도 있다지만 변화가 빠르고 갑작스러울 경우에는 상당한 혼란이 벌어질 수 있다는데 심각성이 있다는 지적이다.[7)]

제4차 산업혁명이 더욱 인간들을 혼란시키는 것은 과거와는 달리 인간들이 인공지능이라는 전혀 상상치 못한 강적이 등장했다는 점이다. 일부 전문가들은 제4차 산업혁명시대에 들어서면 지구의 지배자였던 인간이 강력한 인공지능과 생존 경쟁을 펼치게 되어 인간 대부분이 일자리를 잃게 된다면 '노동 ⇨ 소득 발생 ⇨ 소비 ⇨ 기업의 투자 ⇨ 고용 ⇨ 노동'으로 이어지는 현대 경제 매커니즘이 해체된다고 지적한다.[8)] 이는 모든 면에서 인간들에게 혁신을 불러 온 과거의 농업혁명이나 산업혁명과 다를 수 있다는 것을 뜻한다.

4차 산업혁명의 여파로 궁극적인 일자리가 줄어들 것인가에 대해서는 의견이 일치하지 않는다. 다보스 포럼에서 슈밥 회장이 4차 산업혁명의 여파로 수많은 일자리가 사라질 것으로 예상했는데 이에 제리 캐플런(Kaplan) 미 스탠퍼드대 컴퓨터과학과 교수를 비롯하여 상당수 학자들이 동조했다. 기계가 단순 노동에서 한 차원 높은 지적 노동까지 대체한다면 결국 수많은 일자리가 인공지능 로봇에게 이전될 수 있다는 것이다.

---

7) 『제리 카플란 인공지능의 미래』, 제리 카플란, 한스미디어, 2017
8) 「인공지능(AI) 알파고, 우리에게 남긴 3가지 의미, 아이티투데이, 아이티포스트, 2016.03.16

캐플런 교수는 인공지능과 로봇의 발달을 제2차 산업혁명 때 인류가 겪었던 '공장화', '자동화'의 연장선으로 봤다. 공장 내 근로자들을 기계가 대체했듯, 인공지능을 갖춘 로봇들이 요즘 사람들의 일자리를 대체하는 것은 자연스러운 일이라는 주장이다. 더불어 그는 인공지능 로봇이 대체하는 일자리 범위가 단순 노동에 그치지 않고 변호사, 의사, 교사 같은 지적 노동까지 확대될 수 있다고 전망했다. 한마디로 인공지능 로봇이 숙련된 노동자들을 몰아내고 교육받은 사람들의 일을 대신한다는 것이다.

반면에 이에 반대하는 학자들의 주장은 간명하다. 우선 제4차 산업혁명으로 인해 많은 혁신이 거듭되면서 많은 노동자들의 일자리를 대체하는 데 그치지 않고 직종 자체를 소멸시킬 수 있다는 데는 동조한다. 그러나 인공지능이 인간의 일을 대체하여 많은 일자리가 사라지더라도 동시에 새로운 일자리가 많이 생겨나 결국 일자리 문제는 개개인의 능력여하에 달렸다는 주장이다.[9]

〈일자리 도둑〉

4차 산업혁명이 도래하고 인공지능으로 일자리를 빼앗길지 모른다는 말에 실감이 잘 오지 않으며 나와는 상관없는 남 얘기처럼 들린다는 사람들이 있는 것은 사실이다. 그러나 일자리의 상당 부분 이미 'A.I.의 공격'을 받고 있음은 자명한 일이다. 한마디로 A.I.가 조금조금씩 인간을 대체하는 분야가 많아지고 있는데 인공지능에 대해 가장 우려하는 사람들은 상당부분 인간의 지적 분야까지 진출할 것으로 의심하지 않기 때문이다.

9) 「[Weekly BIZ] "로봇, 인간을 대체" 知的 노동까지 하며 수많은 사람 일자리 뺏을 것」, 박정현, 조선일보, 2016.04.02

인공지능이 그림을 그리고, 시와 소설도 지을 수 있다는 것도 잘 알려진 사실이다. 일본경제신문(日本經濟新聞)가 주관하는 성신일상(星新一賞)은 일본 SF작가 호시 신이치를 기념하는데 과학적 발상으로부터 발생한 장르나 형식에 구애받지 않은 작품을 대상으로 하는 문학상이다. 2016년 제3회 일반부문에 인공지능 소설가인 유령뢰태(有嶺雷太)라는 이름은 인공지능 소설가가 총 11편의 작품을 출품했는데 최소 1편 이상이 1차 심사를 통과했으나 최종 당선작에는 포함되지 못했다. 하지만 일반부문에서 인간 소설가 등 총 1,450편의 소설이 출품된 공모전에서 1차 심사를 통과했다는 자체가 놀라운 일이 아닐 수 없다.

인공지능 소설가의 소설은 인공지능 프로젝트팀이 여러 단어 구성과 등장인물 성별 등을 사전에 설정해 놓은 상태에서 '언제, 어떤 날씨에, 무엇을 하고 있다' 등의 요소를 포함시키도록 지시하면 인공지능이 상황에 적합한 단어를 선택, 문장과 단락을 완성하는 식으로 쓰여졌다. 그러나 아직은 인공지능 스스로 스토리까지 만들어낼 상상력과 창의력을 발휘하는 것은 불가능하므로 전체적인 방향과 흐름 등 80% 정도는 프로젝트팀의 사람이 직접 작업을 했다고 한다.[10)]

소설보다 복잡한 영화나 드라마까지 인공지능이 진출했다는 소식도 구문이다. 실제로 인공지능을 다룬 영화 「모건」의 1분 15초짜리 예고편은 '왓슨' 프로그램을 활용하여 인공지능이 제작하고 편집했다. 이 예고편은 왓슨이 사람들이 만든 예고편을 분석해 일정한 규칙을 학습한 후 만들어낸 것인데 놀라운 것은 보통 영화 예고편 제작에 길게는 한 달까지 걸리지만, 왓슨은 단 하루만에 10편을 만들어낼 수 있다는 점이다.

---

10) 「AI가 쓴 소설 읽고 감동 먹었다?」, 이원섭, Insight Korea, 2017년 4월

더욱 놀라운 것은 인공지능 '벤자민'이 9분짜리 공상과학영화 대본을 영화제에 출품해 입상하기도 했다. 학자들은 AI가 시청자들이 좋아할 수 있는 미디어를 만드는 날이 멀지 않았다고 전망한다. 한마디로 영화나 드라마 같은 어려운 미디어 제작 분야에서도 유용하게 활용될 수 있다는 뜻인데 이는 인공지능이 영화나 애니메이션과 같은 상상의 분야에도 침투할 수 있다는 것을 뜻한다.[11] 특히 일본 후코쿠생명보험 사례는 인공지능의 미래에 대해 많은 것을 예시해준다.

후코쿠는 2017년 1월부터 보험금 청구 업무 담당 직원 34명을 'IBM 왓슨 익스플로러'로 대체했다. 왓슨은 고객과 상담 중 사람의 목소리를 분석하여 고객의 말을 글로 치환해 해당 단어가 참인지 아닌지를 분석한 후 보험 업무를 결정한다. 이런 업무는 그동안 유능한 보험금 청구 직원들이야 가능하다고 생각했던 분야인데 왓슨 프로그램이 고객의 상황을 판단하여 주저하지 않고 보험금 지급 여부를 결정한다.[12] 왓슨을 채택한 후코쿠생명보험은 왓슨이 부상 정도, 약물 치료 이력, 정해진 절차 같은 것들을 고려해 보험금 지급 여부를 결정하는데 실무에 투입한 결과 왓슨 도입으로 생산성을 30%나 끌어올리고 비용도 절감할 수 있다고 발표했다.[13]

후코쿠가 인공지능 왓슨을 채택한 이유는 간단하다. 왓슨 A.I. 구축비용 170만 달러, 매년 유지 보수비용으로 12만8,000달러가 소요되는 반면 매년 인건비 110만 달러를 절감할 수 있으므로 단 2년 만에 투자비용

11) http://news.naver.com/main/read.nhn?mode=LSD&mid=shm&sid1=105&oid=448&aid=0000198132
12) 「인공지능 도입 후 직원 34명 해고한 회사」, 김지윤, YTN PLUS, 2017.01.06
13) 「AI시대 일자리 감소 등은 불가피… 현명한 대응이 앞서야」, 김창훈, 한국일보, 2017.01.17

을 회수할 수 있다는 것이다. 인공지능이 지식 기반의 화이트칼라 작업을 처리할 수 있는 단적인 예이다.[14)]

일본의 한 데이터 업체는 각종 법적 분쟁에 로봇을 사용한다. 관련 메일이나 문서를 모두 조사한 뒤, 증거로 만들어 변호사에게 제출한다. 변호사는 자료를 조사할 필요 없이 인공지능이 넘겨 준 자료만 검토하면 된다. 비서가 필요 없어진 것이다.

주디카타라는 스타트업은 머신러닝과 자연언어 처리 기술을 기반으로 법리, 판례와 같은 방대한 문서를 검색해 관련 사례를 찾아주는 서비스를 제공한다. 특히 판례 중심의 영미법 국가에서 적합한 판례를 잘 찾아내서 적절하게 이용하는 것이 변호사의 능력인데 방대한 자료를 분석을 인공지능이 대신하는 것이다. 실제로 딥러닝에 의한 정보 확보에 관한 한 인공지능이 단 하루 만에 변호사나 변리사가 될 수 있을 정도의 능력을 갖출 수 있다고 말한다. 인공지능 로봇이 관련 메일이나 문서를 모두 조사한 뒤, 증거로 만들어 변호사에게 제출한다. 변호사는 자료를 조사할 필요 없이 인공지능이 넘겨 준 자료만 검토하면 된다. 현재 활용되는 수많은 법률비서가 필요 없어지는 것이다.

〈하버드 비즈니스 리뷰(Harvard Business Review)〉는 기존의 여러 직업이 '보편적인 절차를 거쳐 코드화하거나 일정 형식을 갖춘 데이터를 기반으로 판단하는 업무'이므로 인공지능 시스템이 인간보다 더 유능할 수 있다는 평가했다. 지금이라도 일부 지식기반 업무가 로봇의 부상과 함께 대체될 수 있다는 걸 인정해야 한다는 진단이다.

미국 조지메이슨 대학의 타일러 코언(Tyler Cowen) 교수는 인공지능

14) 「AI의 공격일까, 자동화의 축복일까」, 김익현, 지디넷코리아, 2017.01.06

의 등장을 경제적인 측면에서 분석했다. 그는 인공지능로봇의 등장으로 중간이 사라지고 격차가 더욱 넓어지는 사회, 즉 '초(超)격차 사회'가 올 것이라고 전망했다. 이런 변화의 바닥에 있는 것 중 하나가 기술 혁신으로 발달하는 기계, 그리고 그에 얹어진 인공지능이다. 여기서 말하는 기계는 인공지능과 소프트웨어, 그리고 뛰어난 하드웨어와 외부 저장장치, 그걸 엮는 고도로 통합된 시스템, 이들의 조합 등을 말한다.

코언 교수는 기계가 사람과 함께 활동하고 있는 예시로 '프리스타일 체스'를 들었다. 프리스타일 체스는 사람과 기계가 한 팀으로 경기하는데, 가장 좋은 기계를 가진 사람이 이기는 게 아니라 가장 잘 사용하는 사람이 이기는 게임이다. 코언 교수는 프리스타일 체스야말로 미래의 세계에서 고소득자가 현명한 기계와 함께 일하기 위한 전략을 이해하는 단서가 된다고 설명한다. 인간의 일하는 방식이 바뀌면 기업의 경영도 바뀌고 경제와 사회상도 변한다. 앞으로 사람이 반드시 전문가일 필요는 없으며 오히려 인간은 자신의 한계를 알고 기계의 결정에 몸을 맡기는 겸손과 담력이 필요하다는 것이 코언 교수의 설명이다.[15]

〈사라지는 일자리〉

미래의 공장을 운영하기 위해서는 1명의 사람과 1마리의 개만 있으면 된다는 농담이 유행처럼 생겨났다. 개는 아무도 기계를 방해하지 못하도록 하는데 필요하며 사람은 개를 키우는 역할이다. 이 말은 제4차 산업혁명에서 일자리가 엄청난 변화를 갖고 온다는 것을 의미하므로 취업 예정자나 기업들이 관심을 보이는 분야는 앞으로 사라질 일자리에 촉각을 보

15) 「인공지능 도입 후 직원 34명 해고한 회사」, 김지윤, YTN PLUS, 2017.01.06

인다.[16] 사라질 일자리를 정확하게 파악하는 것이야말로 미래를 설계하는데 중요한 바로미터가 되기 때문이다.

미국의 홍보대행사 〈웨버샌드윅〉과 〈KRC 리서치〉가 미국 · 영국 · 캐나다 · 중국 · 브라질 등 5개국의 소비자 2,100명을 설문한 결과 응답자의 3분의 2 이상은 A.I.에 믿고 맡길 일로 투약 알림 · 여행 길 안내 · 오락 · 맞춤형 뉴스 찾기 · 육체노동을 꼽았다. 이런 결과는 A.I.가 사람들의 일상생활 속에서 활약할 수 있는 범위가 예상보다 넓다는 것을 의미한다.

▶ 사라지는 일자리 생기는 일자리(영남일보)

세계경제포럼(WEF) 다보스가 2016년 1월 세계인들에게 충격을 준 것은 A.I로 인해 향후 5년간 약 510만개의 일자리가 사라질 것으로 전망했다는 점이다. WEF가 발간한 『일자리의 미래』 보고서에 의하면 200만개가 새로 생기지만, 대신 710만개가 사라진다는 것이다. 토마스 프레이 다빈치연구소 소장은 2012년 터키에서 열린 TED 강연에서 2030년까지

16) 「AI 시대 사라질 직업 탄생할 직업」, 박지훈, 매일경제, 2016.05.02

현재 지구상에 존재하는 직업의 약 50%가 사라질 것으로 전망했다. 미국에서 10년마다 약 25%의 직업이 바뀐다는 점을 고려하면 WEF나 프레이 소장의 예견은 폭탄과 같다.[17)]

사라질 것으로 예상되는 710만 개의 직업 분야를 구체적으로 살펴보면 '화이트칼라 사무직(476만개)'이 전체의 67%를 차지하며 절대적인 비중을 보였다. 제조업(161만개)이 22.6%를 차지하며 뒤를 이었고, '건설 · 채광 분야(50만개)'가 7%, 미술 · 디자인 · 엔터테인먼트 · 스포츠 · 미디어 등 분야(약 15만개)가 약 2.1%, 법률 분야(11만개) 1.5% 등으로 뒤를 이었다. 이들의 결론은 손재주나 협상이 필요한 일을 제외한 상당수 직업이 사라진다는 것이다.

미국 언론 맥킨지 글로벌 인스티튜트는 매우 충격적인 예언을 내놓았다. 2025년에 일반 로봇 즉 산업용 로봇이 대체하는 일자리 수는 4,000만～7,500만개인 반면 지능형 알고리즘을 이용한 기술은 1억1,000만～1억4,000만개 정도의 일자리를 대체한다는 것이다.[18)]

반면 새로 고용창출이 될 200만개의 일자리 분야는 '경영 · 재무 운영 분야(49만개)' 약 25%, '관리감독 분야(41.6만개)' 약 21%, '컴퓨터&수학 분야(약 41만개)' 약 20%, '건축 · 엔지니어 분야(34만개) 17%, '영업 관련 분야(30만개)' 15%, 교육관련 분야(6.6만개) 3.3% 순이다.

영국 옥스퍼드 대학이 2013년 발표한 『고용의 미래』 보고서도 지구인들에게 큰 충격을 준 것으로 유명하다. 옥스퍼드 대학은 컴퓨터화(化) 속도와 노동자의 임금 등을 종합하여 702개 직업에 대해 인공지능으로 대체

17) 「20년 내 지금 직업의 절반이 사라진다」, 노진섭, 시사저널 1379호, 2016.03.24
18) 「인공지능이 인간의 일자리를 대체한다!…생글기자들의 생각은?」, 한국경제, 2016.06.17

될 직업 순위를 매겨 발표했다. 인력이 인공지능으로 대체될 가능성을 0에서 1 사이의 숫자로 표시했는데 1에 가까운 직업일수록 20년 이내에 사라질 가능성이 크다고 설정했다. 이 자료에 의하면 텔레마케터, 보험업계 종사자, 시계 수리공 등은 0.99로 '인공지능에 내줄 일자리' 1순위로 나타났다. 현재 영국에서 연간 소득 19,768파운드(약 3,500만원)를 벌며 살아가는 텔레마케터의 규모는 43,000명 수준인 것으로 알려졌다. 인공지능 로봇의 대체 가능성이 90%가 넘는 직종은 총 51개에 이른다.

옥스퍼드 대학이 분류한 로봇의 대체도가 높은 분야는 육체노동자들이다. 그런데 여기에서 육체노동자란 흔히 특별한 훈련이나 기술이 거의 필요하지 않고 그저 몸의 힘을 이용하는 사람이라고 생각하기 쉽지만 반드시 그런 것만은 아니다. 기본적으로는 육체적인 조작이 필요하거나 물질적인 산물을 만들어 내는 활동이라면 모두 육체노동에 해당한다. 즉 방사선과 의사나 작곡가는 육체노동자가 아니지만 외과 의사나 악기 연주가들은 육체노동자이다. 이런 분류에 따라 인공지능 로봇의 등장으로 인해 사라지는 육체노동에 해당하는 직업을 다음과 같이 제시했다.

> '시계수리공, 다양한 분야의 하위 범주의 기계공, 은행창구직원, 데이터 입력이나 중개 업무하는 직원, 사내 전화 교환원, 영사기사, 현금출납금 직원, 농장에서 일하는 인부, 호텔 등 접수원, 카지노 등에서 근무하는 게임 딜러, 우편집배원, 전기·전자장비 조립 기술자, 지도제작가, 인쇄본 제본 등'[19)]

영국의 BBC는 사무직 노동의 약 50%가 대체될 것으로 전망했는데

19) 『제리 카플란 인공지능의 미래』, 제리 카플란, 한스미디어, 2017

NGO 사무직도 이에 포함된다. 스포츠 심판(0.98)도 곧 없어질 직업으로 꼽혔다. 실제로 미국 메이저리그 사무국은 볼과 스트라이크를 판정하는 '인공지능 심판'을 준비 중이다. 과거에도 시범적으로 도입해보았지만 너무 고지식하여 재미가 없다는 지적에 연기되었는데, 이를 보완하여 재도입할 수 있다는 설명이다.

세계경제포럼(WEF)이 예시한 것 중 특이한 것은 여성 일자리 수가 남성 일자리보다 급격하게 줄어든다는 점이다. 새로 창출되는 일자리인 과학이나 컴퓨터공학, 수학, 건축, 엔지니어 분야는 현재 주로 남성이 다수를 차지하는 분야로, 보고서는 남성이 직업을 잃는 속도보다 여성이 직업을 빼앗기는 속도가 훨씬 빠르다는 설명이다. 여성은 비교적 사무행정직에 많이 고용되고 STEM(과학, 기술, 엔지니어링, 수학) 분야에서는 여성의 일자리가 많지 않은데 인공지능 도입으로 가장 빠르게 새로운 일자리가 늘어나는 분야는 바로 STEM 분야라는 점도 걸림돌이다. 남성은 4개의 일자리를 잃어버리는 동안 하나의 일자리를 차지하게 될 수 있는 반면, 여성은 일자리 20개를 잃어버리는 동안 하나의 일자리를 얻게 된다는 분석이다. 보다 구체적인 예로 1984년에는 컴퓨터 공학을 전공한 여성의 비중이 37%에 달했으나 점점 비율이 떨어져 현재 미국 컴퓨터 분야에 종사하는 여성의 비중은 24%이다. 10년 후에 22%로 보다 떨어진다는 예상이다.[20]

앞으로 사라질 일자리를 정확하게 예측하는 것과 이들을 일목요연하게 정리하는 것이 간단한 일은 아니지만 〈매일경제〉의 박지훈 기자는 우리 삶에 침투한 인공지능로봇 등으로 개발되는 5가지 최첨단 기자재가 10년 안에 침투한 결과로 인한 일자리 변화를 다음과 같이 분석했다.[21]

20) 「로봇 · AI로 여성 일자리 더 줄어든다」, 김성수, 뉴스핌, 2017.01.24

앞에서 설명한 내용과 중복되는 것도 있지만 이들 내용과 연계하여 읽기 바란다.

① 화이트칼라 사무직

인공지능이 가장 먼저 대체할 수 있는 직업의 분야는 '개발에 추가 비용이 크게 들지 않으면서 현재 높은 급여가 지불되고 있는 일자리'들이다. 특히 데이터의 분석이나 체계적인 조작이 요구되는 직업 즉 데이터를 갖고 일하는 직업군들은 상당수 대체될 것으로 추정한다.

세무사 역할 중 하나는 장부를 정기적으로 점검하고 문제점이나 우려할 점이 있으면 지적하는 것인데 이러한 부분은 자동화되기 가장 수월한 분야다. 미국에서 서류 작성이나 계산 등 일정한 형식이나 틀로 이뤄진 정형적인 업무를 수행하는 회계사와 세무사 등의 수요가 최근 몇 년 사이 80,000명 이상 줄었다는 발표다.

A.I.의 파급력은 단순한 사무직뿐만은 아니다. 인간 행동의 잘잘못을 따지는 법원에도 영향을 미친다. IBM이 개발한 인공지능 법률프로그램 '로스(Ross)'는 수천 건의 관련 판례를 단 시간 내 분석해낸다. 특정 질문에는 가설을 추론하여 추가 질문을 던지기도 한다. 특히 판례 중심의 영미법 국가에서 적합한 판례를 잘 찾아내서 적절하게 이용하는 것이 변호사의 능력인데 이는 방대한 자료를 분석해야 한다. 이를 인공지능 로봇이 관련 메일이나 문서를 모두 조사한 뒤, 증거로 만들어 변호사에게 제출한다. 변호사는 자료를 조사할 필요 없이 인공지능이 넘겨 준 자료만 검토하면 된다. 현재 활용되는 수많은 법률 비서가 사라지는 것이다.

21) 「AI 시대 사라질 직업 탄생할 직업」, 박지훈, 매일경제, 2016.05.02

심지어는 형사법정에서 판결을 내리고 인공지능 변호사가 인간 대신 변론을 맡는 미래가 올 가능성도 점쳐진다. 빅데이터와 결합한 인공지능은 수많은 법조항 및 판례를 보유하고 필요할 때 적시에 빠르게 분석해서 변호사의 변론에 활용된다. 이 외에 교도소 관리 및 가석방 심사 등도 A.I.가 대체할 가능성이 있는 분야로 꼽히고 있다.[22]

인공지능 분야에서 가장 큰 타격을 받을 일자리는 금융맨들이다. 구글의 투자로 개발된 인공지능 금융프로그램 '켄쇼(Kensho)'는 사람 대신 머신러닝 알고리즘에 따라 증권 시장을 분석한다. 최근 〈뉴욕타임즈〉는 50만 달러의 연봉을 받는 전문 애널리스트가 40시간 즉 일주일 동안 처리하는 일을 켄쇼는 수분 내 처리할 수 있다고 밝혔는데 현재 월스트리트 금융거래의 80% 이상을 컴퓨터 알고리즘이 맡고 있다고 알려진다. 이는 펀드매니저나 딜러가 하는 일이 의외로 적다는 것을 반영한다.[23]

인공지능 '로바마(ROBAMA)'의 능력은 놀랍다. 벤 고르첼박사가 개발한 '로바마'는 혼자 하루만에 5,000명의 여론조사를 할 수 있다. 모든 SNS 계정에서 사람들의 성향을 파악하고 정책을 읽어 들인다. 학자들은 '로바마'가 활성화되면 현재의 국회는 물론 대통령까지 실업자로 만들 수 있다고 말했다.[24] 화이트 칼라 사무직에서 대체될 일자리는 생각보다 많다.

'일반 사무직, 금융서비스, 회계사, 행정사무원, 학교사무원, 슈퍼점원, 보험사무원, 무역사무원, 판례를 검토하는 로펌, 전략을 수립하는 경영컨설턴트, 기업의 전략기획부. 등'[25]

22) 「인공지능 가라사대」, 박건형, 조선일보, 2016.03.12
23) 「사라질 직업, 살아남을 직업」, 이재훈, 파이낸셜뉴스, 20160.01.07
24) 「15년후 인공지능 대통령 가능」, 김은영, 사이언스타임스, 2016.11.08

② 산업 분야

제조업에 인공지능이 접목된 것은 상당히 오래됐지만 4차 산업혁명은 공산업 분야 거의 대부분을 아우른다. 한마디로 인공지능의 기능이 더욱 정밀해지며 인간이 상상하지 못한 부분까지 지구상의 모든 산업분야에 관여할 수 있다. 학자들은 공산업 분야에서 인공지능 로봇으로 인해 사라질 가능성이 높은 직업들을 다음과 같이 예시한다.

'소매점원, 재고 담당자, 계산원, 도장공, 수위, 조경사, 환경미화원 등'

특히 제4차 산업혁명의 큰 틀 중 하나인 인공지능 로봇의 다양화와 대량 투입이 세계 시장에서 그동안 견지되던 경제 개념을 바꾸어 줄 수 있다는 것을 보여준 것으로도 유명하다. 산업체에서 가장 중요시 생각하는 것은 원가 절감 즉 가능하면 저렴하게 제품을 생산해 저렴한 가격으로 상품화하는 것이다. 그러므로 선진국의 대형기업들은 상승하는 인건비 등을 절감하기 위해 가능하면 인건비가 저렴한 국가들을 대상으로 공장을 옮기는 것을 기본으로 삼았다.

그런데 인공지능 로봇이 이런 고착화된 경제 개념을 바꾸어 주고 있다. 세계 2위의 스포츠용품 업체인 독일의 아디다스는 바이에른주 안스바흐의 자동화시설 '스피드 팩토리'에서 50만 켤레의 신발을 생산하겠다고 발표했다. 인건비를 줄이기 위해 신흥국으로 생산시설을 모두 옮긴 아디다스가 본국인 독일로 공장을 이전하는 것은 높은 인건비에 구애 받지 않고 공장을 운영할 수 있다고 판단했기 때문이다.[26]

---

25) 「'알파고'는 시작일 뿐…AI에 맞설 인간의 가치는」, 김수환. 브릿지경제, 2016.03.14

미국 미시건주 윅솜에 위치한 팬서글로벌테크놀로지즈는 크랭크축과 체인톱 등 야드(yard) 도구 부품 제조사인데 2016년 중국에 있는 공장 두 개 중 하나를 폐쇄해 미국으로 되돌린다고 발표했다. 미국의 노동 인력을 감축하기 위해 생산기지를 해외로 옮긴 지 10년만의 일이다. 인공지능 로봇으로 공장 인원을 최소화할 수 있으므로 굳이 중국의 노동자를 사용하지 않아도 원가를 낮출 수 있기 때문이다. 이런 현상은 그동안 미국이나 독일 등 노동력 부족과 높은 인건비로 중국과 남미 등으로 옮겨갔던 생산라인을 본국으로 다시 돌리는 리쇼어링(Reshoring) 현상이 본격화되고 있다는 것을 의미한다.

이러한 변화는 제조업이 부상하는 계기를 만들어주고 있다. 그동안 제조업은 산업 사회에서 정보화 사회로 이전하면서 그 비중이 낮아지고 있었는데 4차 산업혁명 시대를 맞아 재조명받고 있다. 수익성이 낮은 노동 집약적 업종인 제조업을 수익성 높은 첨단 업종으로 탈바꿈시킬 수 있는 가능성이 열렸기 때문이다. 이같은 제조업 새판짜기는 로봇과 자동화가 결정적인 역할을 하고 있는데 공장에서의 로봇이 그동안의 보조장치나 지원도구가 아니라 공장 그 자체로 변모할 수 있다는 것을 의미한다.[27]

③ 의료 로봇

인간을 상대로 한 의료 분야는 워낙 많은 인공지능들이 등장한다. 다빈치 시스템은 인간보다 더 정확한 외과수술을 시행하며 로봇 간호사는 환

26) 「AI시대 일자리 감소 등은 불가피… 현명한 대응이 앞서야」, 김창훈, 한국일보, 2017.01.17
27) 「로봇, 제조 혁신의 주역으로 떠오르다」, 조인혜, 사이언스타임즈, 2017.03.08

자의 회복과 활력 징후를 모니터링하고 긴급 상황이 벌어질 때 의사에게 경고해준다. 병원의 복도를 순찰하는 것은 덤이다. 무거운 환자를 들어 안전하게 옮겨주는 것은 물론 치매환자나 정신질환자들과 친근하게 대화함으로써 외로움을 달래주고 빠른 회복을 도모해준다. 의료 로봇으로 인해 큰 영향을 받을 직업들은 다음과 같다.

'외과의사, 약사, 수의사, 신경정신과 의사, 정신과 간호사, 재활전문가 등'[28) 29)]

놀라운 것은 환자들이 전문의가 내린 처방보다 IBM이 개발한 인공지능 의사 '왓슨'의 처방을 선호하는 경향을 보였다는 사실이다. 왓슨의 놀라운 능력에 가장 크게 긴장하는 곳은 약사 사회다. 〈한국고용정보원〉의 『인공지능 · 로봇의 일자리 대체 가능성 조사』에서 2025년에 사람을 대체할 가능성이 큰 직업 중 보건 · 의료 분야에서 약사 · 한약사를 68.3% 대체할 수 있다고 전망했다. 이어 간호사 66.2%, 일반의사 54.8%, 치과의사 47.5%, 한의사 45.2%였고, 전문의가 가장 낮은 42.5%였다.

논리적 분석이나 창의력에서부터 사람 파악 능력과 설득 능력 등 5가지 항목 44가지 역량을 따져 분석 · 비교한 결과인데 의사가 인공지능으로 대체 가능하다면 약사의 역할은 보다 크게 축소될 수 있다는 전망이다.

물론 인공지능이 내놓은 치료법들 중에 무엇을 실행할지 최종적으로 판단하는 것은 인간 의사의 몫이므로 인공지능 때문에 의사의 역할이 완전히 사라지지는 않는다. 한마디로 인공지능 의사의 전면적인 의사 역할

28) 「AI 시대 사라질 직업 탄생할 직업」, 박지훈, 매일경제, 2016.05.02
29) 「"다음 격전지는 자율주행차"…BMW도 도요타도 AI 스타트업 인수전」, 이호기, 한국경제, 2016.03.14

대체는 기술적으로나 윤리적으로 불가능하다는 것이다. 그러므로 의료 분야에서 로봇이 대거 등장한다고 해도 인간과의 대결구도가 아니라 협력구도로 생각해야 한다는 설명이다. 인간 의사의 역할을 대체한다는 것보다 인간과 능력을 합치면 큰 시너지 효과를 볼 수 있으므로 인공지능의 등장에 걱정보다 변화에 발 맞춰 새로운 관계를 구축해야 한다는 주장과 다름없다.[30]

미국 · 일본의 대형 병원에선 항암제 등 정맥주사를 만드는 조제로봇 활용이 일반화됐고, 대형 약국들도 자동조제기를 설치해 활용 중이다. 미국 샌프란시스코 캘리포니아대학(UCSF) 등 5개 대학병원에서는 환자들이 복용할 약을 로봇이 조제하는데 35만 건을 조제하는 동안 단 한 건의 실수도 없었다고 한다.[31] 이런 결과는 인공지능이 특정한 의료 분야에서 인간과 비슷하거나 더 정확해질 수 있다는 것을 보여준다. 한국의 여러 약사 분야에서도 노동력 대체 현상이 현실화되고 있는데 동네 의원부터 대형 병원들까지 상당 부분 조제 자동화기기(ATC)를 사용한다.[32]

④ 운송업

인공지능이 탑재되어 스스로 운행하는 무인자동차가 보급되면 그야말로 엄청난 변화를 갖고 온다는 것은 잘 알려진 사실이다. 앞에서 설명했지만 멀지 않은 미래에 도로에 달리는 대부분 자동차가 무인자동차가 될 것으로 예측한다. 무인차량이 대중화되면 운전을 직업으로 하는 많은 직종이 소멸될 것임은 불문가지다.

30) 「인공지능이 바꾸는 미래의 의료」, 김지혜, 사이언스타임스, 2016.03.13
31) 「사라질 직업, 살아남을 직업」, 이재훈, 파이낸셜뉴스, 20160.01.07
32) 「왓슨 쇼크… 10년 뒤 우리 동네 약사님은 로봇?」, 최원우, 조선일보, 2017.01.17

'택시 · 리무진 · 버스 · 대리 기사, 렌터카 회사 직원, 화물운송기사, 집배원, 교통 경찰, 주차장 관리인, 세차장 직원 등'

인공지능이 전방위로 활약하는 시대로 들어가면 빠른 교통에도 획기적인 변화가 생긴다. 많은 사람들이 항공편을 이용하므로 대단위 공항들이 전 세계에 설치될 것으로 생각하지만 4차 산업혁명이 본격적인 궤도에 오르면 대형 공항의 개념이 원천적으로 다르게 변화될 수 있다고 전망한다. 공항이라는 거대 공간이 사라지는 이유를 다소 이해하기 어렵다고 생각하는데 산업혁명시대에는 어디서든 수직상승 및 수직하강이 가능한 비행기가 대중화되면 활주로가 필요 없다. 한마디로 자신의 작은 집이나 아파트 옥상에서도 이륙이 가능하다. 철강 산업도 붕괴된다. 탄소원자로 만들어진 신소재 물질 '그레핀'의 생산이 가시화되기 때문이다. 그레핀은 기계적 강도도 강철보다 200배 이상 강하지만 종이처럼 얇다. 가격 또한 저렴하다. 학자들은 현재 가동되고 있는 KTX 제작비용을 1/100 정도 낮출 수 있다고 전망했다.[33)]

⑤ 드론(Dron)

인공지능분야에서 가장 활성화될 분야가 드론(Dron), 즉 무인기다. 그동안 지상분야는 비행기나 헬리콥터, 비행선 등 특수 분야의 전용이어 불가침 영역이나 마찬가지였는데 드론이 이런 고정 관점을 깨뜨렸기 때문이다. 10년 전만 하더라도 군사 작전에 주로 사용되었던 기술인 드론이 일반인들의 생활공간으로 다가서자 드론이 활용되는 분야는 거의 무한

33) 「15년후 인공지능 대통령 가능」, 김은영, 사이언스타임스, 2016.11.08

대로 확대되고 있고 가격도 상당히 저렴하다. 드론의 보급으로 인해 사라지거나 축소될 가능성이 있는 직업은 생각보다 많이 있다.

'택배배달원, 음식배달원, 우편배달부, 조경기사, 해충박멸업자, 목축업자, 토지 및 현장 측량사, 환경 엔지니어, 지질학자, 긴급 구조요원, 소방관, 기자, 사진기자, 건설현장 모니터 요원, 경비원, 가석방 담당관 등'

⑥ 도우미 로봇

소매점이나 마트에서 도우미 로봇의 활약은 상상을 초월한다. 도우미 로봇은 매장에서 제품 위치를 인지하고 고객을 인도한다. 또 여러 가지 언어로 고객과 소통하며, 매장 통로를 탐색하고 떨어진 물건이나 재고를 정리하기도 한다. 야간 순찰로봇은 침입자를 감시한다.

영국의 셰프 '로보틱 키친(Robotic Kitchen)'은 양팔로 2,000여 가지의 요리를 해낸다. 채소를 다듬고 생선회를 뜨고, 스테이크를 굽는가 하면 국물 요리도 문제없다. 일본 회전초밥 전문점 '구라스시'의 350개 체인점에 배치된 초밥 장인은 시간당 3,500개 초밥을 만드는 로봇이다. 시간당 3,500개는 엄청난 양으로 이 덕분에 요금이 저렴하므로 초밥집이 성황중이다. 조리가 끝난 후에는 주방도 정리한다. 이런 예를 들어 옥스퍼드 대학은 식당 요리사를 0.96으로 평가하여 상당 숫자가 사라질 것으로 예측했다.[34]

로봇 '쿠키(Cookie)'도 등장했다. 이 로봇은 프라이팬 하나, 냄비 하나로 만들 수 있는 요리를 만들어주는 가정용 로봇이다. 스튜, 빠에야, 카레 등과 같은 음식을 조리할 수 있다. 이 로봇의 왼쪽에는 여러 가지 식재료

34) 「사라질 직업, 살아남을 직업」, 이재훈, 파이낸셜뉴스, 20160.01.07

들을 넣을 수 있는 칸들이 있다. 다른 한 쪽에는 냄비나 프라이팬을 놓을 수 있다. 왼쪽으로 식재료를 집어넣고 조리 단체를 누르면 오른쪽에 있는 냄비, 프라이팬 위에서 로봇 팔이 그 속을 휘저으면서 다양한 요리를 완성한다.

MIT에서 완전 자동화 레스토랑인 '스파이스 키친(Michael Farid)'을 선보였다. MIT 식당에 설치된 로봇 레스토랑은 냉장고에서 각종 조리기구, 식기 세척기 등 주방에서 필요로 하고 있는 기구들을 모두 갖추고 있다. 그리고 5가지 메뉴를 사람들로부터 주문을 받고 있는데 새우 잠발라야(Shrimp andouille jambalaya), 치킨 · 베이컨과 고구마 해시(chicken–bacon sweet potato hash), 윈터 베지 맥 앤 치즈(winter veggie mac and cheese)와 같이 학생들에게 인기 있는 음식들이 포함돼 있다.

'스파이스 키친'이 더 큰 인기를 끌고 있는 것은 신속하게 진행되는 유비쿼터스 주문 시스템 때문이다. 학생들은 교실 등 어디에서든지 스마트폰으로 음식 주문을 할 수 있다. 그러면 불과 수분 후 레스토랑에서 그 음식을 맛볼 수 있다. '샌드위치 로봇'은 고객이 원하는 대로 다양한 샌드위치를 만들어 줄 수 있다. 매장에 설치된 태블릿 등을 통해 샌드위치에 들어갈 재료들을 지정하면, 2장의 빵을 담은 상자가 움직이기 시작하고, 재료들이 봉합돼 개성 있는 샌드위치를 만들어준다.[35)]

학자들은 쓰레기를 치우고 분리수거하거나 식당에서 접시를 나르는 단순 서비스업, 위험하고 더러운 일은 누구나 기피하므로 소위 3D 업종은 물론 단순 공장 노동도 대체된다. 도우미 로봇으로 인해 소멸할 가능

35) 「로봇이 만든 요리가 더 맛있다?」, 이강봉, 사이언스타임스, 노컷뉴스, 2016.05.04

성이 있는 직업군은 다음과 같다.

'영양사, 초밥요리사, 호텔리어, 공장경비원, 편의점 · 마트 점원, 동시통역사 등'

메릴랜드주립 대학에서 개발한 샐러드를 만드는 로봇 '줄리아'는 인공지능의 미래를 알려준다. 샐러드 같은 단순한 음심을 만든 것이 뭐 대단한 일이냐고 반문할 수 있겠지만, 실상을 보면 놀랍지 않을 수 없다. 줄리아가 샐러드를 만든 조리법은 유튜브 영상을 직접 보고 배운 것이다. 한마디로 조리법을 프로그래머가 입력시킨 것이 아니라 로봇이 유튜브 동영상을 통해 습득한 것으로 인공지능의 한계가 무한하다는 것을 알 수 있다.[36][37][38]

요리와 인공지능이 만나면 인공지능 요리사가 된다. 유니레버(Unilever)의 크노르(Knorr) 식품 브랜드는 '오늘 저녁은 뭐먹지?' 캠페인을 진행했다. 주부가 문자메시지를 통해 자신이 가진 식재료를 입력하면 인공지능 요리사가 재료에 적합한 요리법을 제공하는 서비스다.[39] 요리 로봇에 인공지능이 추가될 경우 기존의 레스토랑 문화에 큰 변화가 있을 것으로 예상된다. 교통관련법 개정 논란이 일고 있는 무인자동차 사례처럼 레스토랑 부문에 식품 관련 법 개정 문제가 큰 이슈로 떠오를 전망이다.[40] 일반 요리사가 살아남을 수 없는 환경이다.

---

36) 「(New스토리)인공지능 시대, 무엇을 해야하나」, 윤석진, 뉴스토마토, 2015.05.26
37) 「"로봇, 인간과 공존" 3D업종 · 단순 노동 해주고 인간은 감독하게 될 것」, 유한빛, 조선일보, 2016.04.02
38) 「AI 시대 사라질 직업 탄생할 직업」, 박지훈, 매일경제, 2016.05.02
39) 『O2O』, 박진한, 커뮤니케이션북스, 2016
40) 「로봇이 만든 요리가 더 맛있다?」, 이강봉, 사이언스타임스, 노컷뉴스, 2016.05.04

스포츠에서도 사라질 일자리가 생긴다. 세계남자프로테니스협회(ATP)는 테니스 경기에서 전자 판독 시스템 '호크아이(Hawk-Eye)'가 앞으로 선심 대신 호크아이가 모든 샷을 판정할 예정이라고 밝혔다. 전통을 강조하고 가장 보수적인 스포츠로 불리는 테니스는 그동안 주심인 체어 엄파이어(chair umpire) 1명과 9명의 선심이 경기에 배치됐다. 선수보다 심판이 많은 몇 안 되는 종목인데 이와 같이 '로봇 심판'이 전면 도입되면 10명의 심판 중 9명이 졸지에 일자리를 빼앗기는 상황이 된다. 호크아이는 코트 천장 곳곳에 설치된 10~14대의 초고속 카메라가 공의 궤적을 촬영해 떨어진 지점을 보여주는데 호크아이의 오차 범위는 3mm 이내이다. 인간 심판보다 정확할 수밖에 없다.

스포츠계에서 꾸준히 제기돼 왔던 '로봇 심판의 인간 일자리 위협'이 현실이 되는 것이다. 축구 · 야구 등에서도 비디오 판독 기술이 넓게 적용되는 추세이지만 심판을 완전히 배제하고 로봇 심판만으로 판정을 하는 건 테니스가 처음이지만 축구의 오프사이드 판정, 배구의 라인 아웃 여부도 그동안 많은 문제점을 일으켜 대안이 필요하다는 주장이었는데 그 대안이 바로 로봇 심판이다. 전문가들은 앞으로 거의 대부분 스포츠에서 로봇 심판이 대세를 이룰 것으로 추정한다.[41]

---

41) 「테니스에 로봇 심판… 인간 심판 10명 중 9명 짐싸다」, 석남준, 조선일보, 2017.09.20

6 사라지지 않는 일자리

10여 년간 바둑 분야에서 세계 최고 고수로 자리매김한 이세돌을 격파한 알파고의 힘은 예측에 있다. 수읽기 예측 싸움에서 인공지능이 승리한 것이다. 역사적으로 인간의 기술이 발전할수록 한 가지 공통된 결과가 나오는데 그것은 앞날을 예측하는 기술과 힘이 경쟁에서 승리한다는 것이다. 인공지능 왓슨이 두각을 나타내는 것은 암을 예측하는 능력에서 인간을 앞서는 등 여러 가지 능력을 보여주기 때문이다.

기업이나 정부의 경우도 경쟁력은 예측력에 달려있다. 기업으로만 설명한다면 좀 더 빨리 소비자의 변화를 예측하면 그만큼 업그레이드된 고객 서비스가 가능하다. 예측이란 미지의 세계를 좀 더 빨리 파악하기 위해서 인간의 머리를 전적으로 활용하지만 인간의 능력에는 한계가 있기 마련이다. 여기에 획기적 전기가 마련된 것은 컴퓨터로 시작된 인터넷 등을 활용하는 인공지능 공간이다. 이세돌이 알파고에 패배한 것은 결국 바둑의 수를 이세돌보다 빨리 읽을 수 있었기 때문이다. 알파고가 놀라운 능력을 보인 것은 인간이 사물을 보고, 말하고, 행동하는 세 가지 주요 특성을 그대로 실현할 수 있다는데 있다.

그러므로 4차 산업혁명이 출발한 사태에서 기존의 생각이 전혀 효과를 발휘할 수 없다고 말한다. 더 멀리 보는 예측과 더 정확한 예측이 바로 나를 포함하여 기업, 국가가 사는 방업이라고 말한다. 한마디로 이런 능력을 갖춘 사람들은 경쟁력에서 승리하고 그렇지 않은 사람들은 도태한다고 말한다. 한마디로 일자리가 사라지면 살 수 없는 공간이 된다는 것이다.[42)]

〈일자리 학습효과〉

제4차 산업혁명이 출발했으며 상당수 일자리가 사라진다고 우려를 표명하지만 오히려 이런 변화는 바람직한 현상이라고 정반대의 의견을 제시하는 사람들도 있다. 한마디로 직업 즉 일자리가 사라지는 것에 대해 크게 우려할 필요가 없다는 뜻이다.

이러한 낙관적인 생각은 이미 여러 번 학습효과가 있었기 때문이다. 제1차 산업혁명으로 기계가 인간의 노동력을 대체하기 시작했을 때 영국 노동자들은 러다이트(Luddite Movement, 1811~1817년) 운동으로 기계를 파괴하였다. 그러나 이들 운동은 기계가 근대문명으로 정착되는 것은 물론 인간의 적으로만 생각하던 기계문명이 인간의 필수 여건으로 정착하는 것도 막지 못했다.

러다이트 운동의 개요는 간단하다. 원래 영국은 모직물(양털로 만든 옷감)을 만드는 산업이 발달했다. 그런데 인도에서 값도 싸고 사용하기에 편리한 면직물(목화솜으로 만든 옷감)이 도입되자 영국에서도 면직물을 만드는 공업이 발달하기 시작했는데 마침 면직물을 좀 더 빠르고 많이 생산할 수 있는 방적기와 방직기가 차례로 발명되었다. 더욱이 증기의 힘으로 동력을 공급하는 증기 기관이 방직기와 결합하자 영국의 면직물 생산은 폭발적으로 증가했다.

방직기가 등장하기 전에는 수많은 숙련 수공업자들이 옷감을 만들었지만 방직기를 설치한 공장에서 값싼 면직물을 대량으로 생산해 판매하자 더 이상 일자리가 없어 실업자가 되거나 공장에 취업해 방직기를 돌리는 공장 노동자가 되어야 했다. 문제는 당시 공장은 임금도 적고 근로조

---

42) 『O2O』, 박진한, 커뮤니케이션북스, 2016

건도 너무 열악해 많은 사람이 불만을 품기 시작했는데 마침 1806년 나폴레옹(Napoléon I, 1769∼1821)이 '대륙봉쇄령'을 발표하자 더 이상 갈자리가 없다고 생각한 노동자들이 폭발한 것이다.[43]

러다이트란 이름은 N. 러드라는 인물이 나타나 조직적으로 운동을 전개했다고 알려지지만 러드는 실제로 존재한 인물이 아니라 비밀조직에서 만들어낸 가공의 인물이다. 이 운동은 비밀결사(秘密結社)의 형식을 취하여 가입자로 하여금 조직에 대한 충성을 선서하게 하였을 뿐만 아니라, 야간에는 얼굴에 복면을 하고 무장훈련과 파괴활동을 자행하였다.

공장 기계를 파괴하는 운동이 세계사적으로 중요하게 생각되는 것은 기계로 대체되는 산업혁명이 노동자와 공장주 간의 알력만으로 끝난 것이 아니라 실업자 증가, 물가 폭등 등이 연이어 벌어졌기 때문이다. 사실 기계도입으로 상품의 대량 생산이 가능하자 당시까지의 산업을 이끈 수공업적 숙련노동을 압박하여 임금조차 깎이므로 이에 반발하여 상당히 큰 세력으로 발전한 것이다.

그러나 기계파괴운동은 운이 나빴다. 당대의 유럽 정세를 잘못 판단하는 실수를 저지른 것이다. 당시는 프랑스 혁명이 일어난 지 얼마 되지 않았고 나폴레옹과 혈투를 벌이던 전쟁의 와중이므로 러다이트 운동의 불똥이 어디로 튈지가 초미의 관심사였다. 한마디로 정부에 저항하는 운동으로 변질될 수 있으므로 영국 정부와 산업체는 똘똘 뭉쳐 무력을 수반한 가혹한 탄압이 강행되었고 곧바로 진압되었다.[44]

당대의 러다이트 운동이 크게 번지지 못한 근본적인 요인은 초창기 기

43) 「일자리 잃고 분노한 근로자들, 기계를 파괴하다」, 윤형덕, 조선일보, 2017.01.25
44) http://terms.naver.com/entry.nhn?docId=1087417&cid=40942&categoryId=31787

계가 노동자들의 단순 노동력 자체는 잠식한 것은 사실이지만 인간들에게 근본적인 일자리를 빼앗은 것은 아니었기 때문이다. 한마디로 기계가 등장하여 상품 생산이 폭발적으로 증가하자 이들을 관리하고 수리 보수하는 새로운 일자리가 계속 창출되어 일자리 소멸이라는 명제가 큰 힘을 받지 못했다.

전자계산기, 컴퓨터가 등장하기 전만해도 주판의 고수는 취업난을 생각할 필요도 없었다. 주산대회가 각지에서 열려 이들 입상자들은 취업 걱정을 할 필요가 없었고 주판의 고수가 계산기와의 싸움에서 승리했다는 기사도 생소로운 것은 아니었다. 1979년 '주산 최고수' 이정희 양(당시 서울 동구여상 1학년)은 우리나라 최초로 주산 공인 11단 자격(한국사무능력개발원 주관)을 취득했다. 당시 국내외에서 개최된 각종 주산대회를 석권하면서 '주산왕'의 칭호를 얻었는데 그녀는 1979년 기자들이 지켜보는 가운데 전자계산기와의 시합에서도 승리를 거두어 단연 화제의 인물이 되었다. 그러나 컴퓨터의 등장으로 주판은 한국인의 뇌리에서 완전히 사라졌다. 근래 주산이 수학 학습에 도움이 된다하여 주산학원이 곳곳에 재등장한다고 하지만 주판이 뭐냐고 묻는 사람들이 상당수 있음은 물론이다.[45]

전자계산기에 이은 컴퓨터가 처음 태어났을 때의 즉각적인 반향은 앞으로 인간의 상당 영역을 컴퓨터가 차지한다는 것이다. 컴퓨터의 등장으로 인해 단순 일자리가 줄어들고 고급 일자리만 약간 늘어 결국 인간의 생태계를 파괴한다는 것이지만 이러한 기우는 완전히 사라졌다. 컴퓨터로 인해 고급 일자리가 증가한 것은 사실이지만 단순 일자리도 줄어들지 않았다. 간단하게 말해 컴퓨터의 보급으로 컴퓨터의 고장을 수리하는 것

45) 「주산부활 앞장선 주산왕 이정희 11단」, 김철, 인터뷰365, 2008.05.27

은 물론 폐기된 컴퓨터를 수거하는 단순 일자리를 비롯해 컴퓨터 시장이 폭발적으로 증가했기 때문이다.

인간을 따라오는 인공지능 로봇의 경우도 마찬가지다. 산업체에 수많은 로봇이 배치되어 인간의 단순 작업은 사라졌지만 그들을 감독하는 작업조차 기계가 할 수 있는 것은 아니다. 현재 자동차 업체에서 수많은 로봇이 동원되기는 하지만 이들의 고장을 수리하기 위해서 인간의 힘이 절대적으로 필요하다. 결국 인공지능(A.I.)은 인간의 보조역할에서 가장 큰 덕목이 있다는 뜻이다. 많은 일자리가 사라진다하지만 새로운 일자리도 더불어 많이 생긴다는 말처럼 고무적인 것은 없다. 어떤 일자리가 살아남고 어떤 일자리들이 생겨날지 궁금하지 않을 수 없다.

〈사라지지 않을 일자리〉

컴퓨터 시대가 50여 년 전에 등장했는데도 거의 20년 전에도 존재하지 않았던 인터넷이라는 컴퓨터 공간이 열려진 것을 보아도 미래를 예측하는 것이 간단한 일은 아니다. 근래 온라인으로 대학 교육을 받을 수 있는 환경이 되자 이들 대학에 교수가 아니더라도 수많은 직장이 새로 생겼다. 현재 폭발적으로 활용되는 소셜미디어 마케팅도 예상치 못한 직업임을 보더라도 미래를 예측하는 것이 얼마나 어려운가를 알 수 있다.

미래 예측이 어려운 일이라고는 하지만 4차 산업혁명이라는 열차가 이미 출발한 상태에서 사라질 일자리보다 사라지지 않을 일자리와 새로 생길 수 있는 일자리에 관심이 많을 수밖에 없다. 그러나 여러 전문기관들이 각자 조사하여 발표한 내용이 일관적인 것은 아니다. 한마디로 똑 부러진 전망이 되지 못한다고 볼 수 있다.

옥스퍼드 대학이 앞으로 사라질 직업에 대해 발표한 『고용의 미래』 보고서는 사라지지 않을 직업에 대해서도 예시했는데 그 첫 번째 직업 즉 어떤 경우에도 사라지지 않을 직업 1순위로 레크리에이션 치료사(0.0028)를 뽑았다. 이들의 직업이 왜 안정적이냐는 사람의 감정을 어루만지는 일은 인공지능의 역할 밖으로 인식하기 때문이다. 작곡(사)가, 만화가, 클래식 연주가, 배우 등 예술 영역(0.042)도 컴퓨터로 대체하기 힘든 영역이다. 수목관리원(0.0081), 치과 · 내과 · 외과 의사(0.004), 성직자(0.0081), 교사(0.0095), 사회복지사(0.033) 등 손재주 · 협상 · 봉사와 관련된 직종도 살아남을 것으로 보인다. 사진사, 보도 카메라맨, 아나운서, 큐레이터, 미술가와 수공예 전문가, 디자이너, 인류학자, 문화해설사, 초등학교 교사, 척추지압사, 바텐더, 스포츠 감독과 스카우트 전문가, 국가대표 운동선수 등도 사라지지 않는다고 분석했다.[46][47]

이·미용사도 사라지지 않는 직종으로 분류된다. 수많은 사람의 머리태를 지능형 로봇이 모두 관장하기 위해서 엄청난 정보를 입력시키려면 로봇의 가격이 만만치 않을 것임은 물론이다. 비싼 로봇대신 인간 이 · 미용사와 세상을 논하면서 머리를 단장하는 것이 효율적이라는 것을 모르는 사람은 없을 것이다. 사실 머리를 감아주는 로봇이 개발되기는 했지만 경제성이 없어 폐기되었다고 한다.

특이한 점은 인공지능으로 대체하기 쉬울 것 같은 통계 분야 직종(0.35)보다 오히려 컴퓨터 프로그래머(0.48)가 더 위태로운 직종으로 분

46) http://m.post.naver.com/viewer/postView.nhn?volumeNo=3609125&memberNo=3881747
47) 『제리 카플란 인공지능의 미래』, 제리 카플란, 한스미디어, 2017

석됐다는 것이다. 판사의 직업이 사라지지 않을 것임에 반해 변호사는 상당한 문제점을 제기한다. 실제로 네덜란드에서는 이미 변호사가 법원에 가지 않고 레시트바이저(Rechtwijzer)라는 프로그램으로 무장한 웹사이트에서 소송하는 온라인 소송이 적용됐다. 네덜란드에서 가장 많이 이용되는 분야는 이혼소송으로 갈라서는 두 남녀가 마주치기 싫은 현상을 반영하듯 온라인 소송이 봇물을 이룬다. 웹 사이트에는 이혼소송의 5개 단계를 적시하기만 하면 된다. 소송 당사자는 실제 이해관계를 토대로 각 구성원이 궁금해 하는 내용들을 입력하도록 했다. 레시트바이저는 자녀 양육, 주택의 분할, 재산분할, 양육 수당 등을 표시하기만 하면 되는데 이혼판결이 나기까지 3개월 정도 걸릴 정도로 빠르다.[48)]

일본 노무라증권연구소가 예측한 사라지지 않을 직업에서 첫 번째는 아트 디렉터이다. 이어 야외강사, 아나운서, 아로마 테라피스트를 지적했는데 5번째로 강아지 훈련사가 포함되었다. 6번째 의료 사회복지사, 인테리어 코디네이터, 인테리어 디자이너, 영화 카메라맨, 영화감독도 가세했다.[49)]

한국의 경우 일자리 소멸의 예측 조사에서 외국과 다른 부분이 있다는 점도 주목거리다. 외국의 대부분 전문가들은 전문직 중에서 회계사 · 조종사의 대체 비율이 상당히 높을 것으로 추정했다. 두 직업은 업무가 반복적으로 진행된다는 특성 때문에 대체 가능성이 높다고 꾸준히 지목돼 왔다. 그러나 〈한국고용정보원〉은 회계사는 법 · 제도에 대응해야 하는

48) 「인공지능 발전해도 판사는 존재」, 심재율, 사이언스타임스, 2016.10.19
49) http://m.post.naver.com/viewer/postView.nhn?volumeNo=3609125&memberNo=3881747

전문성을 갖고 있으며 조종사는 생명과 관련된 중요한 의사 결정이 필요하다는 점에서 대체 가능성이 낮은 것으로 평가했다. 투자 · 신용 분석가, 자산운용가, 변호사 등도 대체 비율이 30% 미만으로, 대체 가능성이 낮은 직업으로 분류됐다.

의료 분야에서도 많은 사람이 인공 지능의 여파로 직장을 떠나겠지만 사실 인공지능이 차지하기 가장 어려운 직종 중 하나가 의료 분야이다. 의료는 기본적으로 인간 등 생명체를 다루는데 여기에는 문제 해결 능력과 상호작용 능력이 필요하다.

SF 영화에서 찾기 힘든 직업 중 하나가 의사이다. 건강상태를 측정하거나 심지어는 수술까지 모두 기계가 대신한다. 영화 「스타워즈」에서 아나킨 스카이워커를 사이보그 다스베이더를 만든 것도 로봇이었고 「스타트랙」에서 몸에 가까이 대기만 하면 건강 상태를 알 수 있는 트라이코더도 기계다. 그럼에도 불구하고 의사라는 직업은 사라지지 않을 것으로 추정한다. 마이클 오스본 교수는 자동화와 기술 발전으로 20년 이내 사라질 직업 중에서 내과 · 외과 의사는 하위 15위를 기록했다. 시간이 지나도 의사라는 직업이 필요하다는 뜻이다.[50] 엑스레이 분석은 고도의 훈련이 필요한 고소득 직종인데, 인공지능 로봇이 엑스레이 촬영 결과를 인간보다 더 정확하게 해석할 수 있을 것으로 보인다. 하지만 검사 결과 등을 환자와 상담하는 일까지 로봇에게 의지해야 한다는 것은 상상할 수 없는 일이다.[51]

---

50) 『스마트 테크놀로지의 미래』, 카이스트 기술경영전문대학원, 율곡출판사, 2017
51) 「[Weekly BIZ] "로봇, 인간과 공존" 3D업종 · 단순 노동해주고 인간은 감독하게 될 것」, 유한빛, 조선일보, 2016.04.02

학자들은 뛰어난 인공지능 의사 즉 로봇이 등장하더라도 그 로봇은 의사를 대신하는 것이 아니라 하나의 능력 있는 파트너 또는 조력자가 될 것으로 예상한다. 로봇이 인간에 대해 모든 것을 다 알기 위해서는 그 이전에 생명의 신비가 다 밝혀지는 것이 기본이다. 생명에 대해 아직 모르는 것이 많은 상황에서 기계에 모든 것을 맡길 수는 없다는 뜻이다.

이 분야에서 가장 관건으로 등장하는 주제는 누가 최종 책임을 지느냐이다. 모든 진단과 처방에는 담당의사의 서명이 들어가는데 이는 해당 행위에 대한 책임을 진다는 의미다. 만약 의료사고가 났을 때 로봇에게 어떻게 책임을 물릴 수 있을까. 특히 로봇을 만든 회사에 책임을 물릴 수 있는지 사고 후의 수습은 어떻게 할 수 있는가 등 골머리 아픈 일이 한 두가지 아니다. 이는 의사가 사라지지 않는 근거가 된다.[52]

동아사이언스의 한세희 기자는 인공지능(A.I.) 로봇의 여파로부터 자유로울 수 있느냐를 언론 기사를 기준으로 직업의 전망을 예리하게 분석했다. 현재 데이터를 수집해 매끈한 기사를 만들어내는 로봇 저널리즘이 이미 낯설지 않은 세상이다.

지진이 잦은 미국 서부지역을 주 무대로 하는 〈LA타임스〉는 지진 발생 보도에 로봇을 활용한다. 2014년 LA에서 발생했던 지진 때 가장 먼저 보도자료를 쓴 것은 사람이 아니라 인공지능 기자(?)였다. 완료하면 되는 것이다. 아래 당시의 기사다. 2014.03.17. 오전 25분경 LA지역에서 강도 4.4의 지진이 발생하자 〈미국지질조사소(USGS)〉는 즉각 지진 관련 데이터를 수집, 경고를 발령하고 동시에 정형화된 데이터를 '퀘이크봇(Quakebot)'의 API(Application Programming Interface)를 통해 바로 LA Times

52) 『스마트 테크놀로지의 미래』, 카이스트 기술경영전문대학원, 율곡출판사, 2017

담당 기자에게 지진 발생 기사 발행 준비가 끝났다는 메시지를 전달했다. 퀘이크봇은 진도 3.0 이상의 지진이 발생하면 자동적으로 작동, API를 통해 불과 몇 초 만에 기사를 작성하고 CMS(Content Management System)에 등록한다. 퀘이크봇의 데이터를 받은 기자는 팩트만 확인한 후 발행 버튼을 눌렀다. LA Times는 언론사 가운데 가장 빨리 지진 사실을 속보로 보도했는데 지진이 일어난 지 단 8분 만이다. 이 과정에서 기자가 한 일이라곤 팩트를 확인하고 발행버튼을 누른 것이 전부였다.

한국의 경제지 〈파이낸셜뉴스〉도 2016년부터 로봇기자 소프트웨어를 이용한 증권 시황 기사를 내고 있다. 인공지능 기자는 기업의 분기실적이 발표되면 매출이나 이익 증감률을 자동으로 계산하고 각 기업의 공시를 실시간으로 처리해 투자의견을 정리한 기사를 송고한다. 취합한 데이터 분석에 각종 변수를 반영하면 알고리즘 프로그램에서 개별 기업의 가치와 성장성을 분석·평가해 저평가된 기업을 추천하기도 하고 투자자에게 도움이 되는 현재 투자정보가 뜸한 종목 정보도 제공한다.[53] 이와 같이 언론분야에서 인공지능의 활약상을 한세희 기자는 다음과 같이 적었다.

'단순한 데이터를 바탕으로 건조하게 사실을 전하는 기사, 이른바 '스트레이트' 기사를 쓰는 기자에 대한 수요는 크게 줄어들 것으로 보인다. 스포츠, 증권, 기업 실적 등은 데이터가 정형화돼 있고, 충분히 많이 쌓여 있을 뿐 아니라 기사 형식이 제한적이라 로봇이 기사 쓰기 좋은 분야이다. 현재 로봇은 스트레이트 기사 중심이지만 시간이 지나면 보다 복잡한 기사도 자연스럽게 작성할 수 있을 것이다. 결국 사람 기자는 단순 기사 작성은 로봇에 맡기고 보다 깊이 있는 분석, 풍부한 스토리, 성찰과 감동이 담긴 이야기들을 찾고 만들어내는 일에 매진해야 살아남을 수 있을

53) 「AI가 쓴 소설 읽고 감동 먹었다?」, 이원섭, Insight Korea, 2017년 4월

것이다. 자잘하고 비슷비슷한 보도자료 처리에 치여 정작 중요한 기사는 쓰지 못하는 현대의 기자들에게 로봇은 오히려 좋은 보조 도구가 될 수 있을 것이다. 하지만 그 단계에 이르기 전에 희생은 어쩔 수 없을 것이다. 〈시카고 트리뷴〉은 로봇기사 송고회사인 〈저너틱〉과 제휴하며 기자 20명을 정리 해고했다.'[54]

기자가 살아남을 수 있는 방법이 모든 직업 분야에 정확하게 대입될 수 있음을 느낄 것이다. 학자들이 인공지능의 위험에도 불구하고 인간이 존재하는 한 사라지지 않을 직업으로 꼽은 것은 종교인과 무속인이다. 이들이 왜 사라지지 않을 것인지는 인간의 특수성을 조금만 들여다보면 이해할 것이다. 흥미 있는 것은 국회의원도 절대로 사라지지 않을 것으로 예측했다. 국회의원이 국회를 해산하는데 동의하지 않기 때문이라는 설명이다.[55]

사라질 직업에 종사하는 사람들에 대한 조언은 간단하다. 위험 직종 분석을 통해 지금이라도 직업 능력을 높이거나 전직을 준비해야 한다는 것이다. 취업자나 취업 예정자 입장에선 변화를 거부하기보다 평생 직업 능력 개발을 통해 4차 산업혁명 시대를 능동적으로 준비해야 한다는 뜻이다.

물론 전문가들의 예상이 항상 맞는 것은 아니다. 특히 일자리 대체비율이라는 것은 '기술적인 업무' 대체 수준을 의미하는 것이므로 거론되는 A.I. 인공지능이 해당 직업을 실제로 대체할지 여부는 경제적 효용과 사회적 합의 등에 의해 결정되기 때문이다. 기술적으로는 충분히 대체가 가능하더라도, 비용이 높거나 인공지능의 업무 수행에 사람들의 거부감이 클 경우 대체되지 않을 수도 있다는 설명이다.[56]

54) 「인공지능에 밀린 기자, 밥 먹고 살 수 있을까요?」, 한세희, 동아사이언스, 2016.03.16
55) 「인공지능 시대의 미래 교육」, 조희연, 인물과사상, 2016년9월
56) 「알파고의 습격」, 김기홍, 조선일보, 2017.01.04

7 새로 생길 일자리

'사라지는 것이 있다면 생겨나는 것도 있다'라는 말은 4차 산업혁명을 맞이하는 사람들에게 가장 가슴 깊이 닿는 이야기가 아닐 수 없다. 당연히 사람들의 초미의 관심사는 새로 생길 일자리가 무엇이냐이다.

이 질문의 답변 중 A.I.에 맡길 수 없는 일로 육아가 제일 1순위로 지목되었다. 이것은 새로 생길 직업에 상당한 메시지를 던져준다. 한마디로 인공지능 로봇이 적어도 어린이 보모의 일자리를 빼앗지는 못한다는 뜻인데 그 이유를 쉽게 알 수 있을 것이다.[57] 부모도 어린아이를 제대로 키우는 것이 힘드는 데 로봇이 어린아이가 럭비공처럼 튀는 것을 잘 아우를지는 의문이다.[58]

여론조사업체인 유고브(YouGov)는 '런던 테크놀로지 주간 2016'을 맞아 2,000명의 시민을 대상으로 2036년 어떤 기술이 보급돼 대중화될 것인지 묻는 설문조사를 실시했는데 여기에는 4차 산업혁명시대를 바라보는 현대인들의 생각을 엿볼 수 있다. 가장 많은 득표를 얻은 순으로 나열하면 다음과 같다.

① 병원과 시민 사이에 가상현실(VR) 기술이 도입되어 의사와 직접 만나 진료를 받는 것이 아니라 VR 기기를 통해 진료가 이루어진다. 한마디로 현재처럼 병원에 갈 필요가 없이 VR을 통해 진료를 받고,

57) 「AI에 적합한 일은?…투약 알림 · 여행 안내 · 맞춤형 뉴스」, 연합뉴스, 2016.10.27
58) 「로봇은 과연 일자리 킬러인가」, 김형근, 사이언스타임스, 2016.06.21

직접 진료를 받기 위해 인근에 있는 소규모 출장진료소(GP)를 활용하기만 하면 된다(62%).

② 사람들이 매일 입고 다니는 일상복과 인터넷이 연결돼 있어 삶과 관련된 다양한 정보들을 주고받는다. 통신망이 연결된 이른바 웨어러블 의류(wearable garment)를 말한다(57%).

③ 3D 프린터를 통해 인간 장기를 제작, 망가진 장기를 대체할 수 있으며 현재와 같이 장기를 주고받은 장기이식 수술이 필요 없는 시대가 도래할 것이다(53%).

④ 인류 최초로 인간 복제된 아기가 태어난다(41%).

⑤ 인체 내에 커뮤니케이션 장치가 이식돼 그동안 사람이 할 수 없었던 원거리 통신이나 세밀한 인식이 가능해진다(37%).

⑥ 민간 우주비행이 가능해지므로 공항마다 우주여행을 할 수 있는 탑승구가 설치된다(37%)

⑦ 기업 경영에도 변화가 생겨 최초의 인공지능 임원이 이사회에 출석한다. 한마디로 로봇이 최고 경영자인 회장직을 맡는다.(23%).

이밖에 19%가 영화 「아바타」처럼 아바타 남자친구와 여자친구와 함께 다닐 것이라고 예측했다. 특히 기업 임원회에 인공지능 회장이 등장해 회의를 주재하고, 로봇 이사가 참석해 의견을 개진한다는 예측은 많은 시민들이 인공지능 시대 도래를 기정사실화하고 있다는 것을 의미하지만 정말로 그런 시대가 올 것인지에 대해 반신반의하는 사람들도 있는 것은 사실이다.[59)]

---

59) 「20년 후엔 인공지능이 사장님?」, 이강봉, 사이언스타임스, 2016.06.21

한스 모라벡 미국 카네기멜론 대학 교수는 인간과 인공지능의 일자리 경쟁이 불가피해 보이지만 인공지능이 차지할 수 있는 인간의 일자리에는 한계가 있다고 지적했다. 그는 인간에게 어려운 일이 로봇에게는 쉽고, 인간에게 쉬운 일이 로봇에게는 어렵다는 것이 인공지능의 한계라고 말했다. 사무실이나 교실 청소를 한다고 가정할 때 로봇청소기는 유용하다. 넓은 바닥 청소는 인간에게 힘들고 귀찮은 일인데 로봇청소기는 이런 일을 간단히 해치운다. 그런데 현재 청소하기 전 사람과 로봇의 접근 자세는 다르다. 청소를 제대로 하려면 바닥에 떨어진 잡지를 줍고 의자도 치우고 카펫도 들춰야 한다. 사람들이 청소 전에 이런 일들을 먼저 해 주어야 비로소 로봇의 청소 단계로 들어갈 수 있다는 것이다. 이 말은 인공지능이 이런 사전 청소라는 개념을 이해하지 못하므로 결국 한계가 있을 수밖에 없다는 설명이다.[60] 인공지능 로봇이 미래 세상에 활보하더라고 새로운 일자리가 생기게 된다는 것을 뜻한다.

다보스 세계경제포럼(WEF)이 4차 산업혁명 기간 중 가장 빛을 발할 직종 두 가지는 '데이터 분석가'와 '전문화된 세일즈' 부문으로 제시했다. 데이터 분석가들은 기술적 장애에 의해 생성된 데이터 문제들을 해결하는 데 필수적이며, 기술의 발전으로 다양한 제품이 개발되면서 전문 판매 업종이 활성화된다는 것이다. 제4차 산업혁명이 본격적인 궤도에 들어갔을 때 데이터분석가의 활동공간이 넓어진다는 것은 이해되지만 전문화된 세일즈라는 말에 다소 의아하게 생각할지도 모른다. 세일즈라는 직업은 현재도 보편적인 직업이기 때문이다. 그러나 4차 산업혁명에서 말하는 전문화된 세일즈라는 말은 현재와 같이 어떤 제품만 판매하는 것이

60) 「20년 내 지금 직업의 절반이 사라진다」, 노진섭, 시사저널 1379호, 2016.03.24

아니라 빅데이터를 기반으로 한 특성 있는 상품을 제시해야 고객들로부터 좋은 반응을 얻을 수 있다는 뜻이다. 이것 자체가 새로운 일자리임은 물론이다.61)

다보스 포럼은 그동안 순수학문으로만 생각했던 수학이 4차 산업혁명 시대에서 가장 각광을 받을 것으로 예상했다. 사실 수학이 지구상에 태어난 이래 수학이 어렵다는 시각은 현재도 변하지 않았다. 그럼에도 불구하고 인간의 영역에서 수학이 사라지지 않은 것은 근본 원리를 이해하고 문제를 풀어내는 과정을 통하여 사고력을 계발해야 하는 인간에게 수학이 가장 적합한 도구이기 때문이다. 그럼에도 불구하고 수학은 순수학문이라는 틀에서 벗어나지 못하고 다소 골머리 아픈 천재들이 택하는 지식이라고 생각했는데 다보스 포럼이 앞으로 생기는 직업 200만개 중 약 20%가 수학·컴퓨터 분야의 일자리라고 예측했다. 산업수학은 수학적 이론과 분석방법을 이용해 사회문제를 해결하거나 산업의 부가가치를 창출한다. 여하튼 이 말이 사실로 판명된다면 순수학문으로만 여겨졌던 수학이 산업수학이라는 이름으로 새롭게 각광을 받는 수학 르네상스의 시대가 열린다는 뜻이다.62)

학자들은 인공지능이 보편화되면 인공지능 전문가라는 새로운 직종 즉 인공지능을 학습시키는 조련사인 'A.I.튜터'가 필요하다고 말한다. A.I.를 학습시키는 조련사가 필요하다는 뜻인데 큰 틀에서 A.I.는 그 자체로 잠재성을 가진 어린아이에 불과하므로 인간에게 유용하고 필요한

61) 「[이영란의 메가트렌드 읽기 .47] 'WEF'미래일자리 보고서」, 이영란, 영남일보, 2016. 06.27

62) 「[기고] 제4차 산업혁명이 '수학 르네상스' 연다」, 이향숙, 한국일보, 2016.12.18

방향으로 A.I.를 길들이는 역할을 하는 인력이 필요하다는 것이다. 바꾸어 말하면 세기의 대국에서 알파고가 이세돌 9단을 이길 수 있었던 것은 A.I.를 학습시켰기 때문이라는 주장이다. A.I.튜터는 공학분야뿐만 아니라 광범위한 분야의 사람이 필요하다. A.I.를 학습시키기 위해서는 심리, 사회, 문헌정보 등의 인문사회학적 배경도 절대적으로 필요한데 이는 인공지능의 도입 목적이 기본적으로 인간들의 맥락을 이해하고 소통하는 것이기 때문이다.[63]

무인자동차가 보편화되면 무인자동차를 고치는 새로운 엔지니어가 필요하다. 로봇기술자, 복제전문가, 생체로봇 외과의사, 우주 관리인, 배양육 전문가, 양자컴퓨터 전문가들이 새롭게 생길 직종들이다.

뿐만이 아니다. 최근 사람이 듣지 못하는 주파수 영역까지 들을 수 있도록 안테나를 달아 놓은 '슈퍼 귀'와 야간에도 멀리 있는 물체를 식별할 수 있는 안약을 이용한 '슈퍼 눈' 등 인간 장기의 능력을 극대화하는 연구가 활발하다. 굳이 말을 붙이자면 '신체부위 제작'이다. 이러한 과학기술이 보편화 되면 '신체부위제작자(body part maker)'라는 새로운 업종도 생기게 될 것이다. 연봉만 260억 원으로 세계 최고의 몸값을 자랑하는 레알 마드리드의 크리스티아누 호날두에게는 아주 반가운 소식이다. 그의 황금다리에 이상이라도 생기면 타이어를 교체하듯이 저장해 두었던 다리로 갈아 끼우면 된다. 토머스 프레이 박사가 새로 생길 새로운 일자리에 대해서 다음과 같이 언급했다.

'10년 후 일자리의 60% 이상이 아직은 탄생하지 않았다. 다시 말해서 새로운 과

63) 「인공지능 길들이는 조련사 필요」, 조인혜, 사이언스타임스, 2016.08.26

학기술의 탄생으로 인해 생길 직업들은 아직 우리 앞에 나타나지 않은 상태다. 로봇과 인공지능에 대해 너무 성급한 판단을 하고 있다.'[64)]

4차 산업혁명에서 크게 각광받을 분야는 스포츠이다. 스포츠가 정보기술(IT)과 결합해 새로운 형태의 제품이나 서비스, 비즈니스 모델 등을 만들어내어 인간들의 삶에 크게 기여할 것으로 생각하기 때문이다.

한국의 인기스포츠인 프로야구 선수들의 상당수가 매일 공식 훈련이 시작되기 2~3시간 전 실내 훈련장에 나와 타격 연습을 한다. 그들이 상대하는 투수는 시속 150~160km의 직구, 낙차 큰 커브와 슬라이더에 컷 패스트볼까지 마음껏 던진다. 오른손과 왼손을 모두 쓰고 지치지도 않으며 타자가 원하면 밤을 새워서라도 다양한 구속 · 구질을 던진다. 과거에 이런 파트너를 구한다는 것은 그림의 떡이나 마찬가지다. 시속 160킬로미터에 달하는 공을 던지는 투수가 특별한 경우가 아니라면 연습상대가 될 수 없기 때문이다. 그러나 현실에서 이런 파트너는 얼마든지 구할 수 있다. 바로 로봇 피칭 머신이다.

상대가 있는 스포츠 종목에서 훈련 파트너는 꼭 필요한 존재다. 하지만 '인간' 훈련 파트너는 더 이상 존재하지 않는다고 해도 과언이 아니다. 현재 로봇 파트너는 다양한 분야에서 활용중이다. 배드민턴 로봇도 등장했다. 이 로봇은 탑재된 두 대의 HD카메라를 이용해 사람이 친 셔틀콕의 궤적을 실시간으로 분석하고 대응한다. 진화에 진화를 거듭한 탁구 코칭 로봇은 기네스 세계 기록 인증을 받기도 했다. 이 로봇은 탁구 선수의 공 궤도를 실시간으로 측정해 정확하게 반격한다. 로봇은 볼의 스매싱과 드

64) 「로봇은 과연 일자리 킬러인가」, 김형근, 사이언스타임스, 2016.06.21

라이브, 커트를 능숙하게 받아냈다.[65]

인간과 로봇의 대결을 목적으로 하는 스포츠 기구도 있는데 골프 로봇 '엘드릭'이 그것이다. 놀라운 것은 2016년 2월 PGA 투어 피닉스 오픈의 프로암 경기에서 다섯 번 티샷 만에 홀인원(16번홀 · 파3)을 기록했다. 이는 프로 골퍼들의 홀인원 확률(약 3,000분의 1)보다 무려 600배나 높은 기록이다. 엘드릭이 프로 선수와 동등한 자격으로 골프 시합에 참가할 수 있다면 현재 인간 골퍼들이 갖고 있는 모든 기록을 갈아 치울 수 있을 것으로 예상한다. 실제로 세계적인 축구 스타 리오넬 메시는 2013년 '로봇 골키퍼'와 승부를 벌였는데 당시 로봇은 시속 130km에 이르는 리오넬 메시의 슈팅을 3번 중 2차례나 막아냈다.

▶ **골프 로봇 엘드릭**

65) 「영화 찍냐고요? 로봇이랑 훈련중입니다」, 석남춘, 조선일보, 2016.10.01

미국 다트머스 대학은 텔레프레즌스 로봇을 대학 풋볼팀의 건강 관리자로도 활용하고 있다. 아메리칸 풋볼은 과격한 태클과 충돌로 현존하는 스포츠 중 가장 위험한 장면을 연출한다. 미국 신경외과학회에 따르면 대학 풋볼 선수 3분의 1이상이 적어도 한 번은 뇌진탕을 경험한 것으로 보고했다. 구장에서 수마일 떨어져있는 병원의 뇌전문의에게 선수들 경기 상황이나 연습상황을 보여줌으로써 선수들의 상태를 체크한다. 의사는 이 정보를 기초로 곧바로 트레이너에게 선수들의 건강상태를 알려주어 훈련과 경기에 참고하도록 한다.[66]

메이저리그(MLB)에서 일부 타자들이 사용하는 스마트 배트는 스윙의 속도·궤적·각도 등을 손쉽게 분석할 수 있는 장비다. 같은 기술을 적용한 골프·소프트볼·테니스 관련 제품들도 선수들의 기량 향상에 도움을 주고 있는 등 스포츠에서 인공지능이 활약할 분야는 그야말로 많다.[67]

흥미로운 것은 미디어도 개인 맞춤형으로 변할 것으로 예상한다. 반복되는 기사를 쓰는 기자들의 일자리는 줄어들고, 개인 맞춤형 미디어를 생산하는 일자리가 늘어난다는 뜻이다. 이민화 교수는 미디어 산업에서의 융합과 혁명에 많은 관심이 쏟아지고 있는데 현재는 다양한 이유로 개인을 위한 미디어가 제공되고 있지만 모든 인간이 자신을 위한 선택된 미디어에 대한 욕망이 있어 개인도 미디어를 골라 받을 수 있도록 미디어가 변화할 것이라고 전망했다. 특히 미디어의 다양화뿐 아니라 로봇 저널리즘이 등장할 것이며, 로봇 저널리즘을 통해 반복되는 기사를 작성해 온

66) 「아바타 로봇들이 나를 대신한다」, 조인혜, 사이언스타임즈, 2017.02.14
67) 「[지식충전소] IoT 심은 스마트 배트 · 라켓 … 스포츠도 4차 산업혁명 중」, 김원, 중앙일보, 2017.02.16

기자들은 일자리를 잃게 될 것이라고 예측했다. 이 박사는 로봇 저널리즘의 등장으로 기자들은 탐사보도, 뉴스 분석 등의 창조적인 분야에 매진하게 될 것으로 보았다. 특히 4차 산업혁명 시대에서는 생산성이 높아지고, 업무시간이 단축되며, 여가시간이 증가해 새로운 욕망이 생기는데 바로 개인화된 욕망이다. 융합지능이 개개인의 맞춤욕망을 충족시켜 줄 수 있게 되려면 이런 분야의 일자리의 수요도 자동적으로 증가된다는 것이다.

이 교수는 트랜스 미디어 시대에서는 저작권보다 융합이 더 중요하다고 강조했다. 컨텐츠를 공유하는 쪽이 경쟁 우위에 서게 될 것으로 예상하면서 지식 창작을 공유해야 한다고 강조했다. 플랫폼을 공유하면 코스트가 절감되고, 혁신이 촉발될 수 있다는 뜻이다. 이 교수는 4차 산업혁명의 얼개를 명확하게 다음과 같이 설명한다.

'4차 산업혁명은 사물인터넷이 오프라인 세상의 정보를 온라인 클라우드로 끌어올리는 빅데이터를 만들고, 인공지능이 빅데이터를 처리해 예측과 맞춤으로 다시 오프라인 세상의 최적화되게 만들고, 또 이것을 가상현실 기기나 3D 프린터가 현실로 구현하는데 이 모든 단계가 O2O 순환이며 4차 산업혁명은 바로 O2O 순환으로 이해해야 한다.'[68]

68) 「4차 산업혁명, 미디어는 천지개벽」, 김지혜, 사이언스타임스, 2016.10.28

8 일자리 걱정 없다

4차 산업혁명 시대에 상상할 수 없는 많은 일자리들이 사라진다는 것은 자명한 사실이다. 일론 머스크 〈테슬라모터스 · 스페이스엑스〉 회장은 미래 사회에선 인공지능(AI)이 상용화돼 인간의 20%만 의미 있는 직업을 갖게 될 것이라고 전망하기도 한다. 한국의 〈한국직업능력개발원〉도 2017년 10년 후엔 국내 일자리의 52%가 AI로 대체될 가능성이 높다고 예상했다. 특히 일본의 경영컨설턴트 스즈키 다카히로는 자신의 책 『직업소멸』에서 30년 후에는 대부분 인간이 일자리를 잃고 소일거리나 하며 살게 될 것이라고 분석했다. 더욱 충격적인 예상은 미래학자 토마스 프레이 박사의 2030년까지 20억 개의 직업이 사라진다는 것이다.

그는 4차 산업혁명 시대를 풍미할 다음 8대 기술을 예시했다.

① 무인기술

② 트릴리온 센서 무브먼트(Trillion Sensor Movement)

③ 사물인터넷

④ 3D 프린팅

⑤ 컨투어 크래프팅(Contour Crafting)

⑥ 가상현실

⑦ 드론

⑧ 인공지능

그의 미래 예측에 모든 학자들이 동의하는 것은 아니지만 그의 예측은 그야말로 놀랍다. 그는 드론 한 가지만 해도 2030~2032년경 드론이 전 세계에 10억 개로 늘어날 것이라고 예측했다. 또한 그는 또 무인자율주행 자동차의 등장으로 자동차가 소유가 아니라 필요할 때마다 호출하는 등 역사상 가장 파괴적인 기술이 될 것이라고 설명했는데 이는 많은 전문가들의 주장과 일치한다. 그러나 많은 사람들로부터 호평을 받는 것은 무인 자동차로 인해 택시운전사. 배달원, 집배원 등 현재 일자리 4개 중 1개는 사라질 것이라고 계량적인 수치를 제시하기 때문이다.

많은 학자들이 인류는 향후 20년 동안 인류 역사 전체에 걸쳐 변화했던 것보다 더 많은 변화를 경험하게 될 것이라고 말한다. 이는 역으로 전례 없는 기회의 시대로 진입한다는 것을 의미한다.[69]

여기에서 가장 우려되는 문제는 일자리를 갖지 못하는 그 많은 사람은 어떻게 되는가이다. 긍정적인 전망은 일론 머스크처럼 '국가가 주는 기본소득으로 살아가게 된다'는 설명이다. A.I.가 인간의 일을 상당 부분 대체하고, 기술혁신에 따라 사회 전체 생산성이 월등히 높아진다면 20%의 사람만 일해도 나머지 80%를 먹여 살릴 수 있는 세상이 온다는 이야기다.

사실 몇몇 나라에선 기본소득이란 제도로 이런 실험을 추진하고 있다. 2016년 스위스에서 정부가 매달 300만원씩 지급하는 기본소득 도입을 위한 국민투표가 있었다. 다소 놀랍지만 국민 다수(76.9%)가 반대해 도입이 무산됐지만 머지않은 미래에는 통과될 가능성이 높으며 핀란드는 월 70만원을 지급하는 기본소득제를 2017년부터 시행하고 있다.

69) 「미래학자 토마스 프레이 "없어지는 것은 직업이 아니라 과업"」, 박종명, 뉴스1, 2017.09.13

문제는 이렇게 평생 놀고만 해도 먹고 살 수 있는데도 인간들이 즐거워하지 않을 것이라는 추정이다. 사실 억지로 일해야 하는 경우가 줄면 인간은 더욱 자유로워질 것으로 보이지만 행복하지만은 않다는 것이다. 인간은 살아가는 의미의 많은 부분을 '직업(job)'에서 찾아 왔기 때문이다. 이런 대안으로 많은 정부들은 '가짜 직업' 즉 기본소득을 그냥 주지 않고 정부가 제공하는 공공근로 형태의 직업을 수행하며 기본소득을 받아 간다는 이야기다. 한국에서 2008년 금융위기 직후 시행한 '희망근로사업'과 유사하다. 앞으로 어떤 가짜 직업들이 생겨날지 알 수 없지만 그것이 삶의 목적을 충족시켜주기엔 턱없이 부족할 수 있다.

그러나 학자들은 이 문제에 관한 한 크게 비관하지 않는다. 바로 미래학자 토마스 프레이 박사는 2030년까지 20억 개의 직업이 사라지지만 그의 진담은 사라지는 것은 직업이 아니라 업무를 자동화하에 대한 결과라는 것이다. 이 말은 미래에서 인간이 A.I.와 경쟁해야 한다는 것을 의미한다. 그러나 A.I.가 할 수 없는 부분은 예상보다 많다는 것을 파악했을 것이다. 즉 A.I.가 따라할 수 없는 인간 고유의 것들을 찾아낸다면 미래의 일자리 사라짐에 두려워할 이유가 없다는 뜻이다.[70]

그런 면에서 전문가들은 학교의 종말 즉 '전인교육' 시대에 주목해야 한다고 말한다. 토마스 프레이 박사는 2030년 세계 대학의 절반이 사라진다고 예측했다. 지식의 반감기가 매우 짧아져 대학이 산업의 수요를 따라갈 수 없는데다가 대학 졸업장이 과거처럼 좋은 일자리를 보장하는 것도 아니기 때문이다.

---

70) 「[인간혁명 1회] 신(新) '20대 80의 사회', 가짜 직업 시대가 온다」, 윤석만, 중앙일보, 2017.09.09

사실 전통적인 대학은 이미 무너지기 시작했다. 2014년 개교한 미네르바 스쿨의 경우 2017년 신입생 210명에 20,000명이 넘게 지원했다. 이 학교의 특징은 모든 교육이 온라인 강의와 토론으로 이뤄지는데 교수의 일방적 수업이 아니라 스스로 지식을 탐구하고 협업을 통해 문제해결능력을 키운다. 또한 학생들은 4년간 6개국에 위치한 캠퍼스를 돌며 그 나라의 문화를 배우고 세계시민으로서의 감수성을 키운다.

초중고교의 교육 방식도 새롭게 변화되지 않을 수 없다. 앨빈 토플러는 현대의 학교 체제를 산업화 시대의 노동력을 양성하는 곳으로 묘사했다. 단일화·표준화·대량화라는 산업 사회의 가치를 실현하기 위해 학교 체제가 최적화되어 있다는 것으로 쉽게 말해 기업이 필요로 하는 훈련된 노동력을 공급하는 게 학교의 최대 목표 중 하나였다는 것이다. 그러나 4차 산업혁명시대에는 주입식이 아니라 전인교육이 보다 중요해진다고 예상한다. 19~20세기 산업화 시대에 인간이 해야 했던 노동의 대부분을 A.I.가 대체하게 된다면 현재와 같은 학교 체제는 사라질 수밖에 없다는 것이다. 이것은 A.I.와 대비되는 인간만의 고유한 특성을 찾는 교육이 필요하다는 것이다. 이것이 실현화된다면 얼마나 많은 새로운 분야의 일자리가 태어나게 되는지 이해할 것이다.

3D프린팅이 앞으로 미래 세계를 바꿀 것이라는 예측이 우세하다. 대부분 학자들은 미래의 가정에 3D 프린터가 냉장고처럼 필수품이 될 것으로 예측하는데 3D 프린팅이 활성화되기 위해서는 필요로 하는 제품을 만들 수 있는 '소스 프로그램'이 필요하다는 점을 간과한다. 100만 개의 물건을 만들려면 100만 개의 소스프로그램이 필요한데 이것은 3D 프린터 분야에서 수많은 프로그래머가 필요하다는 의미다.

앞에서 이야기한 첨단 기술로 인해 많은 일자리가 사라진다 해도 이들이 제대로 작동하기 위해 새로운 일자리가 수없이 필요하며 또 일자리가 적절하게 제공되어야 새로운 기술로 정착될 수 있다는 뜻이다. 미래의 일자리에 걱정할 것이 아니라 자신의 적성에 맞는 일자리를 어떻게 찾느냐가 필요하다는 뜻이다.[71)72)]

새로운 직업이 얼마나 우리 근처에 접근하고 있는지는 한국의 대형 회사들이 인공지능에 감성을 입히는 작업에 열중하는 것으로도 알 수 있다. 한국에서 현재 개발된 인공지능은 고객과 자동으로 대화를 주고받으며 각종 서비스 안내부터 상품 추천까지 해주는 대화형 AI 서비스(채팅 로봇)가 확산되고 있다. 소비자들이 실제 사람 상담원을 대하는 것처럼 느끼도록 AI에게 이름을 지어주는 것은 물론, 말투와 태도까지 세세하게 차별화하고 있다. 쇼핑에 특화된 미국 아마존의 AI 스피커 '에코'나 애플의 AI '시리'처럼 회사 이름을 떠올리면 특정한 이미지의 AI 서비스가 연상되도록 각인시키고 있다.

현대카드가 출시한 대화형 AI 서비스 '버디'는 남녀 캐릭터가 따로 있다. 고객들은 현대카드의 앱(응용 프로그램)에 접속해 버디 메뉴를 고른 뒤 여성상담사 '피오나'와 남성상담사 '헨리' 중에 하나를 선택해 문자 채팅을 할 수 있다. 피오나가 상냥하고 친근한 어투로 고객과 수다를 떠는 느낌이라면 헨리는 예의와 매너를 중시하는 영국 신사 분위기다. 고객이 '신용카드를 잃어버렸다'고 말하면 피오나는 "어머 큰일이네, 일단 진정

71) 「[인간혁명 2회] 학교의 종말, 다시 '전인교육'의 시대가 온다」, 윤석만, 중앙일보, 2017.09.16

72) 「로봇, 제조 혁신의 주역으로 떠오르다」, 조인혜, 사이언스타임즈, 2017.03.08

하고 어서 고객센터로 전화해봐"라며 공감 위주의 반응을 보인다. 반면 헨리는 "지금 바로 현대카드 고객센터로 신고·접수해주세요"라고 용건부터 정확하게 전달한다. 피오나와 헨리는 카드 혜택 안내, 맞춤카드 추천, 금융 서비스, 콘서트 예매 등 200여 가지 항목에 대한 답변 40,000여 개를 안내해준다. 슈퍼인간이라도 접근하기 어려운 능력이다.

롯데의 온라인 쇼핑몰인 롯데닷컴도 A.I. 문자 채팅 서비스 '사만다'를 등장시켰다. 핑크색 단발머리의 사만다는 쇼핑에 관심이 많은 20대 후반~30대 초반 여성으로 설정돼 있다. 고객 입장에서는 내게 어울리는 상품을 척척 권해주는 친구 같은 느낌이 든다. "여자친구 생일 선물 뭐 하지"라고 질문하면 "향수나 구두, 립스틱 같은 게 좋은데, 가을이니까 와인색 립스틱 어때요?"라며 추천 상품을 이미지와 함께 소개한다. 사만다는 고객이 입력한 메시지 속에서 성별과 연령, 호칭, 아이템, 브랜드 등을 추출해 200만개 상품 중에서 어울리는 것을 골라낼 수 있다고 알려진다.

한국전력도 서울 서초지사에서 공공기관 최초로 음성 대화형 AI '파워봇' 서비스를 시작했다. 이름처럼 전력에 관해서는 모르는 게 없는데 전기 요금 조회, 명의 변경, 이사 정산, 청구서 발행 등 각종 업무를 로봇 집사처럼 신속·정확하게 해결해준다. 영어·중국어·일본어 등 외국어 안내와 수화 기능도 있다.

미국 은행 뱅크오브아메리카(BoA)의 AI 서비스 이름은 '에리카(Erica)'다. 아메리카(America)에서 뒷부분 글자를 땄다. 에리카는 꼼꼼하게 장부 정리하는 회계사처럼 고객의 자산 관리를 안내한다. 예를 들어 "지금 잔고가 얼마야?"라고 물으면 "현재 잔고는 521달러이며, 이번 달에는 평소보다 소비가 1,000달러가량 많습니다. 이러면 월말에 마이너스 잔고

가 될 수 있습니다."라고 그래프까지 그려가며 설명해준다.[73]

여기에서 중요한 점은 A.I.의 능력이 일취월장한다는 점이 아니라 이들이 일취월장하도록 프로그래머들이 전방위로 활약했다는 점이다. 유능한 프로그래머가 앞에서 설명한 피오나, 헨리, 사만다, 파워봇이 정상적으로 가동하면서 인간과 친하도록 알고리즘을 개발했다는 뜻이다. 이런 분야는 앞으로 수많은 프로그래머들이 활동할 공간을 만들어준다.

흥미 있는 일자리도 생길 수 있다. 인공지능 로봇이 많은 산업 현장을 누빈다고 하지만 특수 로봇이 필요한 경우가 생기기 마련이다. 단적으로 말해 특수 로봇 한두 개를 구입하여 로봇을 임대해주는 직업도 생길 수 있다.

73) 「사람처럼 느끼게… 인공지능에 감성 입힌다」, 양지혜, 조선일보, 2017.10.3.

PART 05

4차 산업혁명에서 승자되기

증기기관으로 시작된 1차 산업혁명에 이어 전기, 화석연료로 대변되는 2차 산업혁명, 컴퓨터, 인터넷 등 정보통신을 활용한 3차 산업혁명을 지나 4차 산업혁명의 출발이 공식화됐다. 4차 산업혁명은 큰 틀에서 온라인 정보통신 기술이 오프라인 공간으로 적용되면서 일어난 혁신을 일컫는 말로도 표현된다. 생산 공정을 손쉽게 바꾸는 스마트 공장과 예측 수리가 가능한 스마트 머신이 새로운 생산 혁신을 이끄는 것은 물론 인간의 구석구석에서 결정적인 영향을 미쳐 사물인터넷, 스마트시티, 스마트홈, 유비쿼터스 세상을 이끈다.

학자들은 4차 산업혁명이 가져올 변화를 크게 다음과 같이 분류한다.

4차 산업혁명이 일으킬 가장 큰 변화는 생산의 스마트 플랫폼화다. 현재 오프라인 산업 생산 시설에 온라인 기술을 적용해서 스마트 플랫폼 기반으로 바꾸는 것으로 이런 혁신의 대표적으로 예시되는 것이 세계적인 대기업 GE이다. GE는 자신의 모태인 가전 부문, 금융 부분도 정리한 후 소프트웨어 기반 회사로 탈바꿈했다.

GE는 이러한 급격한 변화 즉 중요한 오프라인 산업 시설들을 모두 온라인 기반으로 바꾸면서 '산업인터넷(industrial internet)'이란 새로운 용어와 함께 산업인터넷컨소시엄(GE, 인텔, 애플, 시스코, 삼성전자, 지멘스, 화웨이, IBM)을 결성했다. GE가 개발한 '프레딕스(Predix)'는 애플의 iOS같이 산업계의 사물인터넷 플랫폼인데 이를 항공기 엔진에 연결한 결과 중동처럼 모래가 많은 지역의 엔진이 다른 지역의 엔진보다 마모가 심한 것을 파악하여 재빠른 대응 방법을 찾아냈다. 실제로 말레이시아 국적항공사인 에어아시아(AirAsia)는 2014년 프레딕스 플랫폼을 채택한 결과 1,000만 달러 이상의 연료비를 절감했다고 한다. 또한 캐나다 에너지 기업 트랜스캐나다(TransCanada)는 발전기를 프레딕스로 연결해서 출력을 5% 이상 높이는 데 성공했다.

4차 산업혁명이 불러올 둘째 변화는 소유에서 사용으로의 전환이다. 온라인 기술이 큰 규모의 생산 설비 및 산업 장비에 적용되면서 판매 방식에 근본적인 변화가 일어난다. 과거 기업들은 엄청난 가격의 생산 설비를 전부 구입해서 감가상각 등의 소유 손실을 감수해야 했는데 O2O 기술은 소유에서 사용으로 변하게 만든다. 제트엔진을 제작하는 롤스로이스(Rolls-Royce)는 고객들이 엔진 자체의 구매가 아니라 엔진 운영과 서비스에 더 큰 관심을 가진다는 것을 포착하고 엔진을 판매하는 대신 사용시간과 마일리지별 대여 방식으로 사업 전략을 수정했다. 롤스로이스는 대여한 제트엔진의 데이터를 분석해서 선제적으로 운영하고 소모품들을 미리 교체한 결과 고장이 예방되고 엔진의 운영시간이 대폭 늘어났다.

셋째 변화는 맞춤형 대량 생산체제다. 사물인터넷, 빅데이터, 인공지능, 클라우드 컴퓨팅과 같은 온라인 신기술이 제조업 공장에 적용되면서 스마트 공장이라는 새로운 개념의 생산 체계가 탄생한다. 스마트 공장은 수요에 따라 모든 생산라인을 자유롭게 바꿔가면서 맞춤형 제품을 대량으로 생산하는 것을 뜻한다. 스마트 공장이 공장의 생산 라인을 수시로 바꿀 수 있는 것은 사이버 시뮬레이션 기술을 오프라인 공장에 적용한 CPS(Cyber-Physical System) 방식을 채택하기 때문이다. 사이버 공간에 제작 프로세스를 가상으로 설계하면 그동안 불가능했던 소비자의 수요 변화에 맞춘 대규모 맞춤 생산이 가능하다.

독일의 대표적인 지멘스(Siemens)의 암베르크(Amberg) 스마트 공장에서는 각 부품 및 공정마다 센서와 스캐너를 연결해 제품의 완성도를 높인다. 생산라인의 기계끼리 서로 소통하고 모든 부품을 인식할 수 있게 됨에 따라서 맞춤형 대량생산이 가능하다. 이 말은 까다로운 소비자의 입맛을 일일이 맞춰 줄 수 있으므로 기업의 경쟁력을 높이고 더 나아가 국가의 경쟁력까지 증진시킬 수 있다. 인간의 게으름을 도와줄 수 있는 로봇이라는 개념으로부터 시작하여 인터넷을 거쳐 인공지능이 미래를 얼마나 바꿀 수 있는지를 단적으로 보여준다. 바로 이런 변화가 4차 혁명의 핵심이라 볼 수 있다.[1)]

▶ 독일 지멘스의 암베르크 스마트 공장

1) 『O2O』, 박진한, 커뮤니케이션북스, 2016

학자들이 부단히 한국의 완고한 규제 문제를 극복해야 한다고 지적하므로 이 문제는 다소의 차이가 있지만 다른 나라에도 마찬가지다. 그러므로 이 문제는 계속적인 화두로 어느 정도 해결될 것으로 추정한다.

그럼에도 불구하고 4차 산업혁명에서 살아남으로면 한국이 어떻게 해야하느냐에 대해서 많은 논란이 있는 것은 사실이다. 〈매일경제신문〉은 아예 「4차 산업혁명 시대에 한국이 승리하려면 어떻게 해야 하는가」라는 주제를 집중적으로 분석했다. 한마디로 한국이 4차 산업혁명에서 승리하기 위한 방법부터 미래에 대한 예측, 한국이 나아가야 할 길 등인데 이것은 단지 한국에만 적용되는 것은 아니다. 우선 하루가 달리 변하는 4차 산업혁명에서 현명한 방법으로 한국을 비롯한 세계의 미래를 슬기롭게 만들 수 있다고 추천된 5가지는 다음과 같다.

① 기하급수적 변화에 대비

4차 산업혁명 시대의 특징 즉 키워드는 '기하급수적 성장과 변화(Exeponential Growth&Change)'다. '기하급수적'이란 산술적 변화가 아닌 급격한 성장을 뜻하는 말이다. 1, 2, 4, 8, 16, 32와 같은 점진적 성장이 아닌 1, 2, 4, 16, 256, 65,536과 같은 폭발적 변화를 뜻한다.

점진적(선형적) 성장은 여섯 번째에 숫자 32에 도달하여 어느 정도 예측이 가능하다. 32 다음은 어렵지 않게 64라는 대답이 나올 수 있다. 그러나 기하급수적 변화는 6번에 65,536에 달하게 된다. 이런 기하급수적 변화는 인공지능(A.I.)으로도 만만하게 예측할 수 있는 것은 아니다.

이를 대형 기업의 성장 추이에 대입하면 곧바로 이해할 수 있다. 기업가치(시가총액) 기준으로 창업 후 10억 달러(약 1조원)에 이르기까지 기간이 점차 빨라지고 있다. 〈포천〉이 선정하는 500대 기업이 10억 달러에 도달하기까지 평균 20년이 걸렸지만 구글은 8년, 페이스북은 5년, 테슬라는 불과 4년 만에 도달했다. 심지어 우버와 와츠앱은 2년도 걸리지 않았고 매직리프와 같은 스타트업은 시작하자마자 10억 달러에 도달하며 유니콘 기업으로 올라섰다. 이런 기하급수적 변화를 이해해야 비로소 4차 산업혁명의 미래를 점쳐 볼 수 있다는 뜻이다. 즉 4차 산업혁명에서 승리하기 위해서는 먼저 '변화'를 인지하고 받아들여야 한다는 뜻이다.

② 직관보다 데이터

3차 산업혁명을 이끌었던 '인프라스트럭처'는 석탄과 석유 그리고 철강 등 원자재였다. 그러나 4차 산업혁명 시대 핵심 인프라가 '데이터'라는데 의심의 여지가 없다. 한마디로 데이터가 4차 산업혁명 시대에 석유와 같은 역할을 하게 된다는 것이다. 차세대 패러다임 전환은 모바일에서 사물인터넷(IoT)으로의 변화인데 이것도 데이터가 기반이 됨은 물론이다.

학자들은 근간 IoT 기기가 모바일 기기를 추월하고 20년 안에 누적 1조개가 연결된 기기가 등장할 수 있다고 예측한다. 1조개 연결된 기기가 존재한다는 것은 1조개 칩이 작동한다는 의미인데 이를 위해 수많은 데이터가 실시간 수집되고 분석되어야 한다.

현재도 음성인식, 시각인식의 경우 일부 분야에서 이미 인간의 수준을 뛰어넘은 것은 사실이다. 그러나 막연하게 데이터가 중요하다는 시각보다 이를 어떻게 활용할 것인지가 4차 산업혁명의 승자와 패자를 결정하게 됨은 물론이다.

③ 실패를 보상

4차 산업혁명에 성공하기 위해서 역설적으로 제대로 '실패'해야 한다는 설명도 있다. 하루가 달리 변하는 산업혁명 결과를 보기 위해서 어려운 '과정'을 거쳐야 한다는 의미다. 이는 성공보다 실패 사례가 많아진다는 것을 뜻한다. 을 것이다. 손영권 삼성전자 사장은 '실패가 한국에서 가장 어려운 단어이지만 4차 산업혁명에 승리하기 위한 가장 중요한 용어가 바로 '실패'라고 강조했다. 실패를 두려워하고 현존하는 문제에 천착돼 남들이 어떤 평가를 할 것인가에만 초점을 맞추고 있으면 결코 성공할 수 없다는 뜻이다.

실리콘밸리 전문가들은 특히 한국은 '실패'를 두려워하지 말고 조직과 사회 내에서도 '실패'에 관대해지는 문화를 만들 것을 강하게 주문했다. '빠른 추격자(패스트폴로어)'가 아닌 '창조적 파괴자'가 되기 위해선 세상을 뒤흔들만한 시도를 격려하고 실패해도 된다는 경제적 · 사회적 분위기를 만들어야 한다는 것이다. 구글 X의 텔러 대표는 구글에서 처음으로 자율주행차를 시도하게 된 배경을 다음과 같이 말했다.

'사람들이 매년 100만 명씩 도로에서 죽는다. 이를 해결하는 방법은 과속을 줄이거나 별도의 규제를 도입하는 것이 아니고 고정관념을 뒤집어 아예 스스로 움직이는 차를 만들어 보급하면 자동차 사고 자체를 원천적으로 없앨 수 있겠다는 생각을 하게 됐다.'

그의 아이디어를 실행하기 위해 현재까지 수많은 실패가 계속되고 있음은 물론이지만 궁극적으로 자율주행차가 4차산업혁명시대를 주도할 것이라는데는 이론의 여지가 없다.

④ 정부 · 민간협력 체제 구축

4차 산업혁명 시대는 정부보다 민간이 주도적인 역할을 할 경우 보다 효율적이라고 설명된다. 이는 어느 나라나 유사하지만 정부와 조직 등 관료제가 1, 2, 3차 산업혁명을 이끌었지만 항상 긍정적으로만 진행된 것은 아니라는 시각에서 출발한다.

물론 이에 반론도 있다. 4차 산업혁명 시대에도 정부의 역할을 결코 작지 않다는 것이다. 정부의 지나친 관료주의와 보신주의, 변화에 느린 관행이 문제이지 정부 자체가 문제가 되는 것은 아니라는 뜻이다. 정책의 일관적이고 지속적인 추진도 중요한 요소이다. 정책 성과에 대한 조급증을 버리고, 장기적 관점에서 일관성 있게 정책이 추진되어야 중장기적인 성과 달성을 도모할 수 있다는 설명이다. 미국 혁신전략의 경우 3차례의 수정을 거쳐 주요 정책의 수정 보완을 거듭하였고, 독일의 '하이테크전략' 또한 4년 주기로 개정되면서 발전시켜 지금의 4차 산업혁명 선도국으로 발돋움할 수 있는 근간이 되었다.

수천만의 창의적 아이디어가 융복합으로 순식간에 연결되어 새로운 산업이 생성되는 4차 산업혁명 시대를 맞아, 개방형 혁신을 기반으로 민간부문이 이를 주도하고, 정부는 생태계 조성과 정직한 실패에 대한 지원, 그리고 규칙 위반자에 대해 엄벌하는 심판자의 역할을 맡아야 한다는 주장이다.[2] 한마디로 4차 산업혁명을 장밋빛으로만 보는 것이 아니라 4

차 산업혁명이 초래할 사회적 악영향, 실업, 프라이버시, 윤리 보안 안전 문제 등 단점과 장점을 슬기롭게 해결하기 위해서는 정부와 민간의 협력이 키워드가 될 수 있다는 뜻이다.

⑤ 인재로 승부

4차 산업혁명의 근간은 인공지능 로봇 등이 아니라 이들이 인간을 위한 도구가 되도록 만들어야 하는데 이런 작업을 할 수 있는 사람이 없다면 무의미할 수밖에 없다. 그러므로 현재 글로벌 최고 인재들이 학연, 지연, 국가를 따지지 않고 오로지 실력으로만 경쟁할 수 있는 환경이 조성되고 있는데 이를 간과한다는 것은 결국 4차 산업혁명시대에 낙오된다는 것을 의미한다.[3)]

2) 「[목멱칼럼] 4차 산업혁명, 민간이 주도해야 한다」, 정태선, 이데일리, 2017.08.07

3) 「4차 산업혁명시대 승기 잡는 가이드라인 5가지」, 손재권, 매일경제, 조선일보, 2017.08.08

5 4차 산업혁명에서 승리하는 방법

한국은 수출 등 대외 의존도가 높은 편이므로 세계 정황에 상당한 취약점이 노출되지만 많은 학자들은 4차 산업혁명이 대한민국에 새로운 기회가 될 것으로 기대한다. 한국은 이미 3차 산업혁명을 통해 성장의 모멘텀을 경험한 바 있기 때문이다. 더불어 4차 산업혁명은 인공지능 컴퓨터와 네트워크를 기반으로 하므로 우리나라는 유리한 고지에 있다.

국내 기업 중에 전자, 반도체, 자동차 등에서 글로벌 시장을 주도하고 있는 글로벌 기업들이 상당히 포진하고 있는 점도 큰 강점이다. 향후 자율주행차, VR, 로봇 시대가 도래하더라도, 시장의 기반이 되는 반도체, 디스플레이, 배터리 등에서 국내 업체들이 강력한 경쟁력을 가지기 때문이다.

학자들은 4차 산업혁명 시대에 대비하는 자세를 다음과 같이 설명한다.

> '4차 혁명시대는 큰 물고기가 작은 물고기를 잡아먹는 시대가 아니라, 빠른 물고기가 느린 물고기를 잡아먹는 시대다.'[4]

4차 산업혁명에 대해 가장 우려하는 것은 '일자리'임은 틀림없다. 일자리는 인간의 생존과 직결되므로 새로운 기술에 의해 수많은 일자리가 사라질 것은 분명한 일이다. 그러나 학자들은 이 문제에 관한 한 너무 비관적으로 미래를 바라볼 이유가 없다고 지적한다. 4차 산업혁명이라는 기

4) 「4차 산업혁명 큰 기회…'AI 퍼스트' 전략 세우자」, 최경섭, ZDNet Korea, 2017. 02.03

차가 이미 출발했다고 하지만 수많은 다음 열차의 운행 스케쥴을 파악한다면 4차 산업혁명이라는 열차를 타는데 문제가 없다는 설명과 같다.

이 말은 4차 산업혁명 시대를 대비하여 우리는 어떻게 대비해야하며 특히 학창시간에 무엇을 해야 하느냐에 초점이 집중된다. 사실 이런 경향은 '아키텍(architec · 건축을 뜻하는 architecture의 줄임말) 대학생'이라는 말로도 알 수 있다. 이 말은 대학 재학생은 물론이고 입학 전부터 건축 설계를 하듯 체계적인 계획을 세워 대학생활을 시작하는 대학생을 이르는 말이다. 신조어가 생길 만큼 학생들이 취업에 필요한 수강, 비교과 활동, 공모전, 자격증 등을 위해 대학 생활 전반을 계획적으로 설계하지 않으면 도태할 수 있다는 것을 뜻한다. 취업률이 워낙 낮아지다 보니 취업에 대한 관심이 높게 나타나는 자연적인 현상이라 하지만 한 치의 내일을 알 수 없는 불확실한 미래를 살아야 하는 젊은이들에게는 가장 심각한 일이지 않을 수 없다.

4차 산업혁명으로 미래가 어떻게 움직일지 정확하게 예측한다는 것이 간단한 일은 아니지만 한 가지 사실만은 분명하다. 미래에는 자본보다 재능을 가진 인간이 더 중요한 생산 요소가 된다는 것이다. 이는 노동 시장에서 '저기술–저임금' 작업과 '고기술–고임금' 직업을 구분하는 장벽이 점점 더 높아진다는 의미다.

당연히 어떤 사람들에게는 기술의 발달이 자신의 소득 증가에 도움이 되지 않고 심지어 줄어드는 중요한 요인이 된다. 이를 심각하게 이야기한다면 전 세계 많은 사람들이 지금도 겪고 있는 불만족과 불공정이라는 부정적 감정을 점차 더 많이 경험하게 될 수 있다는 것을 설명해준다. 이러한 불만은 디지털 기술의 보급과 소셜 미디어로 대표되는 정보 공유 플랫폼의 역동성으로 점점 커진다.

학자들은 4차 산업혁명의 가장 큰 수혜자는 혁신적인 사고를 부단히 창출하는 사람이라 고 지적한다. 전체적으로 보면 4차 산업혁명은 비즈니스에 4가지 중요한 변화를 가져온다. 소비자의 기대, 제품 향상, 협력적 혁신, 조직 형태가 그것이다. 이것은 고객이 점차 경제의 중심에 자리하게 된 것은 가치를 고객에게 전달하는 방식이 개선되었기 때문이다. 특히 혁신과 붕괴는 항상 병행하여 일어나는 것을 볼 때 고객 경험, 데이터 기반 서비스, 분석을 통한 자산 관리의 세상은 새로운 형식의 협력을 요구한다. 이 말은 변화하는 환경을 이해하고 기득권에 도전하며 확고하고 중단 없는 혁신을 감행하면 오히려 적극적인 대안이 될 수 있다는 뜻이다.[5)]

학자들에 의하면 세계 500대 기업에서 평균적으로 요구하는 인재는 적응력, 소통력, 리더십, 실행력, 학습능력, 창의력, 팀워크 등을 갖춘 사람이다. 제4차 산업혁명을 세계적 화두로 끌어올린 다보스 세계경제포럼(WEF)이 우선 순위로 제시한 미래 인재의 핵심 능력도 도전정신, 문제 해결력, 소통 능력, 창의성, 적응력, 협동 능력 등으로 위의 자질과 대동소이하다.[6)]

이 말은 단순하게 스펙을 관리하는 수준의 취업 준비만으로 획득할 수 있는 차원은 아니라는 뜻과 다름없다. 4차 산업혁명의 기본은 '창조성'과 '생각하는 힘'이다. 여기에 '유연성'까지 합쳐지면 금상첨화다. 한마디로 과거와 같은 생각으로 머문다면 미래에 일자리를 가질 수 없지만 이에 적

5) 『4차 산업혁명의 충격』, 클라우스 슈밥 외, 흐름출판, 2016

6) 「다양한 인재··· 그러나 4차 산업혁명에 걸맞은 핵심 능력은」, 곽수근, 조선일보, 2017.03.30

극적으로 대응하면 그렇게 어려운 세상만은 아니라는 뜻이다. 새로운 시대를 맞이하는 방법은 두려워하지 않고 도전하는 마인드가 중요하다.

문제는 창조력 등이 갑자기 튀어나는 것이 아니라는 뜻이다. 학자들은 정답 맞히기보다는 자신의 생각하기, 말하기, 글쓰기, 음악, 과학, 수학 등 모든 학문을 가로질러 통섭하는 능력을 갖춘 글로벌 인재가 되어야 한다고 말한다. 넓고 깊은 지식 습득 과정에서 스스로 생각하는 방법 터득하기, 말하고 글쓰는 능력 기르기, 앎을 실천하기 등에 익숙해진다면 어떤 일자리도 감당해 낼 수 있다는 설명이다.[7] 그러므로 역으로 위기를 기회로 생각하고 열린 마음으로 기회를 잡도록 노력해야 한다는 것을 의미한다.[8]

보다 노골적으로 창조적인 생각을 유도하는 방법으로 다양한 창의인재를 양성할 수 있는 발명과 같은 새로운 아이디어 창출에 도전하라고 한다. 이러한 아이디어는 스스로 현실의 문제점을 찾아내고, 상상력을 동원하여 다양한 아이디어를 도출하며, 나아가 동료들과 의견을 나누고 협력하여 창의적으로 문제를 해결해 나갈 때 비로소 발전을 이룰 수 있다.[9]

그러나 4차 산업혁명으로 대별되는 인공지능시대에 들어서면 창조계층 10%가 나머지 90%의 인구를 먹여 살릴 것으로 전망한다. 모든 사람이 창조계층이 되지 않아도 자신에 적합한 일자리를 찾을 수 있다는 뜻이지만[10] 창조계층이어야 앞선 주자가 될 수 있음은 분명하다.

4차 산업혁명이 제1차, 제2차, 제3차 산업혁명에 비해 다르다는 것은

7) 「대학에 가서 무엇을 해야 하나」, 임선애, 경북일보, 2017.01.25
8) 「일이 아니라 인류 자체를 바꾼다」, 김은영, 사이언스타임스, 2016.12.30
9) 「[지식재산 이야기] 미래인재 양성의 길, 발명교육」, 이영대, 대전일보, 2016.11.16
10) 「15년후 인공지능 대통령 가능」, 김은영, 사이언스타임스, 2016.11.08

구시대에 비해 획기적인 그 무엇이 있기 때문이다. 과거 혁명에서도 공통적인 것은 창조와 혁신적인 아이디어를 접목한 기술과 아이디어가 새로운 시대를 열어주었다는 점이다. 한마디로 창조성이 구세대의 유물을 창고에 넣도록 만들었다는 것으로 학자들은 차별화된 생각을 습성화해야 한다고 조언한다. 이런 생각의 무장이야말로 4차 산업혁명 시대에서 어떤 어려움이 닥치더라도 살아남을 수 있다고 말하는데 그 차별화에도 방법론이 있기 마련이다.

문제는 방법론이 무엇인가 꼭 집어 말한다는 것이 간단한 일이 아니라는 점이다. 특히 지구인이 70억 명을 상회한다는 것은 70억 명에 달하는 각 개인이 지구상에 존재한다는 것이다. 이들 모든 사람의 입맛에 맞는 대안 도출이 간단한 일이 아니라는 뜻이다. 그런 의미에서 차별화된 대안 강구 능력을 갖추려면 학자들은 다음과 같은 접근 방안을 제시한다. 한마디로 4차 산업혁명 시대를 슬기롭게 활용할 수 있는 방법인데 이는 큰 틀에서 '4차 산업혁명시대에서 살아남기'를 설명하는 것이라고도 볼 수 있다. 4차 산업혁명시대에서 살아남기 위한 현명한 처사들에 대한 설명과 마찬가지로 미래를 준비하는 사람들에게는 참고서와 같은 이야기가 아닐 수 없다.

① 자신만의 원전 발굴

원전의 중요성은 말할 것도 없다. 과학의 어떤 이론이나 개발도 이를 최초로 생각해 낸 사람이 있고 그것이 '참'일 경우 타인에 의해 계속 연구가 가능하여 궁극적인 발전이 이루어지기 때문이다. 컴퓨터라는 개념이 앨런 튜링에 의해 비로소 창안된 후 현대 문명의 기본 틀이 되었다고 하지만 튜링은 P.C. 자체를 보지 못하고 사망했다. 사실 그가 도출한 컴퓨터 아이디어는 대학원생일 때의 석사 학위 논문으로 자신의 논문이 궁극적으로 세계를 바꿀 수 있는 도화선이 되리라고 생각하지는 못했다. 그럼에도 불구하고 결론은 현대문명의 상당부분이 그의 석사학위 논문에 의했다는 것에 이의를 제기하지 않는다. 이런 면에서 원전의 중요성을 남보다 강조한 사람은 현대인이 아닌 500여 년 전 사람인 레오나르도 다 빈치이다. 그가 얼마나 시대를 앞선 사람임은 다음으로도 알 수 있다.

그는 경험이 매우 중요하고 지혜의 원천이라는 걸 알았다. 실험 정신의 원칙이야말로 자신의 경험을 잘 이용하는 열쇠라고 믿었다. 다 빈치의 실용적인 태도와 날카로운 호기심, 독립정신은 그로 하여금 당시에 일반인들이 믿고 있는 많은 이론에 회의를 품게 만들었다. 다 빈치는 불합리한 이론을 접할 때마다 그대로 인정하지 않고 논리적인 사고와 실험에 근거해서 모순점을 일일이 지적했다. 인습적인 지혜의 기반인 가설들에 대해서도 활발한 논쟁을 벌였다.

'경험은 결코 실수를 용납하지 않는다. 실험에 의해 나타난 결과는 판단을 올바로 할 수 있게 만들기 때문이다. 원인이 있으면 그로 말미암은 결과가 있기 마련이다.'

'내가 볼 때 기존의 모든 과학이 공허하며 잘못된 부분으로 가득 차 있다고 생각된다. 이것은 기존의 과학에 경험과 확실성이 결여되었고 경험에 의해 검증되지도 않았기 때문이다.'

'실험에 의한 검증 절차에 대해 언급하는 것이 선행되어야 한다. 왜냐하면 경험에 대해 먼저 이야기하고 그 후 그러한 경험이 어떤 방식으로 적용되는지를 설명하기 위해서다.'

'실험에 있어서는 법칙에 근거하기 전에 두세 번 정도 그 법칙이 타당한 지 살펴보고 또한 그 과정을 재현할 수 있는지를 확인하는 것이 중요하다.'

다 빈치는 현대 과학자들이 연구하는 자세와 방법을 그대로 적고 있다. 더욱 놀라운 것은 다음과 같은 말이다.

'다른 사람의 방식을 모방해서는 안 된다. 왜냐하면 남의 방식을 모방한 사람은 자연의 아들이 아니라 손자라 불릴 수밖에 없기 때문이다.'

다빈치는 이렇듯 모방을 거부하고 권위에 도전하고 생각하려고 노력했다. 다빈치가 '모든 지식은 이미 밝혀졌다'라고 생각했던 시대에 살았다는 점을 염두에 둔다면 그가 그런 태도를 가질 수 있었다는 것은 정말로 놀라울 뿐이다.

그가 과학적 사고력을 가졌다는 것은 미신을 믿지 않았다는 데에서도 알 수 있다. 특히 마술을 믿는 것을 가장 어리석다고 적었다. 연금술도 미신이 접목된 데다가 실용성이 없다고 생각하여 모두 제거되기를 바랐지만 마술이 더 많은 허점을 지니고 있으므로 연금술보다 더욱 해악하다고 비난했다. 다 빈치가 강조한 원전의 중요성은 현대에서 더욱 빛을 발하는데 노벨상이라는 값진 상도 받을 수 있기 때문이다. 그런데 다 빈치와 튜링이 노벨상을 받지 못한 것은 당연하다. 노벨상은 일단 사망한 사람에게는 수여하지 않는다.

② 그 시대의 과학 문물 및 기술을 감안해라

학자들은 4차 산업혁명 시대에 슬기롭게 대처하려면 과학 문물 및 기술이 그 시대의 과학 수준을 보여준다는 것을 잊어서는 안 된다고 주의를 준다. 아무리 앞선 아이디어를 도출했다고 해도 시대의 기술을 앞선다면 실현가능성이 없기 마련이다. 인류 역사상 가장 위대한 천재로 꼽히는 레오나르도 다 빈치가 그런 경우다.

다빈치를 인류 역사상 가장 돋보이는 천재 중에 한 명으로 인정하는 이유는 그의 발명품을 보면 알 수 있다. 그의 발명품들은 전쟁용 무기를 시작으로 악기에 이르기까지 매우 다양하다. 그의 상상력은 현대인으로 보아도 놀랍기만 하다. 다빈치의 발명품 가운데 가장 돋보이는 것은 비행기계이다. 솔개와 비둘기를 관찰하며 인간도 하늘을 날 수 있을 것이라고 상상한 다 빈치는 수많은 관찰 끝에 박쥐가 가장 이상적인 비행체라고 깨닫는다. 그가 새를 비롯한 나비와 잠자리, 꿀벌의 비행습성 등을 두루 섭렵한 뒤에 내린 결론이다.

다 빈치는 인간이 공중을 날 수 있는 장치를 만들기 위해 우선 새나 박쥐, 물고기, 곤충의 비행 등을 면밀하게 조사했다. 인공 날개도 만들어 보았다. 그물로 보강한 판지로 날개를 만들고 골조에는 속이 빈 관을 이용했고, 나무의 줄기에서 얻은 추를 날갯죽지에 설치하고 그 곳에 지레를 꼽아서 지레로 움직이면 날개가 펄럭였다.

헬리콥터의 선구 아이디어로 인식하는 공중 스크류와 낙하산 장치, 습도측정기, 유속계, 나침반, 방향지시기, 풍력과 풍속측정기, 잠수함, 탱크까지 고안했다. 공중 스크류는 철사로 나선형의 틀을 만들고 거기에 아마포를 바른 다음 신속하게 회전시키면 뱅글뱅글 돌면서 올라갈 수 있다고 적었다. 그러나 다 빈치 시대에는 이를 뒷받침할 동력이 없는 상태에서 하늘을 날수는 없는 일이었다. 특히 공기의 흐름이 만들어내는 양력으로 비행기가 뜬다는 사실은 그보다 400년 지난 다음에 비로소 알려졌다. 또한 그가 설계한 설계도에 따라 제작한 낙하산도 근대에 제작되어 실험했는데 예상대로 잘 날랐다.[11] 한마디로 다빈치와 같은 천재의 아이디어조차 500년 후에야 실현화될 수 있다는 것은 4차 산업혁명 시대에 도전하는 현대인들로 하여금 어떤 아이디어에 도전해야 성공의 길로 들어설 수 있다는 것을 정확하게 알려준다.

▶ 레오나르도 다빈치가 설계한 낙하산

③ 과학과 기술은 선행 기술을 토대로 한다.

필자에게 많은 사람들이 질문하는 것은 어떻게 100권이 넘는 책을 저술할 수 있느냐이다. 사실 만화나 애니메이션이 아닌 출판 서적으로서 100여권을 출간한 한국인은 현재 기준으로 5명이 안 된다고 알려진다.

11) 「다 빈치의 위대한 발명품」, http://blog.empas.com/boin777/14070972, 네티즌 동방명주

필자는 이런 질문에 과학의 특성상 많은 책을 쓰는 것이 가능하기 때문이라고 답한다. 과학은 과거를 기초로 하여 발전한다. 특히 내일을 모를 정도로 변모하는 현대에서 5~10년은 엄청난 변화를 초래한다. 특별한 연구 논문에 대한 원전이 아닌 한 같은 분야에 5~10년이면 엄청난 정보가 축적되기 마련이다. 한마디로 5년이나 10년 전에 태어난 이론이나 획기적인 발명품을 폐기처분하고 새로운 이론을 새로운 책으로 다룰 수 있다는 뜻이다.

10년 전에 스티브잡스가 아이폰을 출시했을 때 현재와 같은 시대가 되리라 생각한 사람은 많지 않았을 것이다. 아이폰이 태어난 이후 수많은 개발품들이 등장했고 이들에 대한 책을 비롯한 정보자료가 폭증했다. 과거에 다뤘던 주제와 아이템일지라도 새로운 정보를 토대로 새로운 각도의 서적을 출판하는데 어려움이 비교적 적다는 뜻이다.

▶ 스티브잡스

책을 쓰는 것이 아니라 과학 기술 실무 현장도 마찬가지다. 우선 과학 기술 분야는 인문 분야보다는 비교적 많은 새로운 자료를 토대로 새로운 물품, 새로운 기술을 확보하고 또 이를 개선할 수 있다. 이 말은 이미 등장한 아이디어와 이론은 언제든지 구닥다리가 될 수 있다는 것을 의미한다. 역으로 말한다면 항상 새로운 아이디어의 등장을 기다린다는 뜻으로 이런 시간 차의 선용은 각자의 능력에 따라 다르기 마련이다.

④ 장기적 연구와 투입은 필수

1905년 스위스의 특허국에서 근무하는 아인슈타인은 5편의 논문을 세상에 발표하였는데 이 중 하나가 유명한 상대성이론이다. 상대성 이론에 대해서는 많은 자료가 있어 이곳에서는 굳이 설명하지 않지만 상대성이론의 중요성은 소립자 물리학이나 우주론, 천문학을 크게 발전시키는 원동력이 되었기 때문이다.

상대성 이론을 강조할 때 가장 먼저 설명되는 것은 뉴턴의 역학을 근본에서부터 완전히 뒤엎은 혁명적인 이론이라는 것이다. 그런데 원칙적으로 일반 상대성 이론과 뉴턴 법칙은 일상 세계에서는 기본적으로 똑같은 결과를 얻는다. 뉴턴 역학도 일상생활이나 궤도 위에 위성이 놓여 있는 것과 같은 보편적인 천문학에는 잘 맞는다. 즉 아인슈타인의 이론도 느린 속도에서는 뉴턴의 역학과 일치한다.

그러나 빛의 속도에 따른 특성을 고려하려면 뉴턴의 질량 개념을 약간 변형해야 한다는 것이다. 결국 아인슈타인의 상대성 이론은 우리들의 상식의 울타리를 넘어서 더욱 넓은 세계에서 통용이 되는 올바른 생각을 제시했다는 점에서 당대인들에게 큰 충격을 주었다.

아인슈타인의 상대성이론이 학계에 워낙 큰 파장을 불러일으켰고 많은 사람들이 아인슈타인이 곧바로 노벨상을 수상할 것으로 생각했다. 그러나 그의 수상은 번번히 빗나갔다. 그가 너무나 오랫 동안 노벨상을 수상하지 못하자 노벨상이 왜 필요하느냐는 비아냥까지 나올 정도였다.

그러나 당대 학자들의 관점으로 볼 때 아인슈타인의 노벨상 수상에는 문제가 있었다. 그의 이론이 탁월하다는 데는 동조하지만 상대성 이론 자체가 당대의 과학으로 검증이 불가능했기 때문이다. 이를 타개한 사람이 바로 아인슈타인으로 그는 자신의 이론을 검증할 수 있는 보다 확실한 방법을 제시했다. 그것은 만약 일식 때 태양의 뒤에 있는 별의 위치를 관측한 후, 지구가 반 바퀴 공전한 다음에 태양의 간섭을 받지 않은 그 별의 위치를 관측할 수 있다면 태양의 중력에 의해 그 별 빛이 휜다는 것을 검증할 수 있다는 것이다. 아인슈타인은 1911년에 중력장에 의해 태양을 통과하는 빛은 직선으로부터 1.75초만큼 휜다고 발표했다. 공간을 평평하다고 보는 뉴턴 역학에 의해 1801년 폰 솔드너(Johann von Soldner)가 계산한 것에 따르면 태양 표면을 스치듯 지나가는 빛의 휘어짐은 0.84초였다. 이 차이를 실험으로 확인할 수 있다는 것으로 이를 실험으로 확인한다면 비로소 아인슈타인의 상대성이론이 '참'이란 증명서를 받을 수 있었다.

워낙 매력적인 주제이므로 많은 학자들이 이에 도전코자 했으나 설상가상으로 제1차 세계대전이 일어나 상대성이론에 대한 실험 즉 관측은 계속 미루어질 수밖에 없었다. 그러므로 1918년 제1차 세계 대전이 끝나자 영국에서 아인슈타인의 이론을 검증하는 분위기가 조성되었다. 그러나 반대도 만만치 않았다.

'적국 독일의 과학자가 내놓은 이론을 시험하기 위해서 영국이 많은 돈을 들여 관측대를 파견할 수는 없다.'

이런 문제점이 제기될 때 선구자가 등장하기 마련이다. 당시 관측 계획의 위원장이자 양심적인 반전 운동으로 유명한 천문학자 에딩턴(1882~1944)은 '진리에는 국경이 없다. 어느 나라의 과학자의 이론이든 옳은 이론을 증명하는 것은 과학자들의 책임이다'라고 강력히 옹호했다.

결국 1919년 5월 10일 개기일식이 관측되는 브라질 북쪽에 있는 소브랄과 서아프리카의 기네아만에 있는 프린시페섬으로 관측대를 파견했다. 에딩턴 자신도 프린시페섬 관측대에 참가했다. 에딩턴 팀이 일식 관측을 한 결과 태양 가장자리를 통과하는 광선은 각도로 1.64초 굴절했다. 앤드류 크로믈린이 이끈 소브랄의 탐사대도 1.98초의 거리 차이를 발견했다. 아인슈타인이 예언한 1.75초와 약간의 오차는 있었지만 두 값은 거의 일치했고 태양의 인력이 광선을 굴절하게 만든다는 것이 증명되었다.

아인슈타인이 상대성이론을 제창한 지 15년이 지난 1921년 비로소 노벨물리학상을 수상한다. 물론 그에 대한 노벨상 수상 내역을 상대성 이론이 아니라 광전효과이지만 그의 상대성이론이 증명된 것이 곧바로 노벨상을 받게 했음은 물론이다. 아인슈타인의 광전효과도 상대성이론처럼 현대 문명에 중대한 영향을 미치고 있는데 간단하게 말해 자동문의 개폐 등은 그의 광전이론에 기초한다. 여기에서 강조할 것은 천하의 아인슈타인도 1921년에 노벨상을 받기 전까지 적어도 16년을 기다려야 했다는 점이다. 우선 이 기간 동안 아인슈타인이 사망했거나 다른 연구로 전공 분야로 바꾸었다면 노벨상을 수상하지 못했을 것으로 생각한다.

학자들은 어려서의 천재성도 중요하지만 어떤 분야에 장기간의 노력과 투자를 할 경우 남다른 성과를 얻을 수 있다고 설명한다. 모든 사람이 한 우물을 팔 수 있는 것은 아니지만 과학 분야에서 한 분야로의 투신은 더욱 중요하다. 4차 산업혁명 시대의 경우 순식간에 변화가 일어날 수 있으므로 적절한 대처가 필요하다고 하지만 그러한 변화도 꾸준한 연구와 백업 자료에 의해 수정 보완되기 마련이다. 꾸준하고 장기적인 분위기 조성이 새로운 생각을 태어나게 만드는 원동력이라는 뜻이다.

⑤ 발상의 전환을 생활화

19세기 말 세계 물리학계는 빛이 전자기파의 일종으로 파(파동)처럼 전파되는 것으로 생각되자 빛이 어떤 상태로 전달되느냐에 집중되었다. 파동이란 충격이나 진동이 주위로 전달되어 가는 현상이다. 음파는 공기를 매개로 전달되고 바다의 파도는 물을 매개로 전달해나간다. 공기나 물처럼 파동에는 그것을 전달시키는 역할을 하는 물질이 필요한데 빛이 파동이라면 빛의 파동을 전달하는 역할을 하는 물질이 존재해야 했다. 이러한 가상의 물질을 '에테르'라고 불렀다.

그런데 에테르가 존재한다면 역시 이상한 의문점이 제기된다. 맥스웰의 이론에 따르면 빛은 횡파(매질의 진동 방향이 파의 진행방향과 수직인 것(가로파))였다. 횡파는 고체와 같은 단단한 물질 안에서 밖에는 전달되지 않는다. 더욱이 횡파의 전달 속도는 그 고체가 단단할수록 빨라지는 성질이 있다. 광속은 매우 빠르므로 에테르가 매우 단단한 것이 되어야 하는데 어느 누구도 그것을 느낄 수 없다. 우주 공간이 에테르로 채워져 있을 수 없다는 지적도 나왔지만 그래도 빛이 파동으로 되어 있다는 관점을 받아들이려면 에테르는 존재해야 했다. 한마디로 에테르가 존재한다면 그것은 이제까지 알려진 적이 없는 새로운 종류의 물질이어야 했다.

지구가 태양 주위를 공전하고 있는데 우주 공간에 에테르가 충만해 있다면 지구는 에테르 속을 운동하고 있는 셈이다. 마이컬슨(Albert A. Michelson, 1852~1931) 박사는 역사상 가장 정교한 실험을 통해 에테르의 존재 유무를 검증했다. 이론의 예측에 의하면 멈춰 있는 에테르에 상대적으로 움직이는 지구에서 측정할 경우 빛의 속도는 미약하나마 변해야 했다. 다시 말해서 태양 주위를 도는 지구는 멈춰 있는 에테르를 기준틀로 해서 볼 때 6개월마다 반대 방향으로 움직이므로 지구의 운동 방향으로 발사한 광선과 그 반대 방향으로 발사한 광선이 특정 거리만큼 이동하는 데 걸리는 시간에 차이가 있어야 했다.[12] 그런데 실험의 결과, 빛의 진행 방향과는 무관하게 속도의 차이는 검출되지 않았다.

▶ 왼쪽부터 마이컬슨, 아인슈타인과 밀리컨

12) 『과학과 기술로 본 세계사 강의』, 제임스 E. 매클렐란 3세 외, 모티브, 2006

이 결과는 당시의 과학자들을 놀라게 했고 그것을 설명하기 위한 이론이 나왔다. 네덜란드의 물리학자 헨드리크 로렌츠(1853~1928)는 에테르에 대해 물체가 움직여 나가면 진행방향으로 그 물체가 물리적으로 수축한다는 것이다. 즉 로렌츠의 이론은 '움직이고 있으면 그만큼 전자기 법칙 자체가 변화하고, 그 효과에 의하여 원자 사이의 전기적인 결합 방식의 힘이 변화하여 물체가 정말로 수축한다는 것으로 이를 로렌츠의 상대성이론'이라고 한다. 로렌츠의 상대성 이론은 그를 당대 최고의 물리학자로 부상시켰으며 로렌츠는 이 연구로 1902년 제2회 노벨 물리학상을 받았다.

그런데 잘 알려진 아인슈타인의 상대성 이론은 '빠른 속도로 달리면 시간이 느려진다와 빠른 속도로 가면 질량이 증가한다'로 대변된다. 그런데 로렌츠의 상대성이론과 아인슈타인의 상대성이론은 근본적으로 차이가 없다는 점이다. 더불어 아인슈타인이 제시한 수학식도 로렌츠와 똑같다. 그런데도 불구하고 현재 로렌츠 박사가 아인슈타인보다 먼저 상대성이론을 도출했다는 것을 아는 사람은 거의 없다.

한마디로 상대성이론의 원전은 로렌츠 박사이다. 그럼에도 현대인들에게 상대성이론이라면 아인슈타인을 거론하는 것은 이들 간에 차이가 있기 때문이다. 로렌츠의 상대성이론은 에테르가 존재한다는 것을 전제로 유도한 것인 반면 아인슈타인은 에테르가 존재하지 않는다는 것을 기본으로 하여 설명했다. 이는 똑같은 식이라 해도 해석이 상당히 달라진다는 것을 의미한다.

이런 발상의 전환을 물구나무서기로 보았다고 말하기도 한다. 똑같은 사안을 보아도 발상의 전환이 가능하다는 것을 의미한다. 물구나무서기를 한다고 해서 없는 것이 갑자기 나타나는 것이 아니라 서서 보았을 때 감지하지 못한 것을 볼 수 있다는 뜻이다.. 똑같은 상대성이론, 똑같은 수학식임에도 불구하고 아인슈타인의 물구나무서기가 돋보이는 이유다.

⑥ 감동을 주는 평범한 아이디어

아카데미 최연소 여우조연상 수상자 안나 파킨(에이미)이 주연한 「아름다운 비행 Fly Away Home」은 교통사고로 한 순간에 엄마를 잃고 10년 동안 떨어져 기억도 없는 아빠와 살게 된 13살 소녀 에이미가 미처 부화하지 못한 기러기를 우연히 발견하면서 시작한다.

▶ 아름다운 비행 영화 포스터

조심스럽게 집으로 옮겨진 기러기 알들은 에이미의 따뜻한 손길 속에서 귀여운 새끼 거위들로 태어난다. 알에서 부화된 후 가장 먼저 본 에이미를 어미새로 알고 있는 기러기들의 '각인' 효과 때문에 새끼 기러기들은 오로지 에이미의 곁에서 쉬거나 그녀의 행동만 따라한다. 각인효과란 1973년 노벨상을 수상한 오스트리아 학자 로렌츠(Konrad Lorenz)가 인공부화로 갓 태어난 새끼 오리들이 태어나는 순간에 처음 본 움직이는 대상, 즉 사람인 자신을 마치 어미오리처럼 졸졸 따라다니는 것을 관찰한 데서 유래되었다.

그는 이런 생후 초기에 나타나는 본능적인 행동을 각인(imprinting)이라고 불렀다. 각인 효과는 새(조류) 에게 특히 많이 나타나지만, 최근에는 포유류와 어류 그리고 곤충에서도 각인효과가 있다는 사실이 알려지고 있다. 일반적으로 어린 동물들은 처음으로 눈과 귀 그리고 촉각으로 경험하게 된 대상을 부모로 생각하고 따라다닌다. 오리는 생후 17시간까지가 가장 민감한 시기이고, 보통 새들은 생후 50일 동안 경험한 대상을 부모로 알고 쫓아다닌다고 알려졌다.

기러기들 때문에 에이미는 조금씩 마음의 평안을 되찾지만, 집안에서 야생동물을 키우는 것은 불법이라는 경찰의 주장 때문에 에이미와 그녀의 아빠는 야생동물의 본능대로 그들을 날려 보내는 것에 동의하였지만 문제는 어떻게 기러기들이 살 수 있는 곳으로 보내느냐이다. 캐나다 기러기들이 에이미만 따라다닌다는 점을 유심히 관찰한 아빠는 에이미가 울트라 라이트 비행기를 직접 몰고 남쪽으로 기러기들을 이끌고 가는 방법을 착안하고 결국 기러기 그림이 그려진 에이미의 비행기를 만든다.

또한 아빠의 친구는 철새인 캐나다 기러기들이 추운 겨울을 지낼 적당한 목적지를 찾아낸다. 그런데 그 땅은 철새서식지로 지정되었음에도 정해진 날짜까지 철새가 돌아오지 않으면 개발업자들에 의해서 개발이 시작되는 곳이었다. 야생의 어미 대신 기러기들에게 나는 법을 가르친 에이미의 노력 때문에 기러기들은 마침내 나는 법을 터득하였고 아빠와 그의 친구들의 도움을 받아 에이미는 16마리의 캐나다 기러기들과 함께 남쪽으로 출발한다.

개발 업자가 발표한 날짜에 철새들이 도착하지 않으면 그나마 있던 보금자리까지 잃게 되지만 영화의 속성상 우여곡절을 거쳐 에이미는 꿋꿋하게 자신이 해야 할 임무를 수행하면서 기러기들을 예정된 목적지까지 인도한다. 결론은 해피엔딩이다. 개발계획은 철수되고, 환경은 보호되었으며 기러기들은 새로운 보금자리를 찾는데 성공한다.

「아름다운 비행」은 경비행기를 탄 안나 파킨이 16마리의 기러기와 함께 붉은 노을을 가로지르는 장면이 매우 인상적으로 당시 불과 14살의 안나 파킨은 전문 비행사로부터 조종 훈련까지 받기도 했다. 그러나 이 영화의 주요 배우 중 하나는 16마리의 기러기이다. 그런데 촬영을 시작할 때 새끼였던 기러기들의 성장 속도가 너무 빠른데다 자동차나 비행기만 봐도 따라가려고 하는 특유의 습성 때문에 촬영에 어려움을 많이 겪었다는 설명이다. 총 60마리의 캐나다 기러기가 서로 교체되며 촬영이 진행됐고, 최고 비행 속도가 시속 32마일인 기러기들과 보조를 맞추기 위해 경비행기의 중량을 150파운드로 유지해야 하는 등 말 못하는 철새를 주인공으로 하는데 고생이 많았다는 후문이다.

이 영화의 핵심은 건전한 아이디어가 많은 사람들에게 감명을 주고 또 이를 많은 사람들이 적극 도와준다는 것이다. 법적으로 보면 악당으로 나오는 건설업자가 진실한 악당은 아니다. 그들은 몇 마리의 철새에 의해 거대한 건설프로젝트가 방해를 받는 것을 원하지 않았을 뿐이다. 그러나 에이미의 순수하고 아름다운 이야기에 많은 사람들이 공감하고 에이미

를 적극적으로 도와주었다는 것은 인간의 행태가 교과서대로 움직이지 않는다는 것을 의미한다.[13]

「아름다운 비행」과 같은 건실한 아이디어만 쫓다가 쪽박차기 십상이라는 말도 충분히 이해가 된다. 한마디로 그런 고급 소재를 어떻게 찾느냐이다. 그러나 에이미의 철새 이야기는 평범한 아이디어가 커다란 주제로 변할 수 있다는 것을 알려준다는데 중요성이 있다. 한마디로 꼬리에 꼬리를 물어 감동적인 장면으로 변할 수 있는데 이는 철새만의 이야기가 아니다. 어떠한 사소한 것이라도 이를 잘 운용하고 관리할 수 있다면 엄청난 파급 효과를 얻을 수 있다는 것이다.

이런 아름다운 이야기가 철새로 한정되는 것은 아님을 분명히 한다. 이러한 건전한 아이디어는 주위에서 얼마든지 찾을 수 있기 때문이다. 4차 산업혁명시대에서 작은 생각이지만 타인의, 타인에 의한, 타인을 위한 일로 만들 경우 어떠한 아이디어도 순기능으로 작용할 수 있음을 알려준다.[14][15]

⑦ 질문을 활성화

아이폰 세계를 만든 스티브잡스의 성공담에 누구나 감탄하지 않을 수 없다. 그는 거의 무에서 시작하여 세계 최고의 IT 회사를 만들었기 때문이다. 그러므로 많은 사람들이 그에게 어떻게 아이디어를 찾아내었느냐고 질문하는데 질문의 핵심은 그런 아이디어를 찾아내는 방법을 어떻게 익혔느냐이다. 스티브잡스의 이야기는 매우 간단하다. 한마디로 너무나

13) 「철새, 왜 겨울마다 이사 다닐까」, 조영선, 조선일보, 2004.11.25
14) 「한국 '사회募金' 개인기부 너무 적다」, 김동섭, 조선일보, 2004.11.17
15) 「아름다운 비행」, 박시룡, 조선일보, 2007.2.5

당연한 듯 우선 학교에서 배웠다고 답했다. 그러나 그는 수업 태도가 남달라야한다고 강조했다.

'학교에서 무엇을 배웠느냐가 중요한 것이 아니라 학교에서 무엇을 질문했느냐가 중요하다.'

이 말의 뜻을 모르는 사람은 없을 것이다. 사실 좋은 질문이 좋은 답을 주고 구체적인 질문이 변화의 출발점이 된다. 나는 왜 운동을 못할까?라는 질문을 다음과 같이 바꾸어보자

'체중을 5Kg 정도 빼려면 하루에 얼마를 운동해야 하고 몇 칼로리 정도로 식사량을 조절하면 될까?'

이런 구체적인 질문을 해야 실천적인 답이 나올 수 있음은 물론이다. 이런 질문을 생활화하는 것이 인간의 기본이라면서 메리 올리버박사는 다음과 같이 설명했다.

'이 우주에서 우리에겐 두 가지 선물이 주어진다. 사랑하는 힘과 질문하는 능력. 이 두 가지는 우리를 따뜻하게 해주는 불인 동시에 우리를 태우는 불이기도 하다!'

⑧ 상대방 논리의 허점 찾기

윌리엄 셰익스피어의 불후의 걸작 『베니스의 상인』처럼 극적인 반전을 주는 작품은 많지 않다. 셰익스피어가 작품을 내놓은 1596년은 엘리자베스 여왕 치하로 영국은 상업이 강성하고 기독교인과 유대인은 반목

하던 시절이었다. 이러한 사회분위기를 반영해 여러 극작가들이 '유대인 고리대금업자'와 '살 1파운드의 채무계약' 이야기를 작품의 핵심 사건으로 활용했지만, 그 어떤 작가도 『베니스의 상인』의 샤일록을 뛰어넘는 새로운 인물을 창조하지는 못했다고 평한다.

▶ 베니스의 상인 영화 포스터

『베니스의 상인』은 베니스의 부상(富商)이며 친구를 위해 생명을 담보로 한 계약서에 서명한 앤토니오의 이야기로 시작된다. 평소 그에게 멸시를 받아온 유대인 고리대금업자 샤일록은 빚을 갚지 못할 경우 앤토니오의 몸에서 살 1파운드를 떼어내는 조건을 내건다. 이 위험한 계약을 중심으로, 친구의 도움으로 상자 뽑기 시험에 도전한 바싸니오와 우정과 사랑을 수호하기 위해 남장을 하고 법정에서 명 판결을 내린 포오셔의 활약이 눈부시게 펼쳐진다. 여기에서 백미는 샤일록과 서명한 계약서가 갖고 있는 함정을 예리한 지적으로 극복할 수 있게 만든다. 즉 살 1파운드를 떼어내되 피를 내게 해서는 안 된다는 것이다. 계약서에 그런 조항이 없었음을 지적한 것으로 살아있는 사람의 몸에서 피를 내지 않고 살을 떼어낼 수는 없는 일이다. 샤일록이 곧바로 항복한다. 바로 그런 허점을 예리하게 파헤치는 것은 셰익스피어에게 한하는 것은 아님을 숙지할 필요가 있다.

⑨ 자주 쓰고 읽기를 생활화하면 무언가 생긴다.

프랑스어가 다소 골머리 아픈 것은 문법이 간단치 않다는 점이다. 한국으로 치면 구어와 문어가 다르고 평어와 존칭어는 물론 남성(le)・여성(la)으로 나누어 발음이 달라지는 등 복잡하기 짝이 없다. 그러므로 프랑스어 문법과 철자법은 초등학교 4학년이 되어야 비로소 가르친다. 초등학교 1학년부터 3학년까지 문법과 철자법을 배울 자질이 되지 않는다고 판단하기 때문이다. 그렇다면 3학년까지 무엇을 가르치는가가 관건인데 큰 틀에서 가장 집중적으로 교육시키는 것 중 하나가 일기를 쓰게 하는 것이다. 철자법과 문법을 제대로 배우지 않았는데 일기가 무슨 소리냐 하겠지만 여기에서 관건은 철자법이 아니라 글을 쓰는 법과 생각하는 법을 익히는 것이다. 일기이므로 어느 내용이라도 문제가 없지만 한 가지 제한은 있다. 즉 하루의 일기에 적정 용량을 반드시 넘겨야한다. 1일 일기에 최소한 한 장 분의 원고량이 되어야 비로소 일기를 써왔다고 인정한다.

프랑스가 이와 같이 일기에 중점을 두는 것은 어린이로 하여금 하루 일정에 반드시 무언가를 생각하도록 유도하기 때문이다. 즉 하루 한 장 분의 문장을 쓰기 위해서는 처음부터 여러 가지로 생각을 한 후 비로소 글을 쓰게 되는데 바로 이런 제한 조건이 앞으로 살아갈 때 문제점들을 수월히 해결할 수 있다는 것이다.

많은 학자들이 누구에게나 나름대로 생각해나가는 일정을 짜보라고 한다. 즉 오늘 저녁에는 무엇을 하고 내일에는 무엇을 할까, 일주일 후, 한 달 후, 1년 후, 10년 후는 어떤 계획을 가지면 좋을 지를 예상해 두라는 것이다. 물론 이런 계획이 예상대로 진행되는 것은 아니지만 일기를 쓸 때와 마찬가지로 차후의 그 무엇을 생각하다 보면 어떤 특별한 생각이 들었을 때 가지치기가 가능해진다.

일기를 매일 쓴다는 생각이 어렵다면 메모라도 꼭 하라고 조언한다. 메모를 쓰는 것이 기억을 되살리는데 기여하는 것은 물론 어떤 주제를 연이어 풀어주는데 크게 도움을 주기 때문이다. 자신이 생각하는 주제를 위해서 하루에 적어도 15분씩이라도 생각하는 습성을 가진다면 그 생각하는 도중 새로운 것이 생각날 수 있다는데 공감할 것이다.

⑩ 공룡이 살던 곳에서 공룡 화석 찾기

한국이 세계적인 공룡발자국 산지가 되자 많은 사람들이 공룡발자국 찾는데 관심을 기우린다. 실제로 우리나라에서 천연기념물로 지정된 공룡발자국 산지는 거의 대부분 아마추어들이 발견한 것이다. 이와 같이 많은 비전문가들이 공룡발자국을 찾아낼 수 있는 것은 전문가들이 아니더라도 한국의 지질학 지식을 접목하면 공룡발자국을 발견하는데 큰 어려움이 없기 때문이다.

그러나 공룡발자국을 찾으려 할 때 가장 중요한 지식은 공룡발자국이 나오지 않는 곳을 정확하게 숙지하는 것이다. 강원도 지역에서 공룡 화석을 발견하겠다는 생각을 접어야 한다. 강원도는 고생대 (약 5억8000만 년 전~2억2500만 년 전)의 지형이므로 공룡이 활동하던 중생대인 쥐라기(약 1억8000만 년 전~1억3500만 년 전)와 백악기(약 1억3,500만 년 전~6,500만 년 전)와는 엄청난 시간 차이가 있다. 고생대의 토양에서 쥐라기시대의 공룡이 발견될 수는 없는 일이다. 반면에 강원도에서는 오늘날 절지동물의 조상인 삼엽충이 발견되는데 이들은 고생대 캄브리아기에서 오르도비스기 사이인 5억6,000만 년 전부터 약 1억 년 동안 바다에서 번성했던 생물이다. 삼엽충이 태백시 외에도 삼척, 영월, 단양 등지에서 발견되는 것도 같은 이유다. [16)]

서울의 도봉산·관악산 같은 화강암 지형에는 화석이 없다는 점을 이해해야 한다. 허민 박사는 한국의 석재는 상당 부분이 화강암이므로 이들 지역에서 공룡 화석을 찾겠다는 생각을 접어야 한다고 말한다. 화석은 기본적으로 퇴적암에서 발견되기 때문이다.

경기도에는 강화도 가까이 김포 탄전에 중생대 쥐라기 지층이 분포하지만 분포 면적이 좁아 그만큼 공룡 화석이 발견될 가능성이 낮다. 충남 탄전에도 중생대 지층이 비교적 넓게 분포하지만 영남지역에 비하여 분포가 좁을 뿐 아니라 공룡의 전성기인 백악기보다 그 이전의 지층이 주로 분포하고 있기 때문에 가능성은 있지만 높지 않다. 우리나라에서는 경상도, 남해안 일대, 충북 영동, 경기도 시화호, 전북 전주 등이 중생대에 속한다. 이들 지역에서 공룡 화석이 발견되는 이유다. 제주도, 울릉도, 경주,

---

16) 『손영운의 우리땅 과학답사기』, 손영운, 살림, 2009

포항, 백두산 등지에서 공룡 유적을 찾는다고 쓸데없는 고생은 하지 말기 바란다. 이들 지역은 신생대 지형인데 공룡은 신생대 이전에 멸종했다.[17]

콩 심은 데서 콩 나오고 팥 심은 데서 팥 나온다는 진리처럼 명쾌한 말은 없을 것이다. 많은 사람들이 남다른 생각을 갖고 새로운 것을 찾으려고 노력한다. 새로운 것이야말로 4차 산업혁명 시대에서 살아남는 기법 중 하나이다. 그런데 콩밭에서 콩을 찾는 것이 아니라 팥밭에서 콩을 찾으려는 사람들이 생각보다 많이 있다. 적어도 각종 정보 바다에 살고 있는 현대에 어떤 아이디어를 실현화시키려면 상당한 정보 축적이 필요함은 물론이다.

⑪ 차를 나르게 한다, 차도 나른다

사람에게는 좋은 습관 나쁜 습관으로 똑 부러지게 나누어지지 않는 난처한 경우에 봉착하는 경우가 많다. 이때 어떻게 슬기롭게 난관을 펼쳐가느냐가 관건이다. 스페인의 문호 세르반테스의 『돈키호테』는 이런 문제를 정확하게 제시했다. 돈키호테의 유일한 추종자인 산초가 어떤 섬의 태수가 된다. 전설을 소중하게 여기는 산초는 다음과 같은 매우 엄격한 법령을 발표했다.

> '이 섬을 방문하는 모든 사람에게는 무엇하러 여기에 왔느냐고 질문을 받는데 진실을 말하는 사람은 곧바로 통과시킨다. 하지만 거짓말을 한다면 바로 교수형에 처한다.'

17) 「공룡알 속 '1억년 전 공기' 분석해보니 산소량(함유율 29%, 요즘 대기는 22%) 지금보다 많아」, 최보식, 조선일보, 2010.11.08

어느 날 한 남자가 국경을 넘어왔는데 국경 검문관에게 그는 매우 난처한 문제를 제기했다. 그는 교수형을 당하러 왔다고 말했기 때문이다. 만약 그 남자를 그냥 통과시키면 그는 거짓말을 한 것이 되므로 그를 처형해야 한다. 그러나 남자를 처형하면 그는 진실을 말한 것이 되므로 그를 처형할 수 없다. 결정을 내리지 못한 검문관은 이 문제를 해결하기 위해 산초 태수에게 질문했다.

이러한 문제에 봉착했을 때 쉽사리 결론을 내리는 것은 간단한 일이 아니다. 이럴 때 논리가 아닌 정황이나 상황이 더 중요한 판단 요소가 되어야 한다. 합리적인 논쟁보다 다른 요소가 더 중요한데 산초는 다음과 같이 판결했다.

> '국경을 넘어온 그 남자를 그냥 무사히 통과시켜라. 그 이유는 선을 베푸는 것이 악을 베푸는 것보다 낫기 때문이다. 이것은 내가 머리를 쥐어짜서 내린 결론이 아니다. 내가 이 섬의 태수로 오기 전날 밤에 돈키호테 주인님이 가르쳐주었던 마음가짐이 생각났기 때문이다. 그것은 판단하기 어려울 때에는 자비의 길을 취하라는 것이다.'

돈키호테가 우리에게 알려주는 것은 날카로운 눈썰미도 감성의 중요성을 이해해야 한다는 것이다. 합리적이고 이성적인 눈으로만 본다면 돈키호테의 삶은 무모하고 바보 같은 삶이지만 그의 이야기는 우리에게 많은 것을 시사해준다. 대부분의 사람들은 자신의 기존 신념과 일치하는 정보만 받아드리려는 경향을 갖고 있다. 주위에서 합리적인 근거와 과학적 증거를 가지고 설득해도 소용없다. 자신의 믿음을 강화해주는 정보들만 걸러내 받아들이기 때문에 자신에 반하는 행동을 강요당하면 불평불만을 쏟아내는데 주저하지 않는다.

이어령 박사는 이화여자대학교에서 석사학위를 받은 한 제자가 찾아와서 직장이 어떠냐고 묻자 대학원을 졸업했는데도 회사에서 '차나 나르고 있다'고 불만을 토로했다고 한다. 그녀의 대답에 이 박사는 회사에서 '차도 나르고 있다'라고 바꾸어서 말하라고 조언했다. '차'도 나르는 것과 '차나 나르고 있다'는 것은 엄연히 다른 이야기다. 후자는 자신이 차나 나르는 신세가 되었다고 자조하는 것에 반해 전자는 자신이 많은 일이 하고 있는데 차도 겸사하여 나르고 있다는 뜻이다. 사실 이화여자대학교에서 석사학위를 받았음에도 회사에서 차만 나르는 일을 시키기 위해서라면 회사에서 뽑지를 않았을 것은 분명하다.

이어령 박사의 제자가 '차'나 나르고 있다는 것의 의미를 모르고 답한 것은 아니다. 그러나 이어령 박사는 석사학위를 가진 그녀를 채용한 사람들이 그녀에게 차만 나르게 채용한 것이 아니므로 그녀를 날카로운 눈썰미로 보고 있는 사람들이 있다는 것을 파악하라는 것이다. 불평불만도 격을 알고 하라는 것이야말로 어려운 시대를 살아나가는데 큰 덕목이 됨은 이론의 여지가 없을 것이다.[18] 바로 그런 전진적인 상황이 새로운 아이디어, 새로운 환경 창출의 기회를 줌은 물론이다.

⑫ 주변의 고통이 나의 고통이다

전보는 세계화의 초기 통신수단이다. 신문은 더 이상 동네 소식만 전하는 매체가 아니라 주요 외신에 의존하기 시작했고, 영화에서 자주 등장하는 '속보(호외)'라는 것도 전보의 등장으로 가능해졌다. 대중 정치에서의

18) 『틀을 깨라』, 박종하, 해냄, 2011

여론 형성도 과거보다 빨라졌고 공장의 신기술도 더 빨리 전파되었다.

미국의 발전은 사실상 전보의 등장으로 활성화되기 시작했다고 해도 과언이 아니다. 많은 일자리가 생겨나고 유럽인들이 미국으로 건너오기 시작했다. 수많은 노동자들을 실어나르는 증기선들의 정확한 도착시간 예고는 많은 프로젝트들이 계획성 있게 추진될 수 있도록 해주었다.

이때 또 다른 통신수단이 등장해 정보의 속도전을 촉진시켰다. 통신수단을 한 차원 높게 업그레이드시킨 전화이다. 전화의 발명특허를 둘러싸고 반드시 등장하는 이야기는 전화를 발명한 알렉산더 그레이엄 벨(Alexander Graham Bell)의 전화 발명특허 신청이 엘리사 그레이(Elisha Gray)보다 단 2시간 앞섰다는 것이다. 그러나 벨이 전화기에 관심을 기울이게 된 계기가 어머니와 아내가 농아였기 때문이라는 점은 잘 알려져 있지 않다. 벨의 전화 발명은 가족의 고통을 해결하려는 가족 사랑에서 시작되었다.

그레이엄 벨은 언어학자인 아버지 알렉산더 멜빌 벨(Alexander Melville Bell)의 세 아들 중 둘째로 영국에서 태어났다. 그의 할아버지도 연극배우로, 조지 버나드 쇼의 희극 『피그말리온』의 주인공 헨리 히긴스 박사의 실제 모델이다. 아버지는 농아(聾啞)에게 말하는 방법을 가르치는 『표준 웅변과 선명한 화법』이란 책을 발간했는데 그것은 벨의 어머니가 농아였기 때문이다. 벨이 농아 교습법을 배운 것도 이러한 가정환경 때문이었다.

그런데 농아인 아내와 수화로 의사소통을 하던 벨의 아버지는, 모든 소리들을 목록으로 만들어 가르치는 보통의 음성분류 체계가 실제로 농아들에게는 별 소용이 되지 않는다는 것을 알았다. 그는 실생활에서 최종적인 소리가 뜻하는 개념보다는 소리 자체를 만들어내는 것이 중요하다고 생각했다. 벨은 아버지의 아이디어, 즉 소리를 만들어낼 수 있는 기계를 만든다면 어머니에게도 소리를 들려줄 수 있다고 생각했다.

더욱이 농아학교 교사였을 때 만난 메이블 허버드라는 여학생을 사랑하게 되면서 벨은 농아들에게 소리를 들려주겠다는 결심을 더욱 굳혔다. 어릴 적 성홍열을 앓아 농아가 된 메이블은 매우 부유한 집안의 딸이었다. 그녀의 부모는 가난한 벨이 딸에게 접근하는 것을 막았지만 벨은 결코 사랑을 포기할 생각이 없었다. 그는 농아인 메이블에게 소리를 들려줌으로써 사랑을 얻을 수 있다고 생각했다.

이때 벨은 다소 엉뚱한 발상을 한다. 당시에 이미 대중화되어 있던 모스 부호가 전기로 소리를 내는 것이니, 소리를 전선을 통해 내보내는 것도 가능할지 모른다는 생각이었다. 벨은 마침 독일의 헤르만 폰 헬름홀츠(Hermann von Helmholtw, 1821~1894)의 소리굽쇠에 대한 연구 논문을 읽었다. 헬름홀츠는 소리굽쇠를 전자석에 연결한 뒤 소리굽쇠를 퉁기면 소리굽쇠와 똑같은 진동수를 갖는 전류가 전선을 타고 흐른다고 적었다. 한마디로 벨이 생각했던 것이 결코 불가능한 것이 아니라는 것을 원론적으로 설명한 것이다.

이론적으로 소리를 전선으로 보낼 수 있다는 것을 알게 된 벨은 진동수가 다른 소리굽쇠를 한 전선에 달아 소리굽쇠마다 한 가지씩 신호를 보내고 전선의 반대편 끝에 여러 개의 진동판을 달아 그 신호들을 분리하는 실험에 돌입했다. 전기에는 문외한이었던 벨의 실험은 실패의 연속이었으나 시행착오 끝에 전자석과 진동판을 제대로 연결하면 소리를 전류로 바꿀 수 있다는 사실을 발견했다.

1875년 벨은 메이블의 부모에게 자신의 발명품을 들고 찾아갔다. 자신이 형편없는 젊은이가 아니라 메이블과 결혼할 정도의 능력을 가진 사람이라는 걸 보여주기 위해서였다. 메이블의 아버지 허버드는 전신사업에 관여하는 금융가로 사업적 안목을 가진 사람이었다. 허버드는 벨이 갖고 온 발명품의 엄청난 잠재성을 간파한 후 곧바로 벨과 딸의 결혼을 허락하고 개발 자금도 지원했다.

벨의 경우 어머니와 추후에 부인이 되는 여학생을 위해 궁극적으로 전화기 발명에 도전하여 성공한 것이다. 그러나 4차 산업혁명의 와중에서 이와 같은 예가 나오지 말라는 법은 없다. 가족이나 주위의 불편함이 자신에게 직접적으로 미치는 영향이 상당히 많기 때문으로 수많은 발명과 발견, 새로운 아이디어가 주변의 불편을 자신의 불편으로 인식하고 이를 개선하는 도중에서 도출된다. 남의 불편이 나의 불편이라는 생각을 갖고 이에 대처하는 방법이야말로 새로운 시대를 살아가는 덕목 중 하나라는 것을 귀담아들을 필요가 있다.

⑬ 사실에 근거한 허풍도 자산

SF영화에서 두 장르가 영원한 흥행 보증수표라고 인정하는데 그것은 '드라큘라(뱀파이어)'와 '스페이스 오페라'이다. 스페이스 오페라란 '우주 활극담'이나 '우주 영웅담'으로 번역되기도 하지만 어원은 매우 오래됐다. 미국에서 서부 개척시대에 인디언들을 무차별 학살하면 오히려 영웅으로 부각되기도 했는데 이때의 총잡이들 이야기를 '호스 오페라(horse opera)' 즉 말 타고 다니며 벌이는 활극담이라고 불렀다. 호스 오페라는 말에 탄 채로 노래 부르는 뮤지컬 장면도 많아 이름 자체는 많은 공감을 받았다. 한편 '비누 오페라(soap opera)'라는 말도 있는데 이는 통속적인 내용의 드라마를 말한다. 한마디로 우리나라 TV 연속극 대부분이 이에 해당한다. 여기에서 비누란 이름이 등장하는 것은 미국에서 초창기 라디오 연속극을 주로 비누회사들이 스폰서를 했기 때문이다.

스페이스 오페라는 구소련에서 1961년 우주선 보스토크로 우주인 유리 가가린을 우주로 내보낸 후부터 소재가 획기적으로 바뀌어 이후 공전의 흥행에 성공하는 「스타워즈」, 「스타트랙」, 소설 『은하영웅전설』, 필자의 소설 『피라미드(전12권)』 등이 등장한다.[19] 스페이스 오페라 장르가 성공을 거두는 이유는 광대한 우주를 배경으로 한 작품으로 사랑·전쟁·배신 등이 주제를 이루기 때문이다. 이들이 관객의 주목을 받을 수 있는 것은 주제에 따라 참신한 아이디어 즉 뻥튀기를 무궁무진하게 만들어낼 수 있기 때문이다.[20]

4차 산업혁명 시대를 슬기롭게 이겨나가는 방법으로 영화의 시나리오와 같은 상상력을 발휘하라고 강조하기 위한 것은 아니다. 실제로 상상력이 현실세계에서 포장되면 부작용이 곧바로 드러난다. 현대의 덕목으로 인식하는 공정사회를 침해하는 허위·과장광고가 바로 그런 예이다.

천안의 호두가 워낙 유명하므로 호두과자라고 이름을 붙였는데 소비자들이 들고 일어났다. 호두과자에 호두가 없다는 것이다. 결국 상인들이 이를 인정하고 '호두모양과자'로 판매하였다. 물론 현재는 호두를 작은 양이나마 넣고 호두과자로 판매하고 있다.

인간의 생각은 참 오묘하다. 이런 상황을 절묘하게 이용한다면 즉 벌금

---

19) 「대우주의 로망 스페이스 오페라」, 박상준, 팝툰, 2007.9월호
20) 『피라미드(전 12권)』, 이종호, 새로운사람들, 1999

만 물지 않는 아이디어를 도출한다면 성공의 지름길이라는 생각하는 것이다. 이를 절묘하게 피하는 방법이 일명 '과장된 광고'이다. 어떤 제품을 선전하면서 제품과 전혀 다른 소재를 차용하는 경우로 이런 광고들은 누가 봐도 완벽한 허구임이 느껴지기 때문에 소비자로 하여금 속았다고 느끼는 것이 아닌 참 기발하다고 느끼게 한다. 소위 과장된 광고이지 허위 · 과장광고는 아니므로 절묘하게 빠져나가는 경우가 많다. 이것은 뻥튀기 즉 과장 포장을 유효적절히 사용하면 나름대로 큰 성공을 거둘 수 있다는 것이다.[21]

그런데 여기에서 전제해야 할 것은 인생살이에서 설명되는 과대 포장은 일반적으로 설명되는 거짓말과는 전혀 다른 개념이라는 뜻이다. 어떤 사람이 시도 때도 없이 하는 거짓말과 과대포장의 차이는 거짓말은 존재하지 않는 것을 존재하는 것처럼 말하는 것임에 반해 과대포장은 존재는 하되 이를 뻥튀기 했다는 뜻과 다름 아니다. 사실 쌀로 만들어진 뻥튀기를 보면 큰 부피를 만드는 것에 놀라는데 쌀뻥튀기는 쌀로 만들었다는 점이다.

물건을 팔 때 밑지고 판다는 말을 액면 그대로 믿는 사람은 없을 것이다. 그런데 밑지고 판다는 사람을 거짓말쟁이라고 보지는 않는다. 과대포장은 아닐지 모르지만 어느 정도 포장 능력은 인생살이에서 매우 중요하다는 뜻이다. 적어도 물건을 팔 수 있는 여건이 되기 때문이다.

중국 4대 고전으로 『삼국지연의』, 『수호지』, 『서유기』, 『금병매』를 드는데 『서유기』 는 당나라 오승은(吳承恩)의 작품이라고 한다. 대당(大唐) 황제의 칙명으로 불전을 구하러 인도에 가는 현장삼장(玄奘三藏)의 종자(從者) 손오공(孫悟空)이 주인공이다.

---

21) 「허위 · 과장광고, 그 범위는 어디까지?」, 공정거래위원회, 2014.07.24

'원숭이 손오공은 돌에서 태어났으며, 도술을 써서 천제의 궁전이 발칵 뒤집히는 소동을 벌인 죄로 500년 동안 오행산(五行山)에 갇혀 있었는데, 삼장법사가 지나가는 길에 구출해 주었다. 그 밖에 돼지로 머리가 단순한 낙천가 저팔계(猪八戒), 하천의 괴물로 충직한 비관주의자 사오정(沙悟淨) 등을 포함한 일행은 요괴의 방해를 비롯한 기상천외의 고난을 수없이 당하지만 하늘을 날고 물 속에 잠기는 갖가지 비술로 이를 극복하여 마침내 목적지에 도달하고 그 공적으로 부처가 된다.'

이 이야기는 7세기에 당나라의 현장법사가 타클라마칸 사막을 지나 북인도에서 대승(大乘)불전을 구하고 돌아온 고난의 사실(史實)에 입각한다. 특히 현실세계의 추악함과 통치계급의 타락상을 천계에 반영시킨 해학 · 풍자의 문학이며, 천제의 자리를 윤번제로 하자는 주장 등, 통쾌한 유머도 섞여 있다. 또한 72반(般) 변화의 술을 자유자재로 부리고, 근두운(觔斗雲)을 타서 10만8000리를 단숨에 나는 손오공으로 하여금 약자를 돕고 강한 자를 무찌르며, 악을 몰아내고 선이 이기도록 함으로써, 독자들에게 갈채를 받았는데 여기서 놀라운 것은 화염산 이야기다.[22)]

산장법사 일행이 화염산의 불길에 막혀 꼼짝 못하는데 철선공주가 갖고 있는 부채로 화염산의 불길을 끌 수 있다는 말에 철선공주와 한판 싸움을 벌여 부채를 빼앗는다. 파초선을 49번 부치니 비가 내리고 마침내 화염산의 불길이 꺼져 산을 넘는다. 오승운도 화염산을 다음과 같이 묘사했다.

'봄도 없고 가을도 없고 4계절 모두 뜨겁다. 이 화염산에는 800리 화염이 있어 주위에 어떤 생물도 살 수 없다. 구리 갑옷을 입고, 쇠로 된 신을 신어도 한줌 즙이 되어버릴 것이다.'

---

22) http://terms.naver.com/entry.nhn?docId=1111355&cid=40942&categoryId=32903

중국의 투루판에서 돈황으로 들어가는 길에 있는 화염산은 실크로드 선상에 있으므로 반드시 거치는 곳인데 이곳의 기후가 정말 말이 아닐 정도로 덥다. 이곳에 높이 10미터 정도로 세계에서 가장 큰 온도계가 있는데 섭씨 50도에서 60도를 올라가는 것은 기본이다. 기온이 '무덥다', '뜨겁다'라는 차원이 아니라 '혹독하게 덥다'로 표현할 수 있는데[23) 『서유기』에 나오는 화염산 전체가 활활 탄다는 말 자체는 과장되어 있지만 화염산을 묘사한 말로는 사실에 기초했다고 볼 수 있다. 한마디로 『서유기』가 실제로 불화산과 같은 화염산을 토대로 흥미 있게 포장하였기 때문에 독자들도 이를 재미있게 읽으며 중국의 4대 고전으로까지 평가라는 것이다.

이와 같이 사람들에게 거부감을 느끼지 않는 절묘한 포장이야말로 4차 산업혁명에서 큰 자산이 될 수 있다는 뜻이다. 한마디로 인생의 모든 면에서 절묘한 포장은 감초와 같은 역할을 할 수 있다. 물론 포장 능력이 인간의 한 요소라는 것을 정확하게 이해하고 바로 그 선이 타인에게 치명적인 해가 되지 않는다는 조건이 필요하다.

참고적으로 중국은 섭씨 40도 이상이 되면 학교를 휴교한다고 한다. 그러나 화염산 부근은 평상 40도 이상이 되므로 시시때때로 학교를 휴교해야 한다. 그러므로 이곳 지역에서의 온도는 항상 39도로 정해진다고 알려진다.

⑭ 사라지는 자리가 얼마나 되는가

각국 정부에서 가장 심혈을 기울이는 분야가 실업자 해소이다. 이곳에

---

23) http://blog.naver.com/bw1007/80041237933

서는 실업자 문제에 대해 설명하는 것이 아니지만 실업자라는 자체는 일을 할 수 있는 있음에도 불구하고 일을 하지 못하는 사람을 말한다. 심지어 자신의 직업을 실업자라고 말하는 사람도 있지만 특별한 경우가 아닌 한 실업자라는 말이 아름다운 것은 아니다. 정년퇴직한 사람들이 은퇴하기 직전에 받은 봉급에 비해서 훨씬 낮은 임금이라도 다시 일하겠다는 것은 아직도 일을 할 수 있다는 자신감을 주기 때문이다.

그런데 필자가 잘 아는 정보관련 회사의 'P' 회장은 단연코 말한다. 자신에게 상당히 많은 사람들이 신규 아이디어를 갖고 오는데 그는 아이디어를 갖고 온 사람에게 제일 먼저 항상 다음과 같은 질문을 한다고 한다.

"자네가 갖고 온 프로젝트를 추진했을 때 실업자가 되는 사람을 몇 명으로 예상하는가?"

신규 프로젝트가 추진되려면 적정 인원이 필요한 것은 사실이므로 새로운 프로젝트를 추진하기 위해 투입되는 경우 실업자를 구제할 수 있는 기회라고 보는 것에 이론의 여지가 없다. 그런데 P회장은 그 역으로 그 아이디어를 실현한다면 얼마나 많은 사람이 실업자가 되느냐고 반문했다. 실업자를 많이 낼수록 좋은 아이디어라는 P회장의 말에 발끈하는 사람들도 있을지 모르지만 P회장의 이야기를 음미해보면 실업자를 만드는 것이 아니라 새로운 신선한 직원들을 확보하는데 몇 명이 필요하느냐를 의미했다는 것을 알 수 있다. 그러면서 자신에게 프로젝트를 갖고 온 대부분의 아이디어맨이 곧바로 그 점을 생각하지 못했다고 대답하면 자신은 절대로 투자하지 않는다고 말했다.

P회장의 말은 새로운 아이디어로 인해 산업체에서 실업자가 생기기는 하지만 새로운 아이디어로 인하여 발생하는 채용 인원이 더 많을 수 있다는 뜻이다. 실업자를 양성한다는 것이 아니라 새로운 시장을 개척하는 아이디어를 갖고 와야 비로소 보다 큰 시장으로의 진입이 가능하다는 뜻으로[24] 이런 아이디어로 무장한 새로운 아이디어라면 사람에 따라 혹독하게 비칠지도 모르는 4차 산업혁명시대를 이끌어가는 선두주자가 될 수 있다는데 이론의 여지가 없을 것이다.

⑮ 단점이 장점

뒤집어 보자는 말처럼 쉬운 말도 없고 어려운 말도 없다. 한마디로 뒤집어서 어떻다는 말이냐고 반문할 수 있다. 뒤집어서 본다고 달라지는 것이 없다는 것인데 사실 달라지는 것은 없다. 단지 보는 시각이 달라진다는 뜻이다. 그런데 보는 시각이 달라진다는 말이 갖고 있는 의미는 대단히 심오할 수 있다.

한국에서 자살로 많은 문제가 되지만 근래 자살방지캠페인에 나오는 팸플릿에는 아주 적나라한 설명이 등장한다. '자살'이라는 글자를 반대로 하면 '살자'가 된다는 것이다. 영어의 스트레스(stressed)를 반대로 하면 디저트(desserts) 란 말이 된다. 이를 보고 웃지 않는 사람이 없을 것이다.

국내의 한 그룹에서 아프리카로 신발 수출 시장을 파악하기 위해 두 직원을 출장보냈다. 그런데 똑같이 현장을 방문하여 시장을 파악한 두 직원이 보낸 보고서는 전혀 달랐다. 한 직원은 아프리카인들은 신발을 신지 않으므로 신발 시장이 전혀 없다고 보고했다. 반면에 다른 직원은 아프리

24) 『사고정리학』, 도야마 시게히코, 뜨인돌, 2009

카인들이 신발을 신지 않고 있으므로 이들에게 신발을 신게 만든다면 그야말로 엄청난 시장이 생긴다고 보고했다. 더불어 그는 황무지나 마찬가지인 아프리카 신발시장을 석권하기 위해 적극적으로 아프리카에 진출해야 한다고 역설했다. 똑같이 아프리카에 출장 가서 똑같은 질문의 해답을 찾았는데 한 직원은 긍정, 다른 직원은 부정적으로 보고했다. 누가 회사에서 우대를 받았는지는 말할 것도 없을 것이다.

어느 사람에게나 위와 같은 상황이 닥칠 수 있다. 위 메시지는 어떤 질문에 결론을 내려야 할 때 부정적인 생각이 드는 경우가 있다면 그 반대의 상황도 검토해 보라는 것이다. 즉 아프리카 사람들이 신발을 신지 않는 것이 보편적이라고 하지만 그들이 맨발보다는 신발을 신는 것이 더 좋다는 것을 이해시키면 새로운 분야의 시장이 생기는 것은 자명한 일이다. 이 말은 어떠한 일이라도 한 템포 늦춰 똑 같은 상황을 역의 시각으로 대입해 보라는 것이다. 물론 항상 긍정적인 생각을 하는 것을 의심스러운 시각으로 살펴보는 것도 필요하다. 생각의 유연함이 더욱 필요하다는 뜻이다.

⑮ 전문가 활용

제1차 세계대전 중 미국에서 시카고의 한 신문이 헨리 포드를 '무식한 평화주의자'라고 공격했다. 포드가 학교 교육이라곤 초등학교 6학년도 채 마치지 못한 것을 빗댄 것이다.

사실 포드는 학교와는 거리가 멀었다. 기계 만지기에 소질이 있는 그는 학교를 중퇴한 후 일당 1달러 10센트를 받기로 하고 견습기계공으로 처음 취직한 곳에서 불과 엿새 만에 해고되었고 이후에도 여러 차례 해고당한다. 그가 첫 직장에서 해고된 이유는 작업조장에게 공장의 업무 과정을 단순하게 고치는 것만으로도 작업 효율을 증대시키고 필요 인력을 감축할 수 있는 기획안은 내놓기 때문이다. 그는 업무과정을 효율적으로 개선하면 공장에서 더 많은 돈을 벌고 결국 노동자들도 더 많은 임금을 받을 것이라 생각했지만 노동자들은 신참 견습공이 노동 수요를 줄이는 구조조정을 탐탁하게 생각하지 않았다. 한마디로 괫심죄에 걸린 것인데 이후 포드는 개인의 창의력을 가로막는 집단에 대해 큰 불신을 갖는다.[25]

어려서부터 창의력만이 회사를 키울 수 있다고 생각한 포드는 결국 세계적인 회사로 포드사를 키웠지만 그가 무식하다는 말에 대해서만은 참을 수 없었다. 그러므로 포드는 이 기사에 항의하여 신문사를 걸어 명예훼손죄로 소송을 제기했다. 신문사측 변호인들은 포드가 무식장이라는 것을 배심원들에게 입증하기 위해 포드를 증언대에 세웠다. 변호인들은 포드가 자동차 제작에 관해서는 상당한 전문지식을 가지고 있을지 모르지만 파상공세를 통해 그가 무식쟁이라는 것을 증명하려고 했다. 질문은 미국의 전문적인 역사는 물론 철학, 예술, 과학 등 전반에 걸쳐 엄청난 양이었는데 한마디로 백과사전의 지식을 알고 있느냐였다. 변호사의 질문에 진력이 난 포드는 변호사에게 다음과 같이 질문했다.

'만일 내가 당신의 질문 또는 당신들이 묻는 그 밖의 어리석은 질문들 중 어느 하나에 대해서라도 진정으로 답변하기를 원한다면 나는 당신들에게 내 책상 위에는 누름단추들이 일렬로 장치되어 있으며 그 중 오른쪽 버튼 하나를 누르기만 하면 수많은 직원들이 달려와 내가 하고 있는 일과 관련하여 내가 묻고 싶은 어떤 질문에도 척척 대답해 줄 수 있게 되어 있다는 것을 상기시켜 주고 싶다. 내 주변

25) 『누가 우리의 일상을 지배하는가』, 전성원, 인물과사상사, 2012

에 내가 요구하는 어떠한 지식이라도 제공할 수 있는 직원들이 허다한데도 내가 이런 질문들에 답변하기 위해 일반적인 지식을 배우는 등 내 머리를 어지럽혀야 할 필요가 있다고 여러분은 생각하는지 고견을 말해 주시오.'

포드의 대답은 확실히 논리 정연한 답변이었다. 법정에 있던 모든 사람들은 그의 답변이 무식한 사람의 대답이 아니라 교육을 받은 사람의 대답임을 인식했다. 자신에게 필요한 지식을 어디서 구해야 할 것인지, 그같은 지식을 어떻게 하면 구체적인 행동 계획으로 조직화할 수 있는지 아는 사람은 모든 전문지식을 마음대로 구사할 수 있는 자격을 갖고 있다는 것을 의미한다.

어떤 아이디어가 떠올랐을 때 그에 대한 모든 정보와 전문 지식을 자신이 직접 파악해야하는 것은 아니다. 어떤 분야에 대한 전문지식을 갖고 있다면 오히려 전진에 장애가 될 수 있다. 한마디로 백과사전에 실려 있는 전문적인 지식까지 아이디어를 활성화시키는데 자신의 머릿속에 담고 있어야만 하는 것은 아니다.

사람에 따라 전문의사보다도 훨씬 많은 전문지식을 갖출 필요성이 생길지 모른다. 그럴 경우에도 당신은 큰 틀의 아이디어 추진에 매진하고 주변의 전문가 또는 컨설턴트 등을 통해 자신의 부족한 점을 보완할 수 있다. 에디슨은 평생을 통해 3개월의 학교 교육받은 것이 고작이었다. 그러나 그는 교육이 부족한 사람이 아니었고 더욱이 가난뱅이로 세상을 마치지도 않았다. 당신의 아이디어에 조언을 줄 사람은 많이 있다. 물론 적절한 사람으로부터 조언을 받을 수 있게 만드는 것은 각자의 능력이다.

⑯ 분석력을 길러라

학자들은 창의성이야말로 4차 산업혁명 시대의 핵심이라고 말한다. 미래학자 엘빈 토플러는 창의성이 기업의 경쟁력과 직결된다고 말했다. 이들 창의성을 키우기 위해 많은 기업들이 놀이문화를 조성하고 배낭여행을 보내며 창의성 프로그램을 개발해 특별한 교육을 진행한다. 하지만 창의성을 높이는 방법은 의외로 복잡하지 않다고 말한다.

창의성, 영감, 직감 등 어느 날 불현 듯 발현되는 것처럼 보이지만 이들 역량이 제대로 발휘되려면 어떤 단계를 부단히 거쳐야 하는데 바로 분석이란 단계이다.

일반적으로 창의성은 문제 인식 → 준비 → 몰입 → 잠복 → 영감 → 문제 해결의 6단계를 거친다. 문제를 인식하면 문제 해결과 관련된 모든 사전 지식을 검토하는 준비 작업에 들어간다. 인식한 문제가 평소에 접하지 않은 생소한 것이라면 이 단계에서 많은 노력이 필요하다. 몰입은 구체적으로 문제를 해결하기 위한 궁리단계이며 가장 많은 집중력이 필요하다. 천재는 99퍼센트의 노력과 1퍼센트의 영감이라는 토마스 에디슨의 말 중에서 99퍼센트란 바로 노력이 집중되는 단계가 준비와 몰입이다.

그러나 아무리 애를 쓰더라도 해결되지 않는 상태가 비일비재하다. 여기가 잠복 단계다. 그러나 중요한 문제일수록 설사 손을 거의 뗀 상태이지만 그동안 투입한 땀이 많으면 많을수록 무의식 속에서도 문제는 계속 맴돈다. 그러다 우연한 기회에 불현 듯 영감이 떠오른다. 문제를 단번에 해결할 수 있는 통찰력이 순간적으로 번뜩이는데 이것이 바로 창의성의 발현이다.

학자들은 창의성이란 보이지 않는 것을 보는 것이라 정의한다. 그렇다면 보이지 않는 것을 볼 수 있게 하는 것이 바로 분석이다. 데이터를 분석을 통해 우리가 볼 수 없는 패턴을 찾아낼 수 있기 때문이다. 이때 영감이 튀어나오면 그동안 복잡하고 풀기 어렵다고 생각하던 어떤 문제가 단번에 해결된다. 한마디로 일정 시점에서 영감이 발휘되어야만 창의성이 완성된다고 볼 수 있다.

그런데 분석 단계에서 영감이 따로 발휘되어야 하는 어떤 능력이 존재하는 것이 아니라 99퍼센트의 땀을 흘렸을 때 응분한 보상이 찾아 온다는 점이다. 그러므로 노력 없는 창의성은 없다는 뜻이다. 사과나무 아래서 사과가 떨어지는 것을 보고 만유인력을 도출한 뉴턴이 사과나무를 보자마자 만유인력을 생각해낸 것은 아니다. 천재 중 천재인 뉴턴도 중력이라는 문제 해결을 위해 수많은 노력에 불구하고 결실을 맺지 못하다 어느 날 갑자기 사과가 떨어지는 것을 보고 영감을 떠 올린 것이다. 뉴턴이 정말로 사과가 떨어지는 것을 보고 만유인력을 도출했느냐고 질문하겠지만 이 부분에 관한 한 '참'이라고 생각한다.

창의성의 바탕이 분석이라는 사실은 창의성을 어떻게 개발할 것인지에 대한 방향성을 제시한다. 창의성을 학자에 따라 문제 해결과 관련된 변수를 선정하여 이를 측정한 뒤 변수들 사이의 새로운 관련성을 수학적으로 파악하는 능력으로 정의하기도 한다. 다시 말해 눈에 보이지 않은 변수들 사이의 관계를 계량 분석을 통해 찾아내는 것이 창의성이다. 따라서 창의적으로 업무를 하는 것은 연습하고 훈련하고 가르치고 배울 수 있다. 개인적으로 계량적 분석 역량을 키우려는 노력을 얼마든지 키울 수 있다는 뜻이다. 유전학의 아버지로 불리는 그레고어 요한 멘델(Gregor Johann Mendel), 행성이 타원형으로 운행한다는 것을 도출한 요하네

스 케플러(Johannes Kepler)의 역작은 분석을 근거로 한다.[26]

⑰ 아이디어 사냥꾼에 대비

발명가들의 꿈은 자신이 제안한 아이디어가 산업화로 이어져 부귀영화를 누리는 것이다. 그러나 각고의 노력으로 만든 아이디어가 거대 자본가나 정부로부터 외면 받아 좌절하는 이야기는 소설이나 영화뿐만 아니라 우리들의 주위에도 자주 볼 수 있다. 설사 자신이 직접 자본을 들여 제작했더라도 경영이나 판매 기법이 미숙하여 실패하는 예도 비일비재하다.

그러므로 발명가들로서는 이러한 제한 조건을 슬기롭게 이겨 나갈 수 있는 아이디어로 승부를 거는 것이 최선의 방법이다. 더구나 아이디어가 간단하다면 금상첨화이다. 그러나 아이디어가 간단할 경우의 위험성은 매우 커진다. 바로 자본가들의 횡포 즉 아이디어의 무단 사용이나 도용이다. 자신의 발명 아이디어를 타인에게 설명하는 순간 공개된 정보가 되기 때문이다. 발명가들이 자신의 아이디어를 지키기 위해 최선을 다해야 한다는 뜻도 된다.

그런 의미에서 가장 단순한 아이디어이면서도 이를 무기로 많은 돈을 번 사람 중에 한 명은 '습기가 차지 않는 설탕봉지'를 만든 사람으로 생각된다. 과거의 설탕은 대부분 서인도제도에서 수출했는데 적도 지방을 항해해야하는 경우가 많았으므로 이 때 열대 기후의 습기 때문에 많은 량이 녹아버리기 일수였다. 그러므로 설탕들이 습기를 먹지 않도록 포장지를 철저하게 방수 처리하는 것이 관건이었다. 그만큼 포장비가 설탕의 원가 산정에 큰 부담이 되었음은 물론이다.

26) 『빅데이터가 만드는 제4차 산업혁명』, 김진호, 북카라반, 2016

이 때 설탕을 운반하던 선박의 한 선원이 포장비를 획기적으로 줄일 수 있는 아이디어가 있다고 공언했다. 하지만 자신의 아이디어는 너무나 간단하여 특허료를 지불하려고는 생각하지 않을 것이라고 단언했다.

호기심을 느낀 설탕회사에서 특허료는 걱정하지 말라고 하자 자신이 갖고 온 서류에 서명을 해 달라고 했다. 그것은 자신의 아이디어를 채택하여 만든 포장지의 제작비와 기존 포장지의 제작비와의 차이 중에서 일정 부분을 자신에게 달라는 것이다. 한 마디로 확실한 보장이 없으면 자신의 아이디어를 공개하지 않을 것이고 공개한 후에 채택된다면 상응하는 아이디어료를 지급해 달라는 것이다.

회사의 사장이 나서서 그가 갖고 온 서류에 서명하자 선원의 이야기는 모두를 놀라게 했다. 설탕 봉지가 숨을 쉬도록 위아래에 작은 구멍을 두세 개만 뚫어 놓으면 된다는 것이다. 일단 봉투 내에 생긴 습기라도 외부로 빠져나갈 수 있도록 구멍을 만든다면 설탕이 녹아들지 않는다는 뜻이다. 불행하게도 설탕 봉지를 발명한 사람의 이름을 아직 찾지 못했지만 현재 이 아이디어는 열대지역을 지나는 수많은 완제품의 포장지에 사용된다.

이와 같은 예는 한국에서도 있었다. 휴전이 된지 얼마 안 되었을 때 남북 양측에서는 서로 자기 진영이 잘 산다고 휴전선 마을을 선전하는데 전력을 기우렸다. 추석이나 정월 때는 커다란 물고기와 고기, 떡 등을 보여주면서 명절 때마다 잘 먹고 있으니 귀순하라고 하루 종일 마이크로 선전하기도 했다.

그런데 엉뚱하게 양측의 국기를 높이 세우는 방법이 초미의 관심사로 떠올랐다. 북측에서는 인공기, 남측에서는 태극기를 상대방보다 더 높게 올리는 경쟁이 일어난 것이다. 한쪽에서 10센티미터를 올리면 다음 날 반대쪽에서 10센티를 더 올렸다고 광고하는 것이 일과였다. 태극기를 높이 올리는 것이 양측에서 사활을 건 기술과 아이디어의 싸움이 되었다.

문제는 철근 콘크리트와 같은 건축공법을 사용하여 무작정 높일 수도 없는 일이었다. 예산도 예산이려니와 등대와 같은 건설 아이디어는 소모적인 경쟁만 촉발시킬 뿐이었다. 그러므로 일반적으로 용인되는 국기 게양대의 형태를 갖고 있되 시공이 편리하며 견고하고 상대방이 절대로 따라오지 못하는 방법을 강구하는 것이 목표였다. 이 방법을 제시해 주는 사람에게 당시로서는 거금인 2,000만 원의 현상금이 걸렸다.

아이디어의 제출 마감일이 되자 한 사람이 현장에서 각자가 자신의 아이디어를 공개하고 채택되는 즉시 현상금을 지급해달라고 제안했다. 발명가로서 도용의 문제가 있다는 지적이었다. 당시의 관료 체제에서 도용의 문제가 있으니 공개해달라는 것도 어려운 일일 뿐더러 자금을 즉시 지급한다는 것도 간단한 일은 아니었다. 그러나 남북한 간의 첨예한 경쟁인데다가 국기를 높이는 문제는 워낙 양측의 심리전에서 중요한 일이었으므로 그의 제안은 곧바로 채택되었다.

한 사람, 한 사람 자신의 아이디어를 제시했지만 제작비와 형태가 걸림돌이었다. 이때 현장에서 현상금을 즉시 지급해 달라고 요청했던 사람이 마지막으로 나섰다. 그는 자신이 갖고 온 지팡이를 보여 주더니 쑥쑥 늘리기 시작했다. 간단하게 말하여 현대의 낚시대 처럼 만들어 쑥쑥 높이면 된다는 것이다. 그의 아이디어가 채택되었고 2,000만 원을 포상금으로 받았음은 물론이다.

현재는 낚시대가 많이 보급되어 이와 같은 아이디어가 새롭지 않지만 한국전쟁이 끝난 지 얼마 안 된 그 당시에는 낚시대 아이디어가 그야말로 획기적이었음을 이해할 필요가 있다.

위대한 발명이나 발견이 진상을 알고 나면 너무나 쉽고 간단하기 때문에 놀라는 일이 많다. 좋은 아이디어일수록 단순하고 적용하기 쉬운 경우가 많다는 것은 우리들의 일상생활에 수많은 아이디어가 숨어 있다는 것을 뜻한다. 물론 예로 든 아이디어처럼 항상 동시대의 제반 여건과 상황에 잘 부합되어야 함도 관건인데 자신의 아이디어로 인한 반대급부를 사전에 준비해야하는 것은 자신이 해결할 일이다. 4차 산업혁명시대에는 더욱 더 필요한 조건이라는데 이론의 여지가 없다.

⑱ 모방도 창조다[27)]

한국에서 정기적으로 팔리는 위조 상품(짝퉁) 판매는 항상 화제를 갖고 오는데 그것은 업자에게 큰 이득을 갖고 오기 때문이다. 그러므로 짝퉁 업체와 정부 간에 쫓고 좇기는 작전이 마치 영화처럼 벌어지기도 하는데 짝퉁이 사라지지 않는 이유는 간단하다. 명품 가방의 경우 수백 만 원에 호가하는데 이를 짝퉁으로 만들어 판매한다면 엄청난 불로소득을 얻을 수 있다는 것은 자명한 일이다.

짝퉁은 한국이 성장하는데 큰 기여를 한 것은 사실이다. 한국이 1960~1970년대 경제개발을 앞세웠지만 당대 한국 자체의 브랜드로 만드는 제품들이 거의 없었던 것은 사실이므로 가능한 한 외국의 우수 제품을 도입해 손재주가 있는 한국인이라 이를 복제 개량하는데 주력했고 외국으

---

27) 「중구, 상반기 짝퉁 11만2천점 압수…"도용브랜드 1위 샤넬"」, 이태수, 연합뉴스, 2017. 07.27

로 수출하는데도 문제가 없었던 것은 사실이다. 더불어 1990년대 초까지는 지적재산권이라는 말도 거의 없을 때이므로 빨리 외국의 우수제품을 복제 또는 개량하는 것은 매우 중요한 요건이었다. 기본적으로 이것은 경제후발 국가의 기본 전략으로 모방을 창조의 전단계로 인식했다. 그러나 이것이 거의 국가적으로 진행되어 한국은 세계적으로 지적재산 표절 국가로 지칭되기도 했다.

한국이 표절 국가의 타이틀을 받을 수 있었던 것은 그만큼 한국으로부터 피해를 받았다는 곳이 많기 때문이다. 한마디로 역으로 많은 자금을 들여 개발한 국내외 회사로 보아서는 좌시할 수 없는 문제가 아닐 수 없다. 그런데 상황은 바뀌어서 현재 한국산 제품 등을 중국, 아프리카를 비롯한 동남아에서 물품, 상표 도용한다고 대비책을 만들어야 한다는 주장이 계속 벌어지고 한국 내에서 짝퉁을 정기적으로 단속하여 경종을 울려준다. 사실 얼마전만해도 한국이 대표적인 모방 국가였음에도 한국이 이런 말을 할 수 있는 것은 타인의 제품을 모방할 필요가 없을 정도의 창조수준의 대열에 진입했기 때문이다.[28]

사실 모방이 얼마나 중요한 가는 1980년대 프랑스 TV에서 방영된 특집으로도 알 수 있다. 당시 중국의 한 회사가 세계적 유명 브랜드인 샤넬의 넥타이를 똑같이 만들어 판매하므로 이를 프랑스 TV에서 집중 취재했다. 당시 중국은 지적재산권 국가로 등록되지 않았으므로 샤넬에서 지적재산권으로 보호받지 못했는데 그 중 가장 크게 반발한 곳이 프랑스의 샤넬이다.

TV에는 넥타이 2개를 놓고 하나는 샤넬, 다른 하나는 중국 짝퉁인데

28) 『여자 생활백서』, 안은영, 해냄, 2006

상표를 보이지 않고 샤넬 회장에게 어느 것이 샤넬 것이냐고 골라 달라고 했다. 놀라운 것은 샤넬 회장이 지목한 것은 샤넬 것이 아니라 바로 중국산 짝퉁이었다. 담당 PD가 황당하여 다음과 같이 질문했다.

"회장도 구별하지 못할 정도로 똑같이 만들었다면 일반사람들이 저렴한 중국산을 구입한다는 것이 당연한 것 아닙니까?"

문제는 샤넬의 상표를 도용하여 저렴하게 판매하기 때문인데 PD가 중국 회사측 회장에게 질문했다. 중국에서 샤넬에서 거액을 들여 개발한 제품을 도용하는 것은 상도덕을 어기고 시장질서를 훼손한다는 취지다. 그러나 중국 측 회장의 대답은 정말로 시청자들을 놀라게 했다.

"샤넬의 제품을 모방한 것은 사실입니다. 그런데 프랑스는 남의 것을 복제하지 않았나요? 중요한 것은 선발주자가 되었다면 어떤 경우라도 복제될 수 없도록 만드는 것이 중요하죠. 샤넬 제품을 우리가 만들 수 있었다는 것은 샤넬의 제품에 남이 따를 수 없다는 독창성이 없다는 것이죠. 우리는 이를 기술의 공유라고 생각합니다. 언젠가 우리 것도 누군가가 복제할 것으로 보이는데 그러기 위해서 상당한 연구투자를 하고 있습니다."

중국 회장은 모방이 창조의 기본이라는 것을 단적으로 알려준다. 프랑스도 경제개발을 위해 여러 가지 기술을 도용하고 모방하여 이를 업그레이드 시켰다는 것을 지적한 것인데 아이러니한 것은 한국에서 짝퉁으로 만드는 브랜드 1호는 바로 샤넬이라고 한다. 다음이 루이뷔통, 데상트이다.

이곳에서 짝퉁에 대해서 이야기하는 것이 아니지만 한국내의 특수한 경우 짝퉁을 당당하게 구입하라는 말도 있다. 짝퉁은 정품보다 마감, 로고, 컬러 등이 매우 조잡한데 짝퉁의 A, B, C 등급 중 A급은 정품과 구분하기 어려울 정도로 정교한 것도 있는 것은 사실이다.

그런데 짝퉁이 아니라 정품임에도 저렴한 가격으로 시장에 나오는 경우도 있다. 한국에서 정품이 짝퉁으로 시중에 나오는 이유는 상당한 근거가 있다. 세계적인 명품을 OEM으로 한국에서 생산하는 경우가 많이 있는데 이때 원청자는 원재료를 주고 대체로 80~85% 정도의 완제품을 만들어 달라고 한다. 제품을 만드는데 파손 등이 생기기 때문이다. 그러나 한국인들의 손재주가 남달라 90~95% 정도의 완제품을 만들기도 한다. 이때 5~10% 제품은 짝퉁이 아니라 정품이다.

일반적으로 이런 초과로 생산된 제품은 한국의 하청 공장에서 정품의 로고를 넣지 않고 판매한다. 그러므로 원청자 로고만 없지 정품 자체이므로 물건 자체를 짝퉁이라고 부를 수 있는 것은 아니다. 하지만 이런 정품 아닌 정품을 살 수 있는 경우가 많지 않으므로 공연히 힘 빼지 말기 바란다.[29]

⑲ 우리 것도 골라서 버틴다

한국인들이 자주적인 이야기를 모토로 할 때 가장 많이 나오는 단어가 '신토불이(身土不二)'이다. 국어사전에 따르면 '몸과 땅은 둘이 아니고 하나'라는 뜻이다. 자신이 사는 땅에서 산출되는 농산물 등을 포함하여 한국산이라야 한국인에게 잘 맞는다는 의미이다. 국산품을 선전할 때 자주 쓰이는 말이다. 1989년 우루과이라운드 협상 타결이 임박했을 때 〈농협

29) 『여자 경제학』, 유병률, 웅진지식하우스, 2006

중앙회〉에서 우리 농산물 애용 운동을 대대적으로 벌이면서 본격적으로 사용하기 시작했다. 신토불이의 의미를 생각하면 신토불이가 맞기도 하고 필요하기도 하다. 농산물로만 한정한다면 기본적으로 그 사람이 사는 곳에서 그 사람에게 필요한 신선하고 자기 몸에 맞는 음식을 먹을 수 있기 때문이다.

신토불이(身土不二)라는 말은 남송의 승려 지원의 『유마경략소수유기』라는 책에서 처음 나왔다. 이 책에서 신토불이의 뜻을 설명했는데 '신(身)'이란 내가 해 온 행위의 결과라는 뜻이고 '토(土)'는 그런 행위가 일어나는 환경, 조건을 말한다. 이 둘은 떨어질 수 없는 것이므로 인간은 환경의 동물이라는 뜻이다.

그런데 1907년 일본에서 19세기말부터 밀려들어오는 미국 밀가루에 대항하여 밀가루 망국론을 펼치기 시작했다. 즉 밀가루 대신 현미와 채식을 기본으로 한 식단을 내세우며 뜻을 바꿔 신토불이라고 사용하였다. 한마디로 신토불이가 나오게 된 시절은 조선에서 대량으로 쌀을 비롯한 각종 농작물을 거둬 가던 시절로 신토불이는 오직 미국에 반대하기 위한 것이었다. 그후 신토불이는 일본 본토에서 생산된 제철 음식과 전통 식품이 몸에 좋다는 뜻으로 사용되었고 이어서 유기농, 자연식품, 생활협동조합, 대체 의학 등의 세력과 결합하여 일반화되었다.

그러나 이 말의 숨은 의미를 정확하게 이해할 필요가 있다. 신토불이란 말은 우리 것이 제일 좋다는 말도 되지만 우리 것이 아니면 안 된다는 배타적인 의미도 지니고 있기 때문이다. 그동안 우리 것은 무조건 과장하고 남의 것은 무조건 혹평해 버린 이유이기도 한다.

그러나 신토불이를 모든 분야에 적용할 수 있는 것은 아니다. 『황제내경』을 보면 그 이유가 나온다. 『황제내경』은 같은 병이라도 치료하는 데 그 방법이 다른 것은 그 사람이 사는 땅의 차이에서 온다고 적었다. 예를 들어 동쪽에 사는 사람은 물고기와 짠 음식을 많이 먹어 피부가 검고 거칠며 종기 같은 병이 잘 걸리므로 병든 곳을 째는 침의 일종인 폄석으로 치료해야 한다고 하였다. 서쪽에 사는 사람은 바람이 많이 부는 모래땅에 산다. 물이나 땅이나 모두 척박하지만 먹는 것은 늘 고기와 같은 기름진 것을 먹는다. 그래서 몸이 단단하여 병은 밖에서가 아니라 속에서 생긴다. 이럴 때는 기가 치우친 독한 약을 써야 한다. 남쪽은 양기가 넘치므로 땅은 낮고 물이 흐리며 땅은 무른데다 안개와 습기가 많다. 신 것을 잘 먹고 발효된 것을 잘 먹는다. 그래서 피부는 치밀하고 붉다. 이런 사람들은 뼈에 병이 생기며 근육에 경련이 잘 인다. 이럴 때는 가는 침을 써서 치료해야 한다. 북쪽에 사는 사람은 지대가 높고 추위와 바람이 세며 늘 거친 야외에서 지내므로 찬 기운으로 인한 병이 많으므로 뜸을 써야 한다.

지역 차이 때문에 같은 병에 걸리는 병든 원인과 그 사람의 체질 몸 상태가 다르므로 치료하는 방법도 달라져야 한다는 것이다. 즉 그 지역에서 나는 것이 모두 거기 사는 사람에게 좋은 것만은 아니라는 점이다. 이를 기(氣)로 표현한다면 기가 치우쳐 있기 때문에 그곳에서 생산된 것도 기가 치우쳐 있을 수밖에 없다는 뜻이다.

한국의 경우를 생각해보자. 한국으로 생각한다면 『황제내경』이 열거한 내용이 모두 적용되는 것은 아니다. 한국은 중국과는 달리 국토의 면적도 작으며 덥고 추운 사계절의 기후가 모두 골고루 돌아간다. 산간지역을 제외하면 평평한 땅이 많으며 토질도 좋은데다 바다도 포함되어 있다. 더구나 그런 땅에서 생산되는 종류도 수없이 많으므로 음식에 들어 있는

기(氣)도 좋고 먹으면 내 몸에도 좋게 느껴진다. 여기에서 공해 등 현대문명의 문제점은 제외한다.

그러나 신토불이 즉 국내에서 생산된 것이 절대적이지 않다는 것은 질병이 들었을 경우 때로 그 땅에서 나지 않는 것도 필요하다는 것으로도 알 수 있다.. 우리나라에서 나지 않는 계피나 감초가 대표적이며(감초는 북에서 생산되지만 대부분 중국에서 수입함) 말라리아의 특효약인 키니네도 한국에서는 생산되지 않는다. 한마디로 한국에서 생산되지 않는 것임에도 그런 약이 없으면 치료가 불가능할 때가 많다.

이것은 신토불이가 무소불위의 철권을 휘두르는 마법의 창이 아니라 매우 제한적으로 사용되어야 함을 의미한다. 신토불이라는 논리를 극단적으로 밀고 나가면 다른 모든 민족이나 국가도 자기 땅에서 난 것만 먹어야 하므로 우리 농산물을 수출하려는 생각은 꿈도 꾸지 말아야 한다. 이 말은 외국에 대한 식량 원조는 사람이 해서는 안 되는 몹쓸 짓이 된다. 물론 부분별하게 들여오는 외국의 각종 음식이 문제가 많다는 것은 사실이다. 여기에서는 각종 첨가물, 농약이나 유전자 조작 등의 문제는 논외로 하지만 그런 문제가 없다고 하더라도 신토불이로 완전히 장벽을 만들면 그것이 부메랑이 되어 우리에게 돌아오기 마련이다.[30)]

신토불이가 왕왕 국산품 애용 또는 외국 물건 배제의 논리로 사용될 가장 큰 문제가 생긴다. 특히 정치적인 문제로 비화되면 상대방 국가의 물품을 무조건 사지 말자는 운동으로 번지게 마련이다. 인간이 주변과 연계없이 살아갈 수 없다는 것은 단지 인간관계뿐만 아니라 국가적인 문제에도 해당된다.

---

30) 「꼭 '신토불이'여야 하는가」, 박석준, 작은책, 2014년 5월

자동차 문제만 보자. 중국이 자동차 생산 2,000만대를 돌파하여 세계 1위, 미국은 경기회복에 따른 수요 증가로 1,100만 대로 2위, 일본은 엔저정책 등을 고수하면서 963만대로 3위, 독일은 586만대로 4위, 한국은 452만대로 5위이다. 세계 생산 비중의 5.2%를 차지하며 9년 연속 세계 5위를 기록했다.

그런데 한국에서 수입자동차의 비율이 급증하여 국내 수입차 판매량은 2010년도 94,000대에서 FTA 체결(2011년)을 기점으로 급격히 늘기 시작해 2014년 약 196,400대, 2015년의 수입차 판매량은 243,900대로 급증했다.

과거 외제차는 높은 관세 등의 영향으로 워낙 비싸 정말 돈이 많고 좀 남다른 사람, 즉 국민의 생각은 생각하지 않고 자기 이기심과 부를 과시하는 소위 졸부들의 전용으로 생각했다. 더구나 신토불이라는 말에 포장되어 국산품 애용과 외제차에 대한 규제 등을 당연하게 생각하였으므로 외제차를 타는 사람에 대한 이미지가 좋지 않았다.

그러나 현재 외제차가 폭발적으로 증가하는 이유는 간단하다. 〈한국수입자동차협회〉에 의하면 외제차도 누구나 쉽게 탈 수 있는 자동차라는 인식으로 바뀌었기 때문이다. 우선 수입차가 국산차와 가격 경쟁력을 갖고 있다는 것은 동일 배기량인 경우 유명한 외국산이 한국산과 가격 차이가 별로 없다. 더불어 한국차보다는 안전하지 않겠느냐는 안전한 차를 타겠다는 인식 증가, 수입 자동차에 대한 무한적 인지도, 또한 국내 자동차 브랜드에 반감 등이다. 여기에서 왜 국산 자동차 브랜드에 반감이 있느냐에 대해서는 설명하지 않지만 세계 5위의 자동차 생산량은 한국에서 판매되는 것만을 의미하지 않으므로 국산품 애용 즉 신토불이라는 구호가

더는 통하지 않는다는 것을 의미한다. 한국에서 국산품 애용을 견지한다면 외국인이 그렇게 반발할 때 대항할 것이 사실상 없기 때문이다.

이 말은 우리 것이 무조건 좋다는 편파적 시각은 경계해야 한다는 뜻이다. 또 다른 예를 들어보자. 우리의 서해어장은 주로 중국과 북한 및 한국이 이용하고 있다. 국제법상 영토로부터 수심 200미터까지 대륙붕이라 부르며 관련 당사국이 근해의 어족자원을 보호할 수 있는 권한이 있다. 그런데 황해는 수심이 70~80미터이므로 중국, 한국, 북한 등 모두 대륙붕의 권리를 행사할 수 있다. 한데 중요한 우리 어족 중의 하나로 서해안에서 잡히는 조기는 같은 대륙붕 안에서 잡히는데도 중국산과 한국산의 가격차이가 엄청나다. 전문가들은 서해의 같은 어장에서 중국인 배로 잡은 조기와 한국인 배로 잡은 조기가 다를 리가 없다고 지적한다(보관 문제는 제외). 조기가 한국 배와 중국 배를 구별하여 잡힐 리도 없다. 한국인이 잡은 조기만이 최고라고 생각하는 것은 대단히 위험한 사고이다.[31)]

한국에서 많은 사람들이 제품을 생산하면서 자주 사용하는 것이 신토불이인데 이는 농산품은 물론 공산품에 있어서도 신토불이로 애국심을 고취시키는데 효자 역할을 하기 때문이다. 그러나 이런 주장의 약점은 한국만 신토불이를 주장하는 것이 아니라 상대방도 신토불이를 주장할 수 있다는 점이다. 신토불이 즉 내 것이 최고라는 거창한 명분은 국가차원만 의미하는 것이 아니다. 신토불이의 최소단위인 자기 자신에 억매이면 결국 그 폐쇄적인 행동이 부메랑이 되어 자신에게 치명상이 될 수 있다는 것을 의미한다. 편하게 사는 사람이라면 적어도 이런 장벽에는 벗어나 선악을 구별할 필요가 있다.

---

31) 『신토불이, 우리문화유산』, 이종호, 한문화, 2003

세계 10대 경제대국으로 성장한 한국의 위상이 나날이 높아가고 있는 현금 우리 것의 정보를 정확하게 알고자하는 열망 역시 높은 것은 사실이다. 이것은 4차 산업혁명 시대에서 우리가 세계를 상대로 하면서 경쟁력이 있는 것을 거론할 때 중요한 자료가 된다. 그동안 천대받고 있던 우리 것에 대한 소중함도 새로운 평가를 받아 남다른 여건이 조성되었음을 피부로 느끼면서 우리 것을 제대로 다룬다면 신토불이라는 다고 국수적인 이미지에서 우리 것을 보다 업그레이드시켜 세계인들과 경쟁할 수 있는 결정적인 여건이 될 수 있기 때문이다. 우리 것이 최고라는 고정 관점에서 안주하지 않고 우리 것을 토대로 새로운 것을 창안하는 것이야말로 4차 산업혁명에서 살아갈 수 있는 결정적인 요인이 될 수 있다. 4차 산업혁명이 신기술로만 시작되는 것이 아니라 우리의 문화도 발판이 될 수 있다는 것은 중요한 일이다. 한국이 세계에 자랑하는 김치, 온돌, 인삼, 막걸리 등의 세계화도 4차 산업혁명을 슬기롭게 이겨나갈 수 있는 방편이라고 생각하면 현재 우리들이 간과하고 있는 수많은 유산이 커다란 시장으로 나올 수 있다.

⑳ 자체 브랜드를 만들어라

외국인들과 대화할 때 가장 대답하기 곤란한 질문은 한국을 대표하는 것이 무엇이냐는 것이다. 그때마다 나름대로 석굴암, 포석정, 고려청자 등 우리의 대표적인 유산을 열거하지만 그들이 원하는 대답은 그게 아니라는 것을 상대방의 얼굴에서 곧바로 알아채게 된다. 그들이 원하는 것은 바로 한국의 이미지 즉 브랜드가 무어냐는 것이다.

다른 나라들의 경우를 찾아보면 한국의 이미지가 무엇인지를 쉽게 대답하기 어려운 이유를 알게 된다. 우리는 일본 하면 사무라이와 스시, 프랑스는 향수와 포도주, 독일은 기계와 맥주, 이탈리아는 디자인과 피자라는 등식을 쉽게 떠올릴 수 있다. 국가의 이미지는 세계를 석권하는 과학과 기술, 정신력이 포함되는 것은 물론 식(食)문화도 빠지지 않는다. 비교적 신흥국가인 미국의 경우도 카우보이와 코카콜라를 대표적인 브랜드로 연상한다.

2006년 문화관광부에서 '100대 민족문화상징'을 발표했다.

전통과 현대를 어우르는 한국을 대표하는 유, 무형의 상징을 선정했는데 이들을 제대로 육성하고 홍보하는 것이야말로 전 세계적으로 동양 문화권에 대한 관심과 호감도가 증대하고 있는 현실을 생각해 볼 때 우리의 국내외적인 경쟁력을 높이는 계기가 된다는 설명이다.

대한민국의 국기인 태극기가 제1번으로 선정되었고 이어서 무궁화, 독도, 백두대간, 백두산이 선정되었다. 한민족의 유산으로 잘 알려진 고인돌, 빗살무늬토기 등도 포함되었고 한옥, 온돌 등 건축문화는 물론 판소리, 탈춤, 풍물굿 등 유, 무형의 문화유산이 포함된 데다 김치, 된장과 청국장, 막걸리, 자장면 등의 식(食) 문화도 망라되어 있다.

그러나 이들을 토대로 한국 브랜드로 정착시키는 것이 과연 타당하냐는 지적이 제기되었는데 이것은 선정된 상징물들이 우리의 전통 민족 문화 및 유산만을 기초로 했으므로 세계로 도약코자 하는 한국의 위상 제고에는 다소 미흡하다고 느껴지기 때문이다.

국가 경쟁력에는 그 나라의 문화뿐만 아니라 경제력과 미래성도 크게 작용한다. 한국의 브랜드는 과거와 현재, 미래를 어우를 수 있는 그 무엇이어야 한다. 실제로 신흥국가라 볼 수 있는 오스트레일리아는 친환경,

싱가포르는 청렴을 국가 이미지로 삼고 있다는 것도 주목할 만하다.

4차 산업혁명에서 자체 브랜드는 매우 중요하다. 인터넷, 모바일이라는 첨단 기술에 의해 순식간에 전 세계로 전파되고 순식간에 1억 회 정도 접촉 회수를 기록하는 것도 가능하다. 이는 코리아 브랜드로 전통 민족 문화 및 유산을 포함하여 과학, 기술, 경제, 사회, 문화 등 한국을 간단명료하게 표방할 수 있는 상징이 포함될 경우 세계인들이 이를 긍정적으로 받아들일 수 있다는 것을 의미한다.

4차 산업혁명시대의 장점은 개인이 아이디어만 갖으면 세계를 아우를 수 있다는 것을 의미한다. 우버와 에어&비엔비의 성공 예가 바로 그 증거이다. 이와 같은 것을 한국인이라고 못할 리는 없는 일이다. 당장 한국에서의 규제가 문제점으로 등장하고는 있지만 5000년의 역사를 갖고 있는 한국이 그동안 우리가 지켜온 그 무엇이 세계화 될 수 있다는 것은 자연스러운 일이 아닐 수 있다. 이 연장선에서 산업화될 수 있다는데 눈을 돌릴 필요가 있다. 한국을 대표하는 브랜드 즉 독보적인 아이콘을 찾아 과학과 기술을 접목하여 과거, 현재 및 미래를 표출시킨다면 4차 산업혁명의 한 축으로 자리매김할 수 있다는 뜻이다.

(21) 기득권 시장의 구조에 대비

모든 경영자들이 번뜩이는 아이디어가 회사의 운명을 좌우한다는 것을 잘 알고 있다. 아이디어를 수집하기 위해 사내에 건의함을 만들거나 아이디어 제공을 독려한다. 담당 직원의 조그마한 아이디어가 생산비를 획기적으로 절약하거나 관리 개선에 기여하는 경우가 많기 때문이다.

그러나 직원의 아이디어가 회사에서 채택되었음에도 제안자에게 혜택이 거의 돌아가지 않는 사례가 비일비재하다. 직원이 항의라도 하면 대답은 천편일률적이다. 회사에서 예전부터 개선 방안을 알고 있었지만 확신이 없어 시행하지 못하고 있었는데 마침 직원이 유사한 제안을 했으므로 용기를 얻어 과감히 시행했다는 뜻이다. 분개하여 소송을 하지만 거의 모두 직원이 패소하고 직장까지 쫓겨나기 십상이다.

승용차의 연료 사용량을 30% 이상 절약할 수 있는 제품을 개발했다고 자동차회사에서 발명품을 즉각적으로 구입하고 생산에 들어갈 것으로 생각한다면 오산이다. 현재 고유가 시대인데다가 자동차의 연비는 사활을 걸 정도로 중요하지만 자동차회사는 연비만 고려하여 자동차를 생산하지는 않는다.

자동차 한 대를 만들려면 엔진, 타이어, 유리 등 20,000여 개가 넘는 부품을 조립해야 한다. 자동차는 수많은 부속품들이 모여서 만들어지는 종합조립품이라고 볼 수 있는데다 조그마한 추가 장비의 설치가 자동차의 안전이나 진동, 소음 등에 영향을 줄 수 있으므로 완벽한 검증이 이루어지지 않으면 설계 변경으로 인한 새로운 장비의 추가가 매우 더디다. 더군다나 신기술 도입으로 인한 추가 비용이 요구된다면 처음부터 상대조차 하지 않는 경우가 많다는 것을 이해할 필요가 있다.

이런 경우들은 시대를 앞서갔기 때문이 아니라 발명가의 아이디어가 전체 생산 맥락에서 보면 일부분의 기술 개선에 불과하기 때문이다. 발명가들에게 제품 생산의 전 공정을 책임지라는 이야기가 어불성설이라고 항의하겠지만 아무리 좋은 발명품이라도 생산이 되지 않으면 의미가 없다는 것을 염두에 둘 필요가 있다. 이것은 발명가가 생산자를 근본적으로 이해시키는데 실패했다는 것을 의미한다.

그러나 오히려 너무 번뜩이는 아이디어이기 때문에 채택되지 않는 경우도 비일비재하다. 일전에 스위스의 한 중소기업이 치과 분야에서 획기적인 기술을 개발했다고 발표했다. 자신들이 개발한 기술을 이용해 치아를 코팅하면 절대로 이빨이 썩지 않는다는 것이다. 그러나 발명가는 좌절을 맛보아야 했다. 치과의사와 치과협회에서 조직적인 보이콧과 사보타지에 의해 어느 누구도 그들이 개발한 신개발품을 사용하려고 하지 않았다. 그들의 제품을 이용하면 칫솔이나 치약을 비롯한 수많은 구강회사들이 도산할 수 있기 때문이다.

무한정 신을 수 있는 신발 밑창 즉 닳지 않는 신발을 개발한 경우도 마찬가지이다. 구두는 소비재인데다가 유행을 따라가는 제품이므로 한 번 구입하면 영원히 사용할 수 있다는 신발에 제조회사가 매력을 느낄 리 만무이다.

따뜻한 피자의 배달이 사업의 승패에 관건이라는 것에 착안한 발명가가 30분이 지나도 식지 않는 피자 배달 상자를 개발했으나 역시 쓰라린 맛을 보아야 했다. 대부분의 피자 배달 거리가 30분 미만이므로 어떤 업자도 새로운 배달 상자를 구입하기 위해 추가 투자하기를 거부했기 때문이다.

고객의 성향을 몰라 실패한 경우도 많다. 미국의 한 중소기업이 기존의 X-ray보다 10분의 1 가격으로 훨씬 더 선명한 영상을 얻을 수 있는 장비를 개발했다. 그러나 발명품을 개발한 회사도 파산했다. 대부분의 대형병원에서는 고가 장비를 사는 데 드는 비용은 모두 경비 처리할 수 있는데다가 세금을 공제 받는다. 또한 아무리 고가의 장비라도 기계 사용료를 전부 환자에게 전가할 수 있으므로 굳이 저렴한 장비를 구입할 필요를 느끼지 않는다. 오히려 고가 장비를 구비하고 있다는 것이 병원의 이미지를 높이는데 도움이 되므로 저렴한 장비는 임자를 잘못 판단한 것이다. 자신의 아이디어가 기득권을 갖고 있는 타인의 밥그릇을 결정적으로 저해한다고 할 경우 그들의 조직적인 저항을 항상 염두에 두어야 한다. 4차 산업혁명에 대비하여 아이디어만 탁월하면 이를 모든 사람들이 인정해준다고 생각하는 것은 순진한 일이 아닐 수 없다. 4차 산업혁명 시대에서 살아남기 위한 방법 도출에 여러 가지 제반 상황을 고려해야 하는 것은 필수다.

(22) 실패도 자산, 갓난아이 사전에 실패는 없다

위대한 업적을 만든 사람이더라도 실패의 위험에서 완전히 자유로울 수 없다. 누구나 실패할 수 있는데 왜 어떤 사람은 실패를 성공으로 전환시키고 어떤 사람은 한번 실패로도 완전히 맛이 가서 좌절하는가?

'실패는 성공의 어머니다'란 말을 모르는 사람은 없을 것이다. 그런데 이 말을 들으면 어쩐지 뭔가 빠진 것 같은 느낌이 든다. 실패가 성공의 어머니란 말은 이해가 되는데 그래서 뭐가 어쨌단 말이냐이다. 이 격언을 그대로 이해한다면 실패가 성공의 어머니이고 성공이 실패의 아들이란 것을 뜻한다. 하지만 그 아들이 자기 것이라는 보장이 없다. 그렇다고 성공이란 아들이 자기 것이기를 바란다면 실패를 먼저 해야 한다는 것은 무언가 문제가 있다고 느끼지 않을 수 없다. 물론 이 말의 뜻은 실패를 결코 두려워하지 말고 사랑하라는 뜻이라는 것을 모르는 사람은 없을 것이다.

학자들은 실패에 직면했을 때 갓난아이를 본보기로 삼으라고 한다. 갓난아이가 걸음마를 배우는 것을 보았을 것이다. 아이들은 아무리 넘어져 상처가 나도 다시 일어나 걸음마를 한다. 여러 번 넘어졌다고 해서 좌절하거나 더 이상 걷기를 두려워하지 않는다. 학자들은 갓난아이가 걷기 위해서는 평균 2,000번 정도 넘어진다고 설명한다. 우리 모두 그러한 과정을 겪고 지금처럼 걸을 수 있게 되었다는 것이다. 이 말은 세계적인 영웅이든 평범한 사람이든 2,000번 정도 넘어지고 다시 일어나 결국 걸을 수 있다는 것을 의미한다. 사실 갓난아이가 넘어지는 것은 자연스러운 일이다. 우리가 걸음마를 배울 때, 자전거를 배울 때, 그리고 스케이트를 처음 탈 때 넘어지는 것처럼 말이다.[32)]

어떤 의미에서 넘어지는 것이 대수가 아니다. 다시 일어나 걸으면 되기 때문이다. 어린 아이들은 넘어져도 아랑곳하지 않고 다시 일어나 걷는데 아이들이 넘어지면 아픈 것을 모르는 것은 아니다. 어린아이들이 넘어지며 우는 것이 바로 그것이다. 그럼에도 불구하고 다시 걸으려고 시도하는 것은 엄마나 아빠에게 빨리 갈 수 있는 좋은 결과를 얻을 수 있기 때문이다. 이 말은 실패에 대한 아픔이란 결과가 항상 따르지만 갓난아이가 결국은 걸음마를 배운다는 것이 중요하다.

실패가 성공의 어머니라는 뜻은 성공을 하기 위해 즉 무언가 목적을 이루기 위해서는 남다른 고통이 따라야 한다는 뜻과 다름없다. 나비 한 마리가 번데기에서 빠져나오기 위해 애를 쓰고 있다. 그런데 나오는 구멍이 너무 작아 한참 동안 발버둥쳐도 쉽게 나올 수 없었다. 그때 그 광경을 지켜보던 한 사람이 가련한 나비의 힘을 덜어주려고 가위로 번데기의 뚜껑을 크게 잘라주었다. 그러자 나비는 아주 수월하게 번데기를 뚫고 나올 수 있었다.

그런데 번데기에서 나와 화려한 날갯짓을 하며 훨훨 날아올라가야 할

---

32) 『틀을 깨라』, 박종하, 해냄, 2011

나비가 어쩐지 기운이 없는 듯 바닥에 엎드려 있었다. 날개는 작고 몸도 바짝 말라 있었다. 사실 나비가 시원스럽게 날개를 뻗고 화려한 무늬를 자랑하며 날 수 있는 것은 나비가 번데기에서 빠져나올 때 번데기에서 분비된 액체가 날개를 충분히 적셔주기 때문이다. 그런데 이와 같은 과정을 겪지 않았으므로 쉽게 날 수 없었던 것이다. 나비를 돕기 위해 한 일이 도리어 나비를 해친 셈이다. 나비는 결국 단 한 번도 날아보지 못한 채 땅바닥을 기어 다니다 짧은 생을 마감했다.

실패가 정상적인 자연의 섭리임을 알았다면 진정한 실패란 없으며 단지 성공이 잠시 멈추었을 뿐임을 깨닫게 된다. 이 말은 거의 대부분의 성공이 실패와 시련을 거쳐서 이루어지며 이런 과정을 겪지 않고 찾아오는 경우가 극히 드물다는 것을 뜻한다. 걸음마를 배우는 어린 아이가 자주 넘어지는 것이 가슴 아프다고 늘 안고 다니면 그 아이는 영원히 걸을 수 없다. 아기가 걸음을 뗄 때 울고 보챈다고 해서 계속 젖만 먹이면 오래도록 밥은 먹지 않으려 하는 것과 같은 뜻이다. 이 말은 사람은 성공한 경험을 통해 강해지는 것이 아니라 실패의 교훈 속에서 성장한다는 것을 말한다.

세상을 살다보면 내 뜻대로 안 되는 일이 한두 가지가 아니다. 또 최선을 다했지만 결과는 기대 이하인 경우가 많다. 이런 경우에 대해 학자들은 조언은 단순하다. '나는 안 된다'라는 말보다 나의 약한 의지력을 어떻게 하면 강하게 키울 수 있을까에 대해 고민하면서 나는 무엇이 부족한가에 대해 생각하면 해답이 나온다는 것이다. 가끔씩은 자신을 믿는 것이 좋다. '나는 잘될 것이고 분명히 그렇게 만들어갈 것이다'라고 생각할 때 비로소 새로운 길이 열릴 수 있다는 뜻이다.[33]

---

33) 『여성이여, 자기만의 인생을 즐겨라』, 도지현, 꿈과희망, 2007

이런 교과서적인 조언은 어디에서나 볼 수 있다. 그런데 인간 세상은 참 묘해서 실패라 생각한 것도 대박을 터뜨릴 수 있다는 점이다. 발명 사상 가장 유명한 제품 중 하나는 포스트잇이다. 포스트잇은 3M이 발명하여 세계적으로 큰 인기를 끈 제품인데 회사에서는 원래 강력접착제를 개발하고 있었다. 그런데 수많은 연구와 실험을 거듭한 끝에 만들어진 접착제는 손으로 떼면 금방 떨어졌다. 실패가 계속되자 연구원들의 스트레스는 극에 달했다.

그런데 3M의 또 다른 개발팀은 이 말을 듣고 환호성을 터뜨렸다. 그 당시 그들은 간편하게 붙였다 뗄 수 있는 접착제를 개발하고 있었기 때문이다. 그들은 다른 팀에서 실패한 접착제를 이용해 벽에 종이를 붙였다가 손쉽게 뗄 수 있다면 아주 편리한 제품이 될 수 있다는 것을 발견했다. 20세기의 중요한 발명품 중 하나인 포스트잇은 이렇게 실패한 강력접착제가 용도를 변형하여 탄생한 것이다.

'왼쪽 눈에 실패가 보일 때 오른쪽 눈에는 성공이 보인다.'

이 말이 '포스트인 법칙'이다. 사실 노력은 실패를 동반하기 마련이다. 실패하지 않는다면 노력할 필요도 없다. 여기서 우리는 실패의 또 다른 의미를 깨달을 수 있다.

에디슨의 말 중에서 가장 잘 알려진 것은 '천재는 1퍼센트의 영감과 99퍼센트의 노력으로 이루어진다'라는 것이다. 이 말은 아무리 머리가 좋지 않다고 해도 열심히 노력한다면 반드시 성공할 수 있다는 것을 은연중 암시한다. 그러나 에디슨은 추후에 이 말이 와전되었다고 말했다. 그는 1퍼센트의 영감이 없으면 99퍼센트의 노력도 헛수고라는 의미라고 설명했다. 그에게는 수많은 발명에 앞서 번뜩이는 아이디어들이 있었다. 이 아이디어를 이루기 위해 수 천 번을 거듭하는 실험과 시행착오가 필요했으며 그 영감이 이끄는 대로 노력해서 실험에 성공한 것이다. 작은 상상 하나가 번뜩이는 아이디어로 재탄생하면 그 아이디어는 내 노력 즉 실패를 성공으로 이끌어 줄 수 있다는 뜻이다.

그러나 실패한 것이 반드시 성공으로 이어지는 것은 아니다. 실패를 하더라도 실패를 선용할 수 있는 안목을 갖고 있어야 한다는 점이다. 어느 대기업에서 관리직 사원을 채용한다는 공고를 내자 서류전형과 필기시험 등 네 차례의 관문을 모두 통과한 6명의 지원자가 마지막에 남았다. 회사에서 채용코자 하는 인원은 단 1명이었다. 그런데 막상 면접이 시작되려니 면접실에는 모두 7명의 후보자들이 대기하고 있었다. 이상하게 생각한 면접관이 면접 대상자가 아닌 사람이 있느냐고 질문하자 맨 뒷줄에 앉아 있던 사람이 일어서면서 이렇게 말했다.

“접니다. 1차 서류전형에서 탈락한 지원자입니다. 저에게 면접을 볼 수 있는 기회를 주십시오.”

“1차 시험도 통과하지 못했는데 최종 면접에 참가하겠다는 말인가요?”

“남들이 가지지 못한 재산을 제가 가지고 있기 때문입니다. 그걸 회사에서 알아채지 못했기 때문에 제가 온 겁니다.”

모두들 그에 말에 웃지 않을 수 없었다. 사실 그 정도라면 머리에 문제가 있다고 생각해도 과언이 아니다. 그런데 그는 자신의 말을 이었다.

“저는 대학문도 겨우 나왔고 또 그리 대단한 직업을 가진 적도 없습니다. 하지만 저는 10년 동안 12개의 회사에서 일한 실무경험이 있습니다.”

“10년 간의 업무 경험은 내세울만 하지만 10년 동안 12번이나 회사를 옮겨 다녔다는 것은 결코 기업에서 환영받을 수 있는 경력이 아닙니다.”

“저는 회사를 옮겨 다니지 않았습니다. 12번 모두 회사가 문을 닫는 바람에 어쩔 수 없이 나온 겁니다.”

“완벽한 실패자로군요.”

“아닙니다. 그건 저의 실패가 아니라 그 회사들의 실패입니다. 그리고 그 실패들이 모두 저의 재산이 되었습니다.”

그의 말은 계속되었다.

“저는 제가 다닌 12개 회사에 대해 아주 소상하게 파악하고 있습니다. 동료들과 함께 파산 직전의 회사를 살리려고 동분서주한 적도 있습니다. 비록 회사의 파산을 막지는 못했지만 그 과정에서 실패와 실수의 모든 면면을 알게 되었고 다른 사람들은 전혀 알지 못하는 많은 것을 배웠습니다. 모두들 성공만 추구하고 있지만 저는 실수와 실패를 피할 수 있는 방법들을 알고 있습니다. 성공한 경험은 대부분 비슷하기 때문에 따라 하기 쉽습니다. 하지만 실패의 원인은 제각각 달라 쉽게 파악하기 어렵습니다. 타인의 성공 경험은 자신의 재산으로 만들기 어렵지만 실패한 경험은 자신의 재산으로 만들 수 있습니다.”[34]

1차 면접에서 탈락한 그가 최종적으로 합격했다는 것은 부연할 필요가 없을 것이다. 세상에 영원한 성공은 없지만 영원한 실패는 있다. 성공이라는 결과를 기다리기 전에 먼저 실패에 당당히 맞서는 법을 배우는 것은 기본이다. 실패를 예방하고 어쩔 수 없이 실패했다면 그 쓴맛을 즐기는

34) 『작지만 강력한 디테일의 힘』, 왕중추, 올림, 2008

것도 기본이다.[35)]

실패를 토대로 대단한 성공을 이루지 못했다고 하더라도 실패를 두려워하지 않는 자세를 견지한다면 4차 산업혁명의 회오리 시대에서 누구보다도 자신감 있는 생활을 유지하면서 재기할 마음의 여유를 가질 수 있을 것이다.

35) 『결과형 인재가 되라』, 장루샹, 세계사, 2009

일본의 제4차 산업혁명에 대한 대책은 남다르다. 일본은 새로운 경쟁사회에 대비하여 '투잡(겸업, 겸직)' 즉 정규직 직장인의 부업이나 겸업을 원칙적으로 허용하기로 했다. 일본정부의 이러한 정책은 자연스럽게 여러 일을 하면서 자신에게 어떤 일이 더 잘 맞는지 알아보고 외부 기술을 자신의 것으로 흡수하도록 도와준다.[36]

4차 산업혁명을 두려워하거나 희망적으로만 볼 것은 아니다. 우선 4차 산업혁명이라는 기차는 이미 출발했다는 점을 직시할 필요가 있다. 그러나 4차 산업혁명이란 첫 번째 기차는 이미 출발했지만 다행한 것은 앞으로 후발 기차들이 전 세계 각지에서 계속 출발한다는 점이다. 그러므로 미래를 너무 염려할 일은 아니다. 앞으로 계속 출발하는 기차의 성향을 정확하게 파악하고 탑승하면 아직 늦지 않았다는 뜻이다. 누가, 언제, 어디서, 왜, 무엇을 어떻게 하는지를 보다 빨리 파악하고 여기에 창조성을 곁들이면서 4차 산업혁명이라는 기차에 탑승한다면 위대한 승리자가 될 수 있다. 인공지능 즉 로봇에 대한 아인슈타인의 다음 이야기는 인간들에게 많은 위안을 준다.

> '컴퓨터는 놀랍게 빠르고 정확하지만 대단히 멍청하다. 사람은 놀랍게 느리고 부정확하지만 대단히 똑똑하다. 이 둘이 힘을 합치면 상상할 수 없는 힘을 갖게 된다'

---

36) http://egloos.zum.com/swprocess/v/2873555

인공지능을 민스키 박사는 다음과 같이 정의했다.

'만약 어떤 작업을 사람이 했을 때 그 처리가 지능적이라고 불릴만하다면, 같은 작업을 기계가 했을 경우 바로 그때부터 그 기계는 지능적이라 할 수 있다.'[37]

그러나 학자들이 주목하는 것은 기계적 성향의 인공지능과 인간이 합칠 때 비로소 큰 미래가 도래할 수 있다는 것이다. 제리 카플란 박사가 『인간은 필요 없다』에서 다음과 같이 적은 인공지능의 본질은 매우 명쾌하다.

'제한된 데이터를 기초로 적당한 시기에 적절히 일반화 해내는 능력이다.'

그는 이때 적용 영역이 넓어질수록 그리고 최소한의 정보로 더 빨리 결론을 내릴수록 더 지능적인 행동이라고 설명했다. 그러나 여기에서 주목할 점은 인공지능이 수행하는 작업이 사람과 동일한 방식으로 수행하는지, 인간처럼 자기를 인식할 수 있는지 여부인데[38] 제4차 산업혁명시대라 할지라도 사람만이 가질 수 있고 인공지능은 도저히 가질 수 없는 능력이 있다. 바로 인간을 인간답게 하는 사회적 지능(Social intelligence)이다.[39]

이 말은 4차 산업혁명이 결코 자신에게 불리하게만 작용하지 않는다는 것을 숙지하고 유용한 '키'를 사용할 수 있다면 오히려 천사가 될 수 있다

37) 「인공지능의 철학적 인간학」, 엄정식, 계간 철학과현실, 2017 봄(112호)
38) 『제리 카플란 인공지능의 미래』, 제리 카플란, 한스미디어, 2017
39) 「AI가 쓴 소설 읽고 감동 먹었다?」, 이원섭, Insight Korea, 2017년 4월

는 것을 알려준다. 일자리도 각자 어떻게 준비하느냐에 따라 달라진다는 뜻이다.

한국의 경우에 한정한다면 한국은 4차 산업혁명 시대 접근에 매우 유리한 점도 있지만 매우 불리한 점도 있는 것은 사실이다. 한국의 경우 정부에서 4차 산업혁명을 기술적 변화로만 인지하므로 이에 파급되는 여파도 기술적 관점에서 해결해야 한다고 생각한다. 그러므로 대표적인 글로벌 기업으로 성장한 우버나 에어비앤비는 국내법상 여전히 불법이다. 더불어 정부는 빅데이터의 활용을 활성화하기는커녕 개인정보보호법을 강화하여 빅데이터의 축적과 스마트폰 플랫홈 산업의 확산을 제한하고 있다.

사실 택시, 중소숙박업 등 보호가 필요하다고 주장하는 업종에까지 글로벌기업을 불러들이는 것이 우리 정서에 맞지 않을 수도 있다. 또한 플랫폼 기반의 신산업이 확산되면 기존 산업은 타격을 받게 되며 이것이 경영진과 노조들에게 큰 영향을 미치는 것은 사실이다. 이 문제에 관한 한 전문가들의 조언은 간단하다. 제4차 산업혁명시대를 살아가야하는 사람들은 현 기득 세력이 아니라 우리의 청소년, 우리의 아이들이라는 점이다.

이 문제를 한국에만 국한시킨다면 어느 정도 불편함은 감수해야 한다는 사람들도 있는 것은 사실이다. 학자들의 지적 즉 우리의 미래 아이들이 활동할 지구의 거대한 지역 즉 미국, 유럽, 중국 등은 이미 신문명의 중심국가로 부상하고 있음에도 우리 아이들이 살아야 할 이 땅의 기득권 어른들은 오래된 구문명의 방패만이 유일한 보호막이라고 주장하고 있는데 이것이 정답만은 아니라는 지적을 귀담아들을 필요가 있다. 이 문제를 이곳에서 더 이상 거론하지 않는다. 단지 세계가 급격히 변하고 있는 상황에서 우리도 변해야 한다는 점에 이론의 여지가 없으므로 이에 보다 현명한 조처들이 나올 것으로 생각한다.[40] 이런 각도에서 학자들은 과거와 새로운 시대의 결정적인 차이점을 다음과 같이 말한다.

'과거 초등학교로부터 중・고등학교, 대학교까지 거의 20년 정도 공부하여 나머지 생을 좌우했지만 4차원 산업혁명 시대에는 죽을 때까지 새로운 세상을 만들기 위해 공부해야 한다. 과거에 집착함은 경쟁에서 처진다는 것을 의미한다.'[41]

40) 「4차 산업혁명의 기로에 선 우리의 현실」, 최재봉, 계간 철학과현실, 2017 여름(113호)
41) 「이세돌, 처음부터 질 수밖에 없었던 경기」, CBS 시사자키, 노컷뉴스, 2016.03.10

4차 산업혁명과 미래 신성장동력

초판 인쇄 2018년 02월 07일
초판 발행 2018년 02월 14일

저 자 이종호
발행인 김갑용

발행처 진한엠앤비
주소 서울시 서대문구 독립문로 14길 66 205호(냉천동 260)
전화 02) 364 - 8491(대) / 팩스 02) 319 - 3537
홈페이지주소 http://www.jinhanbook.co.kr
등록번호 제25100-2016-000019호 (등록일자 : 1993년 05월 25일)

ISBN 979-11-290-0332-4 (93500) [정가 18,000원]